全国中等职业学校电工类专业通用教材

全国技工院校电工类专业通用教材（中级技能层级）

机械与电气识图

（第四版）

人力资源社会保障部教材办公室　组织编写

中国劳动社会保障出版社

简　介

本书主要内容包括机械识图基础知识、机械图样的表达与识读、电气制图基本符号、电气制图的一般规则和基本表示方法、典型电气图的识读和计算机绘图等。

本书由叶录京任主编，王希波、张伟任副主编，赵京伟、林清松、王荣圣、咸晓燕、王雪参与编写，孟丽主审。

图书在版编目(CIP)数据

机械与电气识图 / 人力资源社会保障部教材办公室组织编写 . -- 4 版 . -- 北京：中国劳动社会保障出版社，2020

全国中等职业学校电工类专业通用教材　全国技工院校电工类专业通用教材 . 中级技能层级

ISBN 978-7-5167-4693-6

Ⅰ. ①机…　Ⅱ . ①人…　Ⅲ. ①机械图 – 识别 – 中等专业学校 – 教材②电路图 – 识别 – 中等专业学校 – 教材　Ⅳ. ①TH126.1②TM02

中国版本图书馆 CIP 数据核字（2020）第 238569 号

中国劳动社会保障出版社出版发行

（北京市惠新东街 1 号　邮政编码：100029）

*

三河市潮河印业有限公司印刷装订　　新华书店经销

787 毫米 ×1092 毫米　16 开本　20.5 印张　392 千字

2020 年 12 月第 4 版　　2025 年 11 月第 10 次印刷

定价：39.00 元

营销中心电话：400-606-6496

出版社网址：http://www.class.com.cn

http://jg.class.com.cn

前　言

为了更好地适应全国技工院校电工类专业的教学要求，全面提升教学质量，人力资源社会保障部教材办公室组织有关学校的一线教师和行业、企业专家，在充分调研企业生产和学校教学情况、广泛听取教师使用反馈意见的基础上，吸收和借鉴各地技工院校教学改革的成功经验，对现有电工类专业通用教材进行了修订（新编）。

本次教材修订（新编）工作的重点主要体现在以下几个方面。

更新教材内容

◆ 根据企业岗位需求变化和教学实践，确定学生应具备的知识与能力结构，调整部分教材内容，增补开发教材，使教材的深度、难度、广度与实际需求相匹配。

◆ 根据相关专业领域的最新技术发展，推陈出新，补充新知识、新技术、新设备、新材料等方面的内容。

◆ 根据最新的国家标准、行业标准编写教材，保证教材的科学性和规范性。

◆ 根据一体化教学理念，提高实践性教学内容的比重，进一步强化理论知识与技能训练的有机结合，体现“做中学、学中做”的教学理念。

优化呈现形式

◆ 创新教材的呈现形式，尽可能使用图片、实物照片和表格等形式将知识点生动地展示出来，提高学生的学习兴趣，提升教学效果。

◆ 部分教材将传统黑白印刷升级为双色印刷和彩色印刷，提升学生的阅读体验。例如,《电工基础（第六版）》和《电子技术基础（第六版）》采用双色设计，使电路图、波形图的内涵清晰明了;《安全用电（第六版）》将图片进行彩色重绘，符合学生的认知习惯。

提升教学服务

为方便教师教学和学生学习，除全面配套开发习题册外，还提供二维码资源、电子教案、电子课件、习题参考答案等多种数字化教学资源。

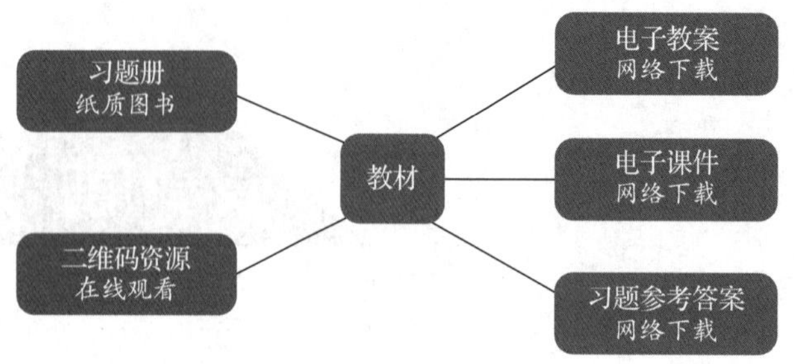

二维码资源——在部分教材中，针对重点、难点内容制作微视频，针对拓展学习内容制作电子阅读材料，使用移动设备扫描即可在线观看、阅读。

电子教案——结合教材内容编写教案，体现教学设计意图，为教师备课提供参考。

电子课件——依据教材内容制作电子课件，为教师教学提供帮助。

习题参考答案——提供教材中习题及配套习题册的参考答案，为教师指导学生练习提供方便。

电子教案、电子课件、习题参考答案均可通过中国技工教育网（http://jg.class.com.cn）下载使用。

致谢

本次教材的修订（新编）工作得到了辽宁、江苏、山东、河南、广西等省（自治区）人力资源社会保障厅及有关学校的大力支持，在此我们表示诚挚的谢意。

人力资源社会保障部教材办公室

2020 年 9 月

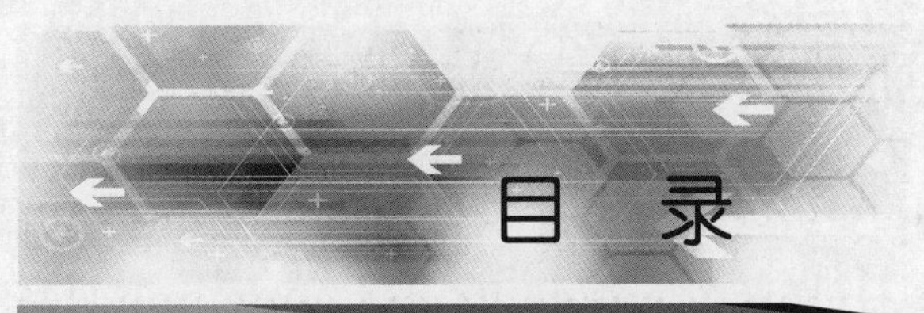

目 录

绪 论

第一章 机械识图基础知识

§1-1 制图基本知识 …… 004
§1-2 三视图 …… 010
§1-3 轴测图 …… 019
§1-4 点、直线和平面的投影 …… 027
§1-5 基本几何体的三视图 …… 036
§1-6 圆柱的截割与相贯 …… 043
§1-7 组合体的三视图 …… 049
§1-8 尺寸标注 …… 065

第二章 机械图样的表达与识读

§2-1 机件的表达方法 …… 071
§2-2 标准件与常用件的画法 …… 085
§2-3 机械图样的技术要求 …… 103
§2-4 识读机械图样 …… 117

第三章 电气制图基本符号

§3-1 图形符号 …… 128
§3-2 字母代码 …… 138
§3-3 参照代号 …… 144
§3-4 端子代号 …… 151

第四章　电气制图的一般规则和基本表示方法

§4-1　电气制图的一般规则 …… 161
§4-2　电气元器件的表示方法 …… 166
§4-3　连接线的表示方法 …… 176

第五章　典型电气图的识读

§5-1　识读概略图 …… 184
§5-2　识读电路图 …… 193
§5-3　识读接线图 …… 206
§5-4　识读逻辑功能图 …… 223
§5-5　识读电气布置图 …… 227
§5-6　识读建筑电气安装平面图 …… 233

第六章　计算机绘图

§6-1　AutoCAD 2020 基础知识 …… 244
§6-2　绘制平面图形 …… 255
§6-3　绘图工具 …… 269
§6-4　编辑平面图形 …… 284
§6-5　绘制图样 …… 301

绪　论

自劳动开创人类文明史以来，图形与语言、文字一样，是人们认识自然、表达和交流思想的基本工具。在现代工业生产中，机械、电气、化工或建筑都是根据图样进行制造和施工的。如图 0–1 所示：设计者通过图样表达设计意图；制造者通过图样了解设计要求、组织制造和指导生产；使用者通过图样了解机器设备的结构和性能，进行操作、维修和保养。因此，图样是交流传递技术信息、思想的媒介和工具，是工程界通用的技术语言。

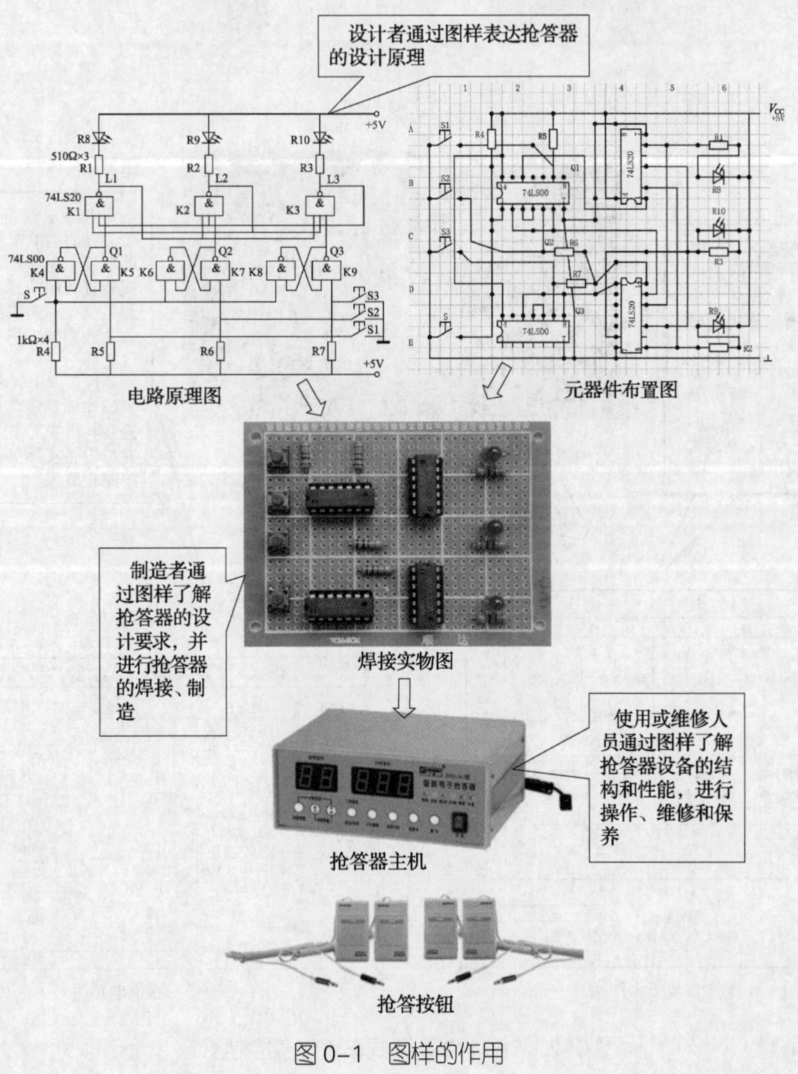

图 0–1　图样的作用

一、本课程的必要性

作为电工专业和电气维修专业的从业人员，应掌握各种机械、电气设备的维修技能，因此需要了解各种机电设备的机械结构和电气线路，而有关设备的机械和电气图样为从业人员提供了最好的了解途径。如图 0–2 所示，通过识读 CA6140 型卧式车床

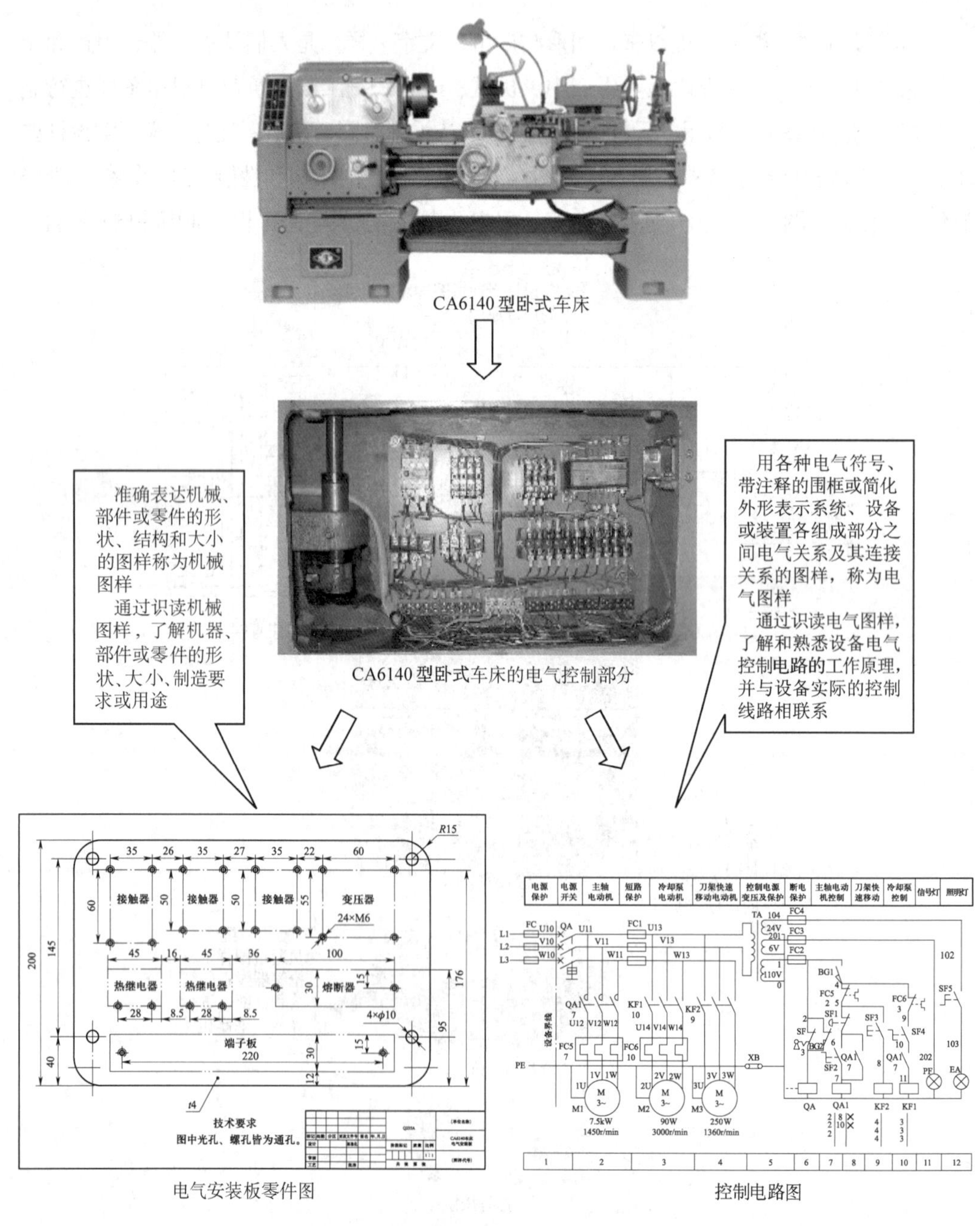

图 0–2　CA6140 型卧式车床电气控制部分

电气控制部分的安装板零件图和控制电路图，就能了解车床电气控制部分各元件的布置情况以及电气控制电路的工作原理。因此，作为职业教育培养目标的生产第一线的现代新型技能型人才，必须掌握这种语言，具备识读、绘制图样的基本能力。

二、本课程的性质、任务和要求

机械与电气识图课是中等职业学校电工类专业的专业基础课。它是一门既有系统理论，又有较强实践性和应用性的课程。本课程的任务就是通过学习使电工专业、电气维修专业的学生具有一定的空间想象力、识图能力和图示能力，能够识读机械图样和电气图样，并具备绘制机械图样和电气图样的基本技能。本课程的要求是：

1．熟悉机械制图的基本知识，掌握三视图的画法，了解轴测图的画法，能够识读一般组合体的三视图。

2．掌握视图的表达方法，了解标准件、常用件的画法，能识读一般零件的零件图和简单装配体的装配图。

3．掌握电气制图的基本符号，并能识读和使用常用的电气符号。

4．掌握电气制图一般规则和基本表示方法。

5．掌握典型电气图的基本表示方法，并能识读一般电气图。

6．掌握计算机绘图的基本技能，能用 AutoCAD 绘制简单的机械图样和电气图样。

三、本课程的学习特点

本课程实践性强，在学习过程中要注意联系实际，通过参观、实习等途径获得机电设备的感性认识，并结合机械、电气图的理论知识，做到学以致用。在学习过程中应注重“实物—图样”转换，机械零部件与机械零件图、装配图之间的转换，以及实际电气线路与电路图之间的转换能力的锻炼。

第一章
机械识图基础知识

§1-1 制图基本知识

学习目标

1. 掌握常用图线的线型及其用途。
2. 掌握比例的概念，了解比例的基本规定。
3. 掌握常用绘图工具的使用方法。
4. 能使用常用绘图工具绘制简单平面图。

一、常用图线的种类及应用

想一想

图 1-1a 所示为衬套的立体图，图 1-1b 所示为衬套的平面图。为了反映衬套的结构形状，图样中采用了多种不同的图线进行绘制。试分析图中有几种图线，各图线表达了什么含义。

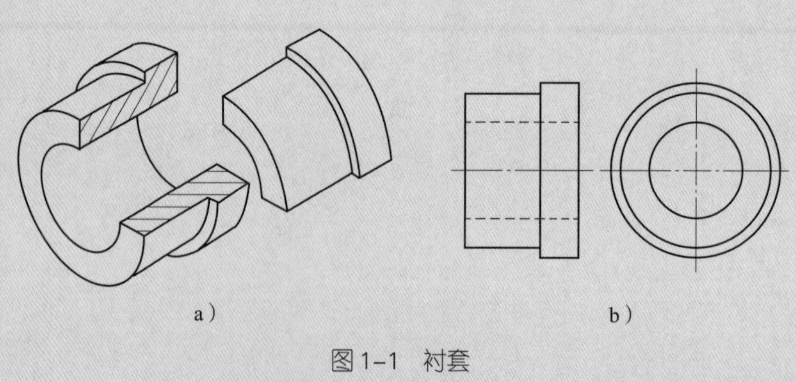

图 1-1　衬套
a）立体图　b）平面图

分析图 1–1 可以看出，在图中有较粗的连续图线、连续的细图线、长短相间的细图线、断续的细图线等多种图线。

在绘制机械图样时，常需要用不同类型的图线表达不同的含义。图 1–1 中较粗的连续图线称为粗实线，常用来表达可见的轮廓线；连续的细图线称为细实线，常用作剖面线、尺寸线等；长短相间的细图线称为细点画线，常用来表示圆的中心线、轴线或对称中心线等；断续的细图线称为细虚线，常用来表达不可见轮廓线。制图中常用图线的名称、线型、线宽和应用见表 1–1。

表 1–1　常用图线的线型及应用（摘自 GB/T 4457.4—2002）

名称	线型	线宽	一般应用
粗实线	———— d	d（优先采用 0.5 mm 和 0.7 mm）	可见轮廓线
细实线	————	$d/2$	尺寸线、尺寸界线、指引线、短中心线、剖面线、重合断面的轮廓线
细点画线	—·—·—	$d/2$	轴线、对称中心线
细虚线	- - - - -	$d/2$	不可见轮廓线
波浪线	～～～	$d/2$	断裂处边界线、视图与剖视图的分界线
双折线	—\/\—\/\—	$d/2$	断裂处边界线、视图与剖视图的分界线
细双点画线	—··—··—	$d/2$	相邻辅助零件的轮廓线、可动零件极限位置的轮廓线、中断线

二、比例

想一想

在地图上为什么要绘制比例尺？比例尺有何用途？

地图是将实际测量的结果按照一定的比例缩小绘制在图纸上。同样，在绘制机械图样时，也需要根据机件的复杂程度将测量到的结果进行缩小、放大（或按原值）。图样中图形与其实物相应要素的线性尺寸之比称为比例。

比例分为原值比例、放大比例和缩小比例。比值为 1 的比例称为原值比例，比值大于 1 的比例称为放大比例，比值小于 1 的比例称为缩小比例。绘图时可根据需要从表 1–2 中选取，在条件允许的情况下，应尽量采用原值比例。图 1–2 所示为用不同比例绘制的扇面，从图中可以看出，相应尺寸的数值都相同。

表 1-2　绘图比例（摘自 GB/T 14690—1993）

原值比例	1:1				
放大比例	2:1 （2.5:1）	5:1 （4:1）	$1\times10^n:1$ （$2.5\times10^n:1$）	$2\times10^n:1$ （$4\times10^n:1$）	$5\times10^n:1$
缩小比例	1:2 （1:1.5） （$1:1.5\times10^n$）	1:5 （1:2.5） （$1:2.5\times10^n$）	$1:1\times10^n$ （1:3） （$1:3\times10^n$）	$1:2\times10^n$ （1:4） （$1:4\times10^n$）	$1:5\times10^n$ （1:6） （$1:6\times10^n$）

注：n 为正整数，优先选用不带括号的比例。

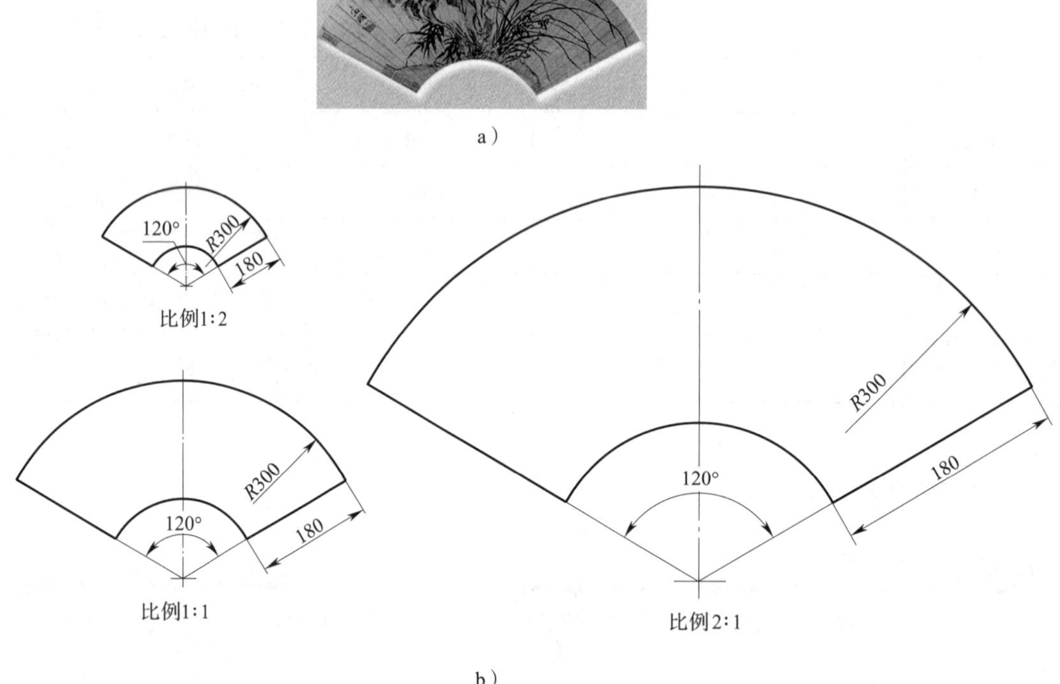

图 1-2　用不同比例绘制的扇面

a）实物图　b）不同比例的图形

小提示

图样上标注的尺寸数值是机件的实际大小，它与画图时采用的比例无关，与画图的准确度也无关。

三、常用绘图工具

想一想

如何用铅笔绘制不同宽度的图线？

1. 铅笔

铅笔的笔杆上标有型号标记，如 2H、H、HB、B、2B 等。标记中 B 前的数字越大，表示铅芯越软，绘出图线的颜色越深；H 前的数字越大，表示铅芯越硬，绘出图线的颜色越浅；HB 型铅笔的铅芯软硬和颜色适中。一般将 2H、H、HB 型铅笔修磨成图 1–3a 所示圆锥形，将 B 型铅笔修磨成图 1–3b 所示四棱柱形。

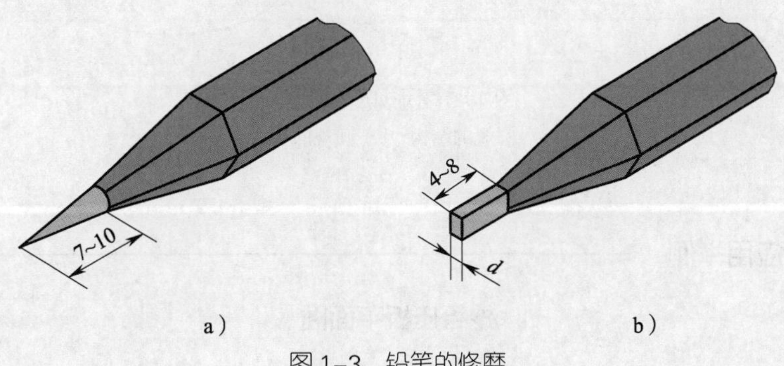

图 1–3 铅笔的修磨

机械图样的绘制分为两大步，第一步用 2H 或 H 型的铅笔绘制底稿，绘图时注意不要画得太浓；第二步描深，描深时，可用 H 型铅笔描深细型图线（如细实线、细虚线、细点画线等）或注写符号、文字等，用 HB 型铅笔描深粗实线直线，用 B 型铅笔描深粗实线圆。

2. 三角板

三角板又叫三角尺，一副三角板为两块，其形状如图 1–4 所示。其中一块的角度为 45°、45° 和 90°；另一块为 30°、60° 和 90°。

3. 圆规

圆规的结构如图 1–5a 所示。圆规上的一个插脚装钢针，另一个插脚装铅芯，使用前应先调整好针脚，使针尖（带台阶端）稍长于铅芯。画图前，先将两腿分开至所需的半径尺寸，将针尖扎入圆心。画圆时圆规要向画线方向稍微倾斜，如图 1–5b 所示。

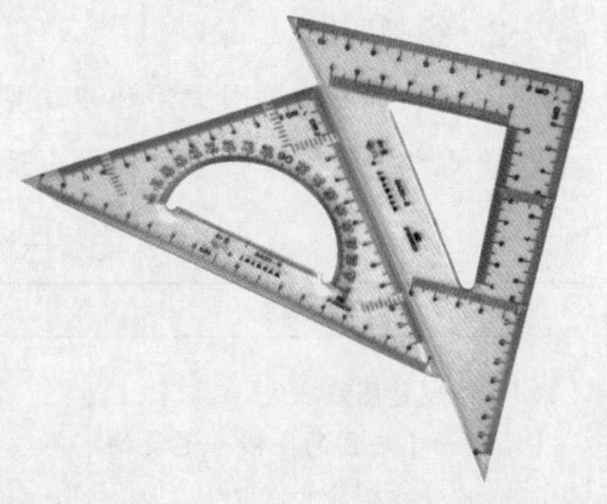

图 1–4 三角板

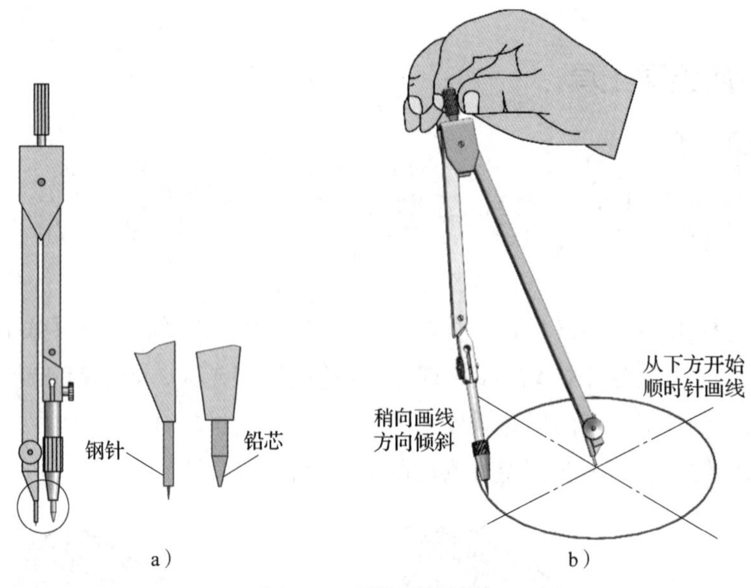

图 1–5　圆规及其用法

a）圆规的结构　b）圆规的用法

应用举例

抄绘压板平面图

如图 1–6 所示为压板平面图，下面以此为例介绍绘制平面图形的方法和步骤。

1. 分析图形

该平面图形上、下对称。右侧有三个同心圆，其中两个为粗实线圆，一个为细虚线圆。左侧有一缺少右边线的矩形线框，上、下两边与右侧大圆相切，左上方和左下方倒圆角，中间有一个粗实线圆。

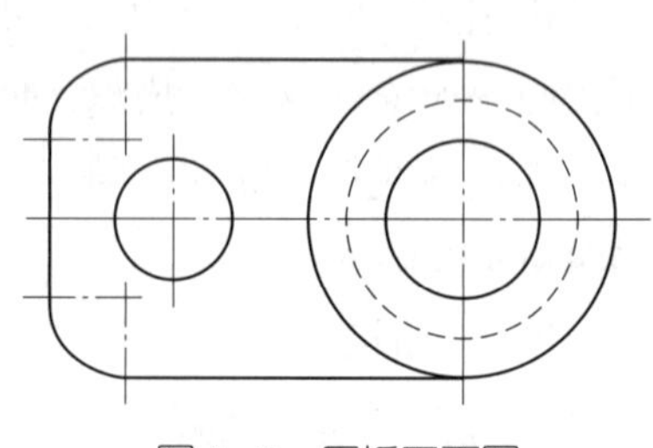

图 1–6　压板平面图

2. 绘制图形

压板平面图的绘图方法和步骤见表 1–3。实际绘图时，可用三角板或圆规在图 1–6 上测量尺寸并取整数，然后选择合适的比例进行绘图。

表 1–3　压板平面图的绘图方法和步骤

方法和步骤	图例
（1）绘制作图基准线 【小提示】底图的图线一定要细而淡，以便于擦除和修改	

续表

方法和步骤	图例
（2）绘制右侧两个同心粗实线圆和左侧小粗实线圆 【小提示】画底图时，粗实线也应画成细而淡的图线	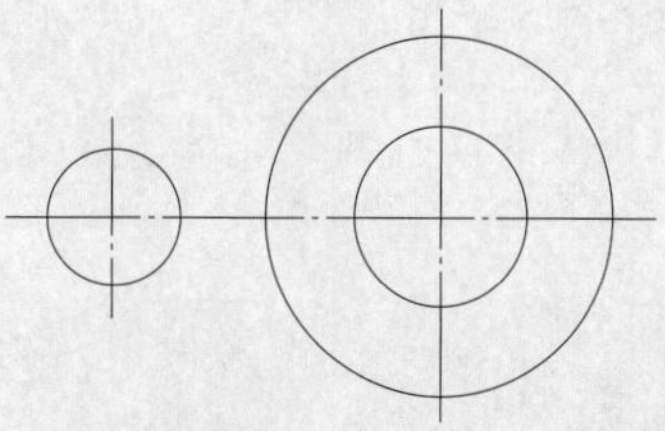
（3）绘制右侧细虚线圆 【规则】细虚线和其他图线相交或自身相交时，必须在线段处相交	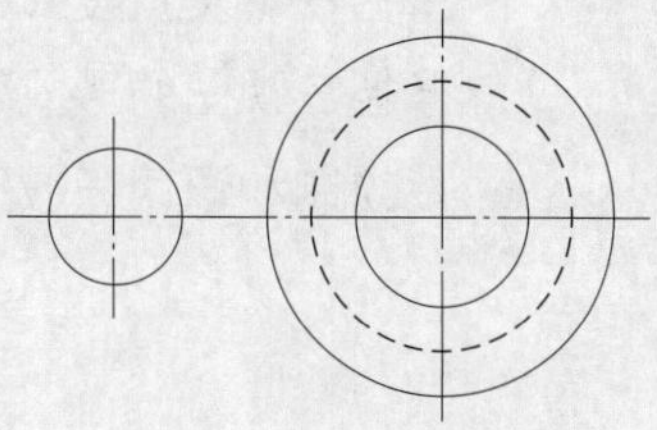
（4）绘制左侧矩形	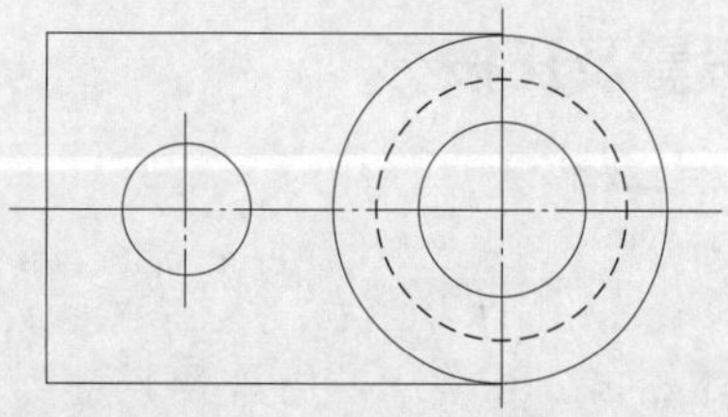
（5）绘制圆角 1）以角的顶点为圆心，圆角半径 R 为半径画弧，与两直角边交于 M、N（见图 a） 2）分别以 M、N 为圆心，R 为半径画弧，交点 O 为连接弧圆心（见图 b） 3）以 O 点为圆心，R 为半径，在 M、N 间画弧（见图 c）	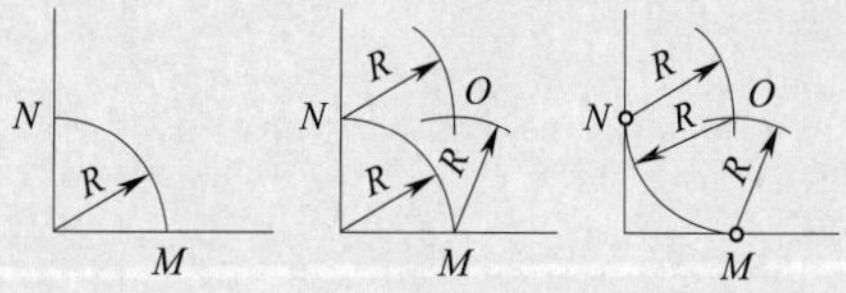 N R M a） N R O R R M b） N R R O R M c） 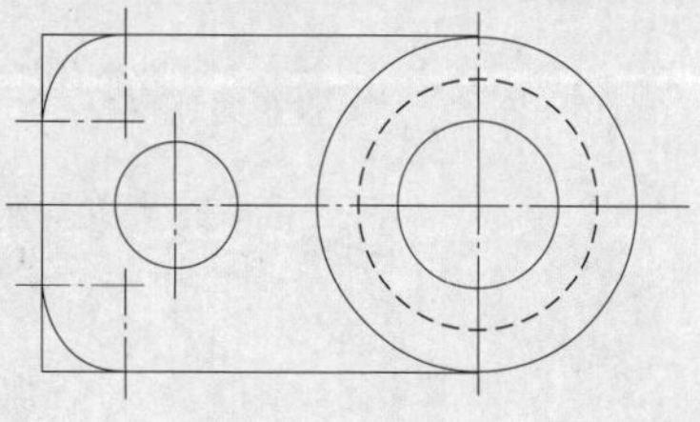
（6）检查图形，擦除作图线，按线型描深图线 【规则】描深细点画线时，“点”画成短画，其位置要根据图形适当调整，避免“点”与其他图线相交	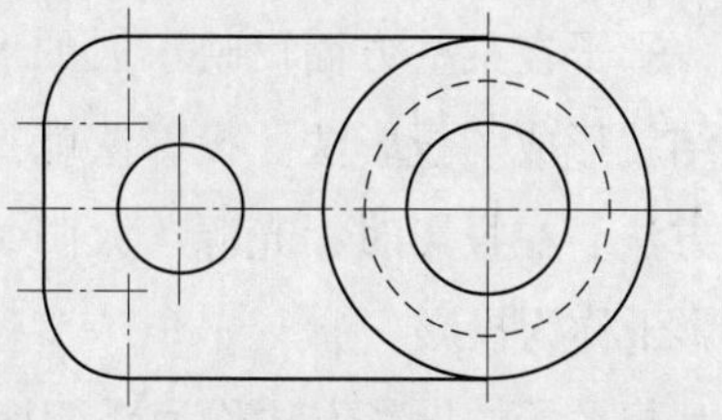

§1-2　三视图

学习目标

1. 掌握投影及正投影的概念。
2. 掌握三视图的形成及三视图的投影规律。
3. 能绘制和识读一般形体的三视图。

一、投影及正投影

想一想

如图 1-7 所示，人在太阳光的照射下，会在地面上产生一个影子。试分析人和影子之间有什么关系。

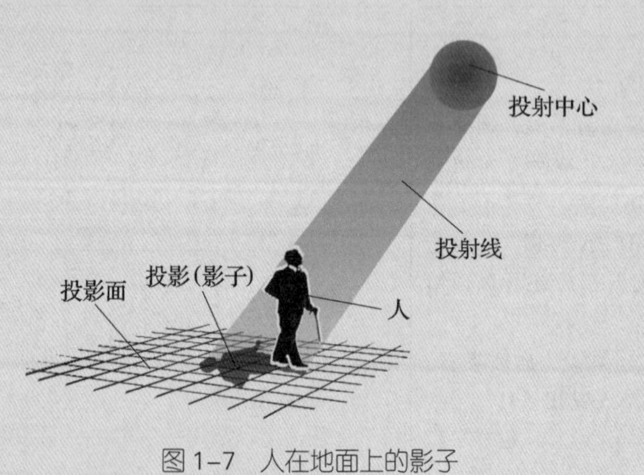

图 1-7　人在地面上的影子

很显然，影子在某些方面反映了人的形状特征，这种现象称为投影现象，将其加以抽象和总结就形成了投影法。投影法就是指用一组投射线通过物体射向预定平面而得到图形的方法。在投影时，光源（太阳）称为投射中心，光线称为投射线，地面称为投影面，影子称为投影。

投射线互相平行的投影方法称为平行投影法，这是工程上常用的投影方法。

根据投射线与投影面所成角度的不同，平行投影法又分为正投影法和斜投影法。

投射线与投影面垂直的平行投影法称为正投影法，如图 1–8a 所示。正投影法是最常用的一种投影方法，正投影法得到的图形称为正投影图或正投影。投射线与投影面倾斜的平行投影法称为斜投影法，如图 1–8b 所示。斜二等轴测图即采用了斜投影法。

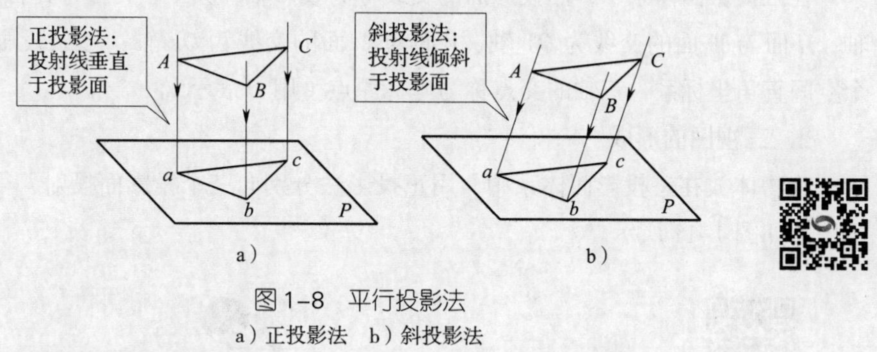

图 1–8 平行投影法
a）正投影法 b）斜投影法

二、三视图及投影规律

如图 1–9a 所示，使长方体的前面与投影面平行，用互相平行且与投影面垂直的投射线照射物体，即可在投影面上得到正投影图。长方体的正投影图如图 1–9b 所示，该图能准确地反映长方体前面的形状和大小。这种根据有关标准和规定，用正投影法绘制出的物体的图形称为视图。

图 1–9b 只能表达长方体前面的形状，不能完整地表达长方体的全部形状，如长方体上方平面和侧面的形状无法反映。要想表达长方体的完整形状，就必须从长方体的多个方向进行投射，画出多个视图。

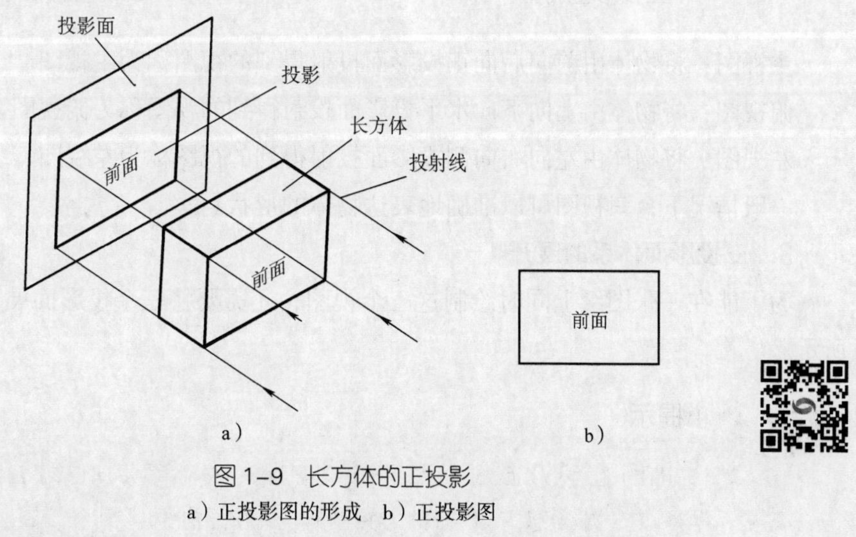

图 1–9 长方体的正投影
a）正投影图的形成 b）正投影图

1. 三投影面体系

通常在物体的后面、下面和右面放置三个投影面，如图 1–10 所示。把正对着观察者的投影面称为正投影面（用 V 表示），水平放置的投影面称为水平投影面（用 H 表示），右边侧立的投影面称为侧投影面（用 W 表示）。这三个投影面的组合称为三投影面体系。

在三投影面体系中，两投影面的交线称为投影轴。其中，V 面与 H 面的交线为 OX 轴，H 面与 W 面的交线为 OY 轴，V 面与 W 面的交线为 OZ 轴；三条投影轴构成了一个空间直角坐标系，三轴的交点称为坐标原点（用 O 表示）。

2. 三视图的形成

将物体放在三投影面体系中，用正投影法分别向三个投影面投射，得到物体的三视图，如图 1–11 所示。

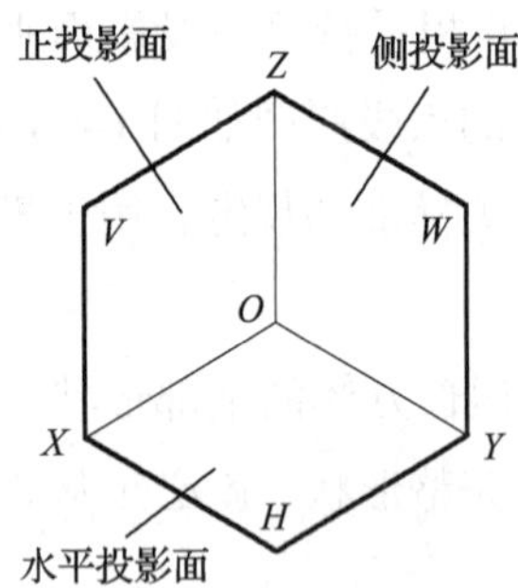

图 1–10　三投影面体系

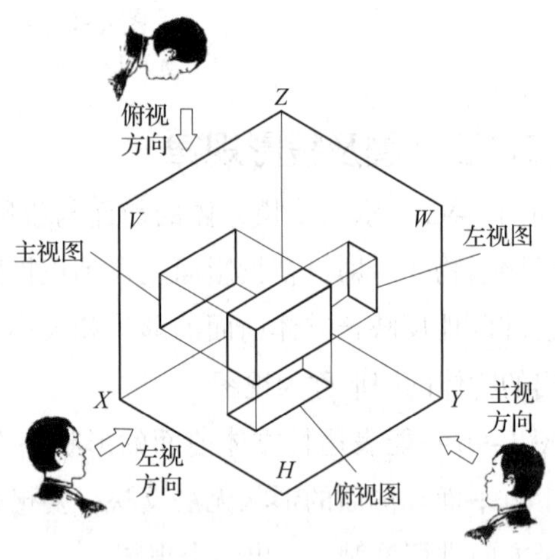

图 1–11　三视图的形成

主视图：将物体由前向后向正投影面投射得到的视图称为主视图。

俯视图：将物体由上向下向水平投影面投射得到的视图称为俯视图。

左视图：将物体由左向右向侧投影面投射得到的视图称为左视图。

一般情况下，三视图可以准确地表达物体的形状。

3. 三投影面体系的展开

为了能在一张图纸上同时绘制这三个视图，还需要将三个投影面展开，如图 1–12 所示。

小提示

（1）三投影面体系展开时，OY 轴变成了两条，随着 H 面的 OY 轴称为 OY_H 轴，随着 W 面的 OY 轴称为 OY_W 轴。

（2）在绘制三视图时，可不画投影面的边框线，只画投影轴；也可以省略投影轴。

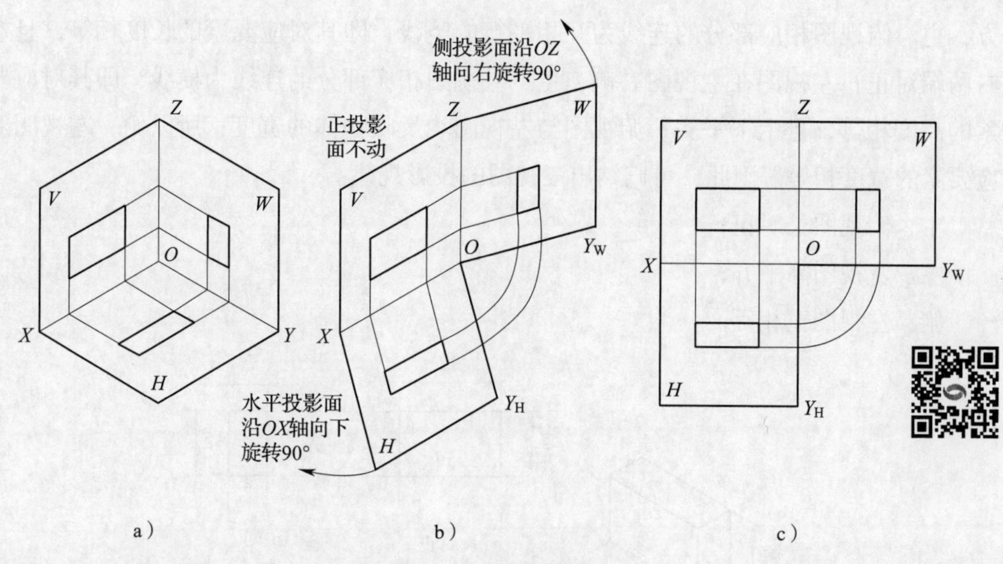

图 1–12 三投影面体系的展开

a）三投影面体系中的三视图 b）三投影面体系的展开方式 c）三投影面体系展开后

4. 三视图的投影规律

空间物体有前、后、左、右、上、下 6 个方位（见图 1–13a）。物体 6 个方位在三视图中的位置如图 1–13b 所示。

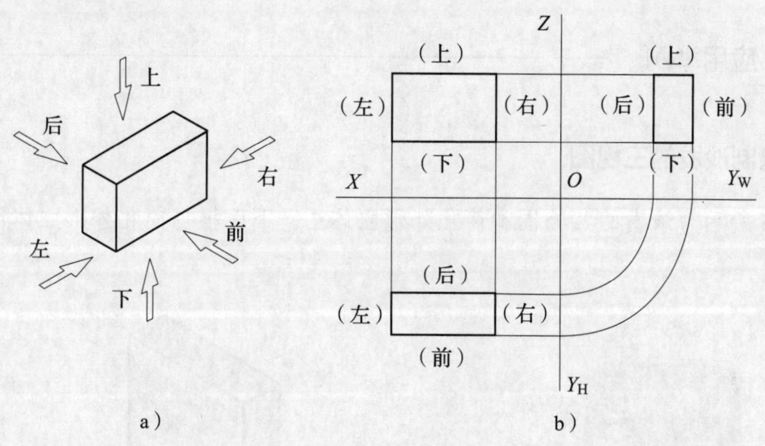

图 1–13 立体图与三视图的方位对照

a）立体图 b）三视图

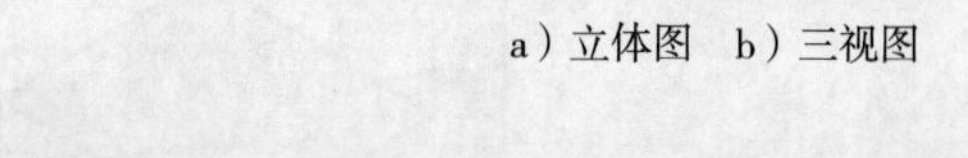

小提示

在俯视图上，前、后方位表现为纵向；在左视图上，前、后方位表现为横向。

对比分析图 1–14a、b 可见，主视图反映了物体的长和高，俯视图反映了物体的长和宽，左视图反映了物体的高和宽。从图 1–14b 中还可以看出，俯视图在主视图的下方，主、俯视图相应部分的连线为互相平行的竖线，即其对应要素的长度相等，且左右两端对正；左视图在主视图右侧，主、左视图相应部分的连线为横线，即其对应要素的高度相等，且上下平齐；俯视图与左视图均反映物体的宽度，所以俯、左视图对应要素的宽度相等。因此，可归纳出三视图的投影规律：

主、俯视图长对正；

主、左视图高平齐；

俯、左视图宽相等。

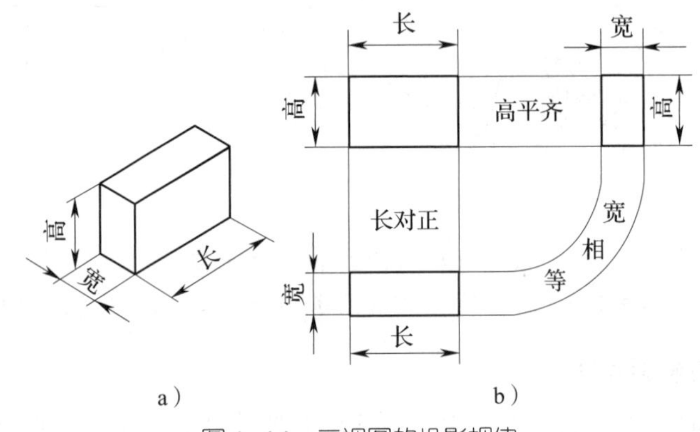

图 1–14　三视图的投影规律

a）立体图　b）三视图

应用举例

一、绘制沙发的三视图

图 1–15 所示为沙发的实物图和简化外形立体图，下面根据简化外形立体图绘制其三视图。

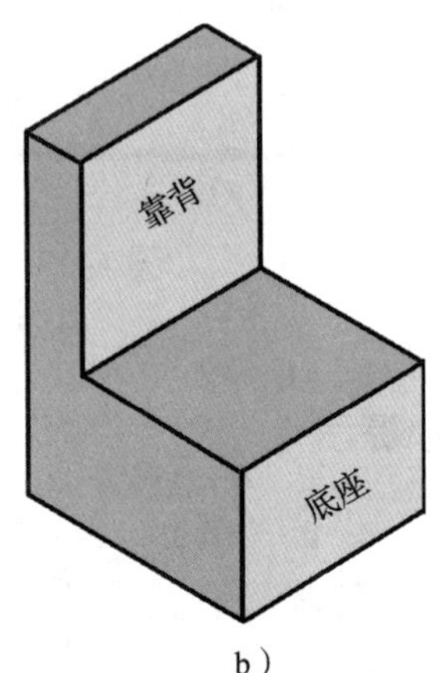

a）　b）

图 1–15　沙发

a）实物图　b）简化外形立体图

1. 分析形体

沙发由靠背和底座两部分组成，它们都是长方体，靠背和底座的长度相等，靠背叠加在底座之上。

小提示

在绘制或识读三视图时，首先要进行形体分析。

2. 绘制三视图

沙发三视图的绘图方法和步骤见表1–4。

表1–4 沙发三视图的绘图方法和步骤

方法和步骤	图例
（1）绘制底座的主视图 测量底座的长和高，绘制底座的主视图	靠背 底座 高1 长
（2）绘制底座的俯视图 测量底座的宽，并根据“长对正”的投影规律绘制底座的俯视图	靠背 底座 宽1
（3）绘制底座的左视图 根据“高平齐，宽相等”的投影规律绘制左视图 【小提示】画45°斜线是一种保证宽相等的方法，但是作图时一定要精确，否则会造成很大的绘图误差	45°
（4）绘制靠背的主视图 测量靠背的高，绘制靠背的主视图	靠背 底座 高2

续表

方法和步骤	图例
（5）绘制靠背的俯视图 测量靠背的宽，绘制靠背的俯视图	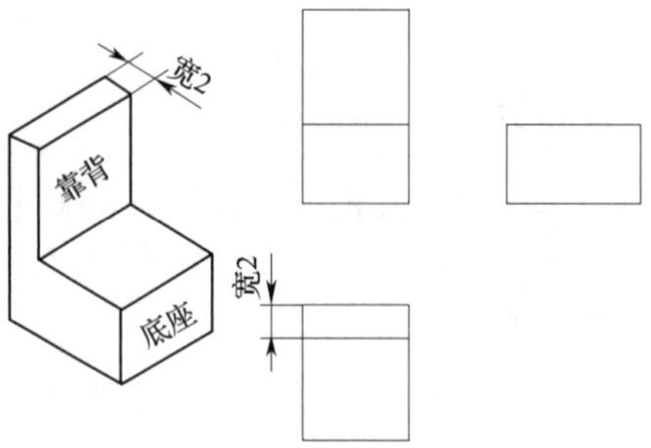
（6）绘制靠背的左视图 根据“高平齐，宽相等”的投影规律绘制靠背的左视图	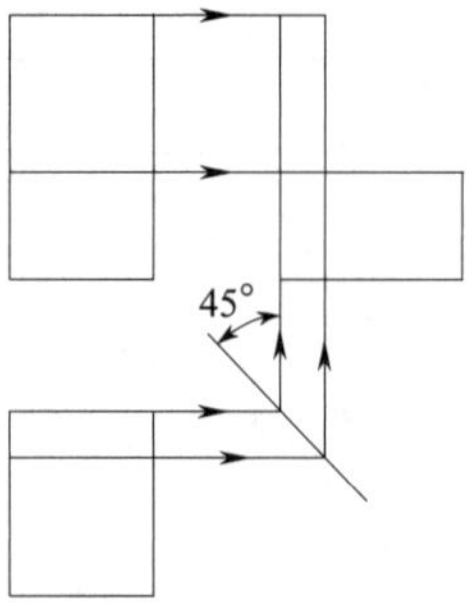
（7）校核三视图 【小提示】在绘制三视图时，会经常出现多画线或漏画线的错误，要反复校核三视图，才能避免出现错误	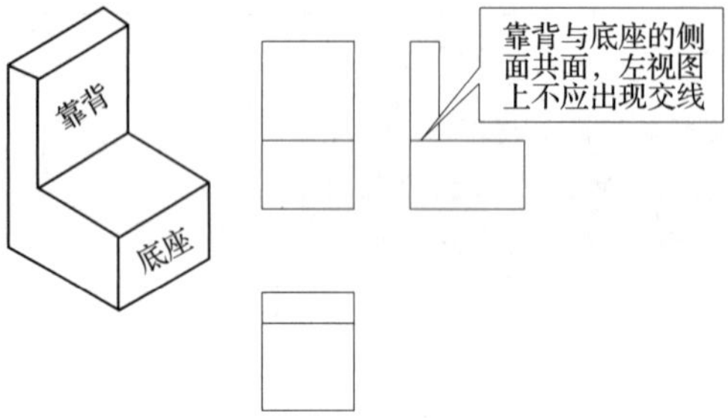
（8）完成视图 擦除作图线，将轮廓线描深为粗实线	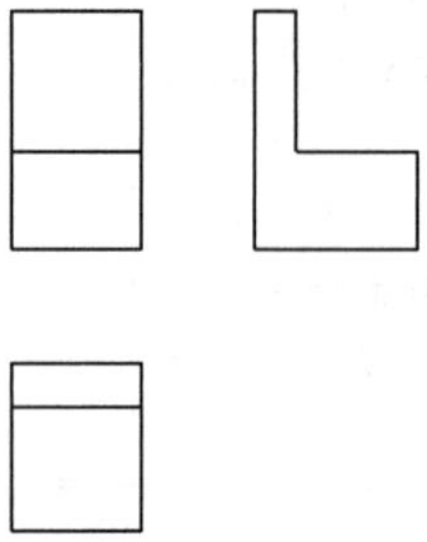

二、根据 V 形支架的两视图补画第三视图

图 1–16 所示为 V 形支架的主、俯视图和立体图，下面根据其两视图补画左视图。

1. 分析形体

分析 V 形支架的主、俯视图和立体图可知，该形体由底板和支承板两部分组成。底板和支承板的外形皆为长方体，在底板上钻有两个通孔，在支承板上加工了一个平底 V 形槽。

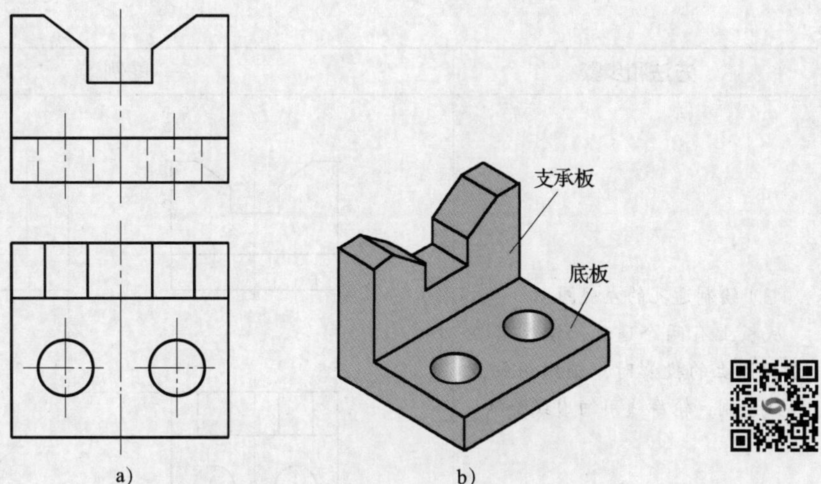

图 1–16 V 形支架

a）主、俯视图 b）立体图

2. 补画左视图

绘制 V 形支架左视图的方法和步骤见表 1–5。

表 1–5 绘制 V 形支架左视图的方法和步骤

方法和步骤	图例
（1）绘制底板外形的左视图 根据“高平齐，宽相等”的投影规律绘制底板外形的左视图	45°
（2）绘制支承板外形的左视图 根据“高平齐，宽相等”的投影规律绘制支承板外形的左视图 【小提示】支承板与底板的左右侧面为同一平面，内部无交线，应擦除二者之间的线段	

续表

方法和步骤	图例
（3）绘制通孔的左视图 底板上有两个通孔，绘制其在左视图上的投影时，轴线用细点画线绘制，轮廓线用细虚线绘制	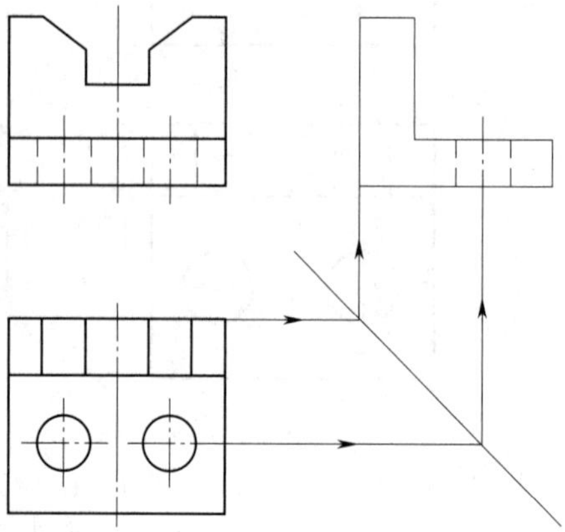
（4）绘制平底V形槽的左视图 支承板上有一个平底V形槽，其在左视图上不可见，故轮廓线用细虚线绘制	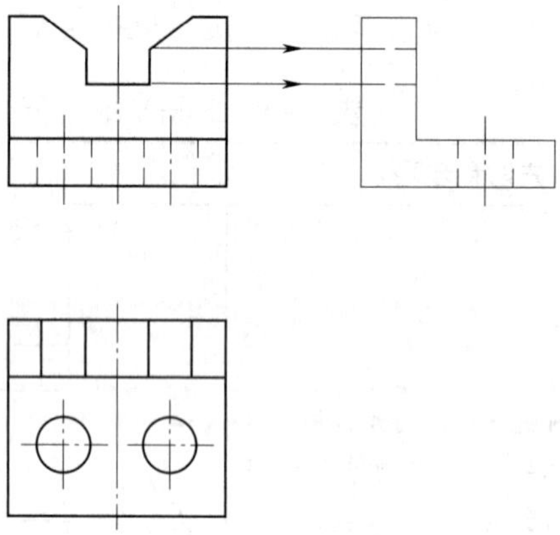
（5）检查并描深 擦除作图线，将可见轮廓线描深为粗实线，将不可见轮廓线描深为细虚线，将对称中心线、轴线和圆的中心线描深为细点画线	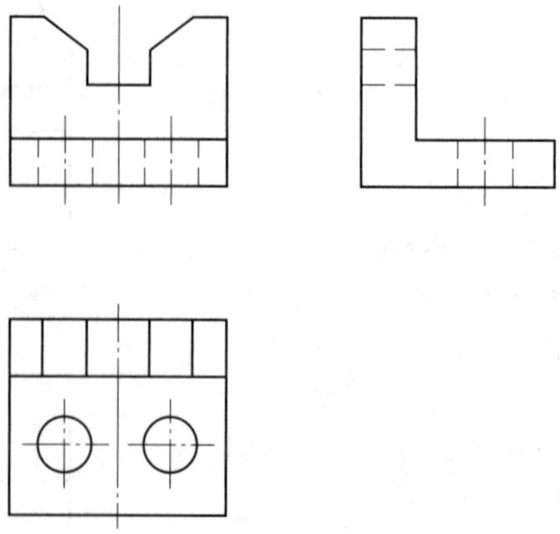

§1-3 轴测图

学习目标

1. 了解正等轴测图与斜二等轴测图的形成过程。
2. 能绘制简单形体的正等轴测图和斜二等轴测图。
3. 能根据轴测图绘制三视图。

想一想

轴测图是一种立体图，是物体用平行投影法得到的一种单面投影图。它能在一个图形上同时反映物体长、宽、高三个方向的形状，具有较好的直观性。机械制图中常用的有正等轴测图和斜二等轴测图。如图 1-17a、b、c 所示分别为长方体的三视图、正等轴测图和斜二等轴测图，试分析这三种图的区别。

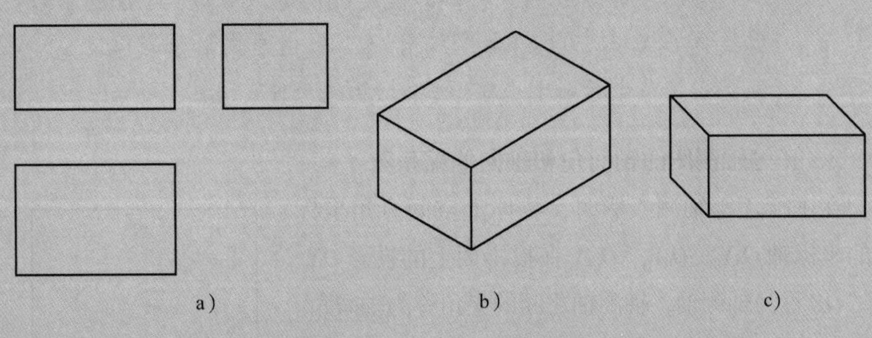

图 1-17 长方体的三视图、正等轴测图和斜二等轴测图
a）三视图 b）正等轴测图 c）斜二等轴测图

一、正等轴测图

1. 正等轴测图的形成

如图 1-18a 所示，在长方体上建立空间直角坐标系 $O_0—X_0Y_0Z_0$，当长方体的前面和正投影面平行时，用正投影的方法可得到主视图。如果将长方体旋转至图 1-18b 所

示位置，使空间直角坐标系的三个坐标轴 O_0X_0、O_0Y_0、O_0Z_0 和正投影面成相同的夹角（大约 35°16′），再进行正投影，即得到正等轴测图。很显然，在正等轴测图中，可以同时看到前面、上面和左面的形状。

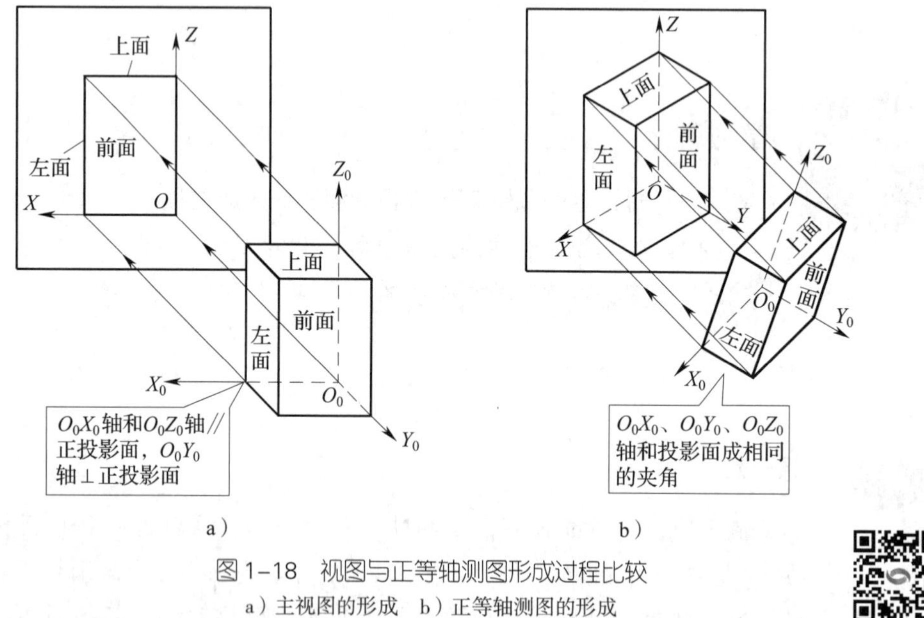

图 1–18　视图与正等轴测图形成过程比较

a）主视图的形成　b）正等轴测图的形成

小提示

绘制正等轴测图时物体的摆放位置是，将图 1–18a 所示位置上的物体连同 O_0X_0 轴、O_0Y_0 轴先绕着 O_0Z_0 轴由左向右旋转 45°，再将物体连同空间直角坐标系由上向下旋转大约 35°16′。

2. 正等轴测图的轴间角和轴向伸缩系数

在进行正等轴测投影时，物体上空间直角坐标系的坐标轴 O_0X_0、O_0Y_0、O_0Z_0 在投影面上的投影 OX、OY、OZ 称为轴测轴，轴测轴之间的夹角称为轴间角。由于在形成正等轴测图时，各空间直角坐标轴和投影面的夹角相等，所以正等轴测图的轴间角皆为 120°，即 $\angle XOZ=\angle YOZ=\angle XOY=120°$，如图 1–19 所示。

由于各空间直角坐标轴和投影面倾斜，所以和空间直角坐标轴平行的线段，在正等轴测图上要收缩。但是，为了作图方便，国家标准规定正等轴测图的轴向伸缩系数取 1。因此，按 1∶1 绘制的正等轴测图比实际物体要大些。

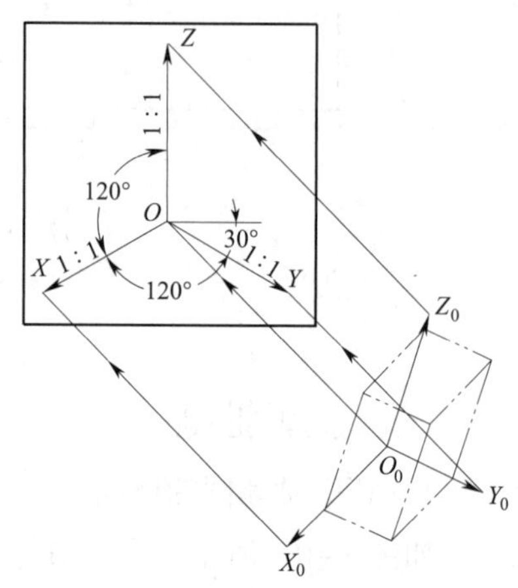

图 1–19　正等轴测图的轴间角和轴向伸缩系数

小提示

不在轴测轴方向上的线段，其伸缩系数是一个变量，所以不能直接测量出轴测图上不平行于轴测轴的线段长度。

应用举例

绘制长方体的正等轴测图

长方体的三视图如图 1–20 所示，其正等轴测图的绘图方法和步骤见表 1–6。

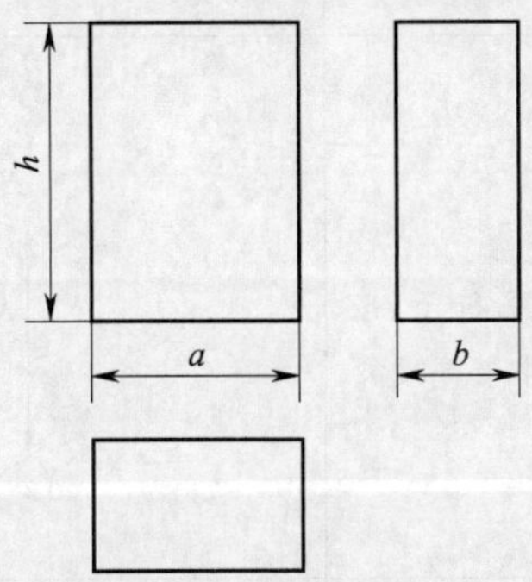

图 1–20 长方体的三视图

表 1–6 长方体正等轴测图的绘图方法和步骤

方法和步骤	图例
（1）确定坐标原点及坐标轴 选取长方体的后、下、右顶点为坐标原点，在三视图中绘制出空间直角坐标轴 O_0X_0、O_0Y_0、O_0Z_0 的投影	
（2）绘制轴测轴 OX、OY、OZ 将 OZ 轴画成竖直线，OX 轴、OY 轴与水平方向成 30° 角	

续表

方法和步骤	图例
（3）绘制底面的正等轴测图 在三视图上量取长方体的长度尺寸 a 和宽度尺寸 b，按 1∶1 的比例在轴测轴上截取线段，绘制出长方体底面的正等轴测图	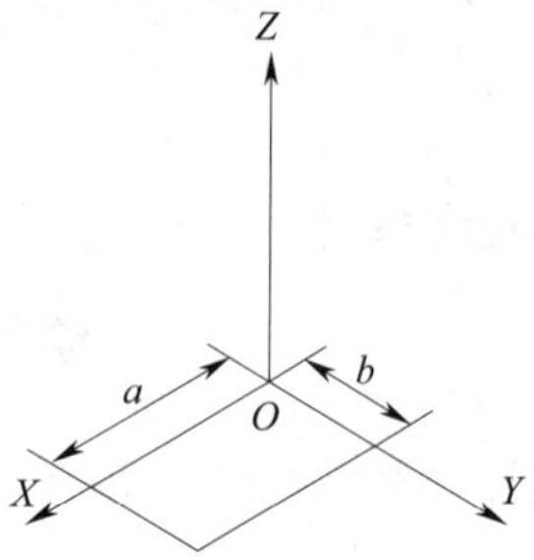 Z a b O X Y
（4）绘制竖棱 以底面四个顶点为起点，绘制平行于 OZ 轴的四条平行线，并按 1∶1 的比例取其高度 h	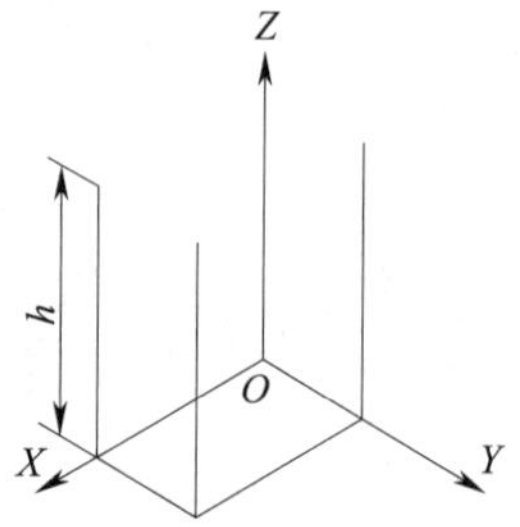 Z h O X Y
（5）绘制顶面的正等轴测图 连接各竖棱的上端点，即得顶面的正等轴测图	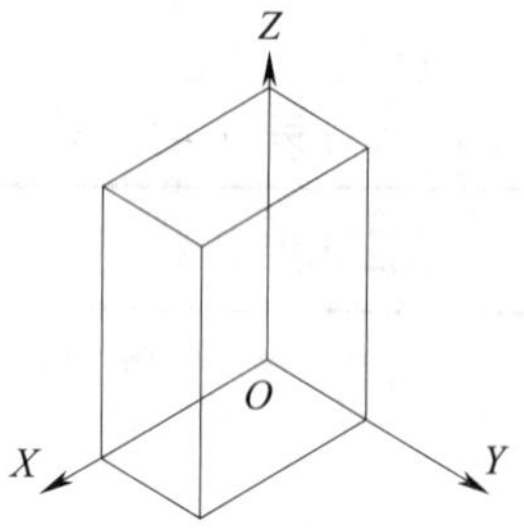 Z O X Y
（6）完成长方体的正等轴测图 擦除作图线，加深可见轮廓线（轴测图一般只绘制物体可见部分的投影），即得长方体正等轴测图	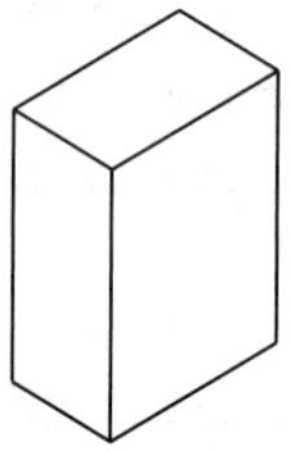

3. 圆柱的正等轴测图

三视图上平行于坐标面的正方形，在正等轴测图中投影为菱形；三视图上平行于坐标面的圆，在正等轴测图中投影为内切于菱形的椭圆，如图 1–21 所示。图 1–22 所示为三个不同方向圆柱的正等轴测图。

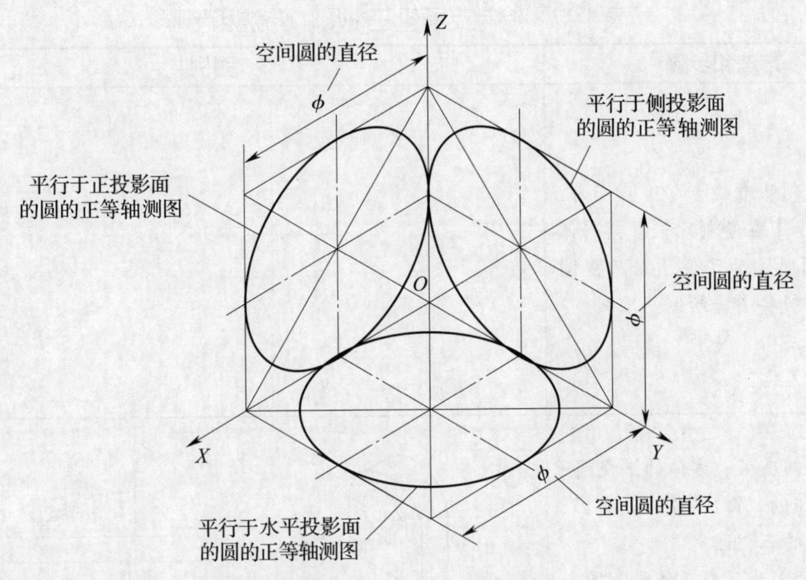

图 1–21 圆的正等轴测图

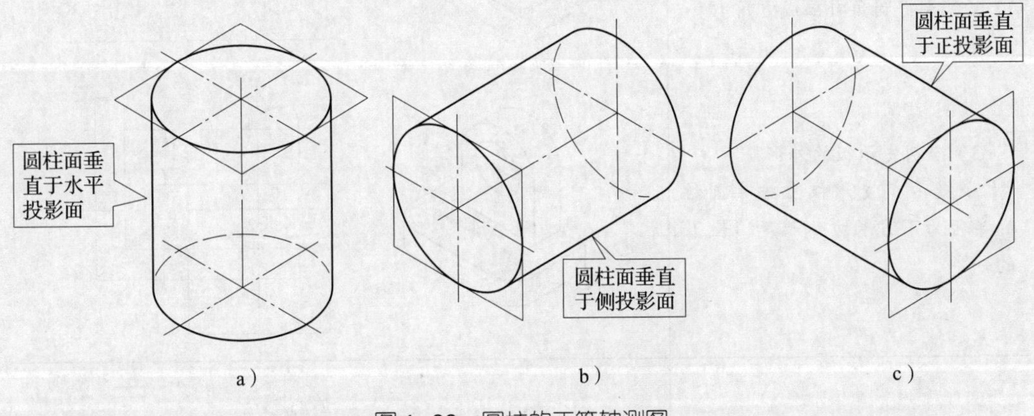

图 1–22 圆柱的正等轴测图

应用举例

根据支承座正等轴测图绘制三视图

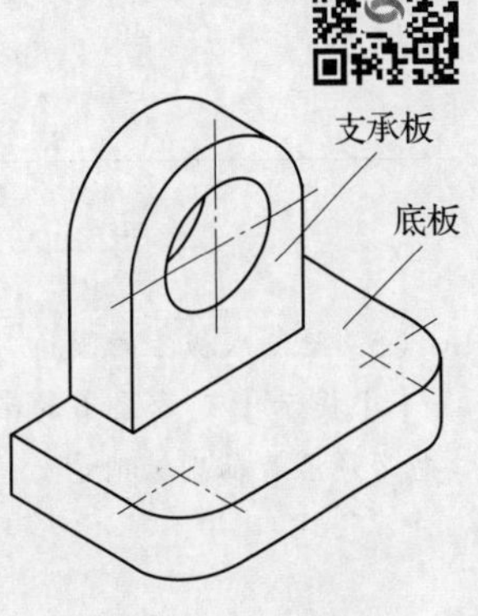

图1–23 支承座

根据图 1–23 所示支承座的正等轴测图绘制三视图。

1．形体分析

图 1–23 所示支承座由底板和支承板两部分组成，底板前面的左右角倒圆，支承板的上部为半圆柱，中间有圆孔。

2．绘制三视图

绘制支承座的三视图时，可以先绘制底板，再绘制支承板，具体绘图方法和步骤见表 1–7。

表 1–7　绘制支承座三视图的方法和步骤

方法和步骤	图例
（1）绘制基准线 【小提示】在绘制比较复杂形体的三视图时，为了便于给三视图定位，一般要首先绘制基准线	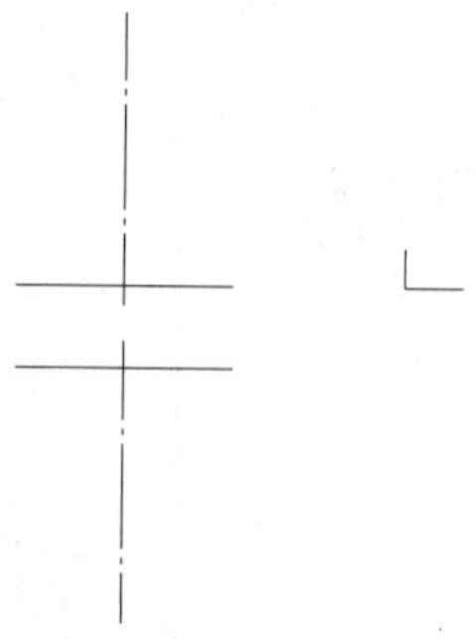
（2）绘制底板长方体的三视图 根据底板的“长 1”“宽 1”“高 1”，绘制底板的三视图 【小提示】为了在正等轴测图上测量底板的尺寸“长 1”和“宽 1”，需要将圆角补画成方角	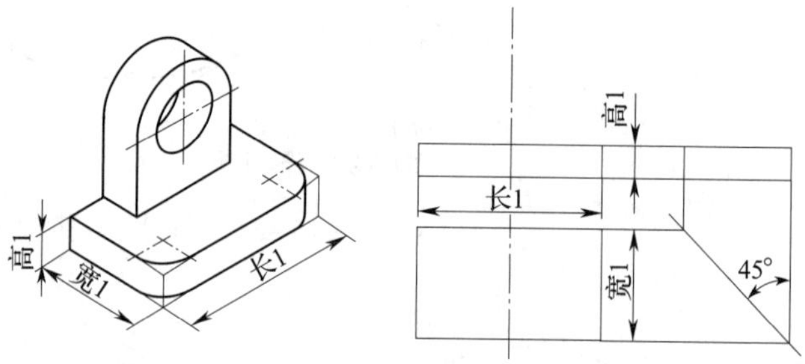 高1 宽1 长1 高1 长1 宽1 45°
（3）绘制支承板的外形 【小提示】支承板上方半圆柱的半径为下方长方体长度“长 2”的一半	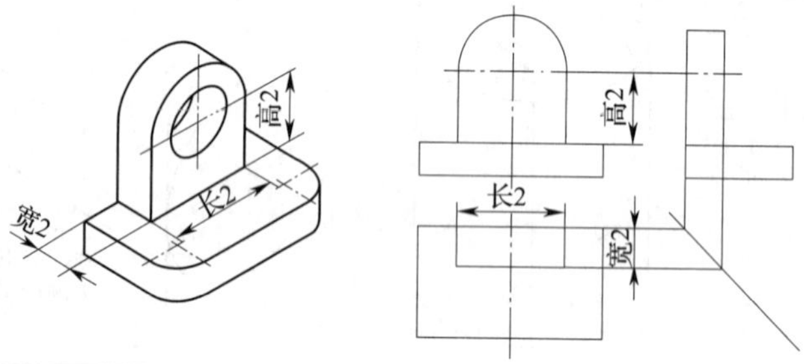 高2 长2 宽2 高2 长2 宽2
（4）绘制支承板上的圆孔 【小提示】测量圆孔的直径时，必须沿着轴测轴测量	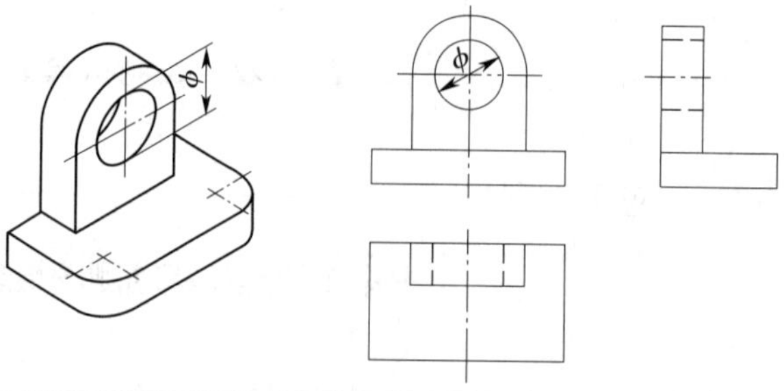 ϕ ϕ
（5）绘制底板上的圆角 【小提示】测量圆角的半径时，也必须沿着轴测轴测量	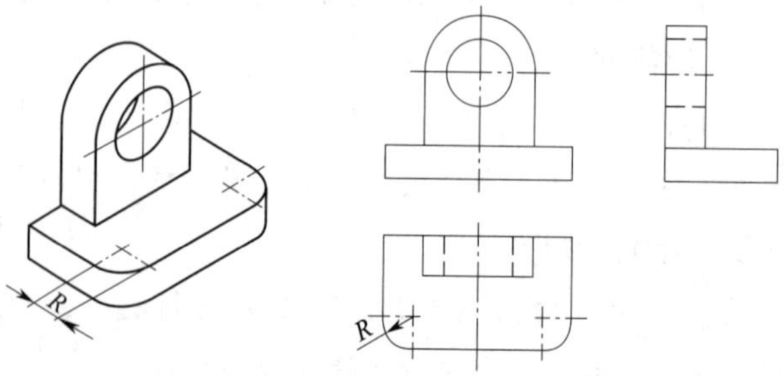 R R

续表

方法和步骤	图例
（6）校核三视图，按线型描深图线	

二、斜二等轴测图

1. 斜二等轴测图的形成

斜二等轴测图的形成过程如图 1-24 所示，投射线同时通过物体的前面、左面、上面。不难看出，斜二等轴测图采用的是斜投影法。

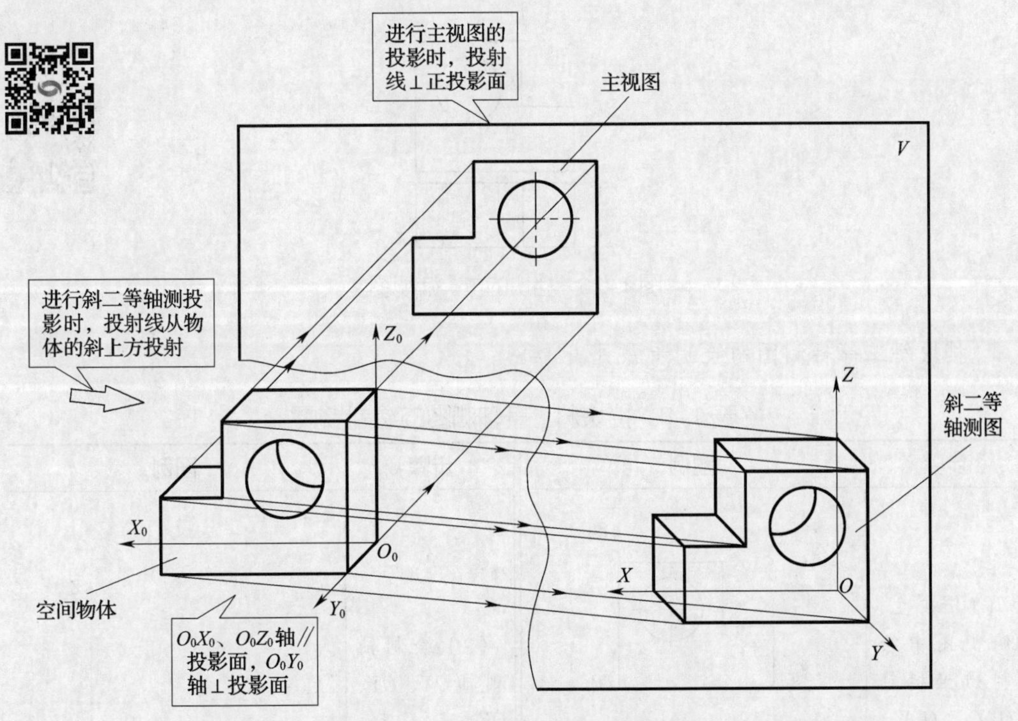

图 1-24　斜二等轴测图的形成过程

2. 斜二等轴测图的轴间角和轴向伸缩系数

在进行斜二等轴测投影时，由于 O_0X_0、O_0Z_0 坐标轴和投影面平行，所以斜二等轴测图的轴间角∠*XOZ*=90°，且 *OX*、*OZ* 轴的轴向伸缩系数都为 1。调整投影方向，可使∠*XOY*= ∠*YOZ*=135°，且使 *OY* 轴的轴向伸缩系数为 1/2，如图 1–25 所示。因此，在三视图宽度方向上量取的尺寸，在画斜二等轴测图时应减半。

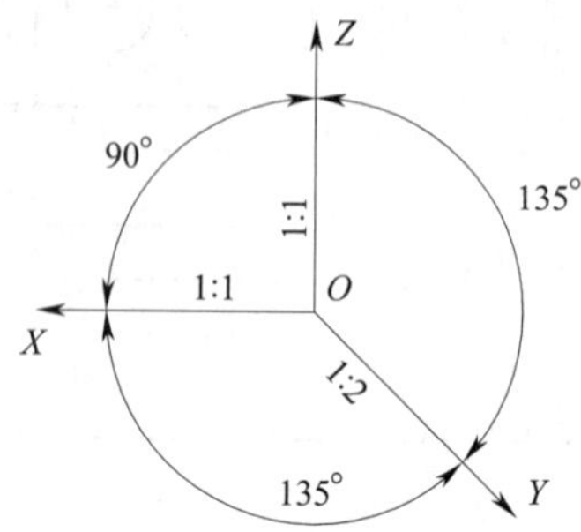

图 1–25　斜二等轴测图的轴间角和轴向伸缩系数

应用举例

绘制挡块的斜二等轴测图

根据图 1–26 所示挡块的主、俯视图，绘制其斜二等轴测图。

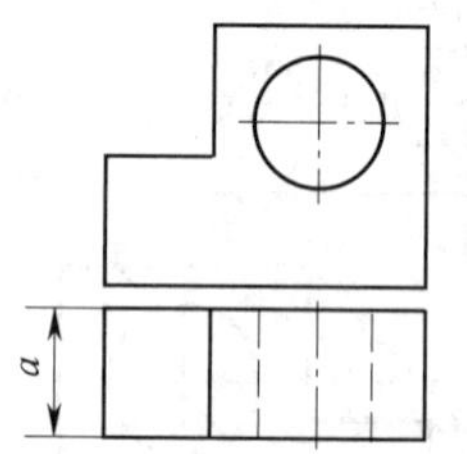

图 1–26　挡块的主、俯视图

挡块斜二等轴测图的绘制步骤见表 1–8。

表 1–8　挡块斜二等轴测图的绘制步骤

步骤	图例	步骤	图例
（1）在主、俯视图中绘制出坐标轴 O_0X_0、O_0Y_0、O_0Z_0 的投影	Z'_0、X'_0、O'_0、X_0、O_0、Y_0	（2）绘制轴测轴 *OX*、*OY*、*OZ*	Z、X、O、Y

续表

步骤	图例	步骤	图例
（3）绘制挡块前面的斜二等轴测图（按1∶1取其尺寸）	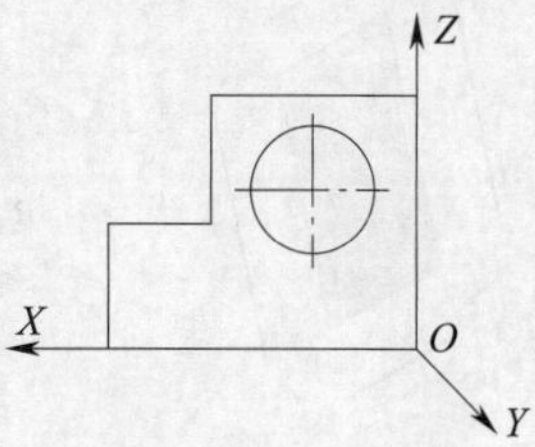	（5）依次连接后面各可见顶点，绘制圆孔后面轮廓圆可见部分的投影	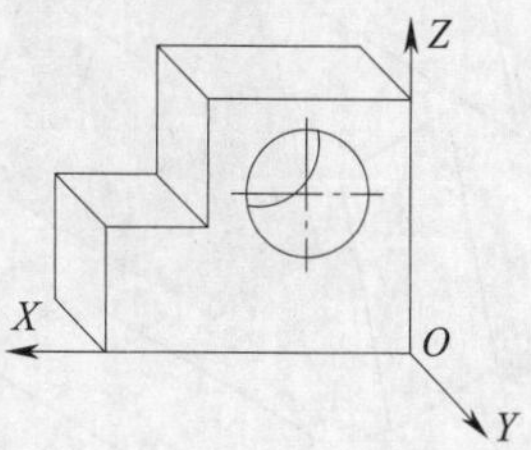
（4）从前面的各个顶点向后绘制平行于OY轴的线段，并按$0.5a$取其尺寸	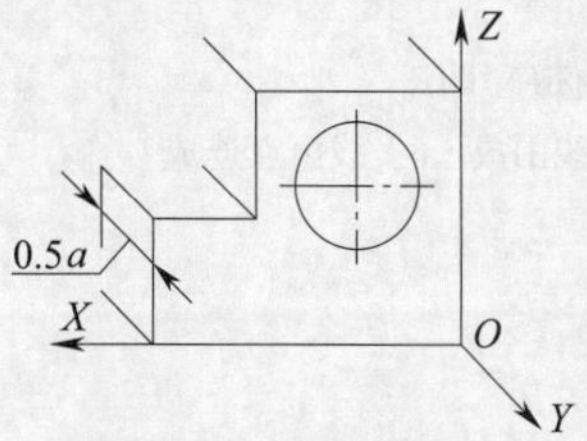	（6）擦除作图线，加深可见轮廓线，即得挡块的斜二等轴测图	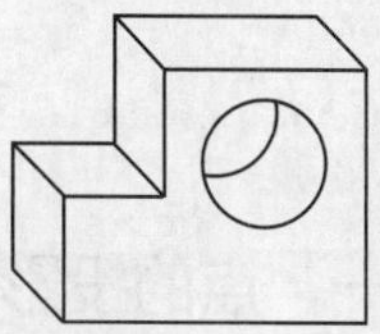

§1-4 点、直线和平面的投影

学习目标

1. 掌握点的投影特性，能根据点的两面投影求作第三投影。
2. 掌握直线的投影特性，能绘制各种位置直线的三面投影。
3. 掌握平面的投影特性，能绘制各种位置平面的三面投影。

任何物体都是由点、线、面等几何元素组成的。如图 1-27 所示，梯形块由 6 个四边形平面围成，而每个四边形平面由 4 条线围成，每条线由两个点连接而成。因此，要想看懂物体的三视图，必须掌握点、线、面等物体基本几何元素的投影特性。

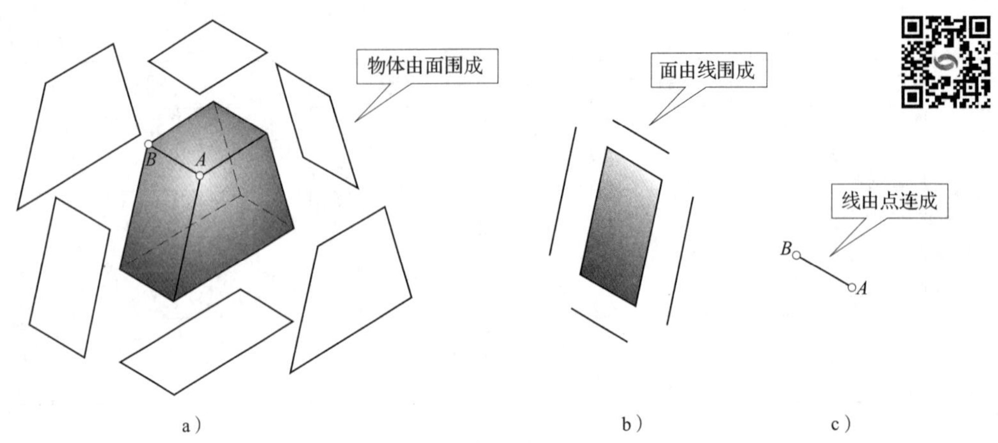

图 1–27　物体的组成

a）物体由面围成　b）面由线围成　c）线由点连成

一、点的投影

1. 点的三面投影

如图 1–28a 所示，将 A 点分别向水平投影面 H、正投影面 V、侧投影面 W 投射，分别得到水平投影 a、正面投影 a'、侧面投影 a''。投影面展开后，得到图 1–28b 所示点的三面投影。

【规则】一般情况下，空间点用大写拉丁字母表示，如 A、B 等；点的水平投影用相应的小写字母表示，如 a、b 等；点的正面投影用相应的小写字母加“ ′ ”表示，如 a'、b' 等；点的侧面投影用相应的小写字母加“ ″ ”表示，如 a''、b'' 等。

2. 点的投影特性

如图 1–28b 所示，$a'a \perp OX$；$a'a'' \perp OZ$；$aa_X=a''a_Z$。

不难看出，点的投影特性符合三视图的投影规律。

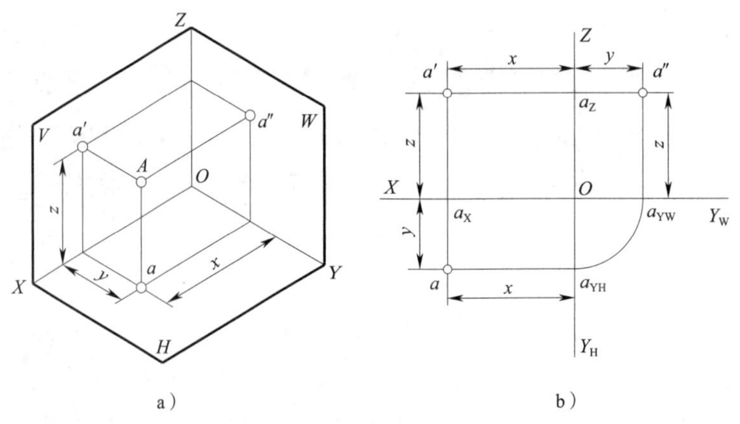

图 1–28　点的三面投影

a）立体图　b）三面投影图

应用举例

根据点的两面投影求作第三投影

图 1–29 所示为点 A、B、C 的两面投影，下面求作其第三投影，并分析点的空间位置。

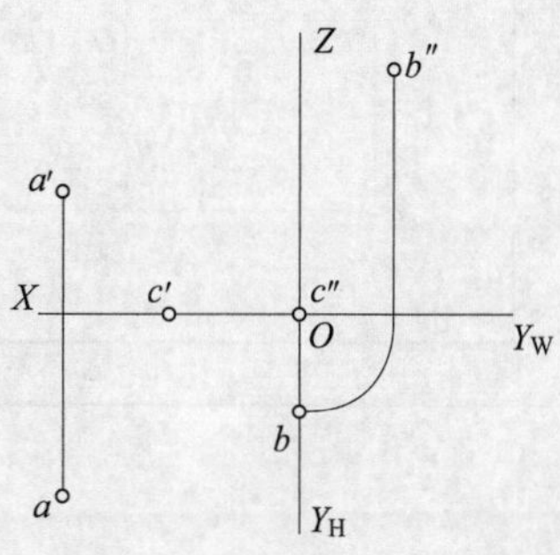

图 1–29　求作点的第三投影

求作点 A、B、C 第三投影及判断点的空间位置的方法见表 1–9。

表 1–9　根据点的两面投影求作第三投影

方法和步骤	图例	点的空间位置
（1）按照“高平齐，宽相等”的投影规律作 A 点的侧面投影 a''	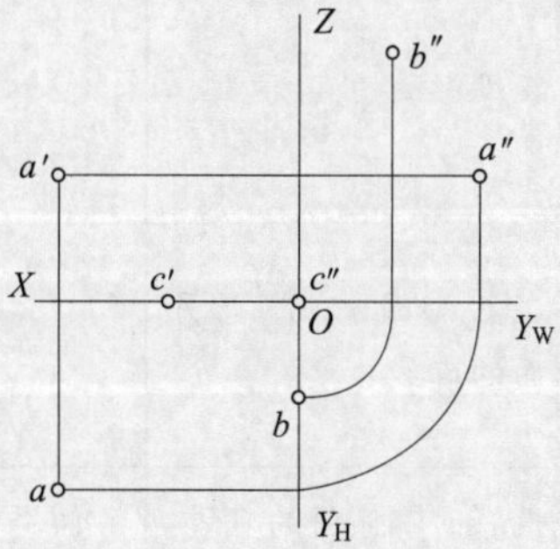	点 A 在空间
（2）按照“长对正，高平齐”的投影规律求作 B 点的正面投影 b'	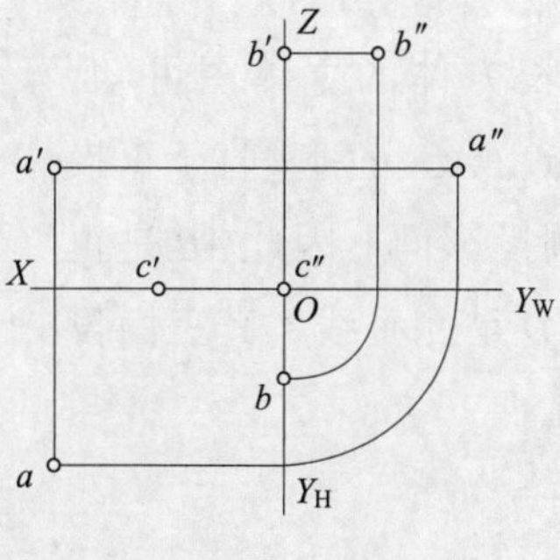	点 B 在侧投影面上

续表

方法和步骤	图例	点的空间位置
（3）按照“长对正，宽相等”的投影规律求作 C 点的水平面投影 c		点 C 在 X 轴上

二、直线的投影

根据直线相对于投影面的不同位置可将直线分为投影面垂直线、投影面平行线和一般位置直线三种，具体见表 1–10。

表 1–10　直线的类别

类别	概念	种类及性质
投影面垂直线	垂直于某投影面的直线	（1）正垂线：垂直于 V，平行于 H，平行于 W （2）铅垂线：垂直于 H，平行于 V，平行于 W （3）侧垂线：垂直于 W，平行于 V，平行于 H
投影面平行线	平行于某投影面，倾斜于另外两投影面的直线	（1）正平线：平行于 V，倾斜于 H，倾斜于 W （2）水平线：平行于 H，倾斜于 V，倾斜于 W （3）侧平线：平行于 W，倾斜于 V，倾斜于 H
一般位置直线	与三个投影面都倾斜的直线	倾斜于 V，倾斜于 H，倾斜于 W

1. 投影面垂直线

观察图 1–30 所示长方体的立体图可知，其上的三条棱线 AB、AC、AD 分别垂直于正投影面、水平投影面和侧投影面。因此 AB 是正垂线，AC 是铅垂线，AD 是侧垂线，其三面投影及投影特性见表 1–11。

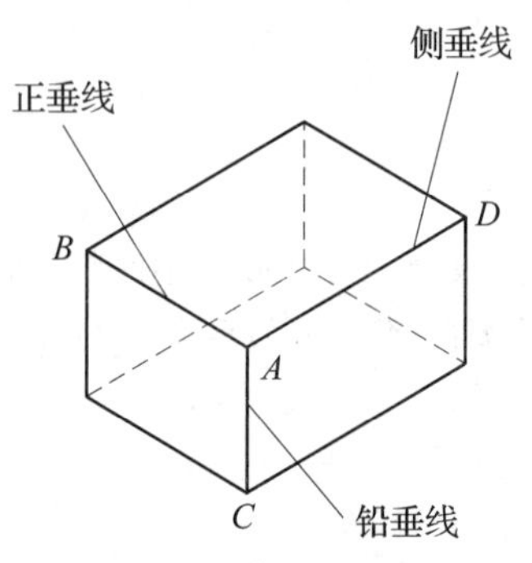

图 1–30　投影面垂直线

表 1–11　投影面垂直线的投影特性

名称	正垂线	铅垂线	侧垂线
投影图	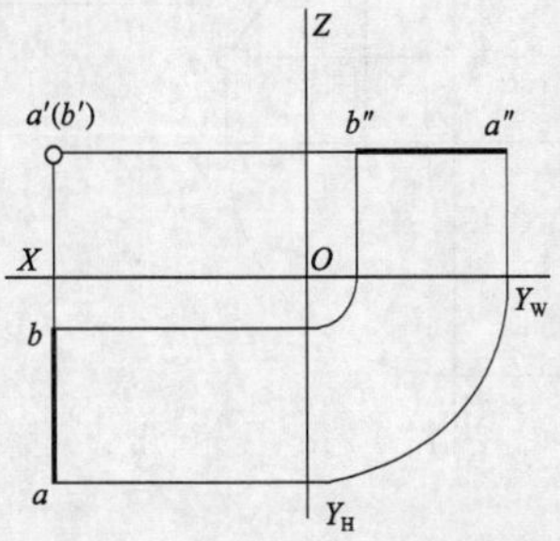	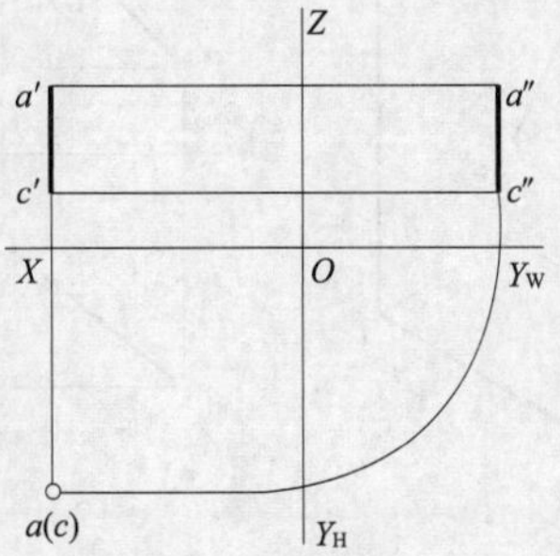	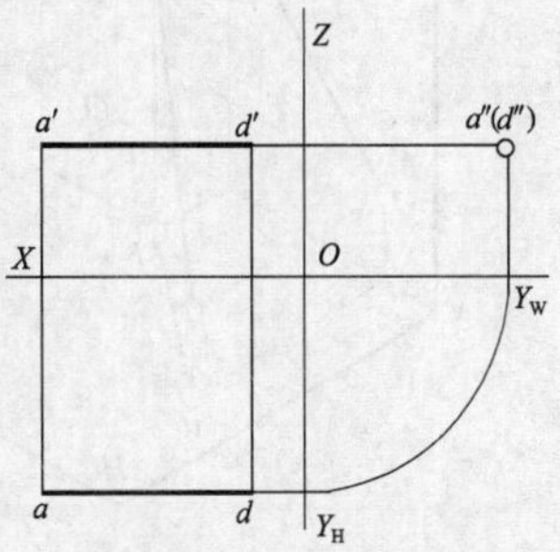
投影特性	（1）在所垂直的投影面上的投影积聚为一点 （2）在所平行的两个投影面上的投影为反映实长的横线或竖线		

2．投影面平行线

观察图 1-31 所示割角长方体的立体图可知，其上三条棱线 CD、BD、BC 分别平行于正投影面、水平投影面和侧投影面。因此，CD 是正平线，BD 是水平线，BC 是侧平线，其三面投影及投影特性见表 1–12。

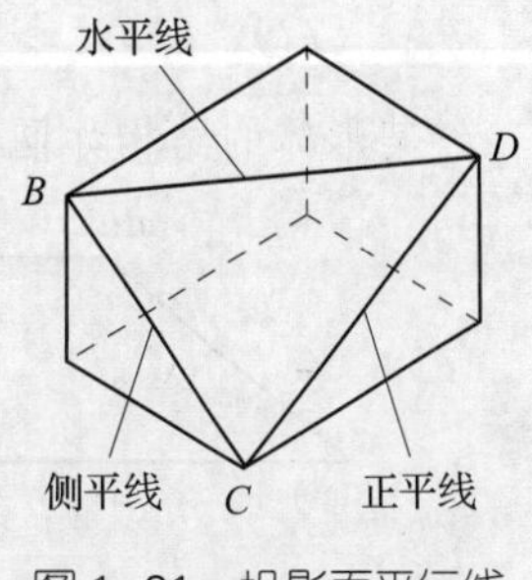

图 1–31　投影面平行线

3．一般位置直线

一般位置直线 AB 的立体图如图 1–32a 所示，其三面投影如图 1–32b 所示。

表 1–12　投影面平行线的投影特性

名称	正平线	水平线	侧平线
投影图	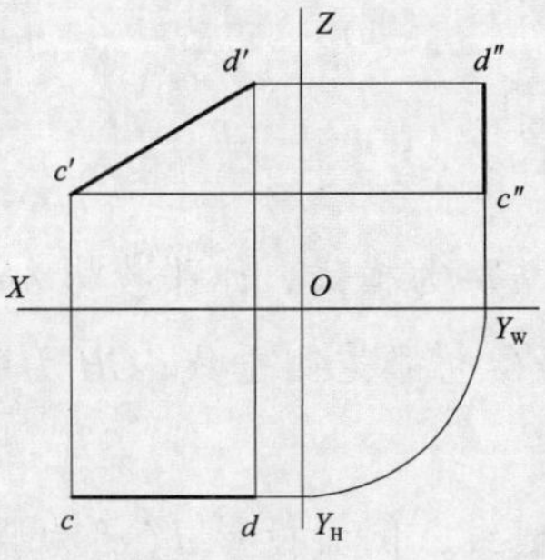	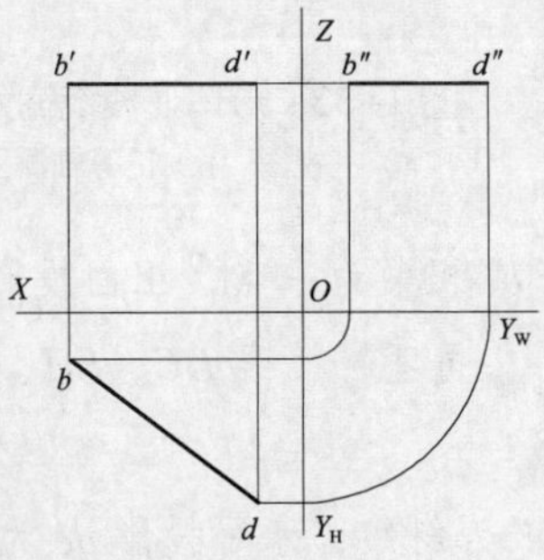	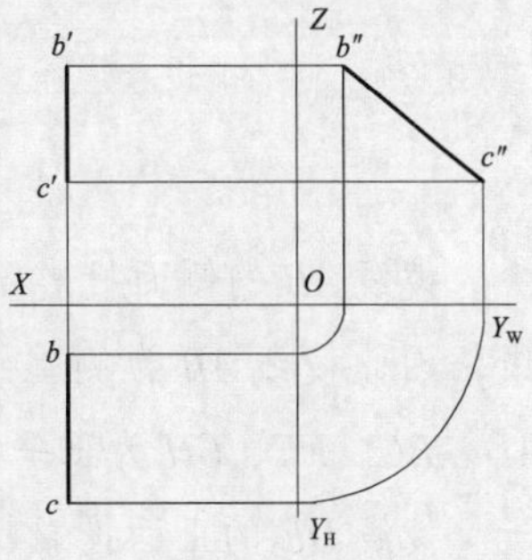
投影特性	（1）在所平行的投影面上的投影为反映实长的斜线 （2）在所倾斜的两个投影面上的投影为小于实长的横线或竖线		

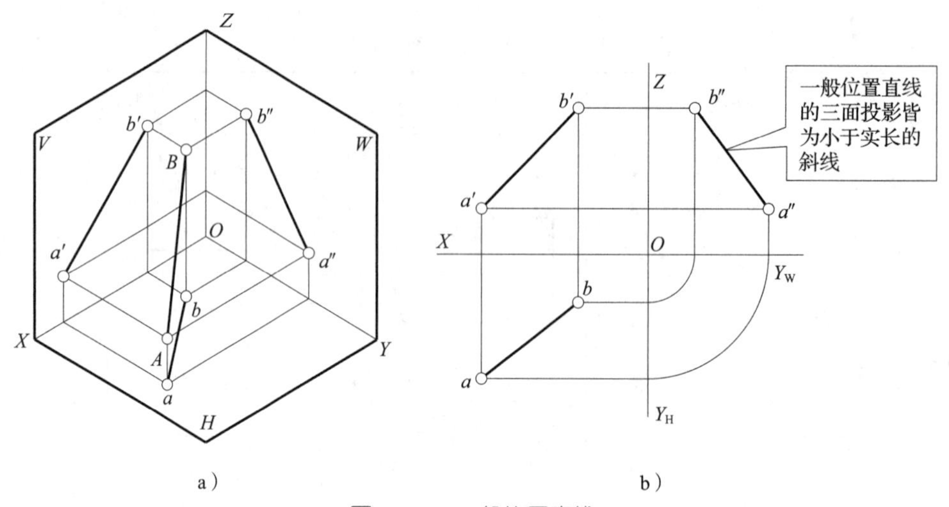

a） b）

图 1–32 一般位置直线

a）立体图 b）三面投影图

应用举例

判断形体上各棱线的名称

某形体的结构如图 1–33 所示，试分析该形体上各棱线的投影，并判断其名称。

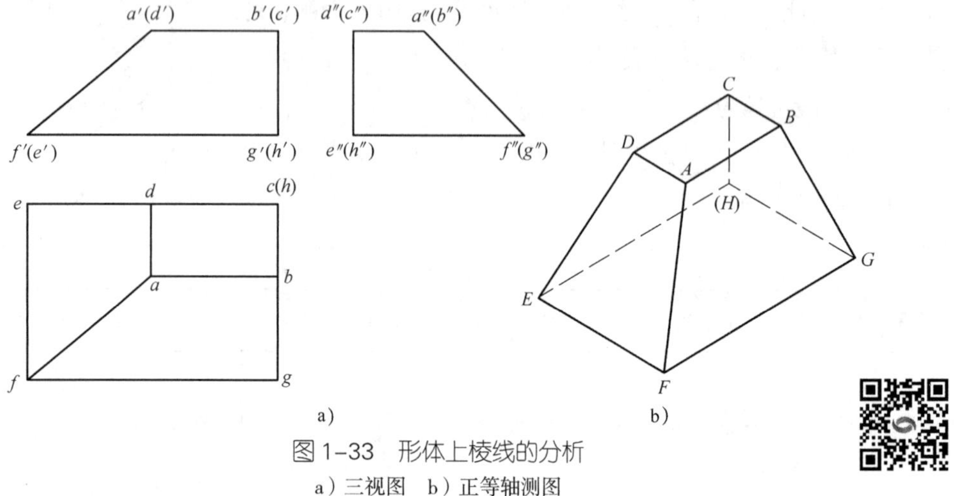

a） b）

图 1–33 形体上棱线的分析

a）三视图 b）正等轴测图

棱线 *AB* 的侧面投影 *a″ b″* 积聚为一点，正面投影 *a′b′* 为横线，水平投影 *ab* 也是横线，因此棱线 *AB* 为侧垂线。同理，棱线 *DC*、*EH*、*FG* 也都是侧垂线；*CH* 为铅垂线；*AD*、*BC*、*FE*、*GH* 为正垂线。

棱线 *DE* 的正面投影 *d′e′* 为斜线，水平投影 *de* 为横线，侧面投影 *d″ e″* 为竖线，因此棱线 *DE* 为正平线。同理，棱线 *BG* 为侧平线。

棱线 *AF* 的三面投影 *af*、*a′f′*、*a″ f″* 都是斜线，因此棱线 *AF* 为一般位置直线。

三、平面的投影

根据平面相对于投影面的不同位置可将平面分为投影面平行面、投影面垂直面和一般位置平面三种，具体见表 1–13。各种位置平面的位置如图 1–34 所示。

表 1–13 平面的类别

类别	概念	种类及性质
投影面平行面	平行于某投影面的平面	（1）正平面：平行于 V，垂直于 H，垂直于 W （2）水平面：平行于 H，垂直于 V，垂直于 W （3）侧平面：平行于 W，垂直于 V，垂直于 H
投影面垂直面	垂直于某投影面，倾斜于另外两投影面的平面	（1）正垂面：垂直于 V，倾斜于 H，倾斜于 W （2）铅垂面：垂直于 H，倾斜于 V，倾斜于 W （3）侧垂面：垂直于 W，倾斜于 V，倾斜于 H
一般位置平面	与三个投影面都倾斜的平面	倾斜于 V，倾斜于 H，倾斜于 W

1. 投影面平行面

图 1–34 所示形体上的平面 Q、R、S 为投影面平行面，其三面投影及投影特性见表 1–14。

2. 投影面垂直面

图 1–34 所示形体上的平面 I、J、K 为投影面垂直面，其三面投影及投影特性见表 1–15。

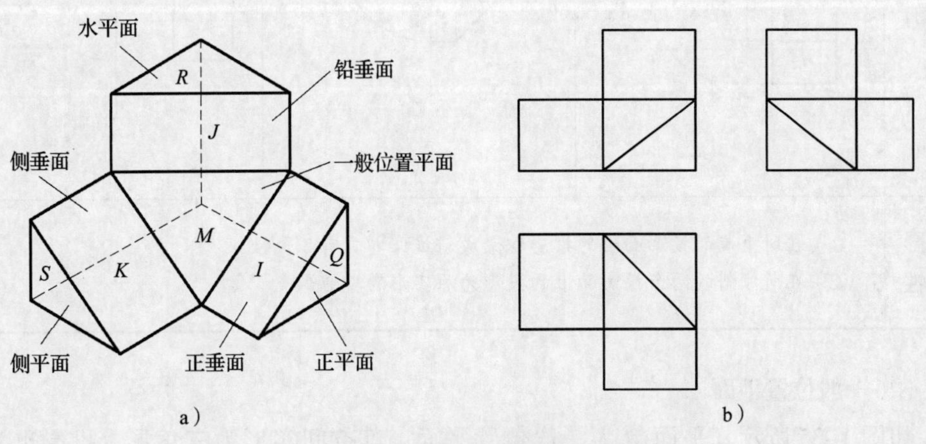

图 1–34 各种位置平面的位置

a）正等轴测图 b）三视图

表 1–14　投影面平行面的投影特性

名称	正平面	水平面	侧平面
投影图	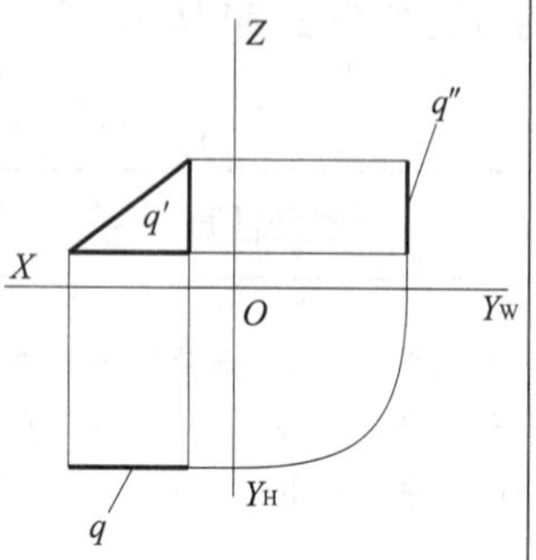	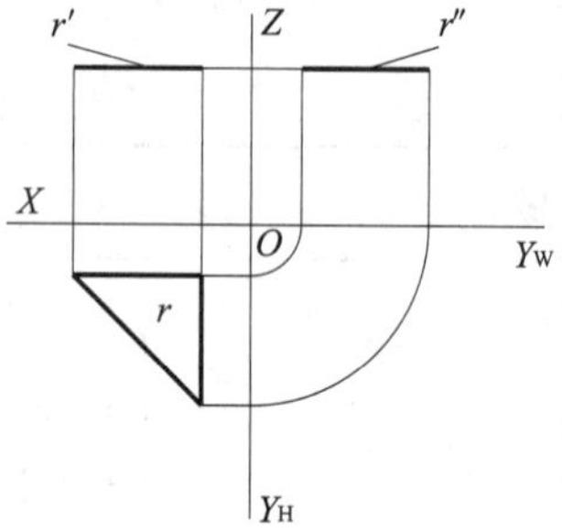	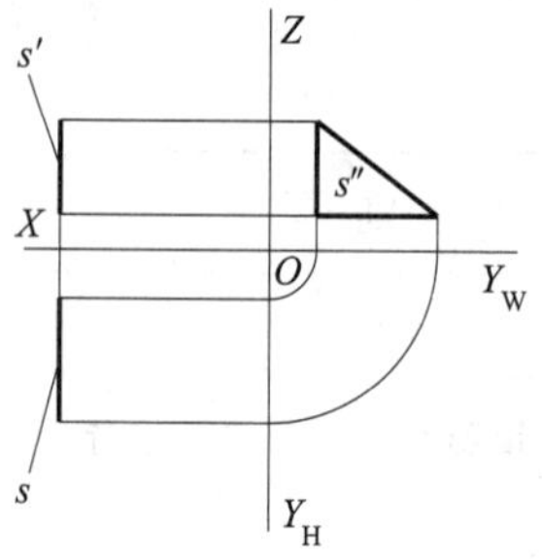
投影特性	（1）在所平行的投影面上的投影反映实形，即具有真实性 （2）在所垂直的两个投影面上的投影积聚成横线或竖线，即具有积聚性		

表 1–15　投影面垂直面的投影特性

名称	正垂面	铅垂面	侧垂面
投影图	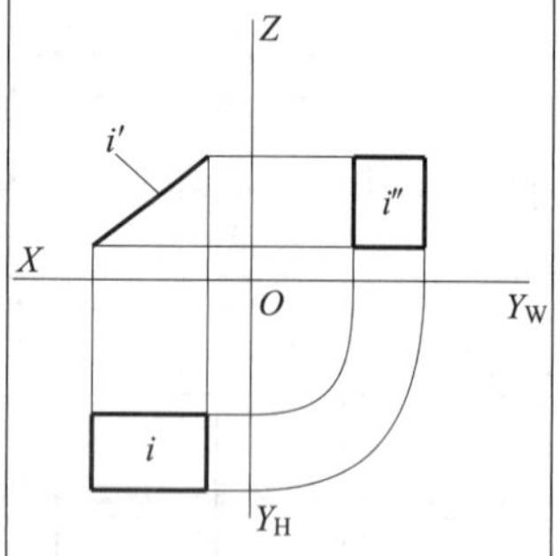	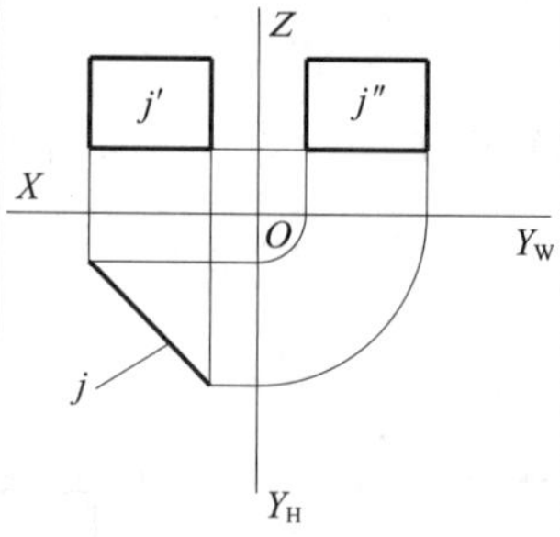	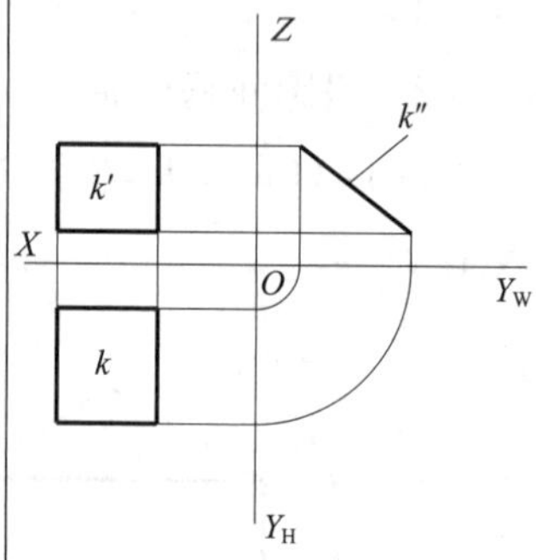
投影特性	（1）在所垂直的投影面上的投影积聚成斜线，即具有积聚性 （2）在所倾斜的两个投影面上的投影为原实形的类似形		

3. 一般位置平面

如图 1–35 所示，平面 M 为一般位置平面，其空间实形为三角形，投影也为三角形。

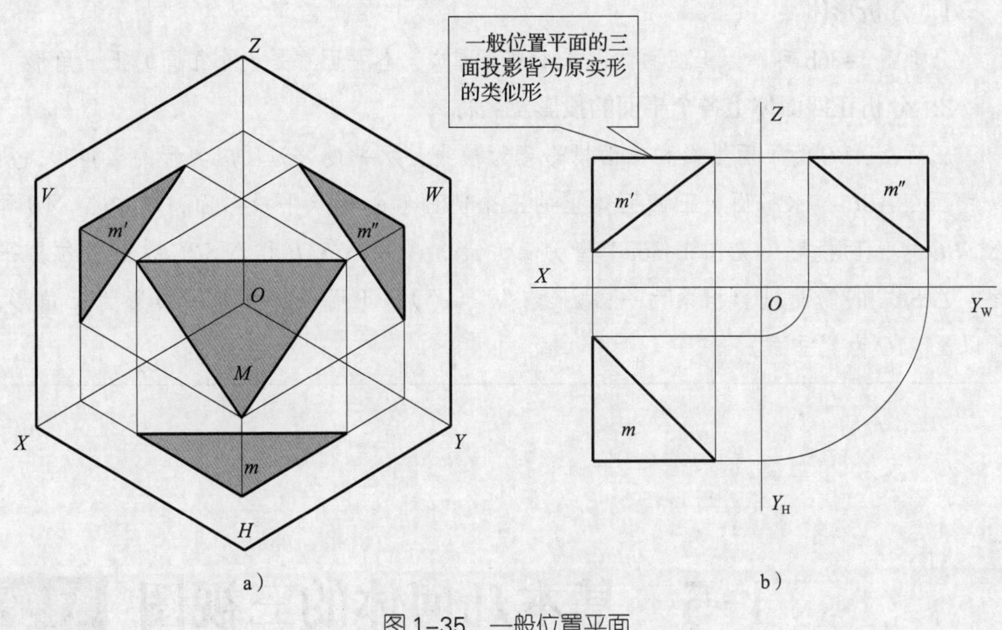

a）   b）

图 1–35　一般位置平面

a）立体图　b）三面投影图

应用举例

分析正四面体各表面的名称

图 1–36 所示为正四面体，下面分析正四面体上各个表面的投影，并说出各个平面的名称。

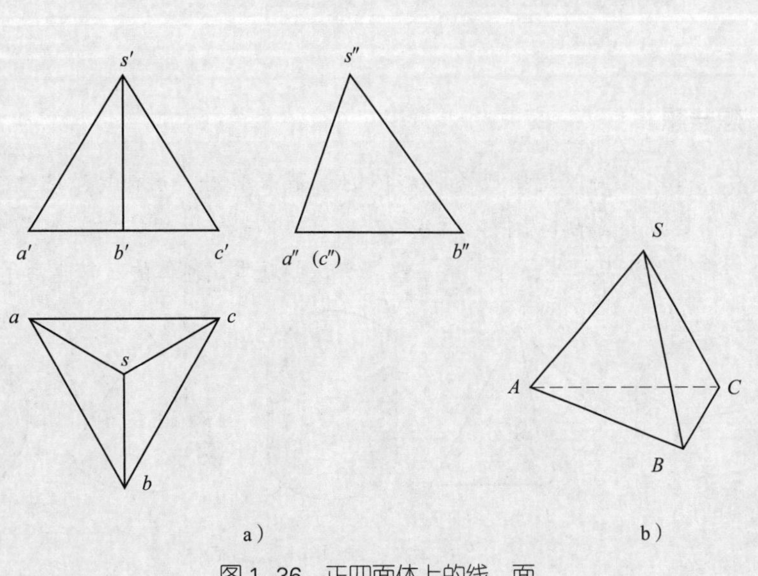

a）   b）

图 1–36　正四面体上的线、面

a）三视图　b）立体图

1．分析形体

分析图 1–36b 可知，正四面体由 4 个平面围成，各平面都是大小相同的正三角形。

2．分析正四面体上各个平面的投影及名称

底面△*ABC* 的正面投影和侧面投影皆为横线，水平投影为反应实形的三角形，所以底面△*ABC* 为水平面。正四面体上的三个侧面倾斜于水平投影面，其中△*SAB* 和△*SBC* 的三面投影（见图 1–36a）皆为三角形，所以△*SAB* 和△*SBC* 为一般位置平面。△*SAC* 的侧面投影积聚为一条斜线 $s''a''$（c''），正面投影和水平投影为三角形，所以△*SAC* 为侧垂面。

§1–5　基本几何体的三视图

学习目标

1. 掌握基本几何体三视图的绘制方法。
2. 能根据简单形体的两视图，补画三视图。

想一想

基本几何体是组成各种形体的最基本单元，各种复杂的物体都可以看作是由一些基本几何体组合而成。常见的基本几何体如图 1–37 所示，看一看你都认识哪些，并列举一些具有这些基本几何体的日常生活用品。

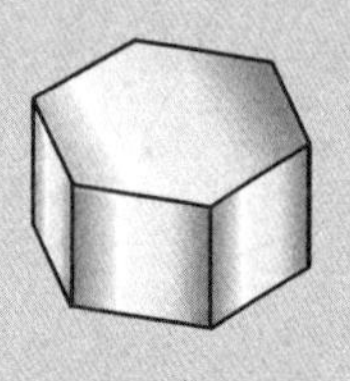

a）

b）

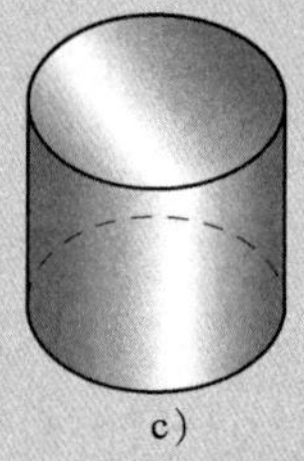

c）

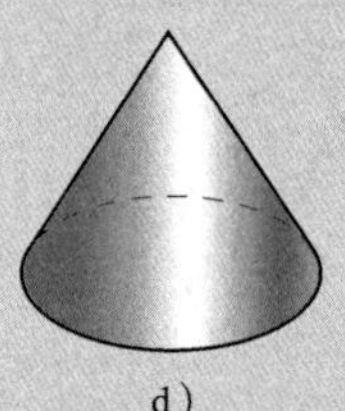

d）

e）

图 1–37　常见的基本几何体

a）六棱柱　b）四棱锥　c）圆柱　d）圆锥　e）球

一、正六棱柱

1．正六棱柱的三视图

正六棱柱的结构如图 1–38 所示，它由顶面、底面和 6 个侧面组成。

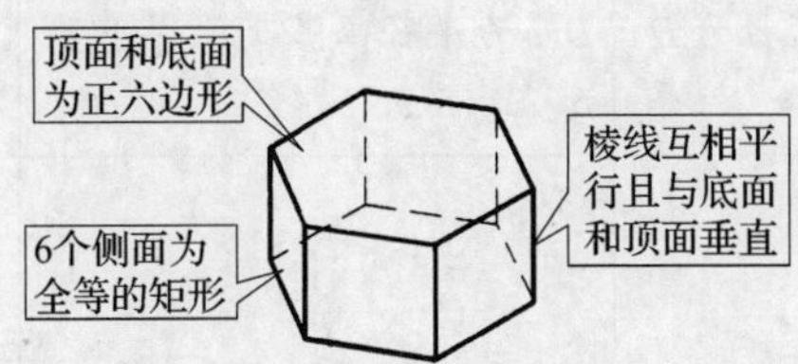

图 1–38 正六棱柱的结构

如图 1–39 所示，将正六棱柱放入三投影面体系，分别向正投影面、水平投影面和侧投影面投射，即可得到其三视图，如图 1–40 所示。

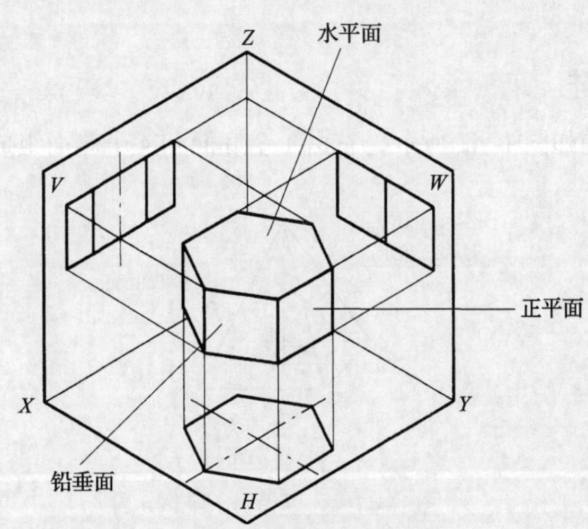

图 1–39 正六棱柱的投影

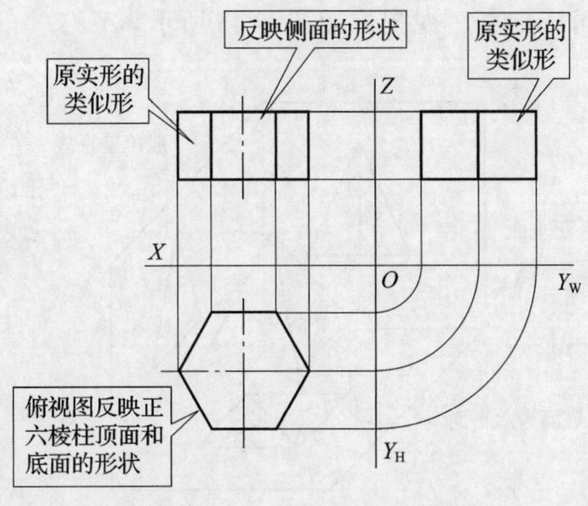

图 1–40 正六棱柱的三视图

2. 正六边形的画法

使用圆规、三角板绘制正六边形的步骤见表 1–16，假设正六边形的外接圆直径为 D。

表 1–16　绘制正六边形的步骤

步骤	1. 绘制辅助圆，直径为 D	2. 分别以 1、4 点为圆心，$D/2$ 为半径画弧交圆周于 2、6、3、5 点	3. 顺次连接圆周各点，即可得到正六边形
图例			

二、正四棱锥

正四棱锥的结构如图 1–41 所示，它由 1 个底面和 4 个侧面组成。

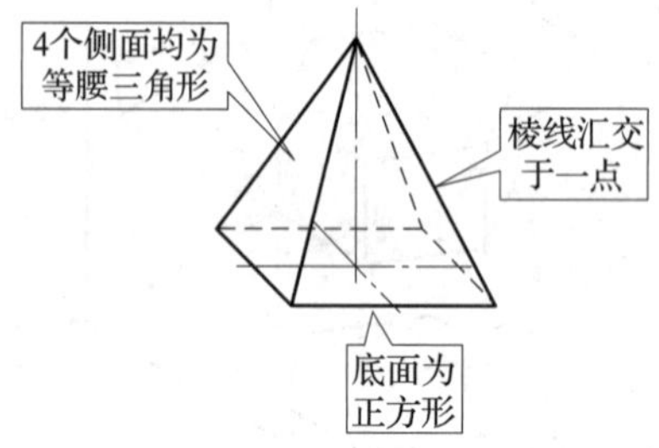

图 1–41　正四棱锥的结构

如图 1–42 所示，将正四棱锥放入三投影面体系，分别向正投影面、水平投影面和侧投影面投射，即可得到其三视图，如图 1–43 所示。

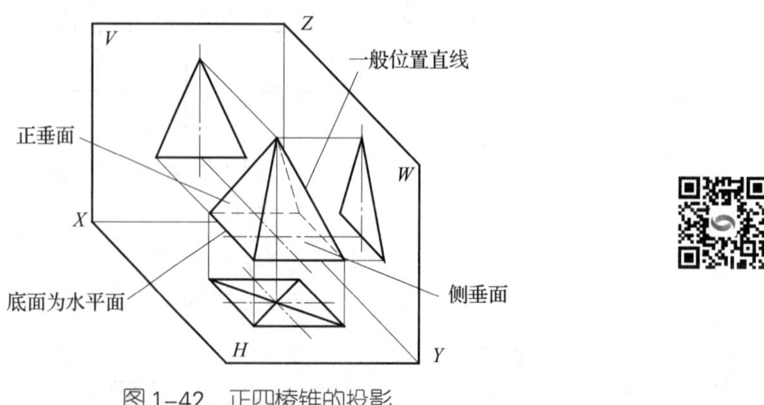

图 1–42　正四棱锥的投影

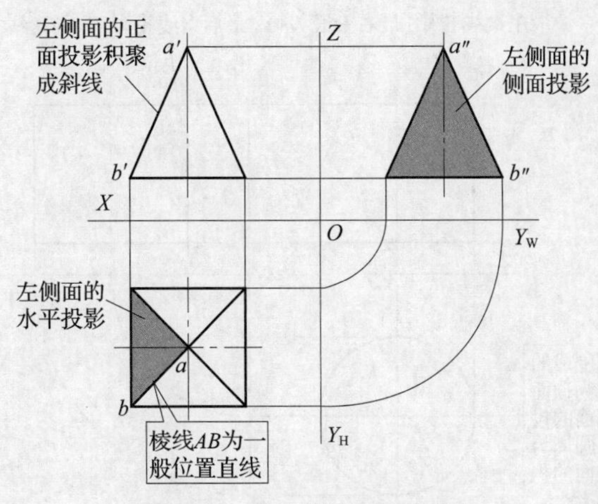

图 1–43 正四棱锥的三视图

三、圆柱

圆柱面的形成如图 1–44 所示，圆柱的结构及投影如图 1–45 所示。它由一个圆柱面以及圆形的顶面和底面组成，在该圆柱面上有 4 条特殊位置素线，分别是最前素线、最后素线、最左素线、最右素线。将圆柱放入三投影面体系，分别向三投影面投射，即可得到其三视图，如图 1–46 所示。

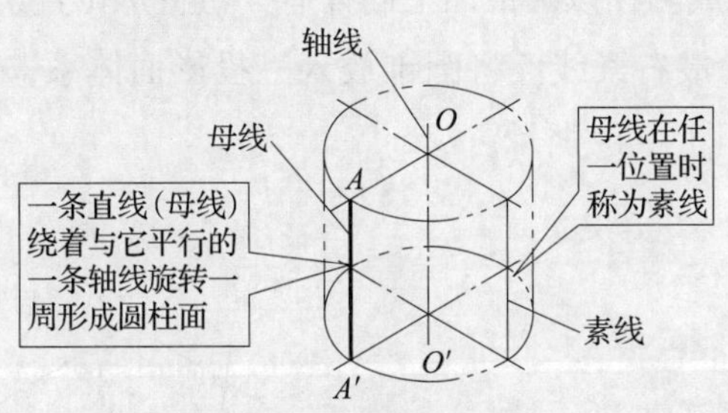

图 1–44 圆柱面的形成

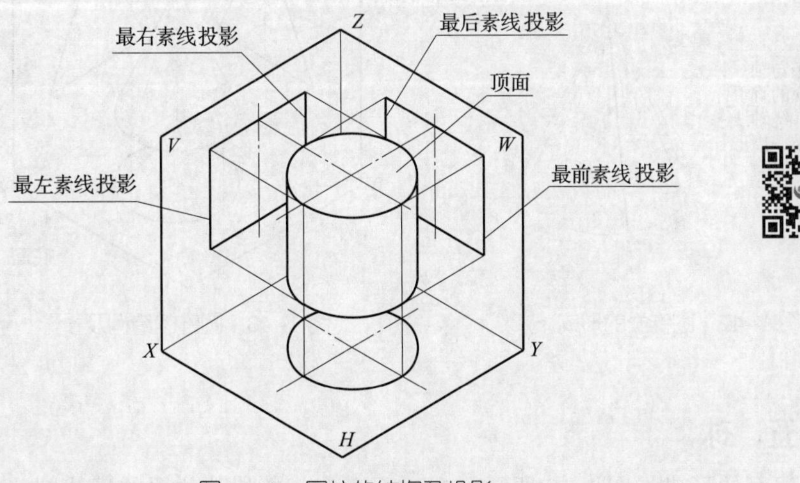

图 1–45 圆柱的结构及投影

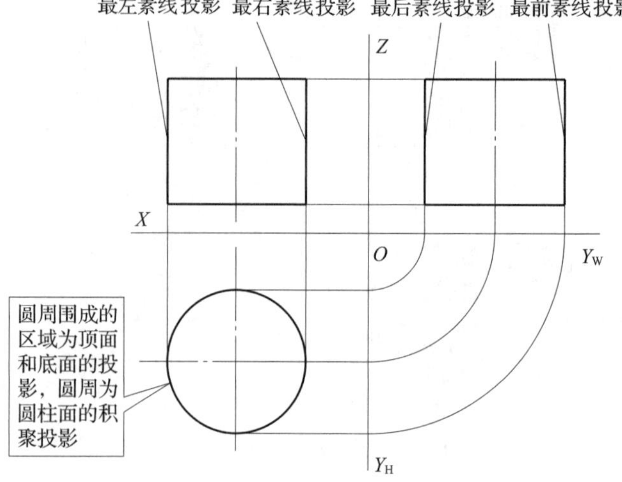

图 1–46　圆柱的三视图

四、圆锥

圆锥面的形成如图 1–47 所示，圆锥的结构及投影如图 1–48 所示。它由 1 个圆锥面和 1 个圆形的底面围成。在该圆锥面上同样有 4 条特殊位置素线，分别是最前素线、最后素线、最左素线、最右素线。将圆锥放入三投影面体系，分别向三投影面投射，即可得到其三视图，如图 1–49 所示。

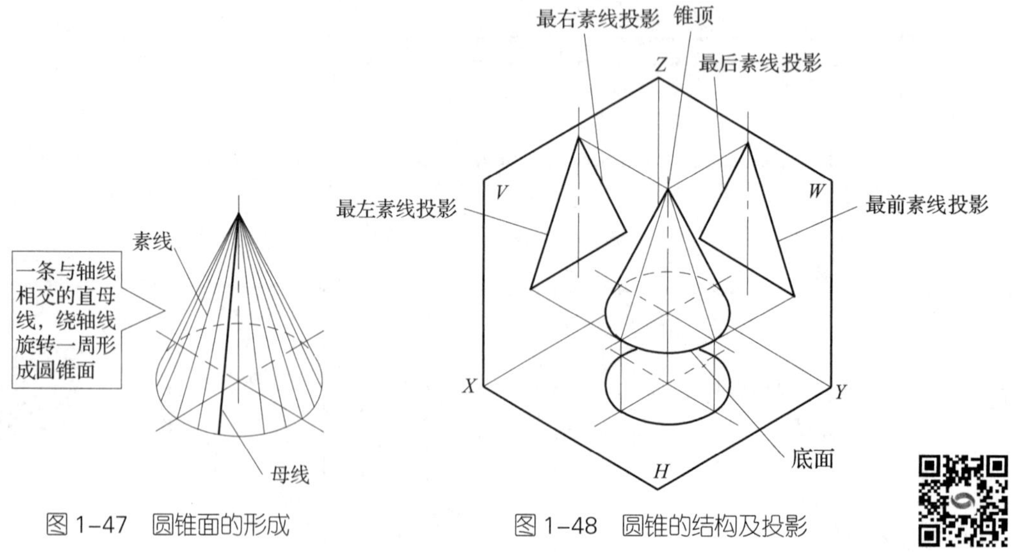

图 1–47　圆锥面的形成

图 1–48　圆锥的结构及投影

五、球

球面的形成如图 1–50 所示，在球面上有 3 条特殊位置的素线圆，分别是前、后半球分界圆，左、右半球分界圆，上、下半球分界圆，如图 1–51 所示。将球放入三投影面体系，分别向三投影面投射，即可得球的三视图，如图 1–52 所示。球的三视图分别为 3 条特殊位置素线圆的投影。

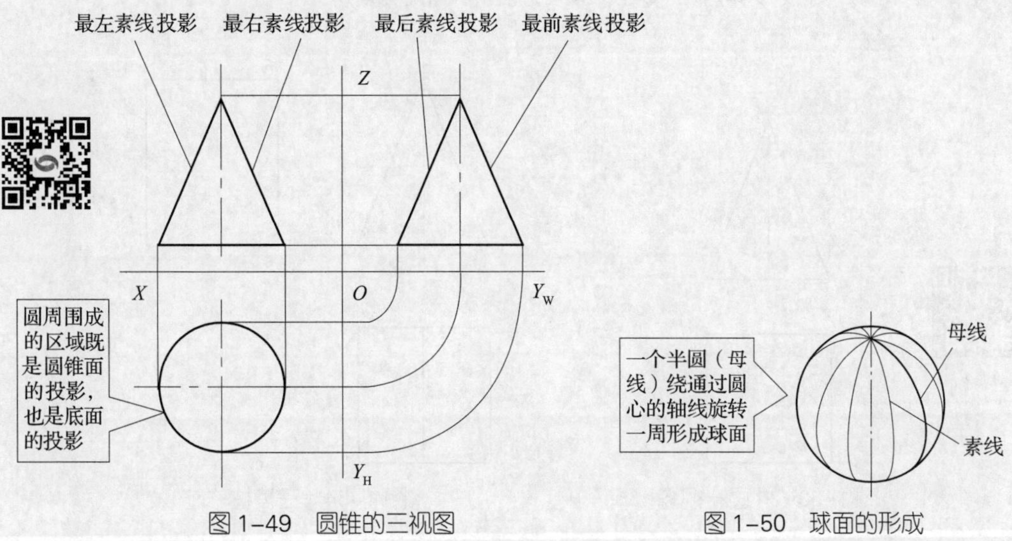

图 1–49　圆锥的三视图　　图 1–50　球面的形成

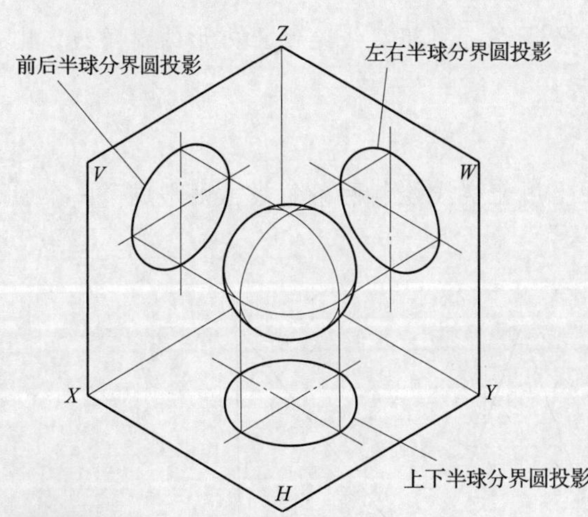

图 1–51　球的结构及投影

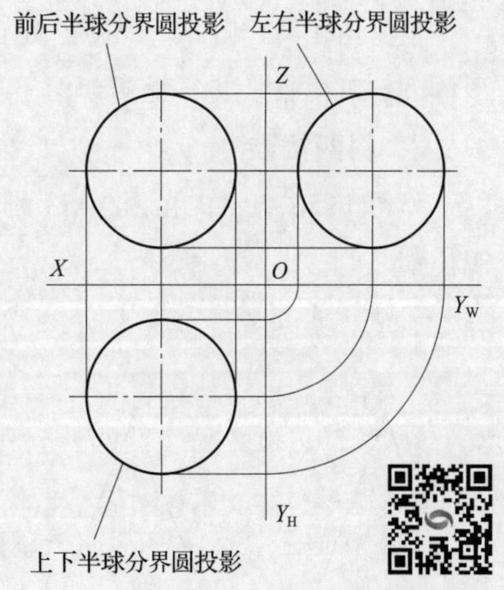

图 1–52　球的三视图

应用举例

构思形体，补画视图

如图 1–53 所示，已知某形体的两视图，如果在俯视图上补画一些可见轮廓线，可以形成哪些形体？

1. 三棱柱

主视图为三角形，俯视图的外框为矩形，可以断定该形体为平面立体。平面立体一般为棱柱或棱锥，在构思形体时先考虑棱柱。如果在图 1–53 的俯视图中间绘制一条竖的粗实线，则该形体为三棱柱，其三视图如图 1–54 所示。

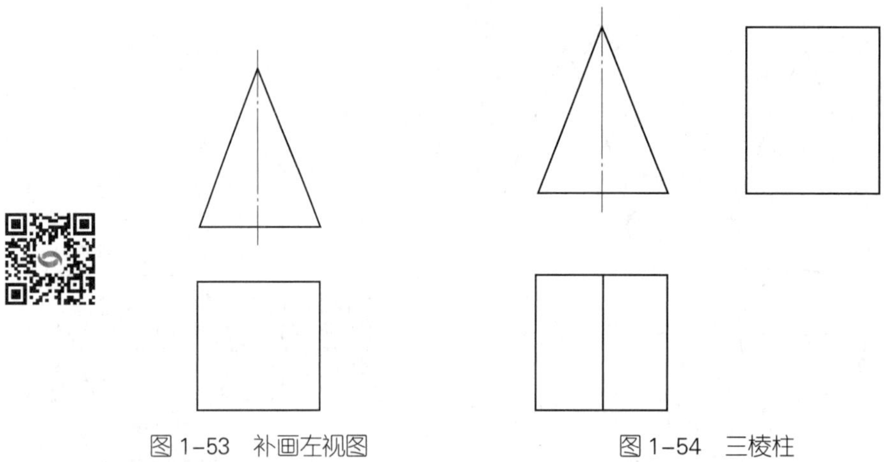

图 1–53 补画左视图　　图 1–54 三棱柱

2. 正四棱锥

根据图 1–43 可知，如果在图 1–53 的俯视图上用粗实线绘制正方形的对角线，则形体为正四棱锥，其三视图如图 1–55 所示。

3. 斜四棱锥

如图 1–56 所示，在图 1–53 的俯视图上用粗实线绘制两条斜线，则形成了一个斜四棱锥。

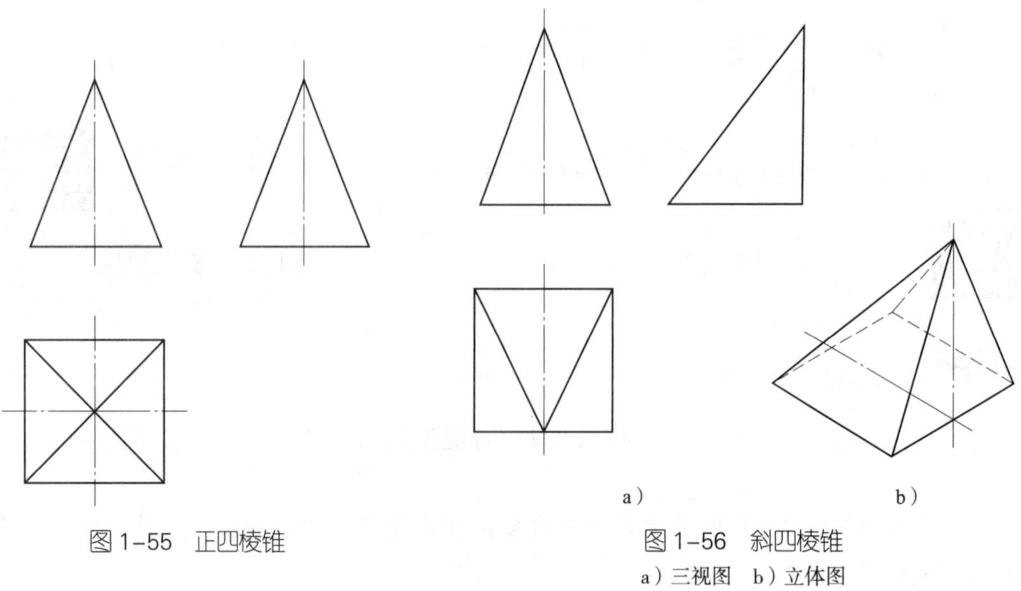

图 1–55 正四棱锥

图 1–56 斜四棱锥
a）三视图 b）立体图

4. 割角三棱柱

如图 1–57 所示，如果在三棱柱的后侧用一个侧垂面割角，也符合图 1–53 的条件。

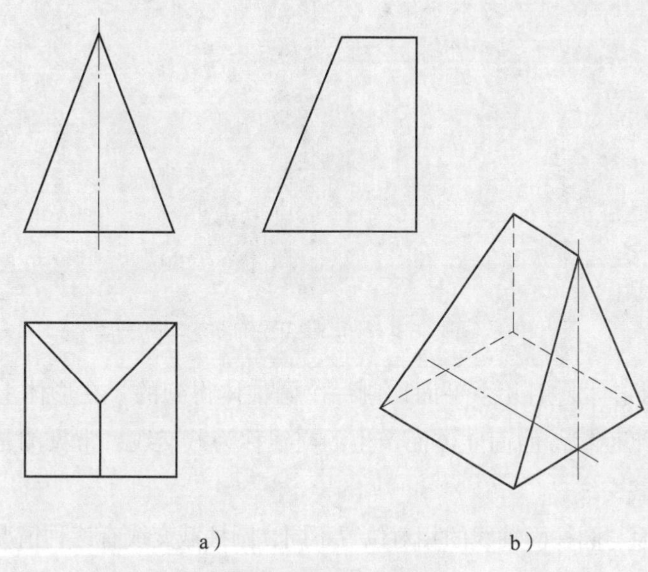

a） b）

图 1–57 割角三棱柱

a）三视图 b）立体图

此外，还可以构思出一些其他形体，在此不再一一列举。

§1–6 圆柱的截割与相贯

学习目标

1. 掌握截交线的概念，能绘制圆柱的截交线。
2. 掌握相贯线的概念，能绘制圆柱的相贯线。

一、圆柱的截割

想一想

图 1–58 所示为十字滑块联轴器的中间圆盘，试分析该物体的形成过程，找出其上各平面与圆柱面的交线。

图 1–58　十字滑块联轴器的中间圆盘

图 1–58 所示形体是用几个平面切割一个圆柱体得到的。在形体上有许多平面与圆柱面的交线。平面截割曲面立体而产生的交线称为截交线，常见的是平面和圆柱面的交线，即圆柱截交线。

根据截割平面与圆柱面轴线的相对位置不同，圆柱截交线有三种情况，见表 1–17。

表 1–17　平面截割圆柱

截割平面位置	平行于圆柱轴线	垂直于圆柱轴线	倾斜于圆柱轴线
立体图			
投影图			
截交线形状	两互相平行的素线	直径等于圆柱直径的圆	椭圆

应用举例

绘制专用垫圈上的截交线

专用垫圈如图 1-59 所示，下面补画专用垫圈左视图上的截交线。

1．分析形体

专用垫圈的基本结构是一个带有圆孔的圆柱体，其左、右两侧被平面截割，如图 1-60 所示。

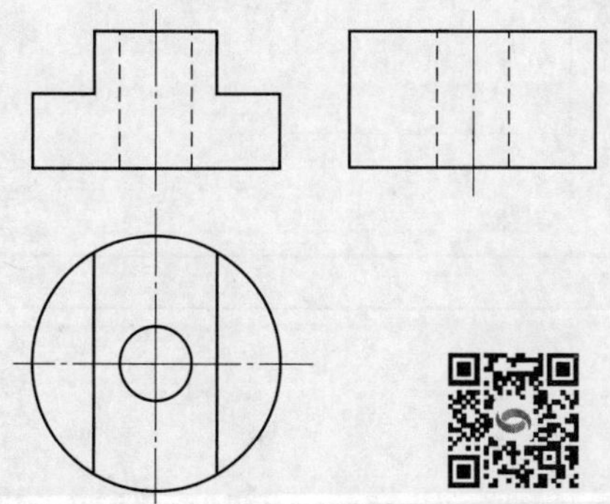

图 1-59　补画专用垫圈的截交线

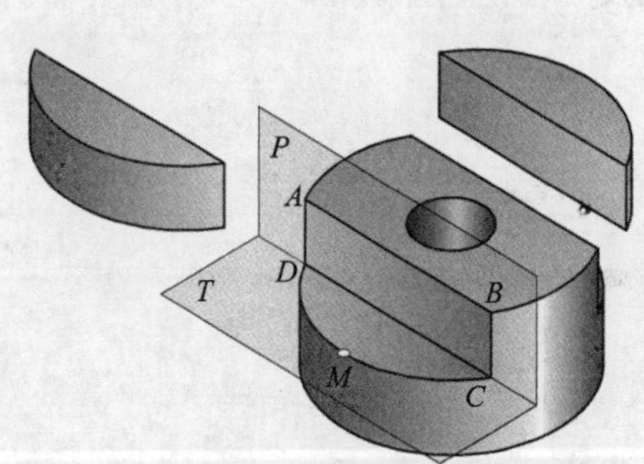

图 1-60　专用垫圈形体分析

专用垫圈结构左右对称，其左侧被一个平行于圆柱轴线的侧平面 P 和一个垂直于圆柱轴线的水平面 T 截割。截平面 P 与圆柱面的截交线为铅垂线 AD 和 BC。截平面 T 与圆柱面的截交线为圆弧 $\overset{\frown}{CMD}$，其水平投影反映其实形，正面投影和侧面投影积聚成横线。

2．作图

求专用垫圈左视图上截交线的方法和步骤见表 1-18。

表 1-18　求专用垫圈左视图上截交线的方法和步骤

方法和步骤	图例
（1）绘制平面 P 与圆柱面截交线的侧面投影 找出截交线的正面投影（“$b'c'$”或“$a'd'$”）和水平投影［“b（c）”和“a（d）”］，利用投影规律求作侧面投影，即 $b''c''$ 和 $a''d''$	$b'(a')$　$c'(d')$　a''　b''　d''　c''　$a(d)$　$b(c)$

续表

方法和步骤	图例
（2）绘制平面 T 与圆柱面截交线的侧面投影 截交线 $\overset{\frown}{CMD}$ 为一段圆弧，其水平投影为圆弧，正面投影为横线，侧面投影也为横线	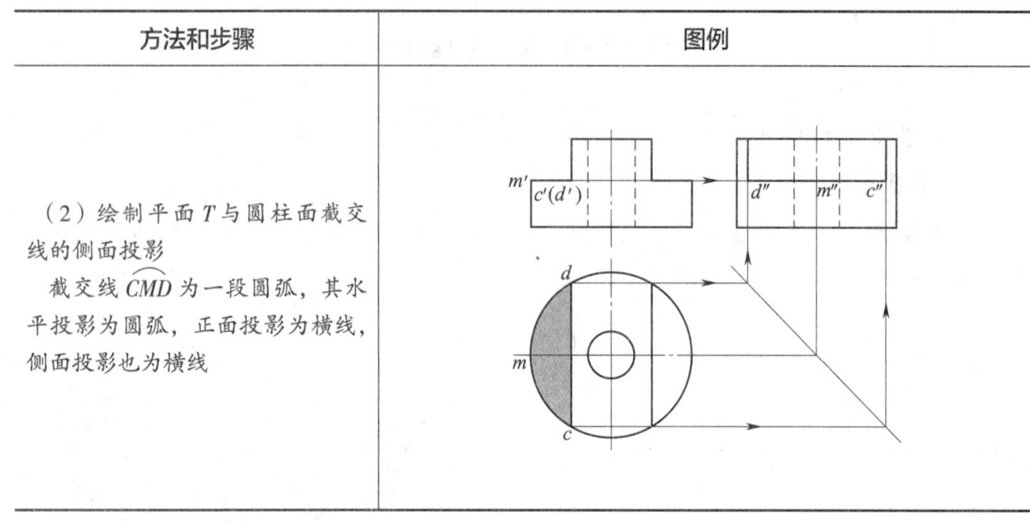

二、圆柱的相贯

想一想

图 1-61 所示为管路中常见的三通，试分析该物体的结构，找出其上圆柱面和圆柱面的交线，分析其形状和三面投影。

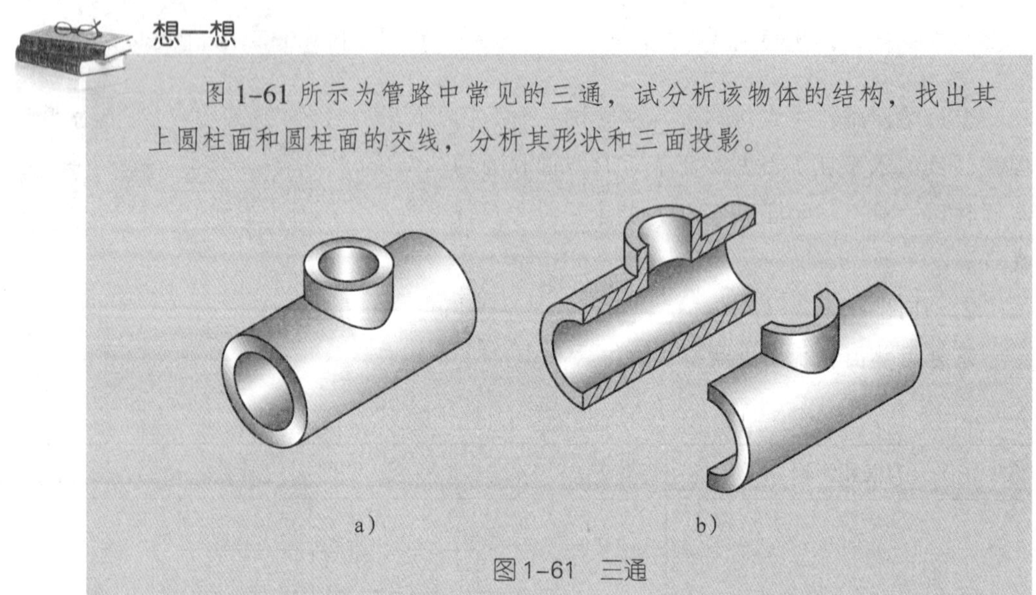

a)　　b)

图 1-61　三通

在图 1-61 中，有两条圆柱面和圆柱面相交产生的封闭空间曲线。这种曲面和曲面的交线称为相贯线，常见的是圆柱面与圆柱面的交线，即圆柱相贯线。

1. 圆柱相贯线的形状

两圆柱正交相贯的相贯线的形状见表 1-19。一般情况下，相贯线是一条空间曲线。

2. 常见圆柱穿孔的相贯线

圆柱穿孔时的相贯线的形状见表 1-20。

表 1–19 两圆柱正交相贯的相贯线

尺寸变化	$D_1>D_2$	$D_1=D_2$	$D_1<D_2$
三视图		相贯线为平面曲线：椭圆	
立体图			

表 1–20 圆柱穿孔时的相贯线

形式	轴上圆柱孔	不等径圆柱孔	等径圆柱孔
三视图			

小提示

圆柱相贯时，圆柱面上相贯处的最外素线消失。

应用举例

补画相贯线

如图 1–62 所示，补画相贯线在主视图上的投影（其立体形状可参照图 1–61 的外形）。

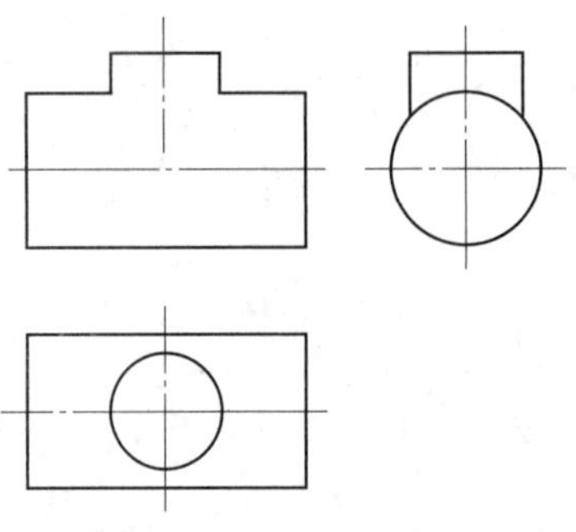

图 1–62　补画相贯线

圆柱相贯线是两圆柱面相交而自然形成的图线，一般只需要绘制其大致形状，在绘图时，可近似地用圆弧代替相贯线。具体作图步骤见表 1–21。

表 1–21　绘制两圆柱正交相贯的相贯线

步骤	图例
（1）以大圆柱的半径 R 为半径，以 1 为圆心画圆弧，与小圆柱的轴线交于 O 点	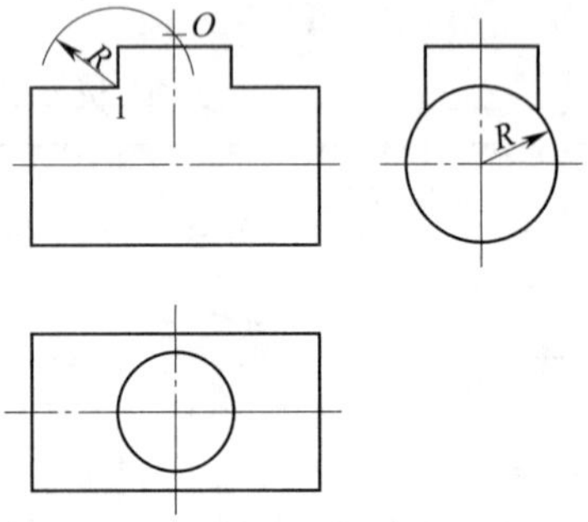
（2）以 O 点为圆心，R 为半径在 1、2 之间画圆弧，即得相贯线的近似投影	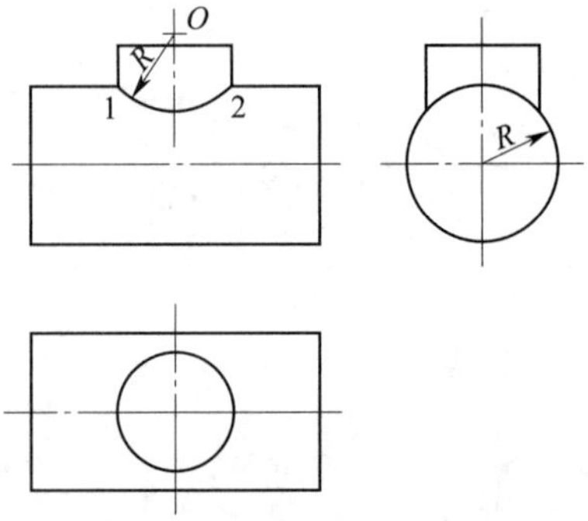

§1-7 组合体的三视图

学习目标

1. 掌握组合体的概念，能正确分析组合体的构成。
2. 能熟练绘制和识读组合体的三视图。

任何复杂的零件都可以看成是由若干基本几何体组合而成的。这种由两个或两个以上的基本几何体组成的形体称为组合体。按照形体特征，组合体可分为叠加类组合体、切割类组合体和综合类组合体，其典型图例见表1-22。

表1-22 组合体的类型

类型	叠加类组合体	切割类组合体	综合类组合体
概念	由几个基本几何体叠加而成的组合体	在一个基本几何体上切割去某些形体而形成的组合体	既有叠加，又有切割的组合体
图例			

一、绘制组合体的三视图

想一想

在绘制组合体三视图时，如何确定绘图的顺序？

绘制组合体三视图要注意遵循以下原则：先绘主要部分，后绘次要部分；先绘大形体，后绘小结构；先绘可见部分，后绘不可见部分；先绘特殊位置直线（平面），后绘一般位置直线（平面）；三个视图要同时绘制，不要先画完主视图再画其他视图。

1．绘制叠加类组合体的三视图（叠加法）

由于叠加类组合体是由一些基本几何体叠加而成的，因此绘制叠加类组合体的三视图时，首先要对组合体进行形体分析，将组合体分解成几个简单的基本形体。然后，逐个画出各个基本形体的三视图。最后，分析各基本形体之间的相对位置和连接关系，擦去不必要的线，完成三视图。下面以图 1–63 所示支承座为例分析叠加类组合体的画图步骤。

（1）分析形体

首先要分析形成叠加类组合体的各基本形体的形状，然后分析各基本形体间的相对位置关系和表面连接形式。图 1–63 所示支承座可分解为平板、肋板、连接板和竖板（两块）5 个基本形体，如图 1–64 所示。支承座的结构特点是前后对称，各形体之间的位置关系是：平板和连接板同宽，连接板和竖板同高，平板、连接板和竖板的前、后面共面，肋板下靠平板、右靠连接板。

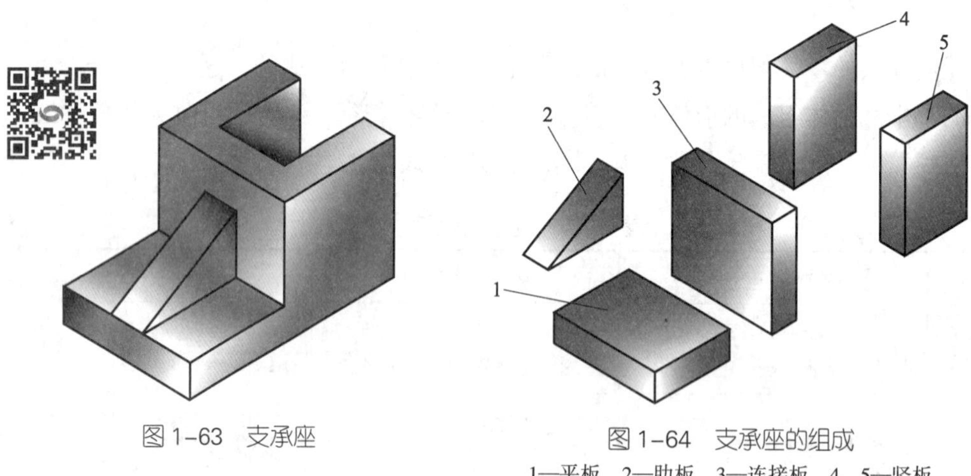

图 1–63　支承座

图 1–64　支承座的组成

1—平板　2—肋板　3—连接板　4，5—竖板

（2）绘制视图

在绘制支承座三视图时，应先绘制三视图的基准线，然后逐一绘制连接板、平板、竖板和肋板的三视图，最后检查校核、描深图线。支承座三视图的绘图方法和步骤见表 1–23。

表 1–23　支承座三视图的绘图方法和步骤

方法和步骤	图例
（1）绘制作图基准线 绘制支承座底面在主、左视图上的投影，作为绘图的高度基准线；绘制俯、左视图的前后对称中心线，作为绘图的宽度基准线；绘制连接板左侧平面在主、俯视图上的投影，作为绘图的长度基准线	

续表

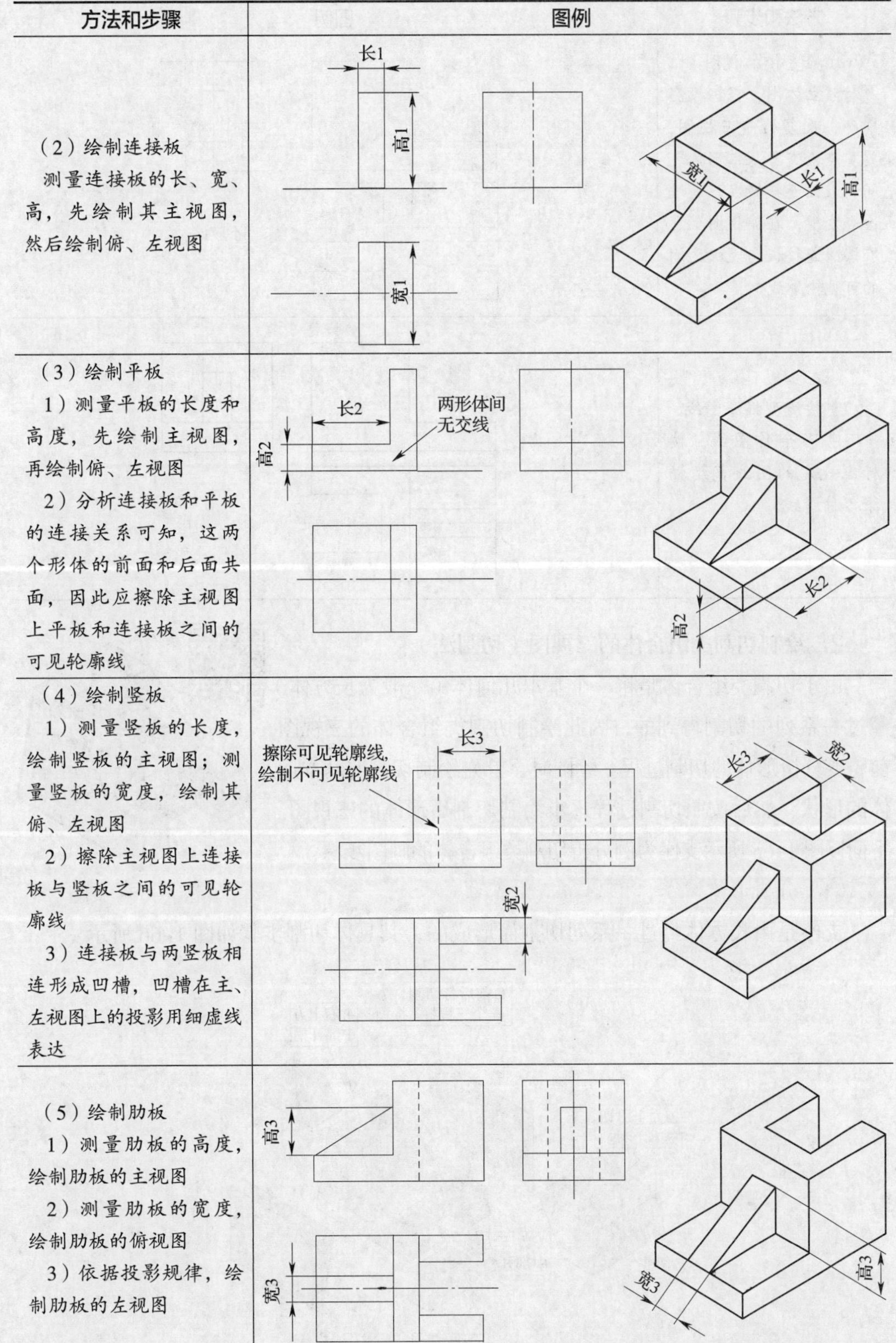

方法和步骤	图例
（2）绘制连接板 测量连接板的长、宽、高，先绘制其主视图，然后绘制俯、左视图	
（3）绘制平板 1）测量平板的长度和高度，先绘制主视图，再绘制俯、左视图 2）分析连接板和平板的连接关系可知，这两个形体的前面和后面共面，因此应擦除主视图上平板和连接板之间的可见轮廓线	
（4）绘制竖板 1）测量竖板的长度，绘制竖板的主视图；测量竖板的宽度，绘制其俯、左视图 2）擦除主视图上连接板与竖板之间的可见轮廓线 3）连接板与两竖板相连形成凹槽，凹槽在主、左视图上的投影用细虚线表达	
（5）绘制肋板 1）测量肋板的高度，绘制肋板的主视图 2）测量肋板的宽度，绘制肋板的俯视图 3）依据投影规律，绘制肋板的左视图	

续表

方法和步骤	图例
（6）检查校核视图 对照立体图，根据投影规律，反复检查三视图，要重点检查各基本形体之间的表面连接情况。通过检查发现，在俯视图上没有擦除连接板与竖板之间的可见轮廓线	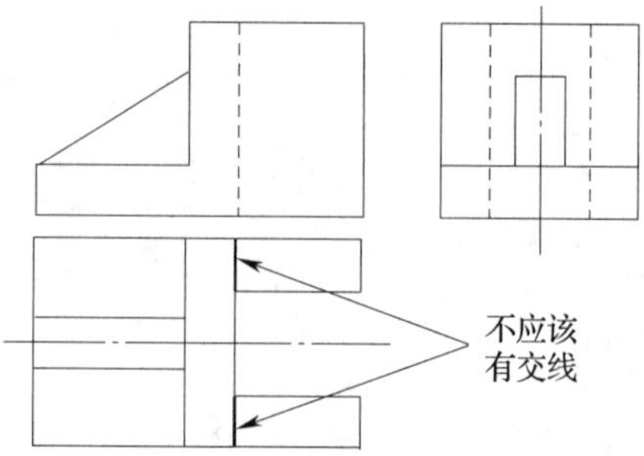 不应该有交线
（7）按线型描深图线 擦去多余作图线，按标准规定的图线宽度描深各种图线	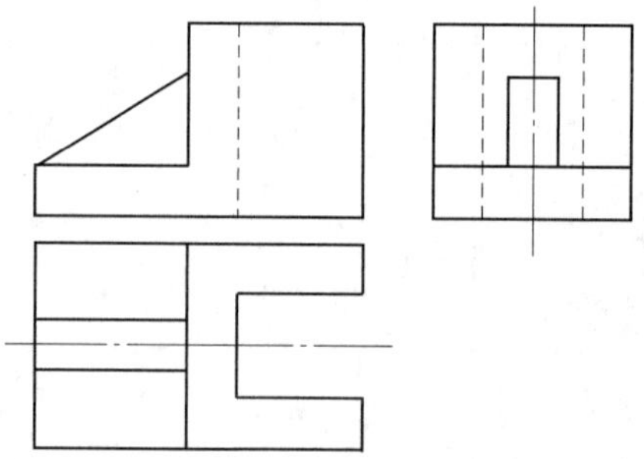

2. 绘制切割类组合体的三视图（切割法）

由于切割类组合体是将一个基本几何体（一般为长方体）经过一系列的切割得到的，因此绘制切割类组合体的三视图前，要分析形体的切割过程。绘图时，首先绘制切割前基本形体的形状，然后按照切割过程逐步绘制切割后形体的三视图。下面以图 1–65 所示支座为例分析切割类组合体的画图步骤。

图 1–65　支座

（1）分析形体

支座是由长方体经过一系列切割而形成的，其具体切割步骤如图 1–66 所示。

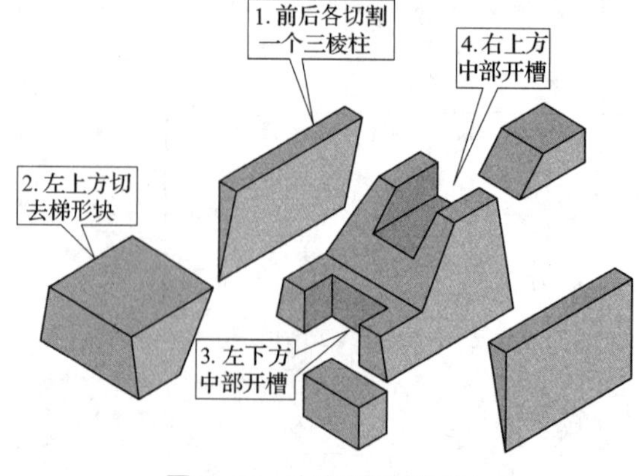

图 1–66　支座的形成过程

（2）绘制三视图

在绘制支座的三视图时，先绘制支座切割前基本几何体的三视图，然后根据切割步骤逐步绘制出支座的三视图。支座三视图的绘图方法和步骤见表 1–24。

表 1–24 支座三视图的绘图方法和步骤

方法和步骤	图例
（1）绘制切割前长方体的三视图 在轴测图上测量尺寸“长 1”“宽 1”和“高 1”，绘制切割前长方体三视图 【小提示】在轴测图上，不平行于轴测轴的线段不能度量	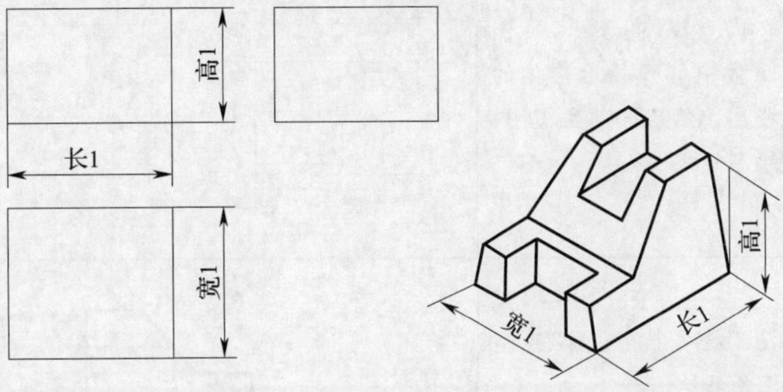
（2）在长方体的前后各切割一个三棱柱 在轴测图上测量尺寸“宽 2”，绘制切割后形体的左视图，然后利用投影规律补画俯视图上的缺线	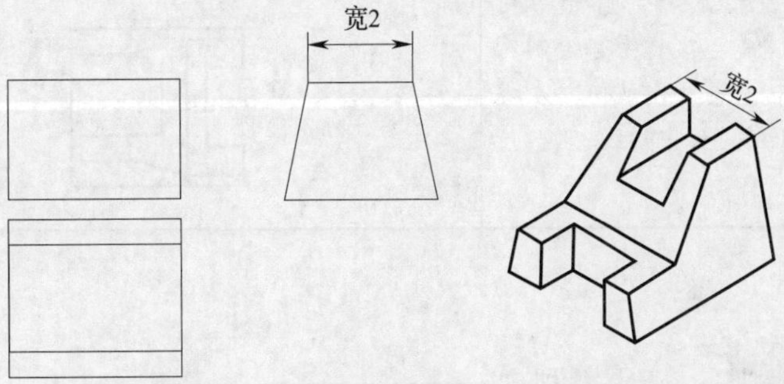
（3）在形体的左上方切去一个梯形块 在轴测图上测量尺寸“长 2”“长 3”和“高 2”，绘制切割后形体的主视图，然后绘制左视图，再利用投影规律绘制俯视图	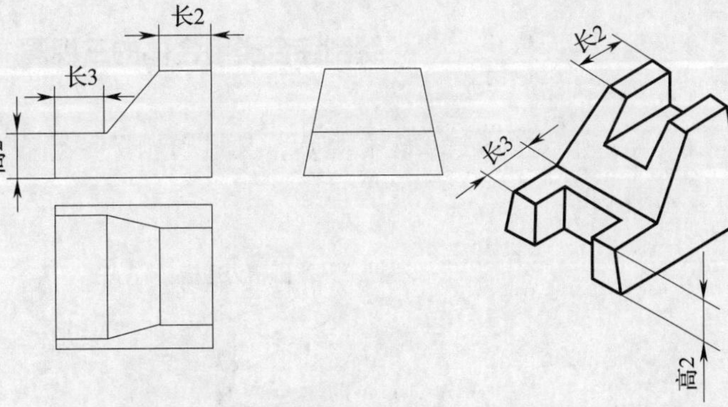
（4）在形体左下方中部开槽 在轴测图上测量尺寸“宽 3”和“长 4”，绘制左下方中部开槽后形体的俯视图，然后绘制主、左视图	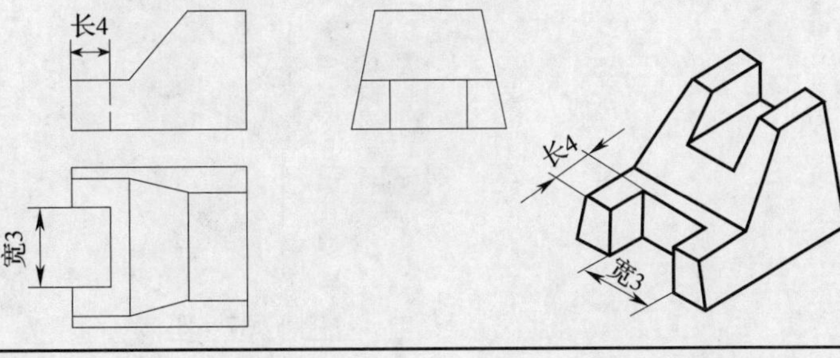

续表

方法和步骤	图例
（5）在形体右上方中部开槽 在轴测图上测量尺寸“宽4”和“高3”，绘制右上方中部开槽后形体的左视图，然后绘制主视图，再绘制俯视图	宽4 高3 宽4 高3
（6）检查校核，按线型描深图线 检查发现：形体前后对称，但是图中没有绘制对称中心线。补画俯、左视图上的对称中心线	

应用举例

绘制综合类组合体的三视图

图1–67所示座体是“既有叠加，又有切割”的综合类组合体，下面根据其立体图绘制三视图。

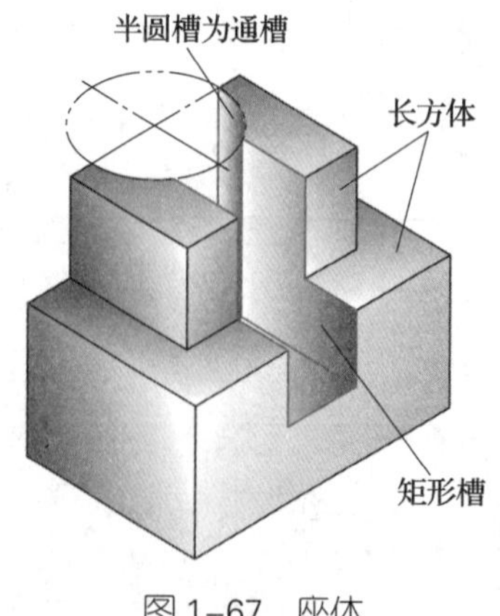

图1–67　座体

1. 分析形体

该形体由两个长方体叠加而成，在形体的后面开半圆通槽，中间开矩形槽。

2. 绘制三视图

综合类组合体大都以叠加为主，绘制其三视图可采用“先叠加，后切割”的方法。绘制座体三视图的具体方法和步骤见表 1–25。

表 1–25 座体三视图的绘图方法和步骤

方法和步骤	图例
（1）绘制上、下长方体的三视图 【小提示】该形体左右对称，在主、俯视图上需绘制左右对称中心线	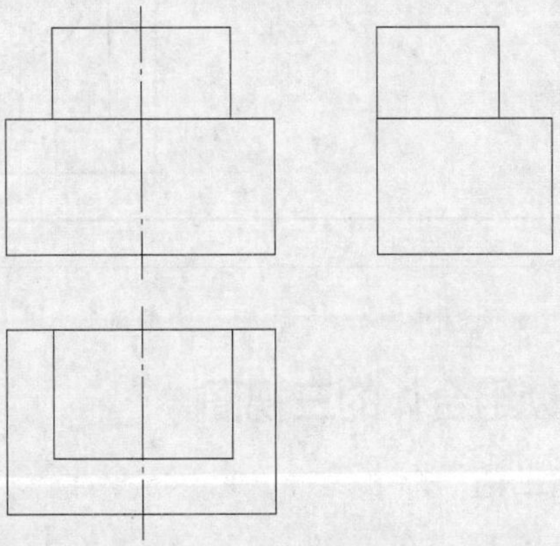
（2）绘制形体后面割半圆槽后形成的轮廓线 1）先绘制半圆槽的俯视图，然后绘制主、左视图 2）擦除俯视图上割半圆槽后消失的轮廓线	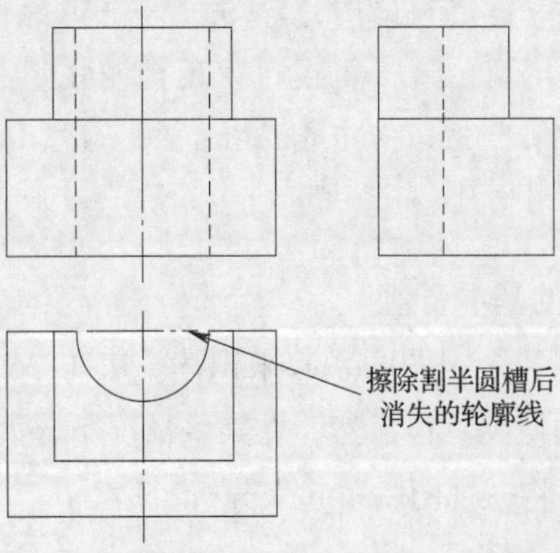 擦除割半圆槽后消失的轮廓线
（3）绘制形体中间开矩形槽后的轮廓线 1）先绘制矩形槽的主视图，再绘制俯视图，最后绘制左视图 2）矩形槽和半圆槽产生截交线 3）擦除割矩形槽后消失的轮廓线	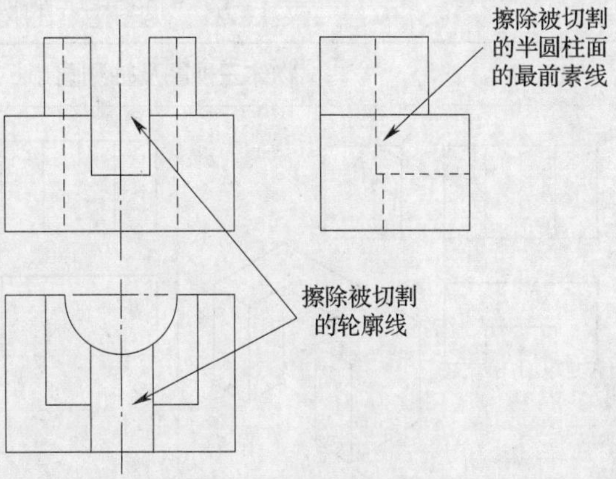 擦除被切割的半圆柱面的最前素线 擦除被切割的轮廓线

续表

方法和步骤	图例
（4）检查校核，按线型描深图线	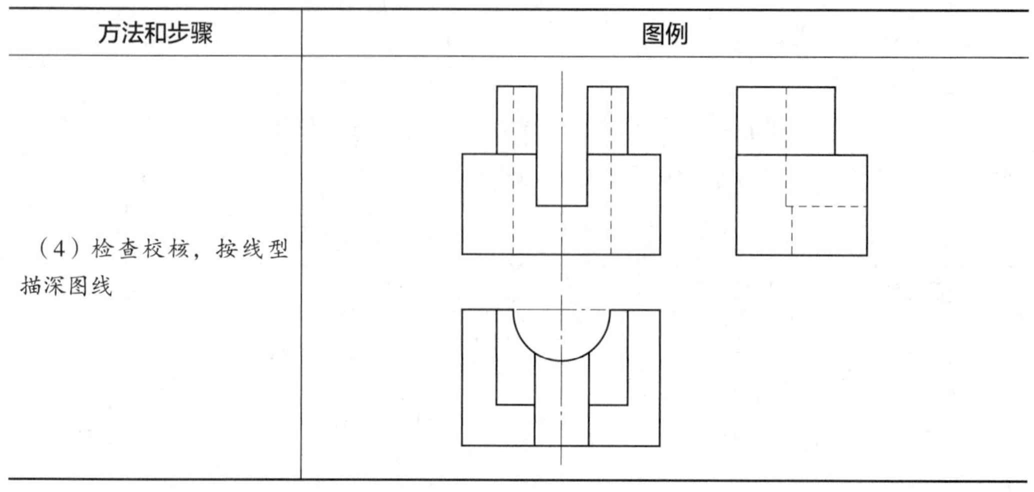

二、识读组合体的三视图

想一想

绘图和读图是学习机械制图的两个重要环节，绘图是根据实物或轴测图绘制三视图；读图则是按照投影规律和读图方法，根据三视图想象出物体的结构形状。想一想，绘图和读图在方法上有什么相同和不同之处。

1. 读图的基本要领

（1）要把几个视图联系起来识读。表 1–26 列出了几种两视图相同，但物体结构形状不一样的情况。很显然，在某些情况下，两个视图并不能确定物体的形状，因此读图时一定要将三视图联系起来分析。

表 1–26　视图相近的物体

序号	物体三视图及轴测图	三视图比较
1	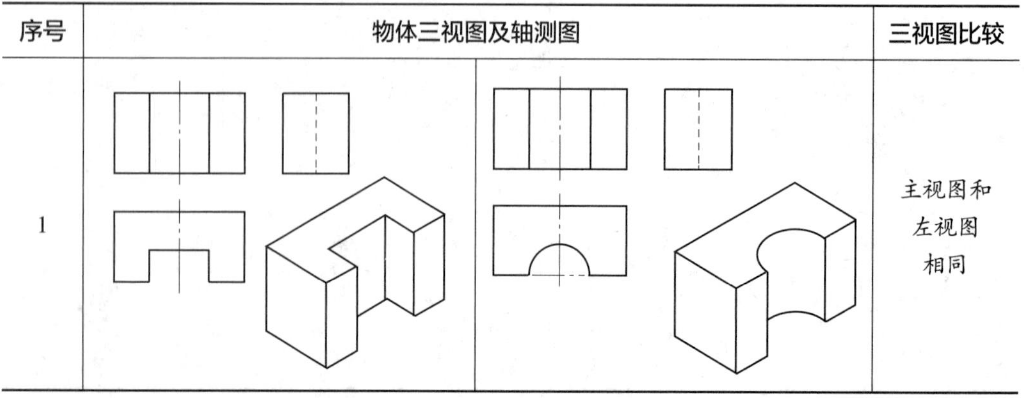	主视图和左视图相同

续表

序号	物体三视图及轴测图		三视图比较
2			主视图和俯视图相同

（2）读图时要抓特征视图。抓特征视图就是要抓住物体的形状特征视图和位置特征视图。

形状特征视图是指最能反映物体形状的视图。如图 1–68 所示底板的俯视图是形状特征视图。

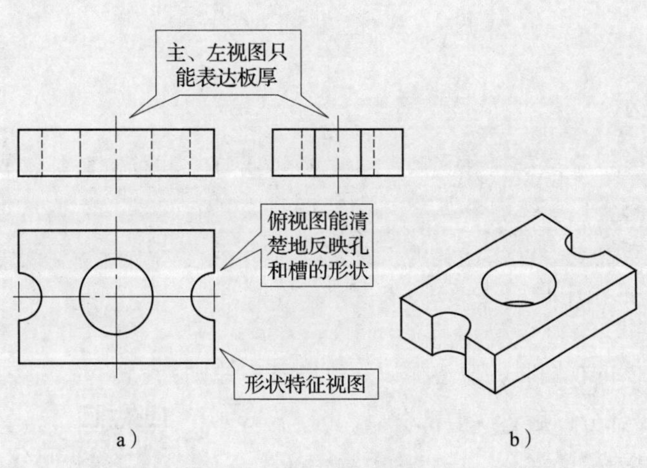

图 1–68 形状特征视图举例

a）三视图 b）立体图

位置特征视图是指最能反映组合体各形体间相互位置关系的视图。如图 1–69a 所示支架的主、俯视图无法确定结构 1、2 的位置，它表示的可能是图 1–69b 所示的形体，也可能是图 1–69c 所示的形体。图 1–70 给出了形体的主、左视图，在左视图上结构 1、2 的凸凹表达得十分清楚，所以该左视图就是位置特征视图。

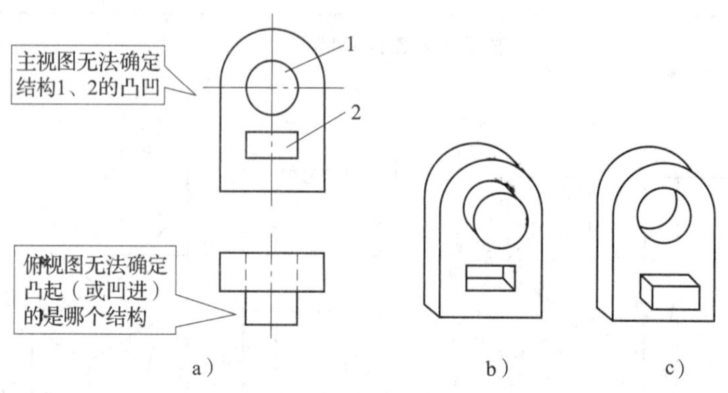

图 1–69　支架

a）主、俯视图　b）形体一　c）形体二

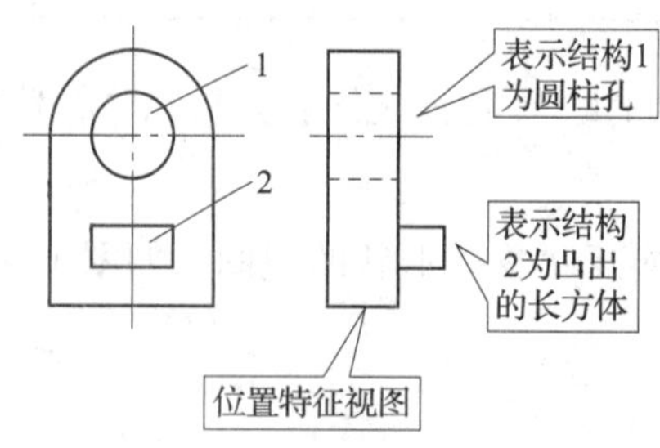

图 1–70　位置特征视图举例

小提示

读图时，应抓住反映物体主要形状特征和位置特征的视图，运用三视图的投影规律，将几个视图联系起来进行识读。在读组合体的三视图时，要把表达物体形状的三视图作为一个整体来看待，切忌只抓住其中的一个视图不放，或把三个视图孤立看待。

（3）读组合体的视图时，应遵循以下读图基本原则：

1）先看主要部分，后看次要部分。

2）先看容易看懂的部分，后看难以确定的部分。

3）先看整体形状，后看细小结构。

4）先看外部结构，后看内部形状。

2. 识读叠加类组合体的视图（形体分析法）

根据两视图补画第三视图，是培养读图能力和检验能否看懂视图的重要方法，下面以识读图 1–71 所示支承座的主、俯视图，补画左视图为例，学习叠加类组合体的读图方法。

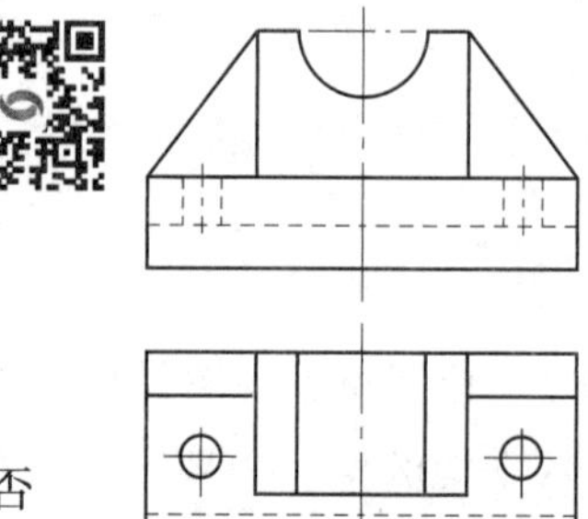

图 1–71　支承座

（1）形体分析法

在识读组合体的视图时，仅仅依靠空间想象能力是不够的，还需要掌握必要的读图方法。形体分析法是读图的最基本方法，它是指：从最能反映物体形状和位置特征的视图入手，将复杂的视图按线框分成几个部分；然后运用三视图的投影规律，找出各线框所表达的部分在其他视图上的投影，从而分析各组成部分的形状和它们之间的位置；最后综合起来，想象组合体的整体形状。

形体分析法主要用于识读叠加类组合体的视图。运用形体分析法读图时，要把视图上的每一个线框都看成是一个基本形体的投影。

（2）读图方法和步骤

运用形体分析法识读支承座主、俯视图，补画左视图的方法和步骤见表 1–27。

表 1–27　识读支承座主、俯视图，补画左视图的方法和步骤

方法和步骤		图例
（1）按线框分部分 从最能反映该组合体形状和位置特征的主视图入手，将其划分成Ⅰ、Ⅱ、Ⅲ、Ⅳ四个部分		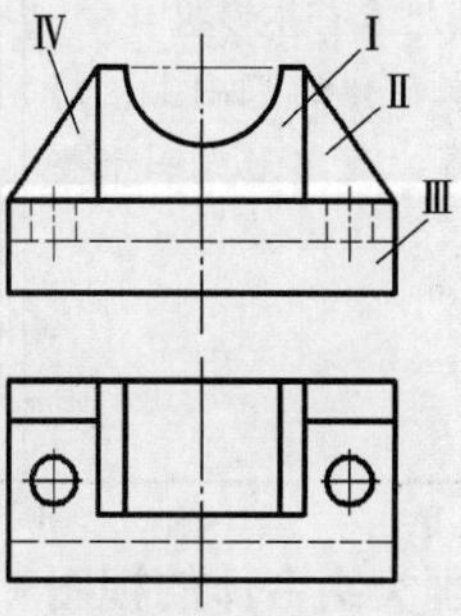 Ⅳ Ⅰ Ⅱ Ⅲ
（2）对投影，想形状 运用投影规律，分别找出主视图上的4个线框在俯视图上的投影，然后逐一想象它们的形状，并分别绘制左视图	1）分析线框Ⅲ所对应的主、俯视图可知，形体为在长方体底板的下面后部割去了一个小长方体，并在左、右各钻了一个小孔	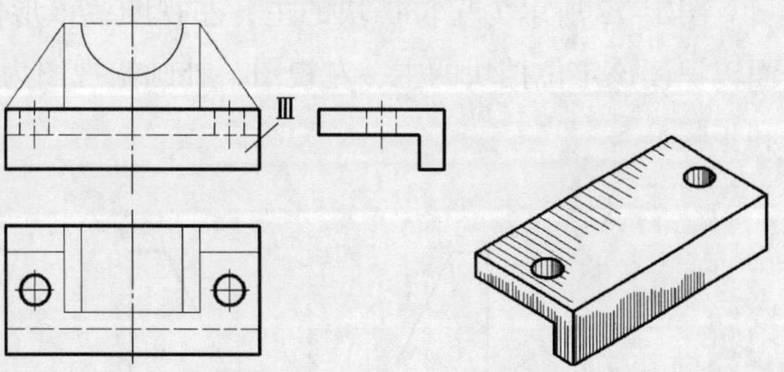 Ⅲ
	2）分析线框Ⅰ所对应的主、俯视图可知，线框Ⅰ所表达的形体是一个带有半圆槽的长方体。该形体在底板Ⅲ的上面中间位置，后面与底板平齐	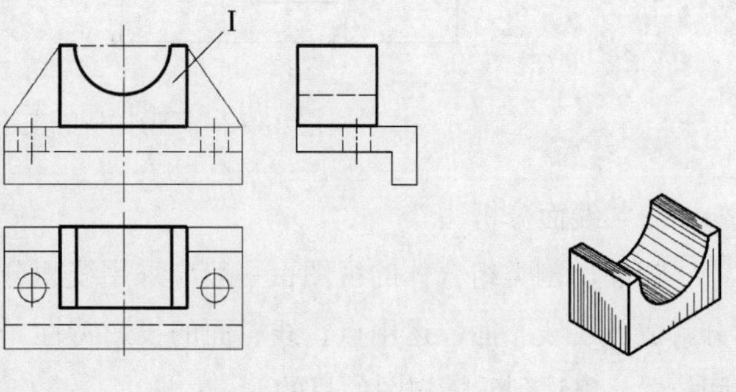 Ⅰ

续表

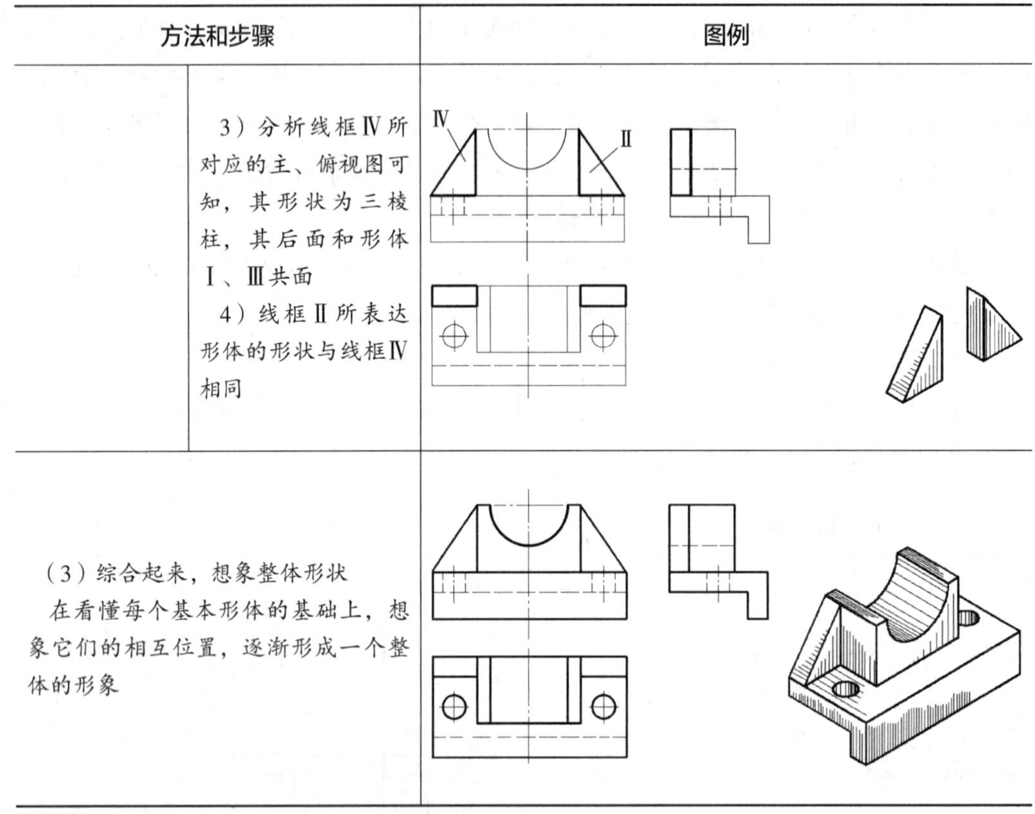

方法和步骤		图例
	3）分析线框Ⅳ所对应的主、俯视图可知，其形状为三棱柱，其后面和形体Ⅰ、Ⅲ共面 4）线框Ⅱ所表达形体的形状与线框Ⅳ相同	
（3）综合起来，想象整体形状 在看懂每个基本形体的基础上，想象它们的相互位置，逐渐形成一个整体的形象		

3. 识读切割类组合体的视图（线面分析法）

图 1–72 所示为定位挡块的主、左视图，该形体是一个典型的切割类组合体，下面以识读该定位挡块的主、左视图，补画俯视图为例，分析切割类组合体的读图方法和步骤。

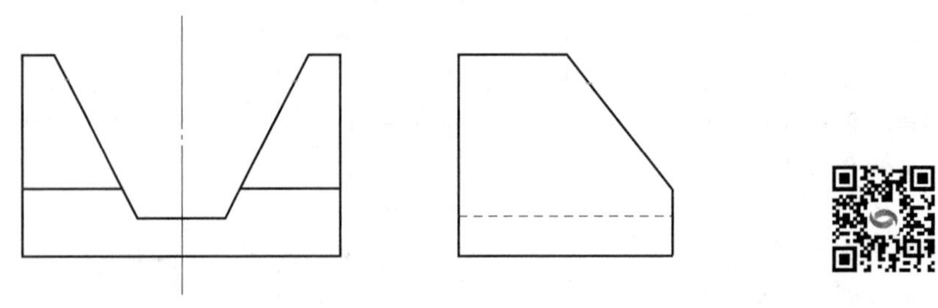

图 1–72　定位挡块的主、左视图

（1）线面分析法

识读切割类组合体的视图，一般应采用线面分析法。线面分析法是指假想把物体分解成点、线、面，运用点、线、面的投影特性，分析视图中线条、线框的含义和空间位置，以达到看懂视图的目的。

（2）读图方法和步骤

由于定位挡块左视图的前上方有一条斜线，可以设想该形体的前上方用侧垂面切割，通过对投影，发现在主视图上的相应位置有一条横向粗实线（见图 1–73 ①），因此设想成立。在主视图上有一个 V 形缺口，可以设想在形体的中间用两个正垂面和一个水平面开槽，通过对投影发现在左视图上的相应位置有一条横向细虚线（见图 1–73 ②），因此该设想也成立。识读定位挡块的主、左视图，补画俯视图的具体方法和步骤见表 1–28。

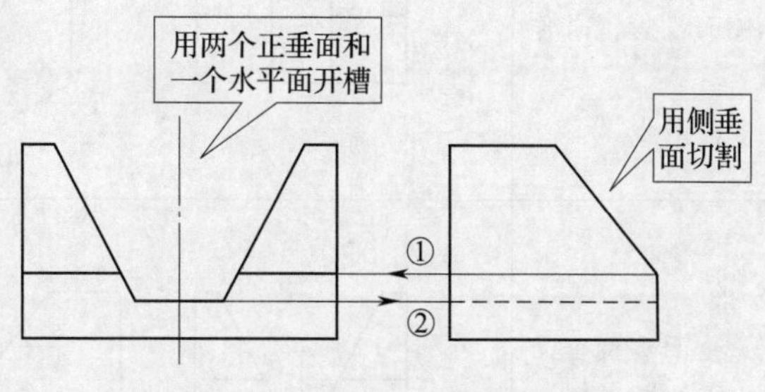

图 1–73　对投影，分析切割情况

表 1–28　识读定位挡块的主、左视图，补画俯视图的方法和步骤

方法和步骤	图例
（1）首先想象出未切割之前的形体 主、左视图的外围轮廓以矩形为主，因此设想该形体由长方体切割而成，绘制切割前长方体的俯视图	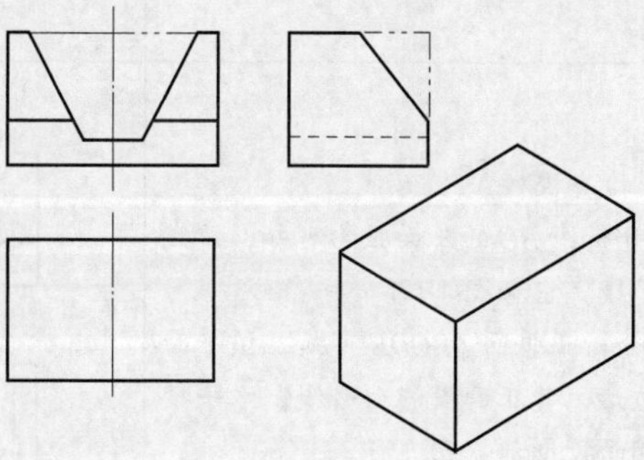
（2）在形体前上方用侧垂面割去一个三棱柱 分析切割后侧垂面 P 的正面投影和侧面投影，求作其水平投影	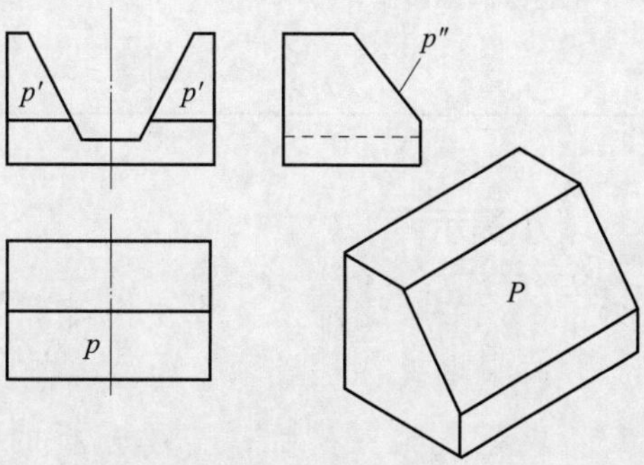

续表

方法和步骤		图例
（3）绘制用两个正垂面和一个水平面开槽后的俯视图	1）面分析 ①分析平面 Q 的正面投影和侧面投影，可知该平面为水平面，其形状为长方形 ②根据水平面 Q 的正面投影和侧面投影，求作水平投影 ③擦去多余图线	
	2）线分析 ①分析正垂面和侧垂面的交线 AB 的正面投影和侧面投影，可知该线为一般位置直线 ②根据线 AB 的正面投影和侧面投影求作其水平投影	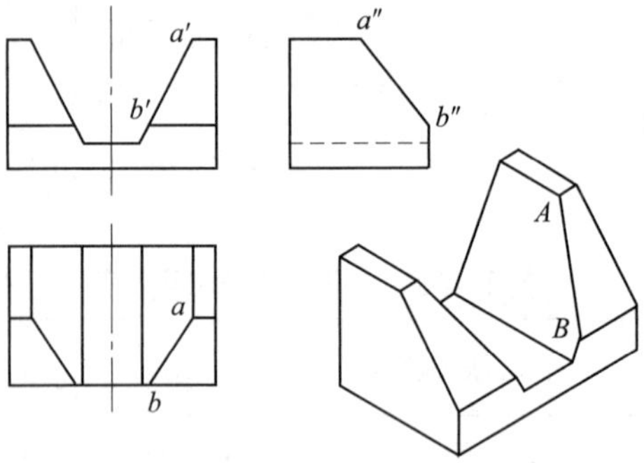
（4）检查校核 1）分析线 BC 的三面投影可知，该线为正平线，它和线 AB 不是一条线 2）分析正垂面 $ABCDE$ 可知，该平面是五边形，其正面投影为斜线，水平投影和侧面投影都是五边形 （5）综合想象立体的整体形状		

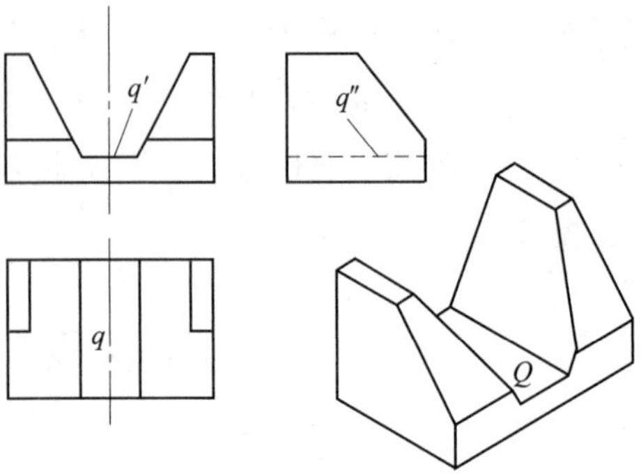

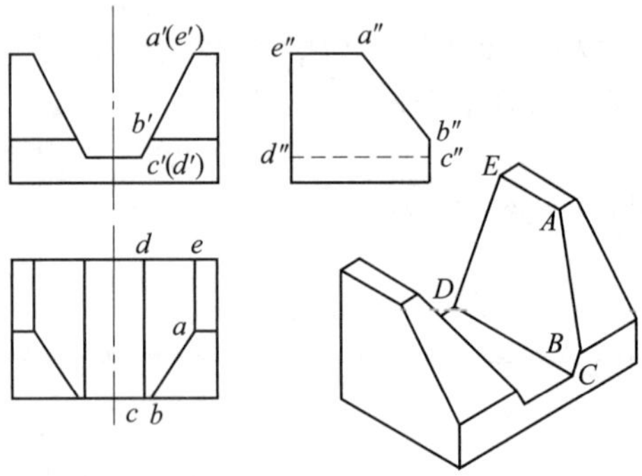

小提示

在用线面分析法读图时，并不是形体上所有的线、面都分析，而是重点分析看不懂的线、面。需要分析的面大都是投影面垂直面或一般位置平面，需要分析的线一般为投影面平行线或一般位置直线。

应用举例

补画机用虎钳活动钳身三视图中漏画的图线

如图 1–74 所示为某机用虎钳活动钳身的三视图，在三视图中漏画了许多图线，下面根据三视图上的已知图线补画缺漏的图线。

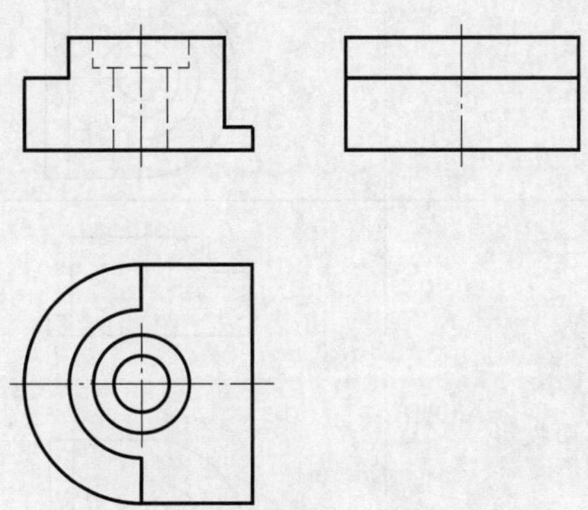

图 1–74 机用虎钳活动钳身三视图补缺线

1．分析形体

根据图 1–74 所示三视图中的已知线条，想象形体的结构和各部分的大致形状，可将该形体分解为大长方体、小长方体、大半圆柱、小半圆柱四部分，如图 1–75 所示。

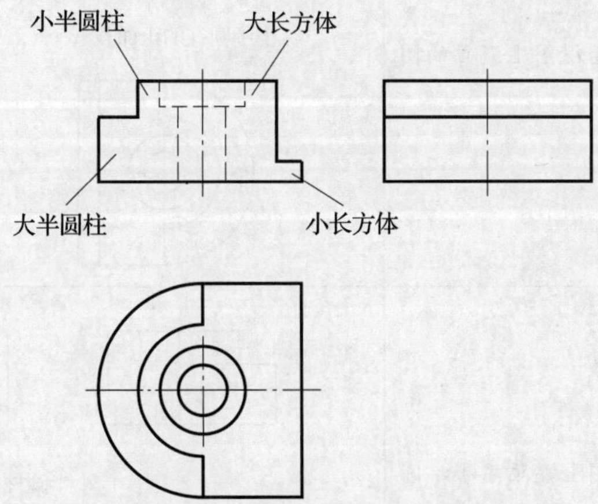

图 1–75 机用虎钳活动钳身的形体分析

2．补画缺线

补画缺线是根据三视图上的已知图线，看懂视图，想象物体的形状，找出并补画缺漏的图线。表 1–29 所列为补画图 1–74 所示机用虎钳活动钳身三视图上缺线的方法和步骤。

表 1-29 补画机用虎钳活动钳身三视图上的缺线

方法和步骤	图例
（1）补画大、小长方体之间交线的水平投影和侧面投影	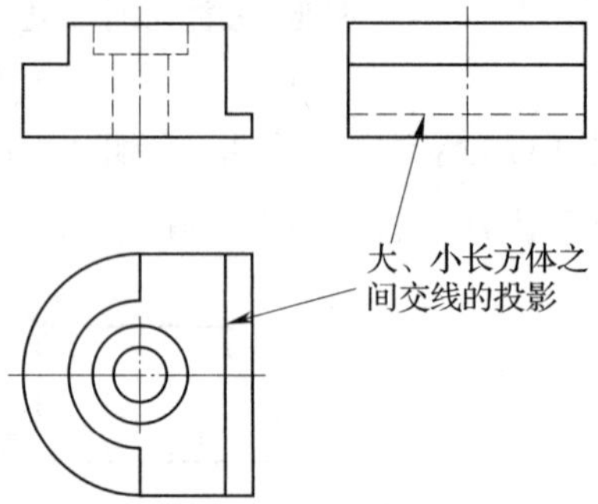
（2）补画中间阶梯孔的侧面投影	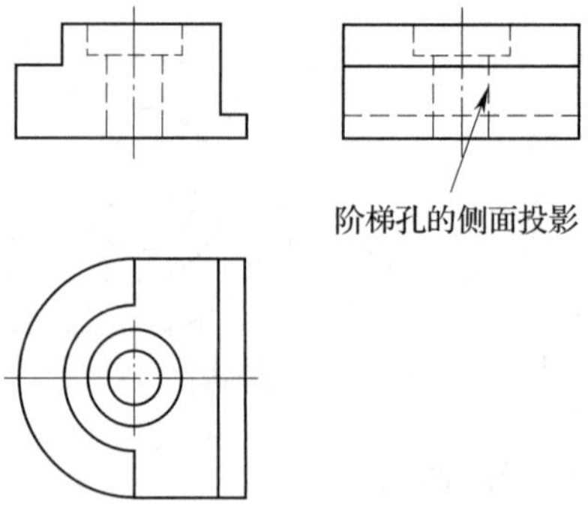
（3）补画小半圆柱在主视图上漏画的图线	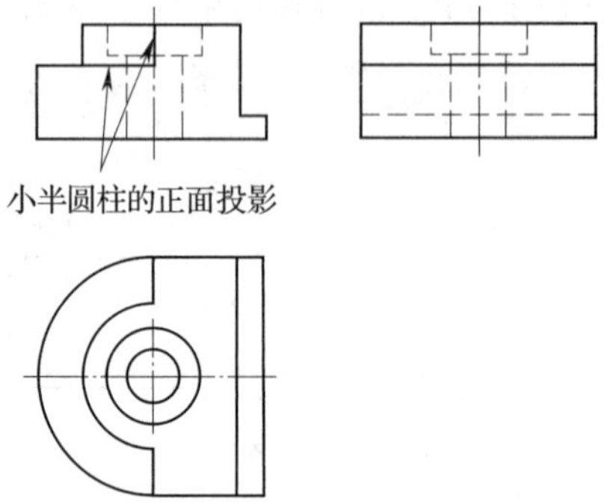
（4）检查与校核 经检查发现，在左视图上漏画了小半圆柱的投影 【小提示】大半圆柱和大长方体相切，相切处不画线	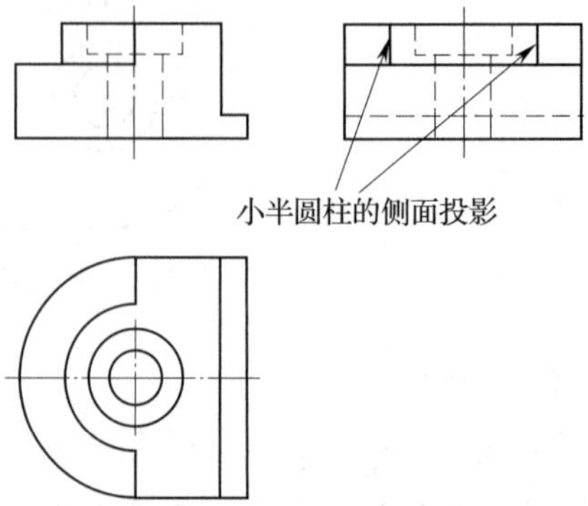

小提示

补画缺线容易出现的问题是不能找出所有漏画的图线，因此补画缺线时要按照先易后难的原则补画图线，要反复检查、校核三视图才能保证将漏画的图线补全。

§1-8 尺寸标注

学习目标

1. 掌握尺寸的组成及常见尺寸注法。
2. 能标注简单形体的尺寸。
3. 能识读组合体三视图上的尺寸。

想一想

图样上的尺寸标注有什么用途？为什么要在图样上标注尺寸？

图形只能表达物体的形状，而其大小则由尺寸来确定。标注尺寸时，必须严格遵守国家标准的有关规定，保证看图者都能读懂图样上的尺寸，而不会产生误解或歧义。

一、尺寸的组成

如图 1–76 所示，一个完整的尺寸由尺寸界线、尺寸线和尺寸数字三个要素组成。

1. 尺寸界线

尺寸界线用细实线绘制，它由图形的轮廓线、对称中心线、轴线等处引出，也可利用轮廓线、轴线、对称中心线作为尺寸界线。

2. 尺寸线

尺寸线也用细实线绘制，但不能用其他图线代替，一般也不得与其他图线重合或画在其他图线延长线上。

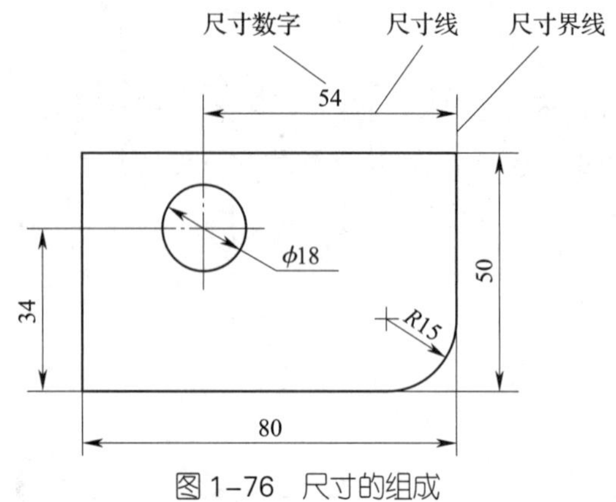

图 1–76　尺寸的组成

尺寸线的终端有两种形式，如图 1–77 所示。图 1–77a 为箭头终端形式（图中 d 为粗实线宽度），图 1–77b 为斜线终端形式（图中 h 为尺寸数字的高度）。一般情况下，机械、电气图样多采用箭头终端形式，建筑图样采用斜线终端形式。

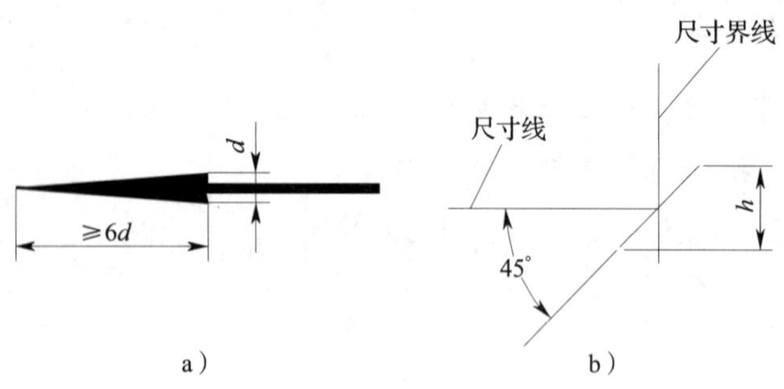

图 1–77　尺寸线的终端形式
a）箭头　b）斜线

3. 尺寸数字

尺寸分为线性尺寸和角度尺寸两种，尺寸数字是机件实际大小的数值，如图 1–78 所示。

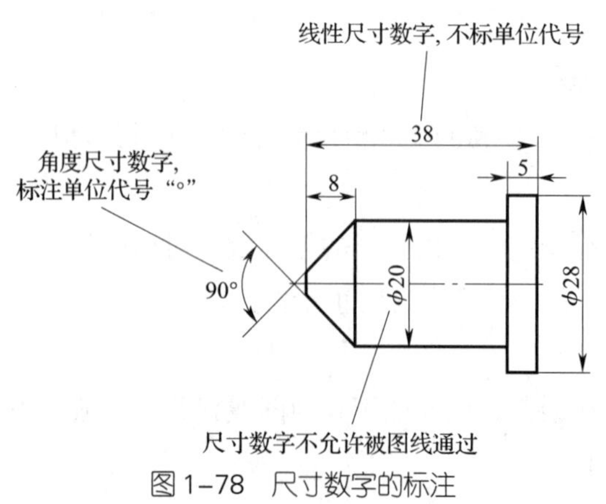

图 1–78　尺寸数字的标注

【规则】

（1）线性尺寸一般以 mm 作为尺寸单位，在图中不标单位代号；角度尺寸数字一般以“°”“′”“″”为单位，需要在数字上角标单位代号。

（2）尺寸数字不允许被任何图线所穿过，当无法避免时，可将图线在尺寸数字处断开。

二、尺寸标注示例

1. 常见尺寸注法

在图样上经常需要标注的尺寸有线性尺寸、角度尺寸、圆的直径尺寸、圆弧的半径尺寸等，国家标准对其标注的方法有严格规定。常用尺寸的注法见表 1–30。

表 1–30 常用尺寸注法示例

标注内容	示例	说明
线性尺寸	 30° 20 20 20 20 20 20 20 20 20 20 20 30° a） 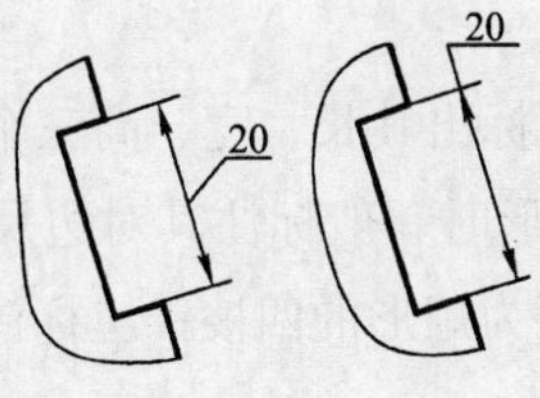 20 20 b）	线性尺寸的尺寸数字应按图 a 所示的方向书写，并尽量避免在图示 30° 范围内标注尺寸。当无法避免时，可按图 b 的形式标注
角度尺寸	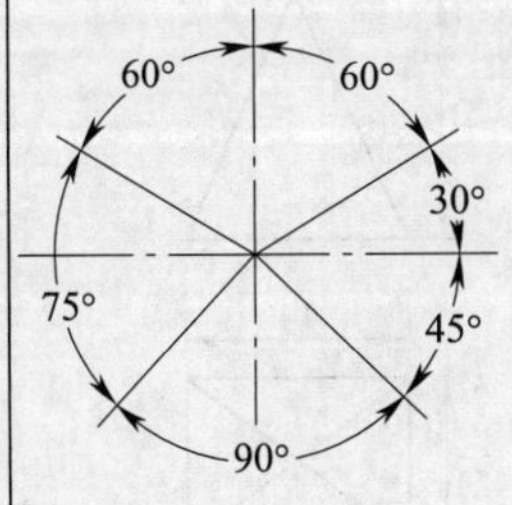 60° 60° 30° 75° 45° 90° a） 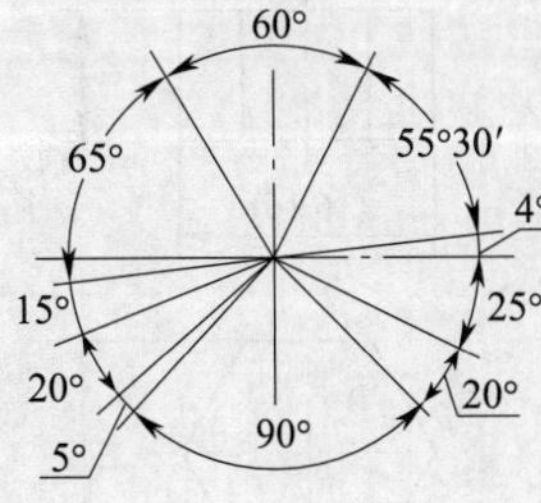 60° 65° 55°30′ 4°30′ 15° 25° 20° 20° 5° 90° b）	尺寸界线按径向引出，尺寸线绘制成圆弧，圆心是角的顶点。尺寸数字一律水平书写，一般注写在尺寸线的中断处，必要时可按图 b 所示标注在尺寸线的上方、外面，或引出标注
直径尺寸	$\phi30$ $\phi50$ $\phi40$	标注圆的直径时，应在尺寸数字前加注符号“ϕ”，大于半圆的圆弧应标注直径

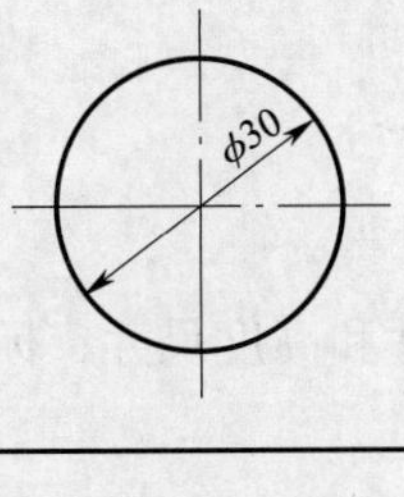

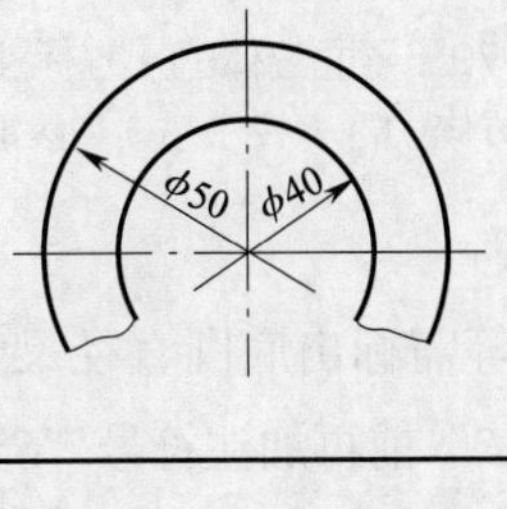

续表

标注内容	示例	说明
半径尺寸	R15 R40 R35	标注圆弧半径时，应在尺寸数字前加注符号“*R*”，尺寸线上的单箭头指向圆弧
小尺寸	5 2 5 3 5 3 4 3 φ5 φ5 R3 R3 R3	小尺寸的箭头可绘制在尺寸线外面，或用小圆点代替箭头，也可用斜线终端形式。尺寸数字也可注写在图形外面或引出标注

2. 基本几何体的尺寸标注

（1）平面立体的尺寸标注

如图 1–79 所示，长方体应标出其长、宽、高三个尺寸。六棱柱应标出其高度尺寸和底面尺寸，底面为正六边形时一般标注其对边尺寸，并标注对角尺寸作为参考尺寸（尺寸数字加括号）。底面为矩形的四棱锥应标注底面的长、宽尺寸和四棱锥的高度尺寸。

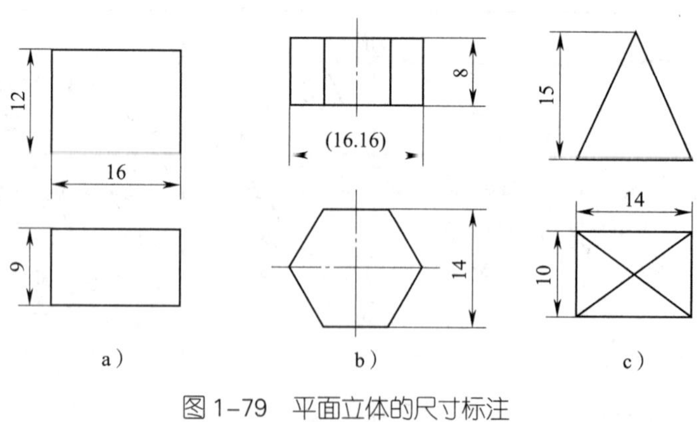

图 1–79 平面立体的尺寸标注

a）长方体 b）六棱柱 c）四棱锥

（2）曲面立体的尺寸标注

如图 1–80 所示，圆柱、圆锥等需标出底圆直径尺寸和高度尺寸；标注球面的直径或半径时，应在符号“ϕ”或“*R*”前再加注符号“*S*”。

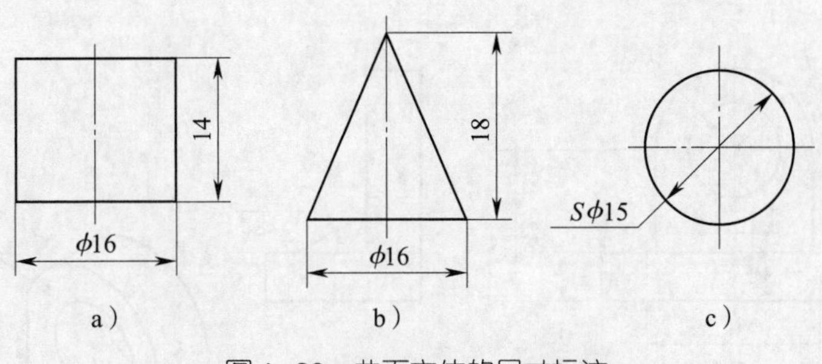

图 1–80 曲面立体的尺寸标注

a）圆柱 b）圆锥 c）球

三、组合体的尺寸分类

组合体的尺寸一般分为定形尺寸和定位尺寸两种。

1．定形尺寸

确定各基本形体大小的尺寸称为定形尺寸。在图 1–81 中，尺寸 35 mm、20 mm、6 mm、17 mm、15 mm、ϕ 8 mm 等都属于定形尺寸。

2．定位尺寸

确定形体间相对位置的尺寸称为定位尺寸。在图 1–81 中，尺寸 27 mm、12 mm 属于定位尺寸。

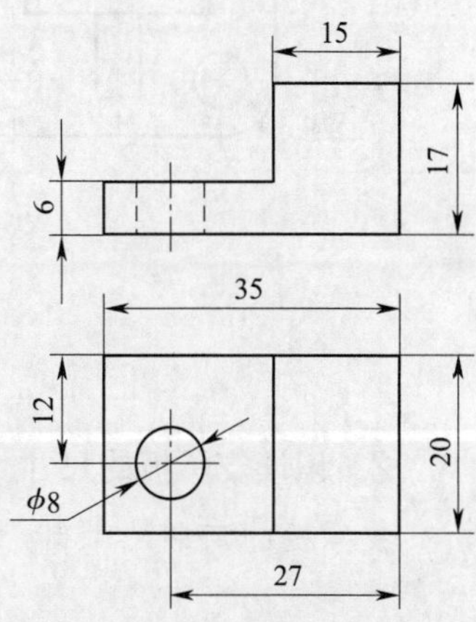

图 1–81 组合体的尺寸标注

应用举例

识读轴承座三视图中的尺寸

图 1–82 所示为轴承座，为确定其形体大小，在三视图上标注了尺寸。下面识读轴承座三视图上的尺寸。

图 1–82 中的轴承座由底板、支承板、肋板三部分组成，各部分的尺寸如下：

1．识读底板的尺寸

底板的定形尺寸有：底板的长度尺寸“58”、宽度尺寸“34”、高度尺寸“10”，底板圆角半径尺寸“R10”，底板上 2 个小圆孔的直径尺寸“2×ϕ 10”。

底板的定位尺寸有：确定底板上 2 个小圆孔中心位置的尺寸“38”和“24”。

小提示

同一图样上，相同直径的孔采用集中标注的形式，如图 1–82 中的尺寸“2×ϕ 10”。

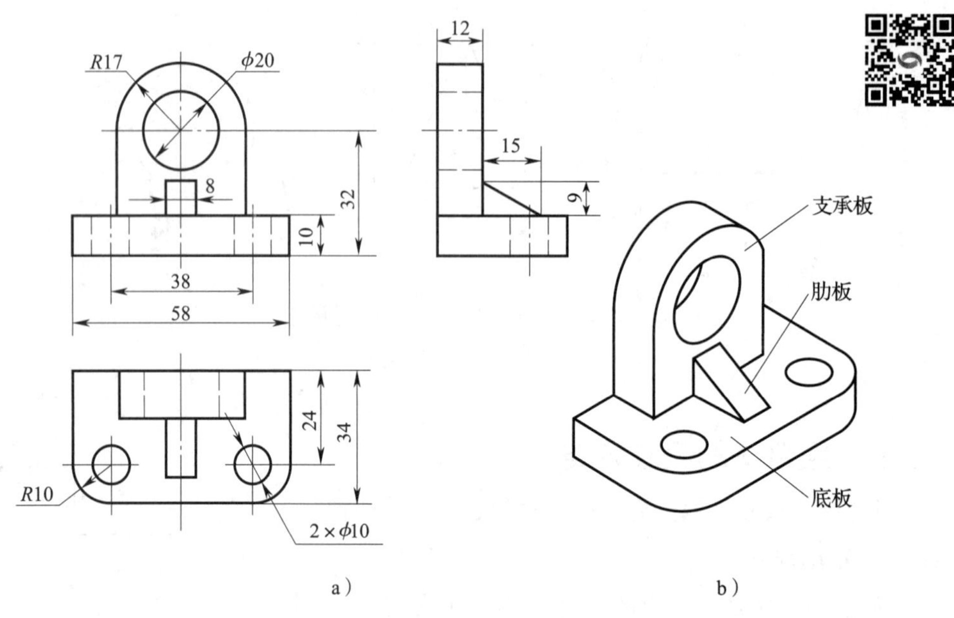

图 1-82　轴承座的尺寸标注

a）三视图　b）轴测图

2. 识读支承板的尺寸

支承板的定形尺寸有：圆弧半径尺寸“*R*17”，轴孔直径尺寸“ϕ20”及支承板的宽度尺寸“12”。

支承板的定位尺寸有：确定支承板轴孔中心位置的尺寸“32”等。

支承板下方长方体的高度尺寸 22 mm 可以由已标注尺寸经过计算得到（32–10=22），故不需要标注。

3. 识读肋板的尺寸

肋板的定形尺寸有：肋板的长度尺寸“8”、高度尺寸“9”和宽度尺寸“15”。

由于肋板的位置不需要尺寸确定，故没有标注肋板的定位尺寸。

第二章
机械图样的表达与识读

§2-1　机件的表达方法

学习目标

1. 掌握视图的概念，学会识读基本视图、向视图、局部视图和斜视图。

2. 掌握剖视图的概念，学会识读全剖视图、半剖视图和局部剖视图。

3. 掌握断面图的概念，学会识读移出断面图和重合断面图。

一、视图

想一想

在实际生产中，机件的结构形状是多种多样的。有些机件的结构比较简单，而有的比较复杂，是否都用三视图表达？可否少用视图？如何表达形体右面、下面和后面的结构？如何表达局部结构？如何表达倾斜的结构？

视图有基本视图、向视图、局部视图和斜视图 4 种。

1. 基本视图

当机件的形状比较复杂，需从前、后、左、右、上、下六个方向反映其形状时，可在原来三个投影面的基础上再增加三个投影面，从而使投影面体系扩展为六个投影面，这六个投影面统称为基本投影面。如图 2–1 所示，将物体放入这六个基本投影面组成的体系中，分别由前、后、左、右、上、下六个方向，向六个基本投影面投射，即得六个基本视图。除主视图、俯视图、左视图外，新增加的三个基本视图为：

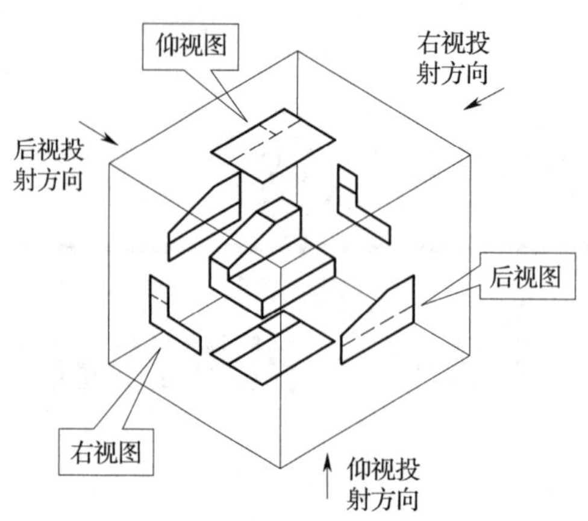

图 2–1　六个基本视图的形成

右视图——将物体由右向左投射所得的视图；

仰视图——将物体由下向上投射所得的视图；

后视图——将物体由后向前投射所得的视图。

六个基本投影面按照图 2–2 所示展开，则各视图的位置如图 2–3 所示，六个基本视图之间仍然符合“长对正，高平齐，宽相等”的投影规律，即：俯视图、仰视图、后视图与主视图“长对正”，左视图、右视图、后视图与主视图“高平齐”，左视图、右视图、仰视图与俯视图“宽相等”。

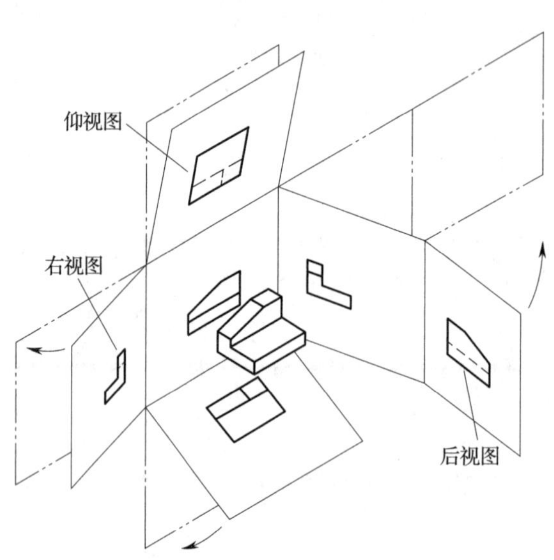

图 2–2　六个基本投影面的展开

2. 向视图

自由配置的视图称为向视图，如图 2–4a 所示。为了合理地利用图纸的幅面，将支架的仰视图画在了图纸的右下方，此时的视图没有按基本视图的规定配置，而是根据需要自由配置的。

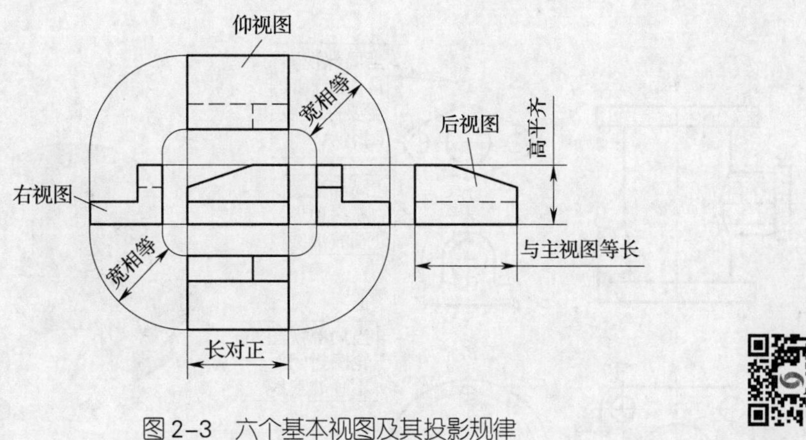

图 2-3 六个基本视图及其投影规律

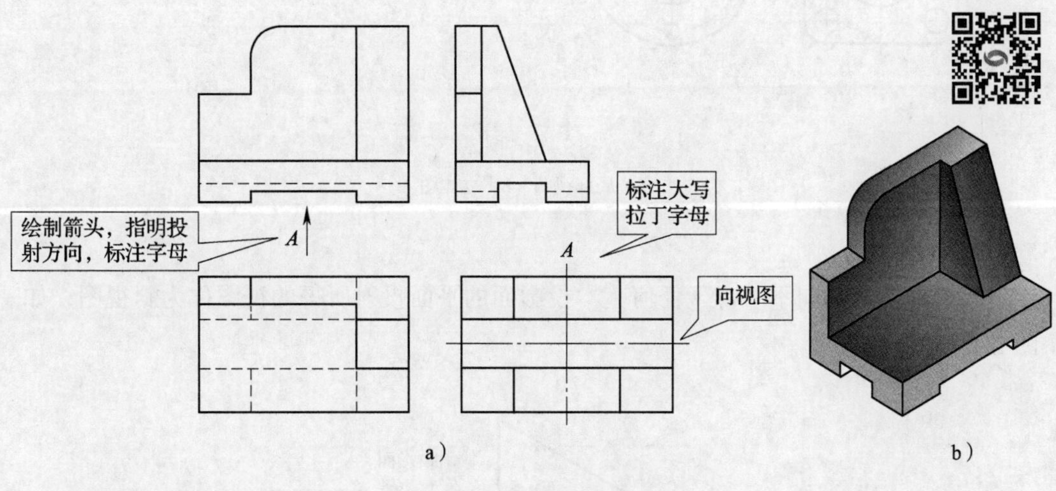

图 2-4 支架向视图

a）向视图 b）立体图

【规则】绘制向视图时，需要在向视图上方标注大写拉丁字母，在相应视图的附近用箭头指明投射方向，并标注相同的字母。

3. 局部视图

在图 2-5a 所示的 5 个视图中，除了主视图外，其他 *A*、*B*、*C*、*D* 四个视图都仅仅绘制了机件的一部分结构。这种将机件的某一部分向基本投影面投射所得的视图称为局部视图。

【规则】

（1）局部视图一般用波浪线表示断裂部分的边界；当所表达的局部结构外轮廓呈完整的封闭图形时，波浪线省略不画。

（2）局部视图按基本视图的配置形式配置时，可不必标注；如果按向视图的配置形式自由配置，则应按向视图的标注形式进行标注。

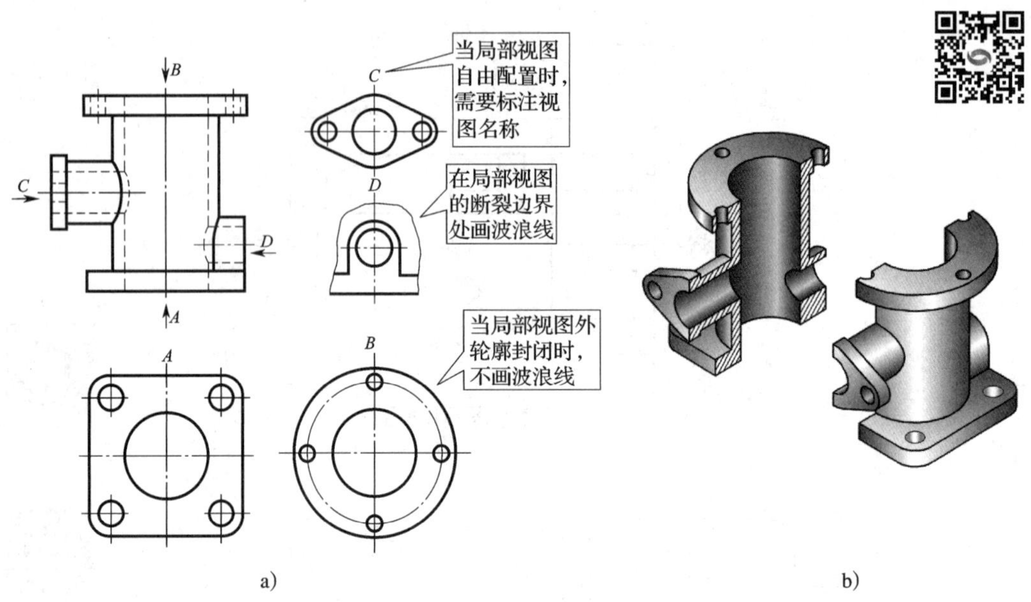

图 2–5　阀体

a）局部视图　b）立体图

4．斜视图

将机件的局部向不平行于任何基本投影面的平面投射所得的视图称为斜视图，如图 2–6 所示。

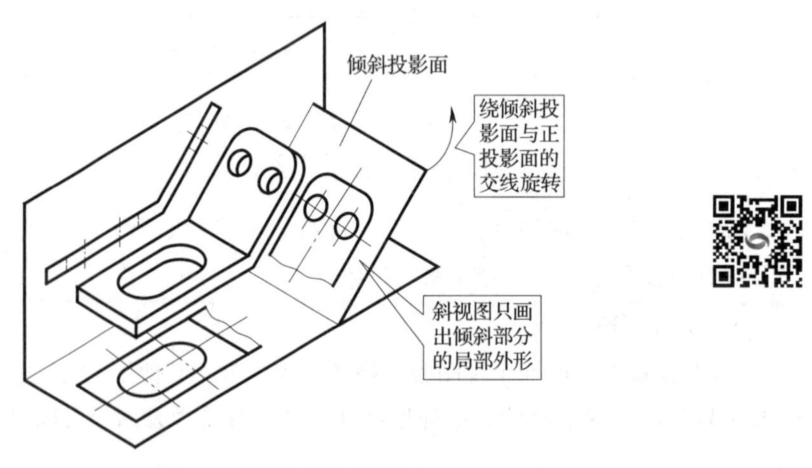

图 2–6　弯板斜视图的形成

【规则】斜视图要按向视图的形式标注，如图 2–7a 所示。必要时，允许将斜视图旋转摆正配置，如图 2–7b 所示。表示该视图名称的大写拉丁字母应靠近旋转符号的箭头端。

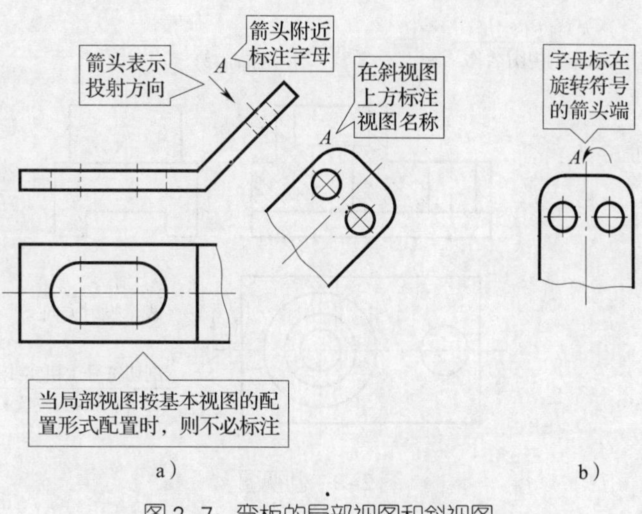

图 2-7 弯板的局部视图和斜视图

二、剖视图

想一想

在图 2-5 中，阀体的内部结构用细虚线表达，这种表达方法有何缺点？

1. 剖视图的形成与标注

（1）剖视图的形成

物体的内部结构较复杂时，在视图中用细虚线表达内部结构非常不利于看图，为了解决这一问题，可采用剖视图表达。如图 2-8 所示，假想用剖切面剖开物体，将处于观察者和剖切面之间的部分移去，将其余部分向投影面投射所得的图形称为剖视图，简称剖视。如图 2-9 所示，机件的主视图采用了剖视图。

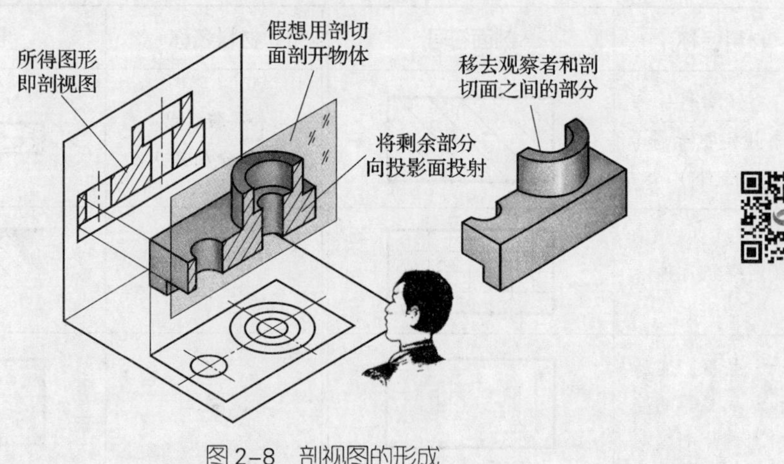

图 2-8 剖视图的形成

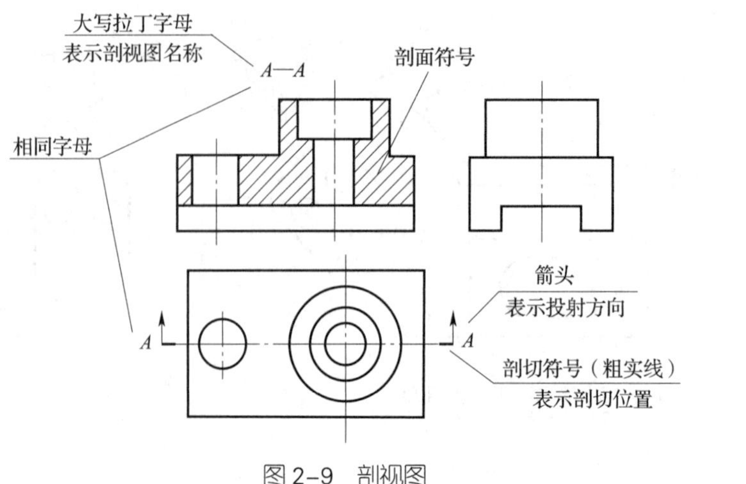

图 2-9　剖视图

小提示

1）在画剖视图时，剖切平面后的可见轮廓应全部画出，不可只画剖切断面的形状。

2）由于剖视图是假想剖开机件得到的，当物体的一个视图画成剖视图时，其他视图仍应完整画出。

（2）剖面符号

在剖视图中，剖切面与物体接触的部分（剖面区域）应画出表示材料类别的剖面符号，常用材料的剖面符号见表 2-1。当不需要在剖面区域中表示材料的类别时，可采用通用剖面符号（又称剖面线）。

【规则】剖面线用细实线绘制，一般与主要轮廓线或剖面区域的对称中心线成 45°角，且互相平行、间隔均匀。

表 2-1　常用材料的剖面符号（摘自 GB/T 4457. 5—2013）

材料名称	剖面符号	材料名称	剖面符号
金属材料（已有规定剖面符号者除外）		木质胶合板（不分层数）	
线圈绕组元件		基础周围的泥土	
转子、电枢、变压器和电抗器等的叠钢片		混凝土	

续表

材料名称		剖面符号	材料名称	剖面符号
非金属材料（已有规定剖面符号者除外）			钢筋混凝土	
型沙、填沙、粉末冶金、陶瓷刀片、硬质合金刀片等			砖	
玻璃及供观察用的其他透明材料			格网（筛网、过滤网等）	
木材	纵断面		液体	
	横断面			

（3）剖视图的标注

剖视图的标注如图 2–9 所示，一般应在剖视图的上方用大写拉丁字母标出剖视图的名称“×—×”，在剖切面的起止处用剖切符号（粗实线）表示剖切位置，在剖切符号两端用箭头表示投射方向，并在附近注上与剖视图名称相同的字母。在某些情况下，剖视图的标注可以简化和省略。

2. 剖视图的种类及画法

根据剖切范围的不同，剖视图可分为全剖视图、半剖视图和局部剖视图三种。

（1）全剖视图

用剖切面完全地剖开物体所画的剖视图称为全剖视图。很显然，图 2–9 中的主视图就是全剖视图，其剖切平面通过机件的前后对称面将机件剖成两半。

【规则】

1）对于机件的肋、轮辐及薄壁等，如纵向剖切，这些结构都不画剖面符号，而用粗实线将它与其相邻部分分开，如图 2–10 所示。

2）当回转体上均匀分布的肋、轮辐、孔等结构不处于剖切平面上时，可将这些结构旋转到剖切平面上画出，如图 2–10 所示。

（2）半剖视图

当物体具有对称平面时，向垂直于对称平面的投影面上投射所得图形，以对称中心线为界，一半画成剖视图，另一半画成视图，这种图形称为半剖视图，如图 2–11 所示。

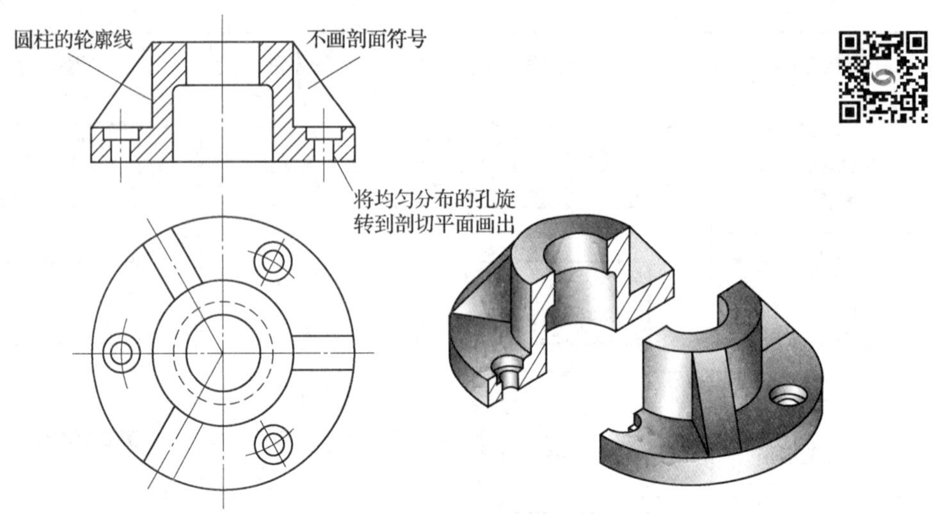

图 2-10　肋板、均匀分布孔的规定画法

如图 2-11 所示的支架前后也对称，所以俯视图同样也可绘制成半剖视图，如图 2-12 所示。在俯视图上，用水平面作为剖切平面，过前面凸台水平圆孔轴线将机件剖开，将俯视图绘制成半剖视图。

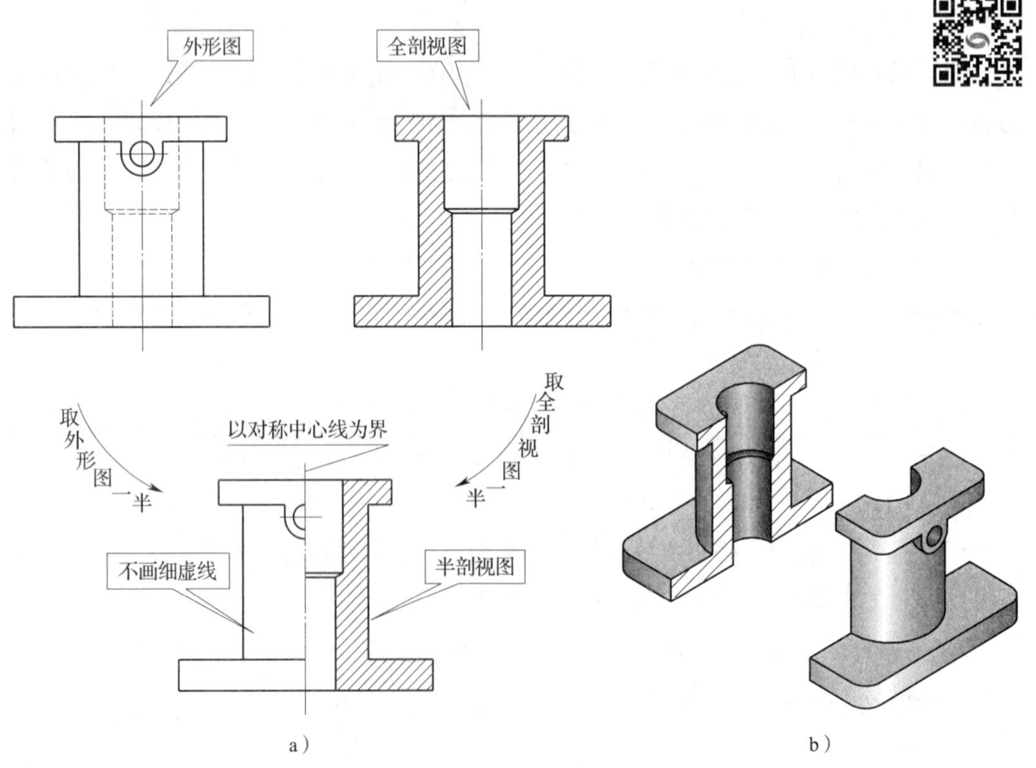

图 2-11　半剖视图
a）视图　b）立体图

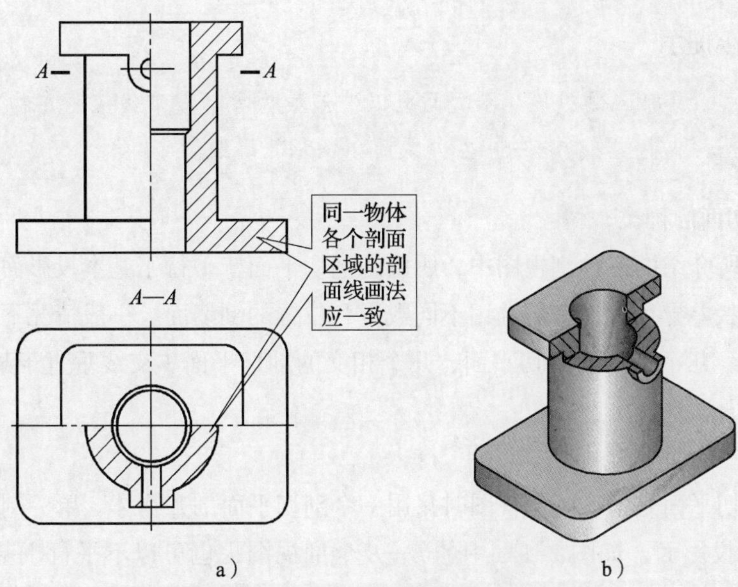

图 2-12 支架的半剖主、俯视图

a）两视图 b）立体图

小提示

1）半剖视图的半个视图与半个剖视图的分界线应画细点画线，而不能画成粗实线。

2）外形图上表达内部结构的细虚线可省略。

（3）局部剖视图

为了在一个不对称的视图上同时表达内形和外形，可用剖切面局部地剖开物体而绘制剖视图，如图 2-13 所示。这种用剖切面局部地剖开物体所画出的剖视图称为局部剖视图。

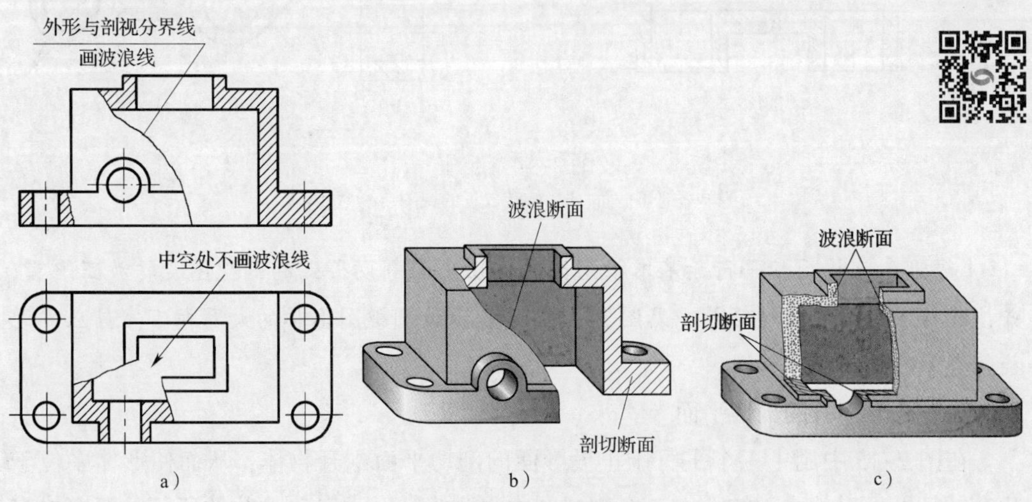

图 2-13 上箱体的局部剖视图

a）局部剖视图 b）主视图的剖切 c）俯视图的剖切

小提示

局部剖视图与视图之间应以波浪线为界，波浪线应画在物体的实体上，不能画在物体的中空处或超出图形轮廓线。

3. 剖切面的种类

在前面所介绍的三种剖视图中，所用的剖切平面皆平行于基本投影面，但机件的内部结构形状差异很大，常需选用不同数量和位置的剖切面。一般情况下，可选择单一剖切平面、几个平行的剖切平面、几个相交的剖切平面（交线垂直于某一投影面）三种剖切平面。

（1）单一剖切平面

单一剖切平面是指，画剖视图时只用一个剖切平面剖开物体。单一剖切平面可以平行于基本投影面，如图 2–14a 中的 *B—B* 全剖视图；也可以不平行于基本投影面，如图 2–14a 中的 *A—A* 全剖视图。

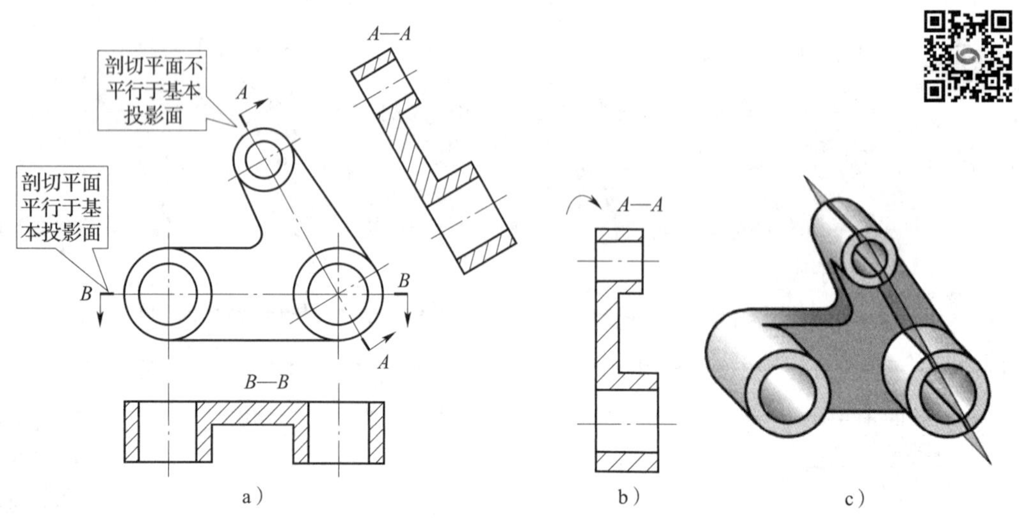

图 2–14　连杆

a）单一剖切平面　b）旋转放正的视图　c）立体图

【规则】可将用不平行于基本投影面的剖切平面剖切得到的剖视图旋转放正配置，并按旋转方向标注旋转符号（见图 2–14b）。表示该剖视图名称的大写拉丁字母应靠近旋转符号的箭头端。

（2）几个平行的剖切平面

在图 2–15 中用了三个平行于正投影面的剖切平面剖开物体，从而使形体中位于几个平行平面上的内部结构在一个剖视图中得到表达。这种剖开物体所用的两个或多个平行的剖切平面称为几个平行的剖切平面。

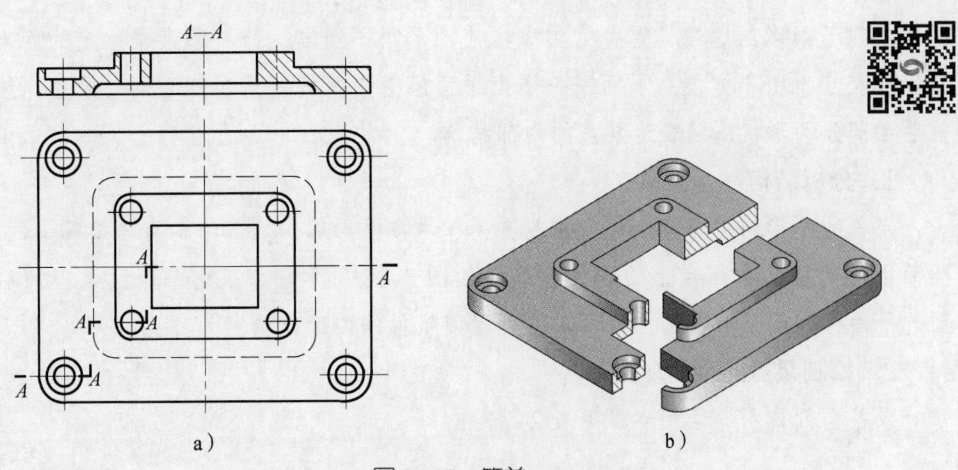

图 2–15 箱盖

a）用几个平行剖切平面剖切的全剖视图 b）立体图

（3）几个相交的剖切平面

图 2–16 所示端盖的主视图用了一个正平面和一个侧垂面作为剖切平面，两剖切平面的交线与回转体的轴线重合。这种剖开物体所用的剖切平面称为几个相交的剖切平面。一般情况下剖切平面的交线垂直于某一个基本投影面。

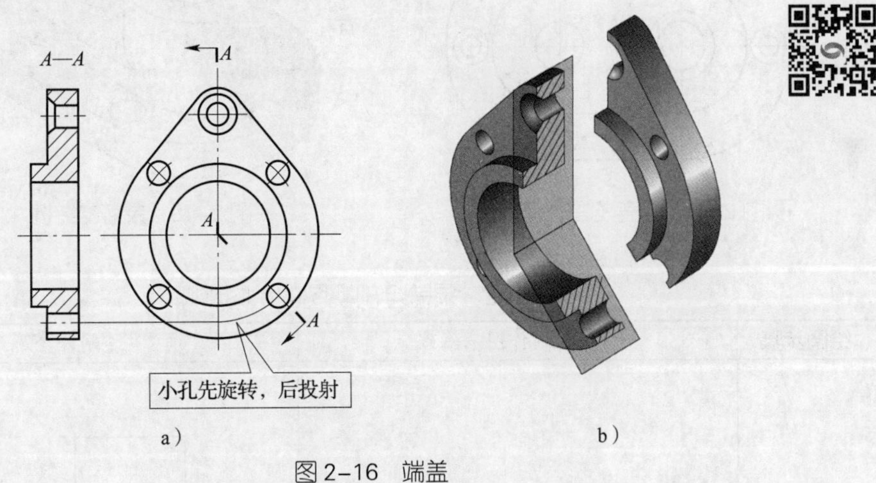

图 2–16 端盖

a）用两相交剖切平面剖切的全剖视图 b）立体图

【规则】在用几个相交剖切平面剖开物体后，倾斜剖切平面所剖到的结构应旋转到与选定的投影面平行后再进行投射。

应用举例

绘制全剖视图

图 2–17 所示为齿轮泵泵盖的主、俯视图。由于物体的内部结构较为复杂，主视

图中出现了很多细虚线，重叠的细虚线使图形很不清晰，给看图带来一定的困难，而且标注尺寸也很不方便。下面用一个正平面沿着泵盖的前后对称面剖开泵盖，绘制泵盖后半部分的形状，以表达泵盖的内部结构。

1. 分析结构

泵盖的外形结构有连接板、左侧圆筒、右侧凸台等，内部结构有连接板上的沉孔、圆筒上的阶梯孔和凸台上的圆柱孔等，如图 2-18 所示。如果用一个过泵盖前后对称面的平面将其剖开后再画主视图，就可以使机件的内部结构变为可见。

2. 绘制泵盖的全剖视图

泵盖全剖视图的绘图步骤见表 2-2。

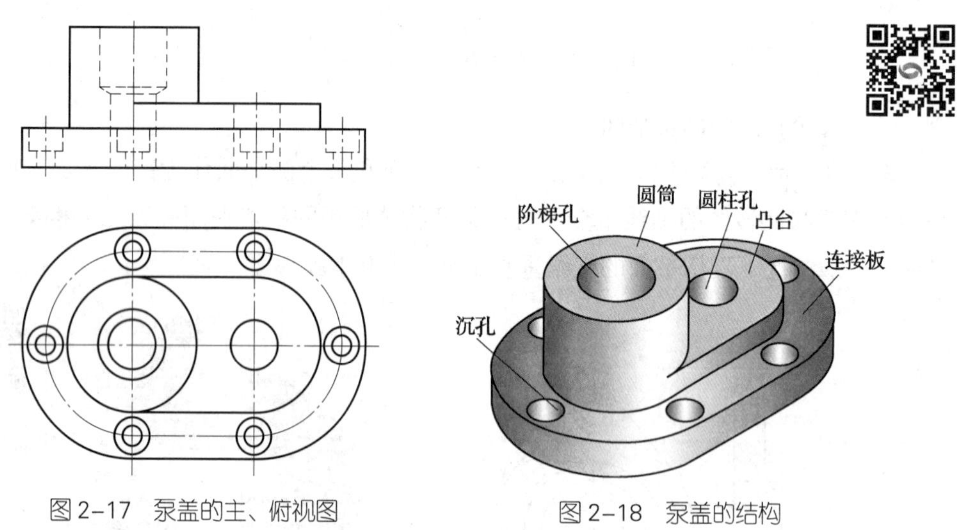

图 2-17　泵盖的主、俯视图　　图 2-18　泵盖的结构

表 2-2　泵盖全剖视图的绘图步骤

绘图步骤	（1）绘制作图基准线	（2）绘制外轮廓线
图例		

续表

绘图步骤	（3）绘制剖切到的内孔	（4）绘制剖面线
图例	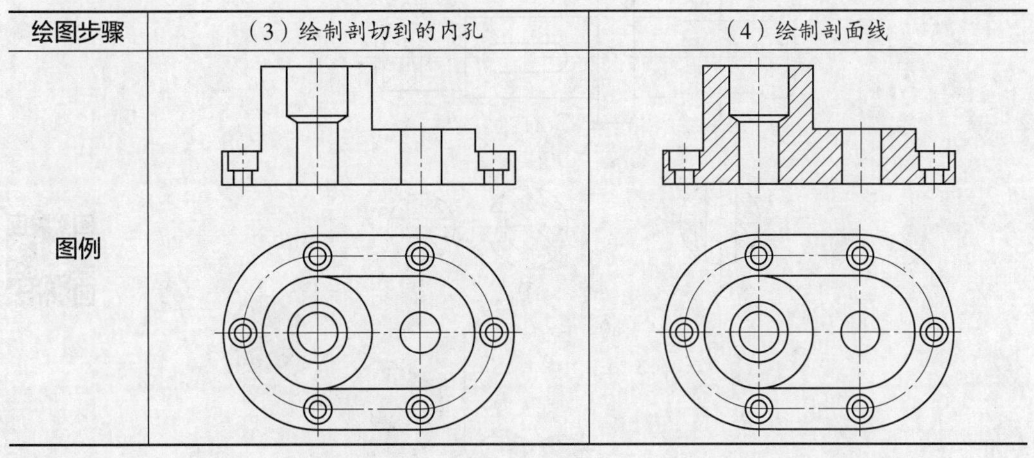	

三、断面图

想一想

采用视图或剖视图表达图 2–19 所示轴类零件各段轴颈上的孔或槽的结构合适吗？为什么？

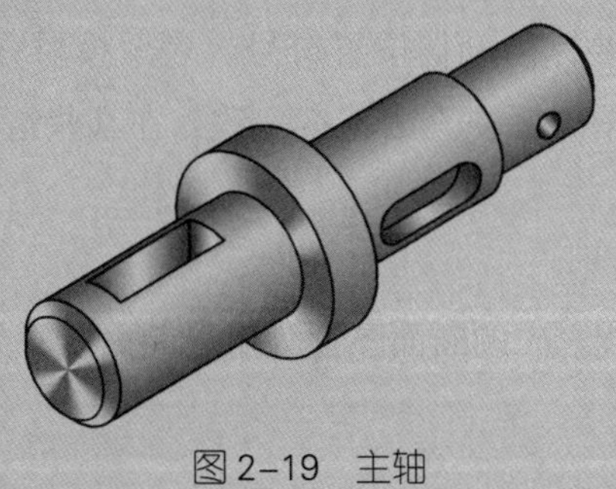

图 2–19 主轴

用剖切平面将机件断开，画出的剖切平面与物体接触部分的图形称为断面图，如图 2–20a 所示。断面图分为移出断面图和重合断面图两种。

1. 移出断面图

画在视图轮廓之外的断面图称为移出断面图。如图 2–20a 所示的断面图即为移出断面图，断面图①表达键槽，断面图②表达圆孔，断面图③表达矩形孔。

【规则】

（1）当剖切平面通过回转面形成的孔或凹坑的轴线时，这些结构应按剖视图绘制，如图 2–20 中断面图②所示。

（2）当剖切平面通过非圆孔，会导致出现完全分离的图形时，这些结构也应按剖视图绘制，如图 2–20 中断面图③所示。

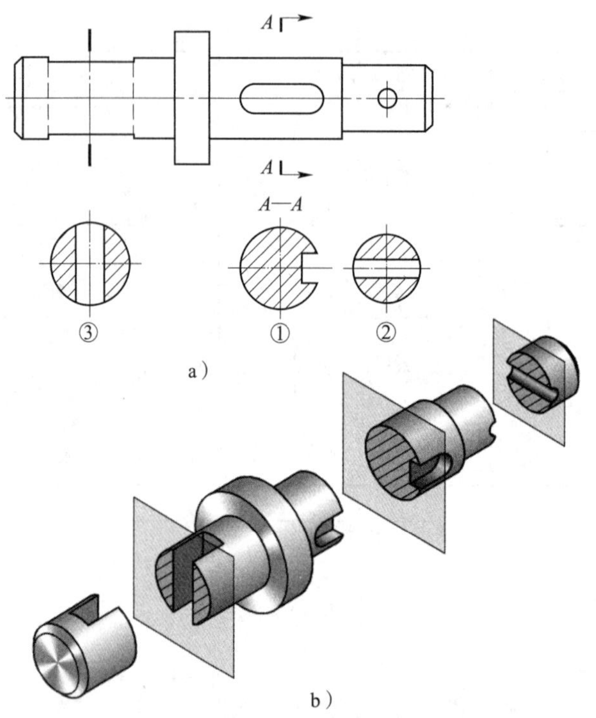

图 2-20　主轴的断面图和立体图
a）断面图　b）立体图

移出断面图也需要标注剖切位置符号、表示投射方向的箭头和断面图的名称等，具体标注方法与剖视图的标注方法基本一致，在某些情况下移出断面图的标注也可以简化或省略。

2. 重合断面图

绘制在视图轮廓线之内的断面图称为重合断面图，如图 2-21 所示。

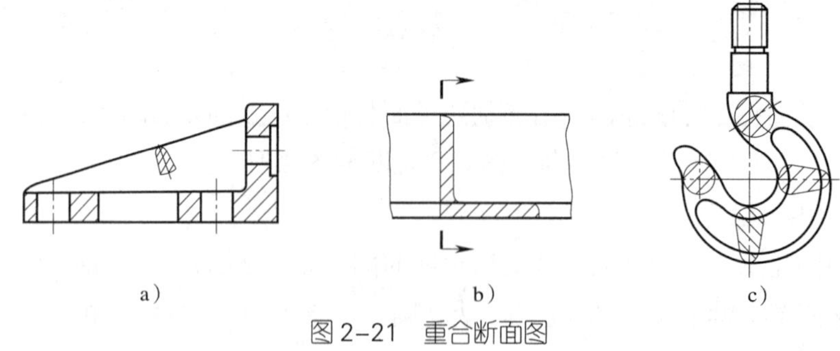

图 2-21　重合断面图

【规则】

（1）重合断面图的轮廓线用细实线绘制。

（2）当视图中的轮廓线与重合断面图的轮廓线重叠时，视图的轮廓线完整画出，不能间断，如图 2-21b 所示。

§2-2 标准件与常用件的画法

学习目标

1. 熟悉螺纹的结构，掌握螺纹的规定画法，能绘制螺纹连接图。
2. 熟悉齿轮的结构，掌握齿轮的规定画法，能绘制齿轮的视图。
3. 熟悉键、销、轴承以及弹簧等的画法。

想一想

在各种机器和设备中，经常需要用到螺栓、螺母、齿轮、键、销、滚动轴承、弹簧等标准件和常用件。这些零部件用途广、用量大，且结构与尺寸都已全部或部分标准化。观察图 2-22 所示齿轮泵中各零件的结构，看看你认识哪些零件。

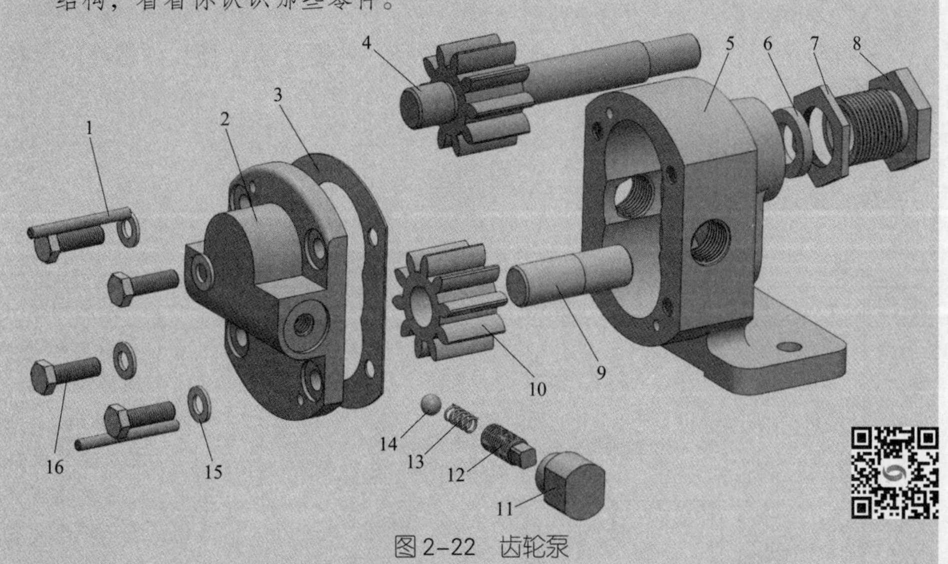

图 2-22　齿轮泵

1—销　2—泵盖　3—垫片　4—齿轮轴　5—泵体　6—密封圈　7—螺母　8—压盖　9—从动轴　10—齿轮　11—防护螺塞　12—调节螺钉　13—弹簧　14—钢球　15—垫圈　16—螺栓

一、螺纹及螺纹紧固件的画法

1. 螺纹直径

在圆柱（或圆锥）外表面上形成的螺纹称为外螺纹（见图 2-23a）；在圆柱（或圆

锥）内表面上形成的螺纹称为内螺纹（见图 2–23b）。螺纹直径主要有螺纹大径、螺纹小径、公称直径等，如图 2–23 所示。

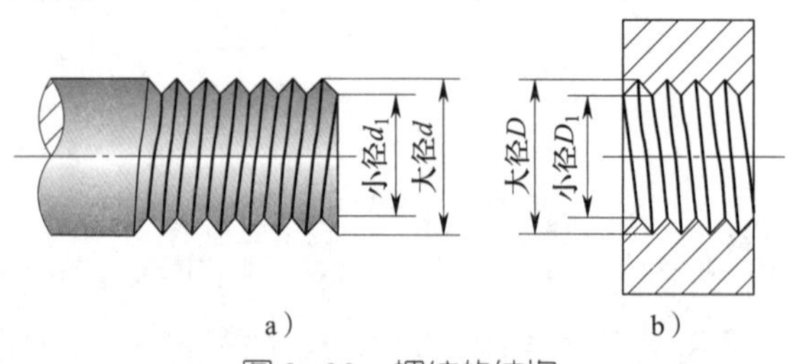

图 2–23　螺纹的结构
a）外螺纹　b）内螺纹

（1）螺纹大径

与外螺纹牙顶或内螺纹牙底相切的假想圆柱（或圆锥）的直径称为螺纹大径。外螺纹大径用 d 表示，内螺纹大径用 D 表示。

（2）螺纹小径

与外螺纹牙底或内螺纹牙顶相切的假想圆柱（或圆锥）的直径称为螺纹小径。外螺纹小径用 d_1 表示，内螺纹小径用 D_1 表示。

（3）公称直径

公称直径是代表螺纹尺寸的直径。除管螺纹外，公称直径都是指螺纹的大径。

外螺纹的大径和内螺纹的小径又称为顶径，外螺纹的小径和内螺纹的大径又称为底径。

2．螺纹的规定画法

螺纹的规定画法见表 2–3。

表 2–3　螺纹的规定画法

名称	图例	画法规定
外螺纹	螺纹终止线画粗实线 牙底细实线圆只画3/4圈 大径d 小径d_1 小径线画细实线 不画倒角圆 大径线画粗实线	（1）牙顶用粗实线绘制，牙底用细实线绘制，小径尺寸取 $d_1 \approx 0.85d$ （2）在反映螺纹轴线的视图中，螺纹终止线用粗实线绘制，表示螺纹牙底的细实线画入倒角 （3）在垂直于螺纹轴线的视图中，表示牙底的细实线圆只画约 3/4 圈，不画倒角圆 （4）在反映螺纹轴线的剖视图中，剖面线画至牙顶粗实线处

续表

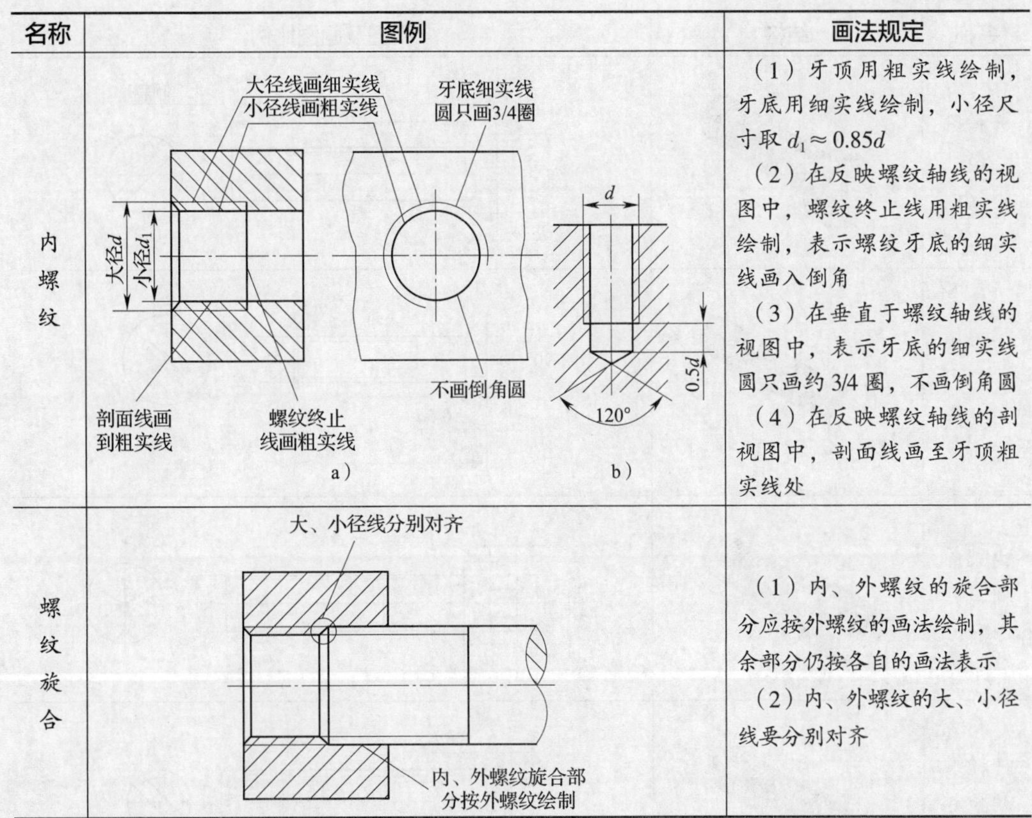

名称	图例	画法规定
内螺纹	大径线画细实线 小径线画粗实线 牙底细实线 圆只画3/4圈 大径d 小径d_1 d $0.5d$ 120° 不画倒角圆 剖面线画到粗实线 螺纹终止线画粗实线 a）　b）	（1）牙顶用粗实线绘制，牙底用细实线绘制，小径尺寸取 $d_1 \approx 0.85d$ （2）在反映螺纹轴线的视图中，螺纹终止线用粗实线绘制，表示螺纹牙底的细实线画入倒角 （3）在垂直于螺纹轴线的视图中，表示牙底的细实线圆只画约 3/4 圈，不画倒角圆 （4）在反映螺纹轴线的剖视图中，剖面线画至牙顶粗实线处
螺纹旋合	大、小径线分别对齐 内、外螺纹旋合部分按外螺纹绘制	（1）内、外螺纹的旋合部分应按外螺纹的画法绘制，其余部分仍按各自的画法表示 （2）内、外螺纹的大、小径线要分别对齐

3. 螺纹紧固件的画法

常用的螺纹紧固件有螺栓、双头螺柱、螺钉、螺母和垫圈等，其结构和画法见表 2–4。

表 2–4　常用螺纹紧固件的结构和画法

名称	结构	视图及画图比例
六角头螺栓		R_1　$1.5d$　d　$2d$　$0.7d$　l①　R_2 注：R_1、R_2由作图确定
双头螺柱		d　$2d$　b_m②　l

续表

名称	结构	视图及画图比例
开槽圆柱头螺钉	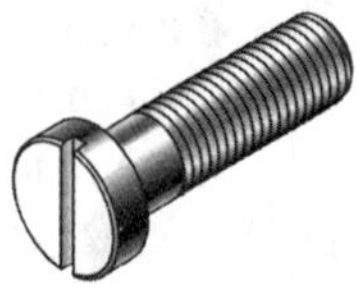	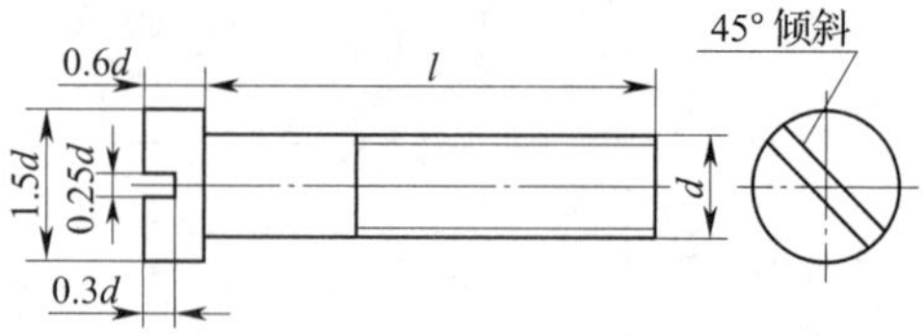 0.6d　l　45°倾斜　1.5d　0.25d　d　0.3d
十字槽沉头螺钉	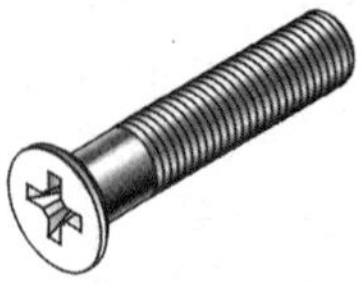	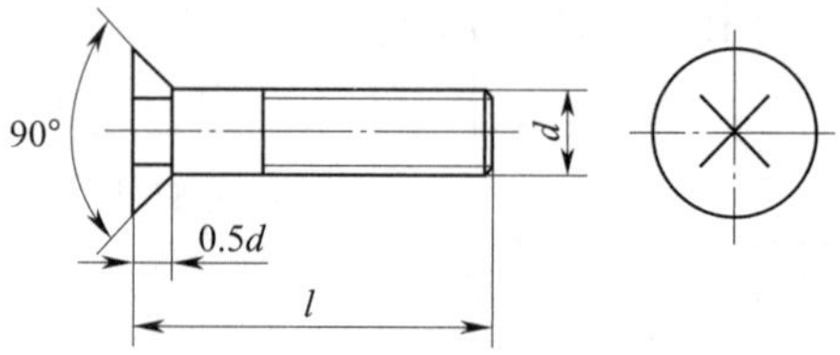 90°　d　0.5d　l
内六角圆柱头螺钉	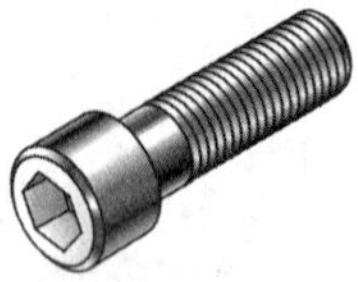	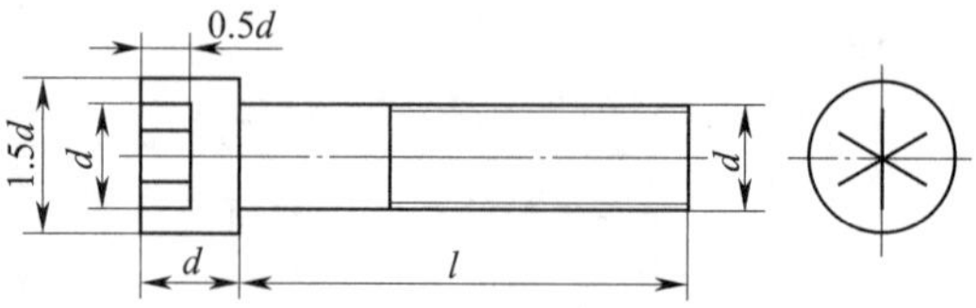 0.5d　1.5d　d　d　d　l
开槽锥端紧定螺钉		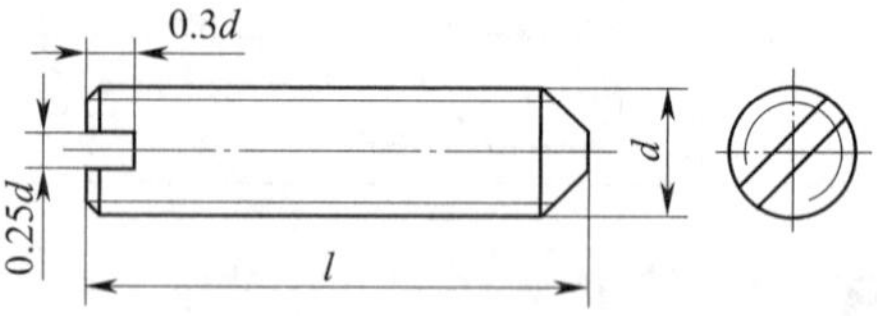 0.3d　d　0.25d　l
六角螺母	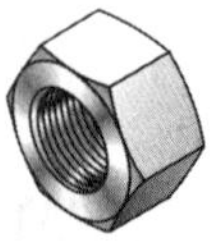	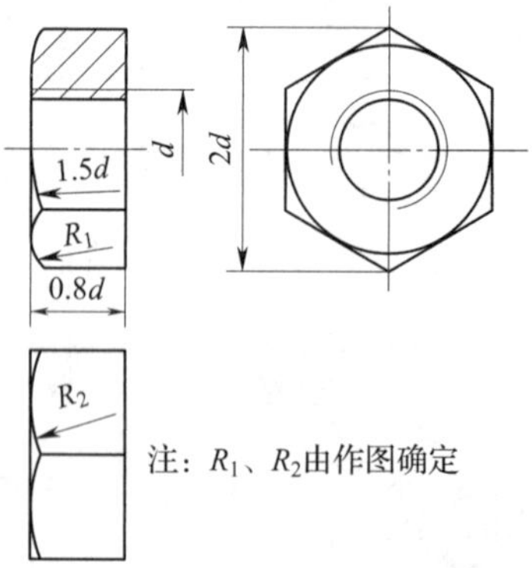 d　2d　1.5d　R_1　0.8d　R_2　注：R_1、R_2由作图确定
六角开槽螺母		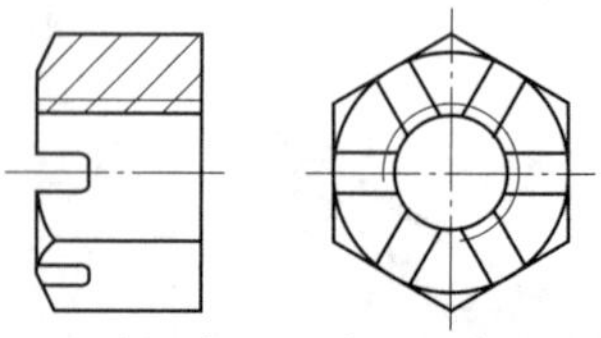 （按实际尺寸绘图）

续表

名称	结构	视图及画图比例
平垫圈		
弹簧垫圈		

注：① l 为螺栓、双头螺柱、螺钉的公称长度，可通过查阅相关手册获得。

② b_m 为双头螺柱旋入端的长度，其取值与被旋入零件的材料有关。一般钢或青铜用 $b_m=1d$；铸铁用 $b_m=1.25d$ 或 $b_m=1.5d$；铝合金用 $b_m=2d$。

4．螺纹连接图的画法

常用的螺纹连接有螺栓连接、螺钉连接和双头螺柱连接。

（1）螺栓连接图的画法

螺栓连接图的画法如图 2–24 所示。

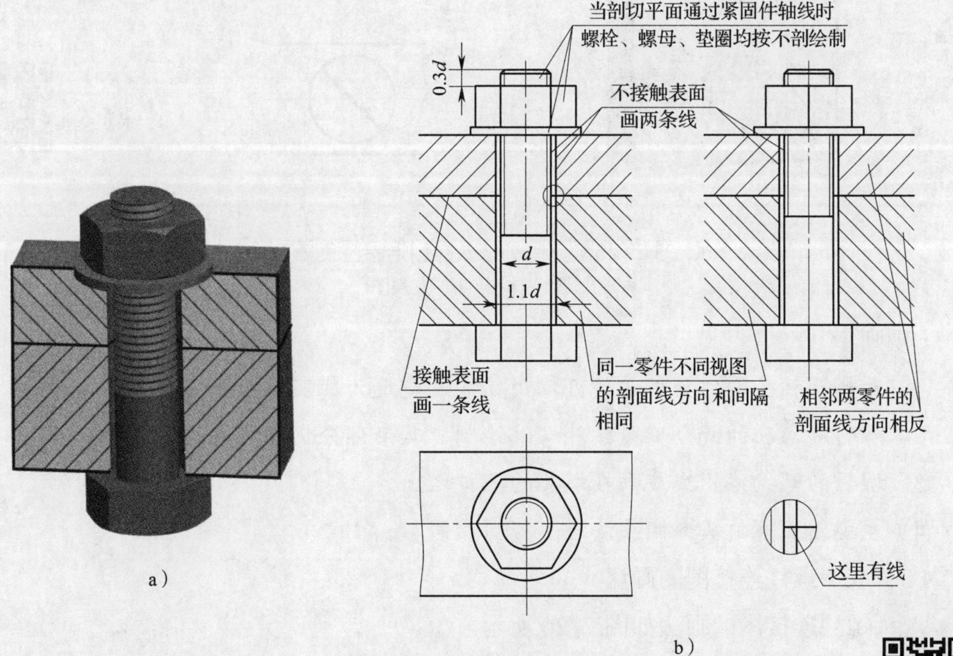

图 2–24　螺栓连接图的画法

a）立体图　b）三视图

【规则】

1）当剖切平面通过螺栓、螺钉、双头螺柱、螺母及垫圈等紧固件的轴线时，这些零件应按未剖切绘制（即只画外形）。

2）两相邻零件的接触面只画一条粗实线，不得将轮廓线特意加粗；凡不接触的表面，不论间隙多小，在图上均应画出两条轮廓线。

3）在剖视图中，相互接触的两个零件，其剖面线方向应相反；同一个零件在各剖视图中，剖面线的倾斜方向和间隔应相同。

（2）螺钉连接图的画法

开槽圆柱头螺钉连接图的画法如图 2–25 所示。

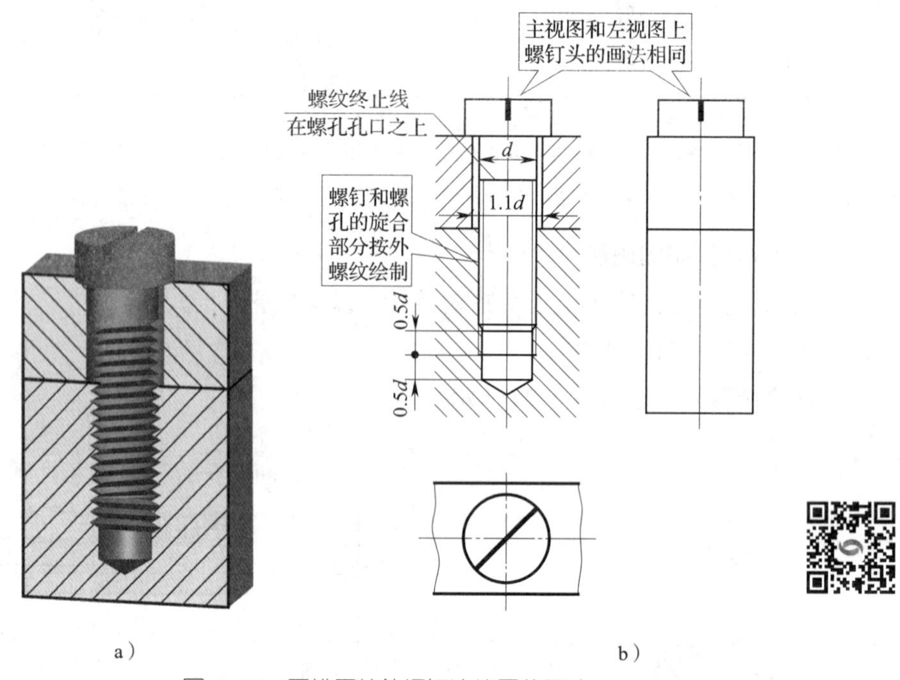

图 2–25 开槽圆柱头螺钉连接图的画法

a）立体图 b）三视图

【规则】

1）开槽圆柱头螺钉头部的槽可以用粗线（宽度为粗实线的两倍）表示。

2）螺钉和螺孔的旋合部分按外螺纹绘制，其余部分仍按各自的画法绘制。

3）螺钉的螺纹终止线应画在螺孔的孔口之上。

4）左视图上螺钉头部的画法与主视图相同。

（3）双头螺柱连接图的画法

双头螺柱连接图的画法如图 2–26 所示。

【规则】

1）为了保证连接牢固，双头螺柱的旋入端应全部旋入螺孔内，所以旋入端的螺纹终止线应与螺孔件的孔口平齐。

2）主、左视图上的弹簧垫圈开口的画法相同，由左上向右下倾斜。

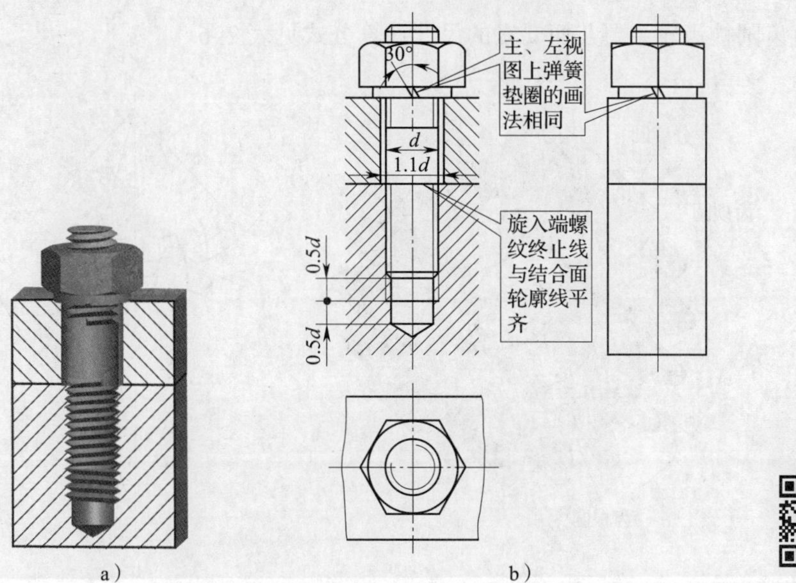

图 2-26　双头螺柱连接图的画法

a）立体图　b）三视图

二、齿轮的画法

齿轮是机械设备中应用最广泛的一种传动零件，它们成对使用，可用来传递动力，改变转速和运动方向。常用的齿轮传动形式有圆柱齿轮传动、锥齿轮传动等，如图 2-27 所示。

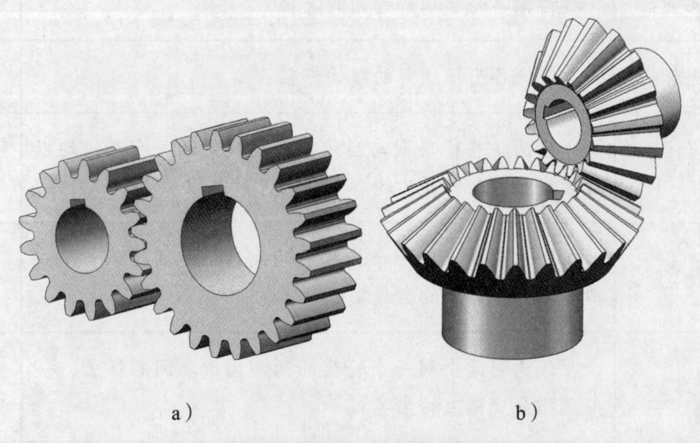

图 2-27　齿轮传动

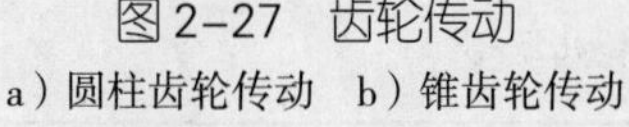

a）圆柱齿轮传动　b）锥齿轮传动

1. 直齿圆柱齿轮的画法

（1）直齿圆柱齿轮的主要几何要素

直齿圆柱齿轮主要几何要素的名称及有关参数如图 2–28 所示，其定义见表 2–5，标准直齿圆柱齿轮主要几何要素的尺寸计算公式见表 2–6。

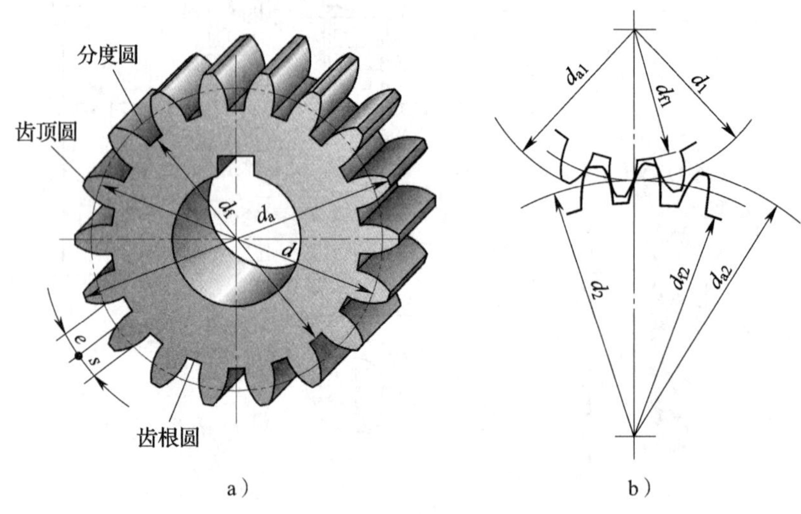

图 2–28　直齿圆柱齿轮的结构

a）单个齿轮　b）齿轮啮合

表 2–5　直齿圆柱齿轮主要几何要素

序号	名称	定义	代号
1	模数	齿轮设计与制造的重要参数，已标准化，具体可查阅有关手册	m
2	齿顶圆直径	过齿轮各轮齿顶部的圆的直径	d_a
3	齿根圆直径	过齿轮各齿槽底部的圆的直径	d_f
4	分度圆直径	分度圆是在齿顶圆与齿根圆之间规定的一个圆，均以此圆直径作为计算齿轮各部分尺寸的基准	d
5	齿槽宽	在任意圆周上同一个齿槽的两侧齿廓之间的弧长，一般是指分度圆上的齿槽宽	e
6	齿厚	在任意圆周上同一个轮齿的两侧齿廓之间的弧长，一般是指分度圆上的齿厚	s
7	齿数	齿轮的轮齿数量	z

表 2–6 标准直齿圆柱齿轮主要几何要素的尺寸计算公式

名称	代号	公式
分度圆直径	d	$d=mz$
齿顶圆直径	d_a	$d_a=m(z+2)$
齿根圆直径	d_f	$d_f=m(z-2.5)$
中心距	a	$a=\frac{1}{2}d_1+\frac{1}{2}d_2=\frac{1}{2}m(z_1+z_2)$

（2）单个直齿圆柱齿轮的画法

单个直齿圆柱齿轮的画法如图 2–29 所示。

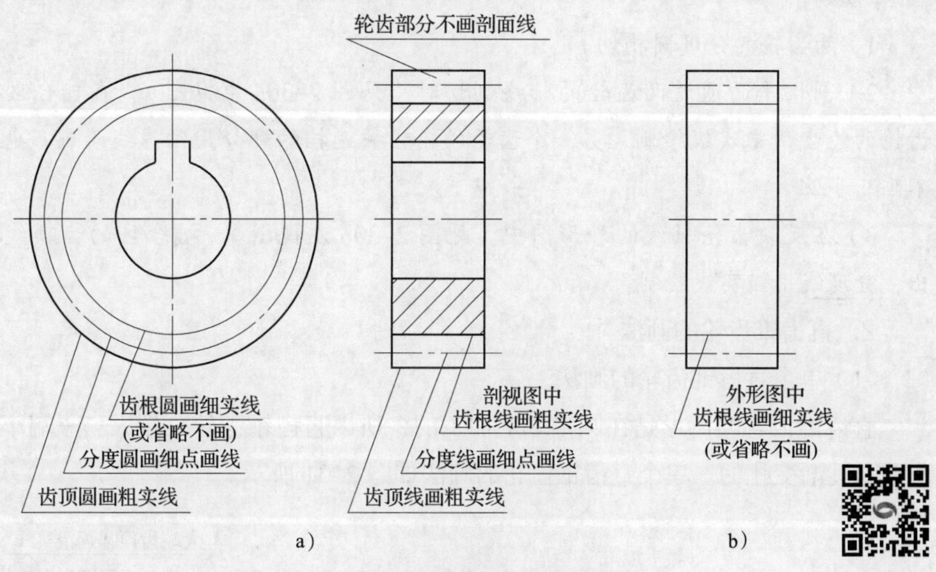

图 2–29 单个直齿圆柱齿轮的画法

a）剖视图 b）外形图

【规则】

1）齿顶圆和齿顶线用粗实线绘制。

2）分度圆和分度线用细点画线绘制。

3）齿根圆和外形图中的齿根线用细实线绘制，也可省略不画。

4）在剖视图中的齿根线用粗实线绘制。

（3）两直齿圆柱齿轮啮合图的画法

如图 2–30 所示，两齿轮啮合时，除啮合区外，其余部分均按单个齿轮绘制，齿根圆和外形图中的齿根线全部省略不画。

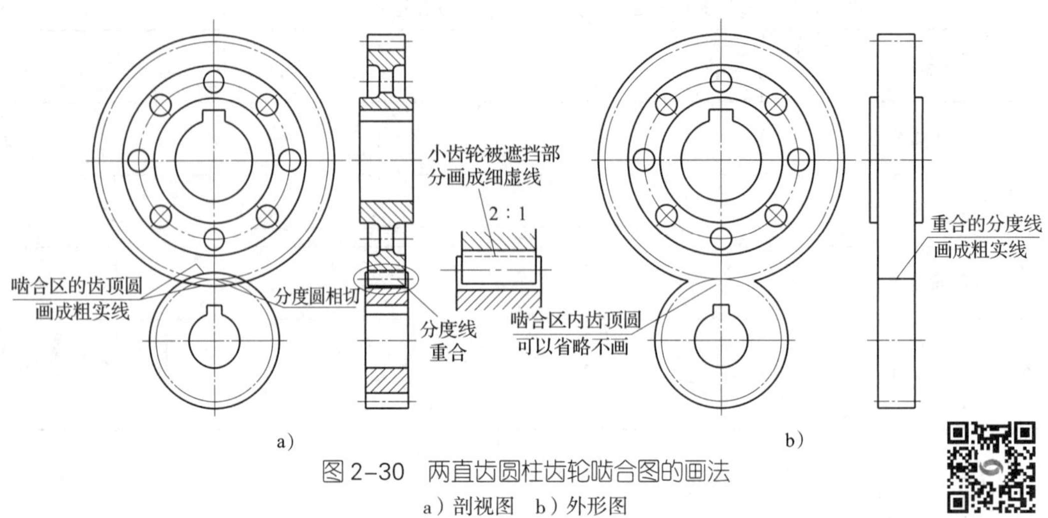

图 2-30　两直齿圆柱齿轮啮合图的画法

a）剖视图　b）外形图

【规则】

1）两齿轮的分度圆相切。

2）剖切平面通过两齿轮的轴线剖切时（见图 2-30a 左视图），在啮合区将一个齿轮的轮齿用粗实线绘制，另一个齿轮的轮齿被遮挡的部分用细虚线绘制，也可省略不画。

3）在反映齿轮轴线的外形图中（见图 2-30b 左视图），啮合区的齿顶线不需画出，分度线用粗实线绘制。

2. 直齿锥齿轮的画法

（1）单个直齿锥齿轮的画法

直齿锥齿轮的齿形是在圆锥体上加工的，所以直齿锥齿轮一端大、一端小，它的齿厚是逐渐变化的。单个直齿锥齿轮的画法如图 2-31 所示。

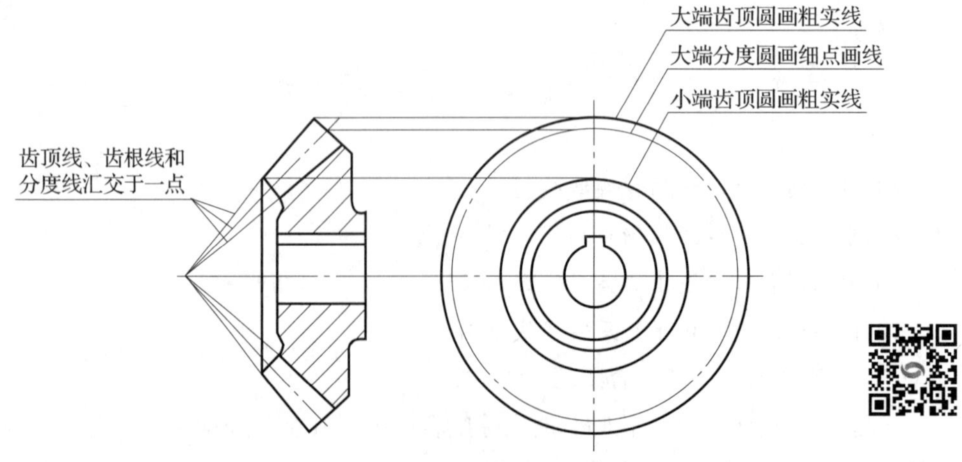

图 2-31　单个直齿锥齿轮的画法

【规则】在投影为圆的视图上用粗实线画出大端和小端的齿顶圆，用细点画线画出大端的分度圆，齿根圆及小端的分度圆不画。

（2）两直齿锥齿轮啮合图的画法

两直齿锥齿轮啮合图的画法如图 2–32 所示。

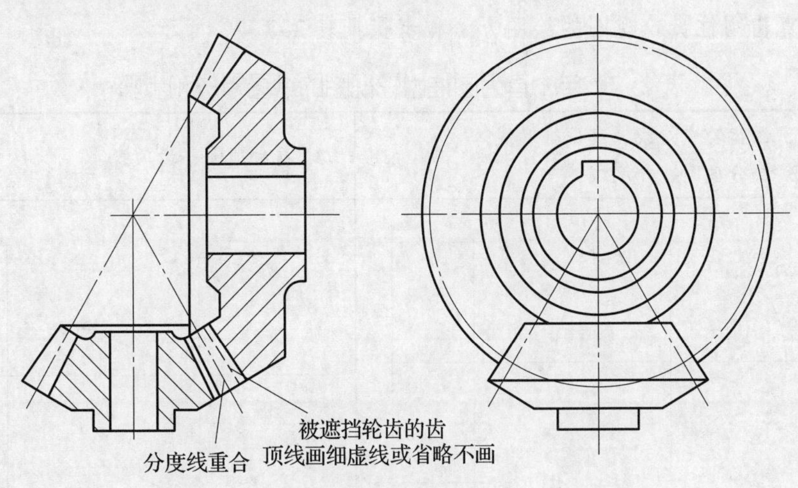

a）

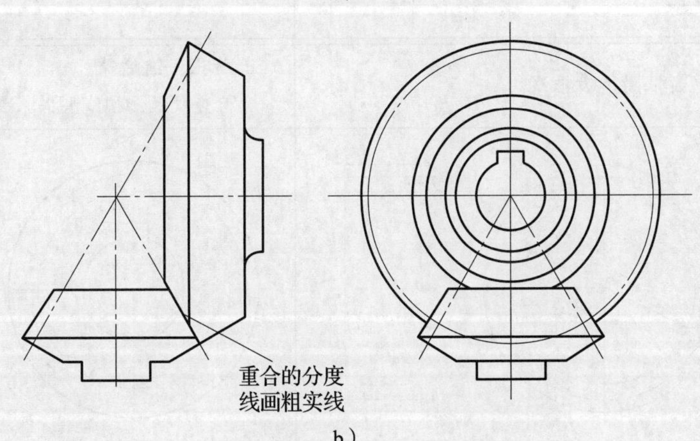

b）

图 2–32　两直齿锥齿轮啮合图的画法

a）剖视图　b）外形图

应用举例

绘制齿轮

已知某直齿圆柱齿轮的结构如图 2–29 所示，模数 m=2.5 mm，齿数 z=18，齿坯宽度 B=16 mm，其他尺寸由读者自行确定。下面绘制该齿轮的视图。

1. 尺寸计算

根据齿轮的模数 2.5 mm 和齿数 18 可计算齿轮主要几何要素的尺寸。

分度圆直径：$d=mz$=2.5 mm×18=45 mm

齿顶圆直径：$d_a=m(z+2)$=2.5 mm×（18+2）=50 mm

齿根圆直径：$d_f=m(z-2.5)$=2.5 mm×（18−2.5）=38.75 mm

2. 绘制视图

单个直齿圆柱齿轮视图的绘图方法和步骤见表 2–7。

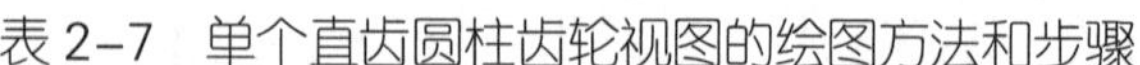
表 2–7　单个直齿圆柱齿轮视图的绘图方法和步骤

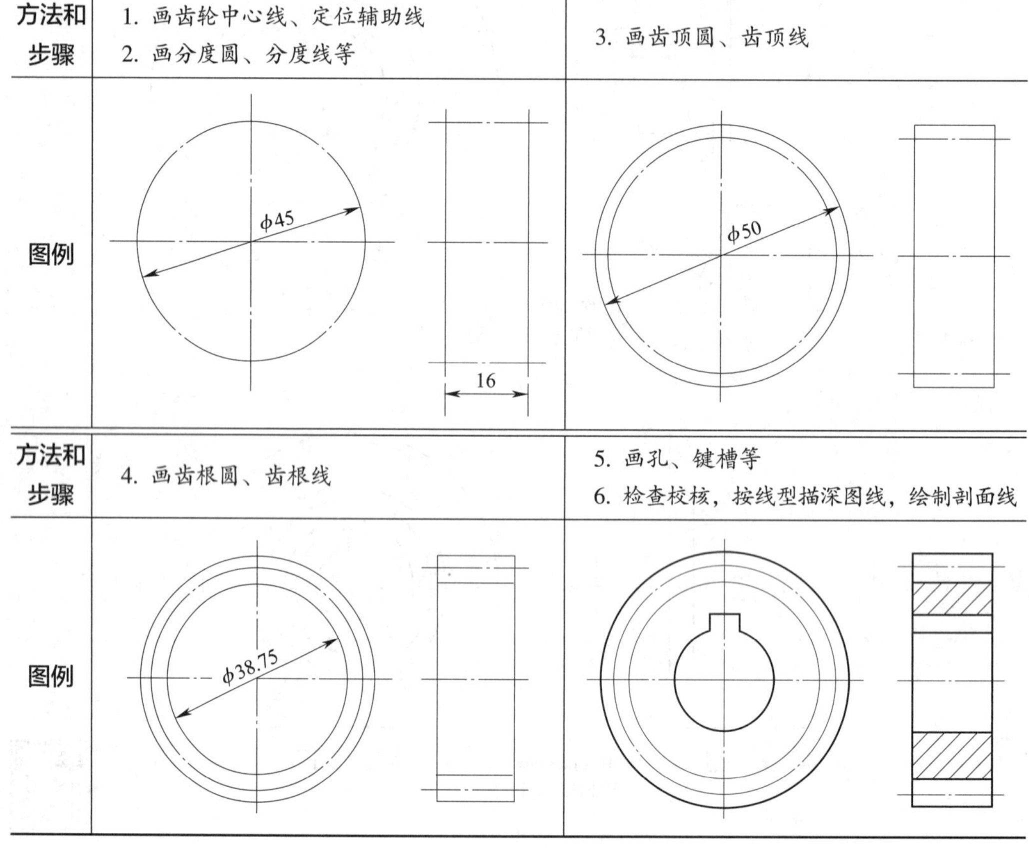

方法和步骤	1. 画齿轮中心线、定位辅助线 2. 画分度圆、分度线等	3. 画齿顶圆、齿顶线
图例	ϕ45　16	ϕ50
方法和步骤	4. 画齿根圆、齿根线	5. 画孔、键槽等 6. 检查校核，按线型描深图线，绘制剖面线
图例	ϕ38.75	

三、其他标准件与常用件的画法

1. 键连接的画法

键主要用于轴和轴上零件（如齿轮、带轮）之间的连接，如图 2–33 所示。

（1）平键连接图的画法

键有很多种，常用的是普通平键，它分为 A 型、B 型和 C 型三种，其结构如图 2–34 所示。普通平键连接图的画法如图 2–35 所示。

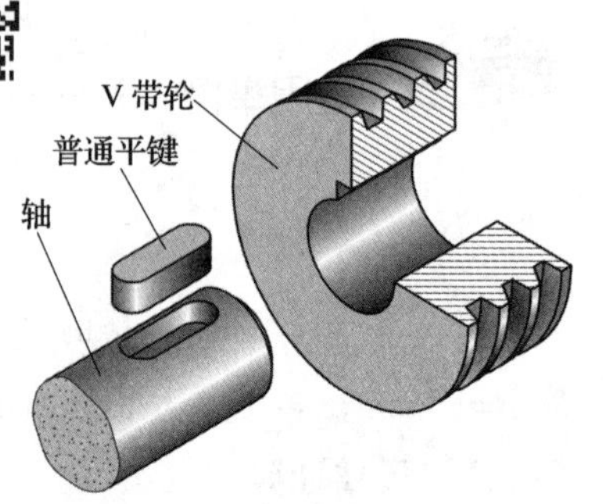

图 2–33　普通平键连接

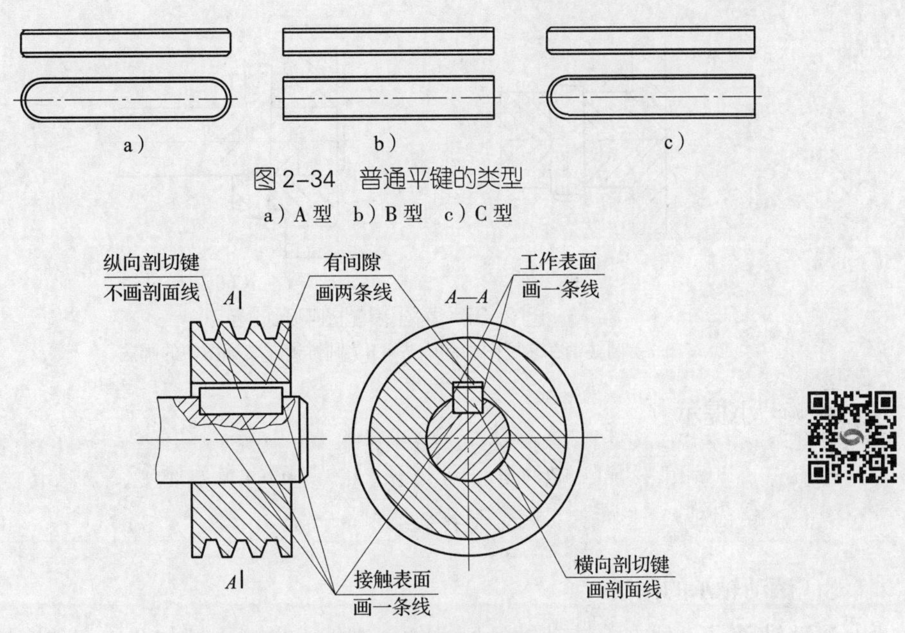

图 2-34 普通平键的类型

a）A 型 b）B 型 c）C 型

图 2-35 普通平键连接图的画法

【规则】

1）由于普通平键的侧面是工作表面，连接时与键槽接触，因此接触表面应画一条线。

2）键在安装时应首先嵌入轴上的键槽中，因此键与轴上键槽的底面之间也是接触的，也应画一条线。

3）键的顶端与孔上的键槽顶面之间有间隙，应画两条线，即分别画出它们的轮廓线。

4）纵向剖切键时，键按不剖处理；横向剖切键时，键上应画剖面线。故在图 2-35 中，主视图上平键按不剖处理，左视图上平键按剖切处理。

（2）半圆键连接图的画法

半圆键也是一种常用的连接键，半圆键的结构如图 2-36a 所示，半圆键连接图的画法如图 2-36b 所示，其画图规则与普通平键相同。

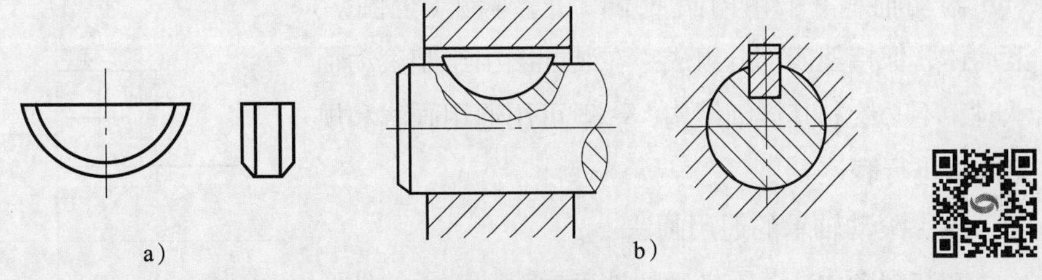

图 2-36 半圆键及其连接图的画法

a）半圆键 b）半圆键连接图的画法

2. 销在装配图中的画法

销是标准件，常用的销有圆柱销和圆锥销。它们常用于零件间的连接和定位。图 2-37 所示为圆柱销和圆锥销在装配图中的画法。

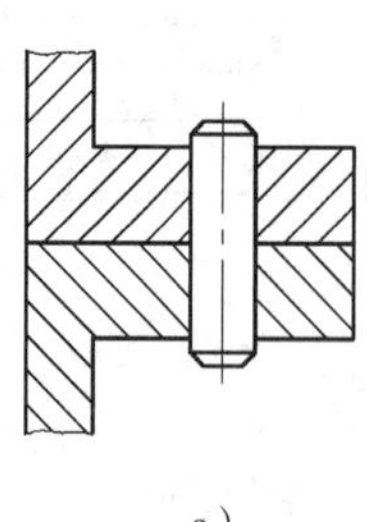

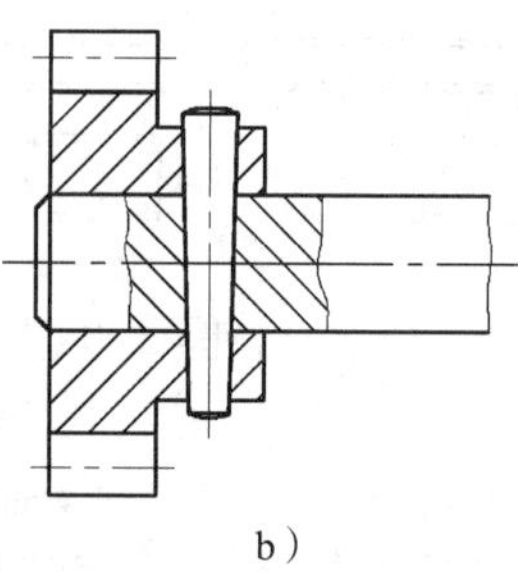

图 2-37　销在装配图中的画法

a）圆柱销在装配图中的画法　b）圆锥销在装配图中的画法

小提示

销在装配图中的画法应遵循机械制图的有关规定，当剖切平面通过销的轴线剖切时，销按未剖切绘制。

3．滚动轴承的画法

滚动轴承是一种支承转动轴的标准件，它能大大减小轴与孔之间的摩擦力，因而得到了广泛使用。图 2-38 所示为几种最常用的滚动轴承。

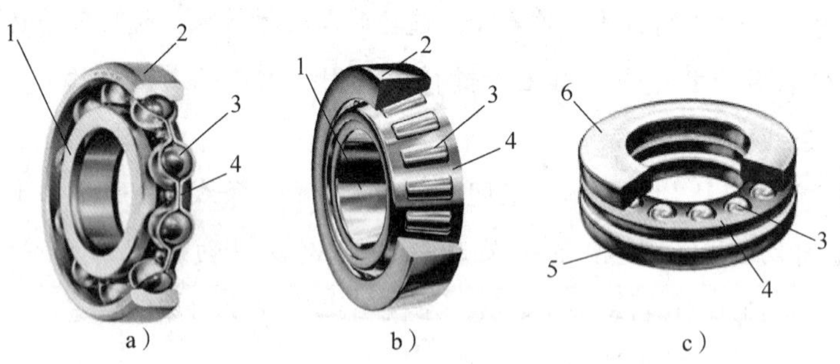

图 2-38　滚动轴承

a）深沟球轴承　b）圆锥滚子轴承　c）推力球轴承

1—内圈　2—外圈　3—滚动体　4—保持架　5—下圈　6—上圈

滚动轴承一般由内圈（下圈）、外圈（上圈）、滚动体、保持架四部分组成。在装配图中绘制滚动轴承时，不必绘制其详细结构，一般可用通用画法和规定画法进行表达。

（1）滚动轴承的通用画法

在装配图中，若不必确切地表示滚动轴承的外形轮廓、载荷特性及结构特征时，可采用通用画法。通用画法是在轴的两侧用矩形线框（为粗实线）及位于线框中央正立的十字形符号（为粗实线）表示，如图 2-39 所示。通用画法适用于表达各种类型的滚动轴承。

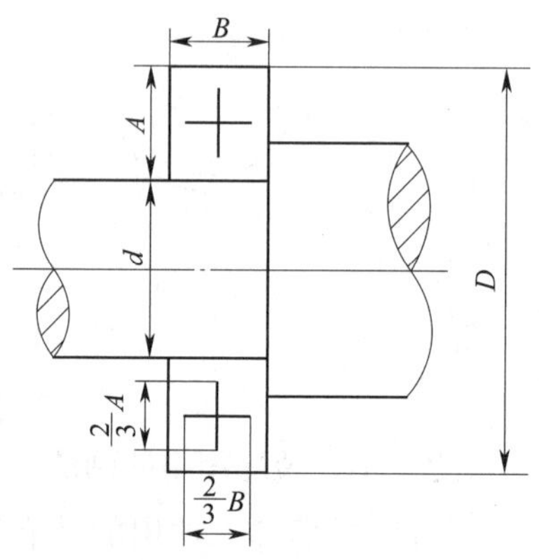

图 2-39　滚动轴承的通用画法

（2）滚动轴承的规定画法

当需要表达滚动轴承的主要结构时，可采用规定画法。常用滚动轴承的规定画法见表 2–8。

表 2–8 常用滚动轴承的规定画法

名称和标准号	装配示意图	规定画法
深沟球轴承（GB/T 276—2013）	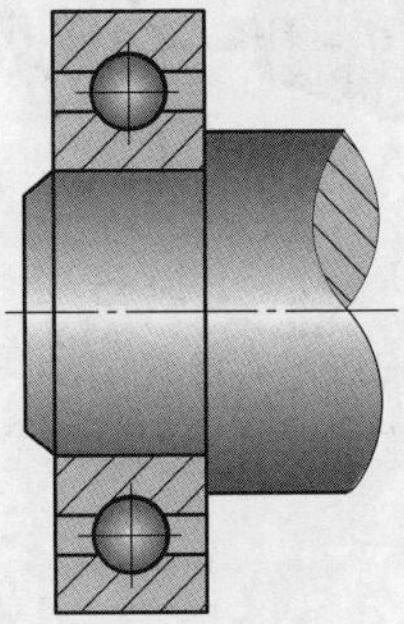	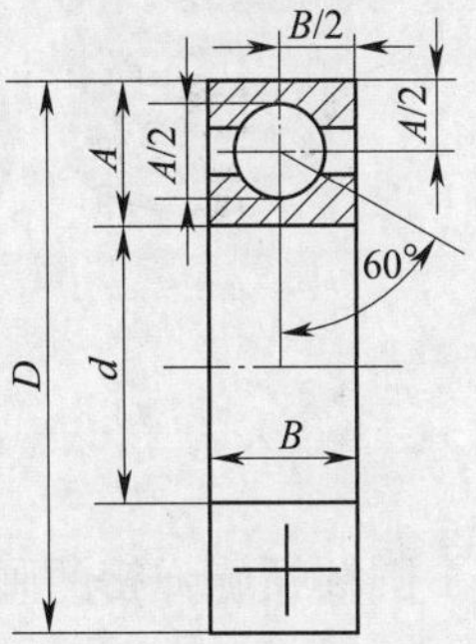
圆锥滚子轴承（GB/T 297—2015）	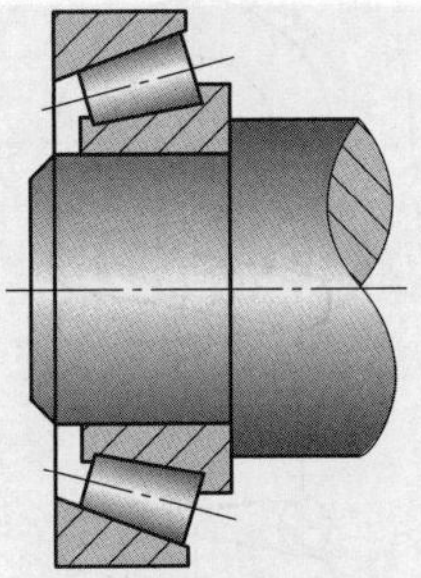	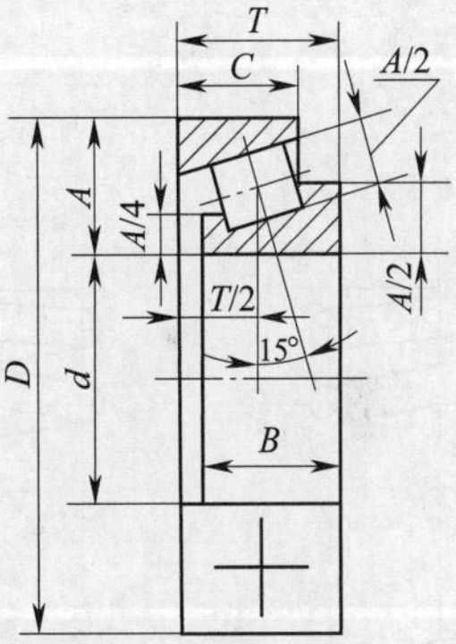
推力球轴承（GB/T 301—2015）	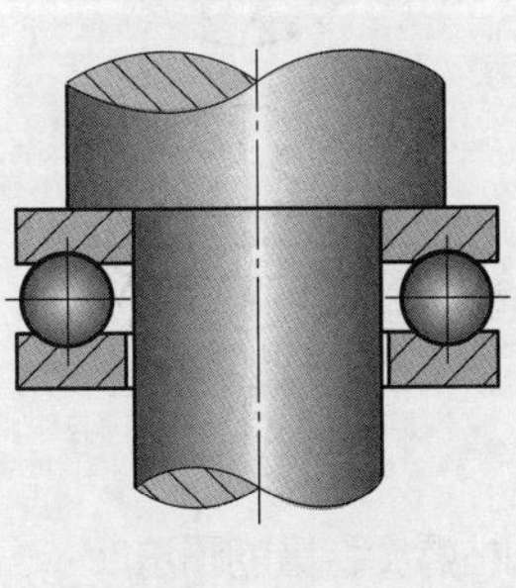	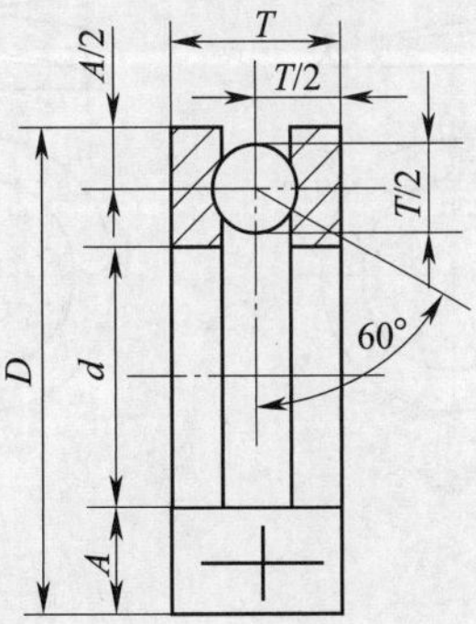

【规则】

1）在用规定画法绘制轴承时，内、外圈的剖面线应方向一致、间隔相同。

2）规定画法一般只用在图的一侧，在图的另一侧应按通用画法绘制。

4．弹簧的画法

弹簧是用途很广的常用零件，主要用于减振、夹紧、储能和测力等。弹簧的种类很多，常用的有压缩弹簧、拉伸弹簧、扭转弹簧等，如图 2–40 所示。

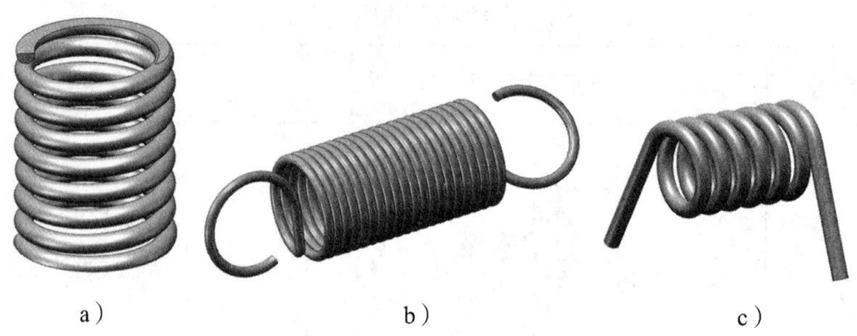

图 2–40　常用弹簧的类别

a）压缩弹簧　b）拉伸弹簧　c）扭转弹簧

（1）圆柱螺旋弹簧的画法

圆柱螺旋弹簧的画法如图 2–41 所示。

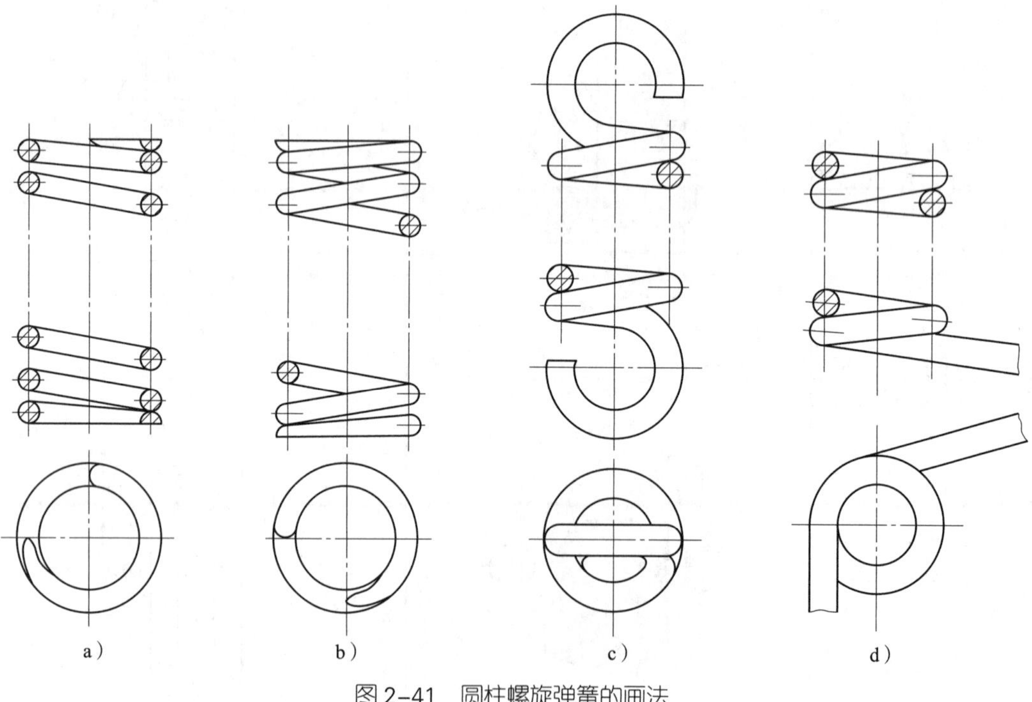

图 2–41　圆柱螺旋弹簧的画法

a）b）压缩弹簧　c）拉伸弹簧　d）扭转弹簧

【规则】

1）在平行于螺旋弹簧轴线的投影面的视图中，其各圈的轮廓应画成直线。

2）螺旋弹簧均可画成右旋，对必须保证的旋向要求应在“技术要求”中注明。

3）如要求螺旋压缩弹簧两端并紧且磨平，则不论支承圈的圈数多少和末端贴紧情况如何，均按图 2–41a、b 所示形式绘制。必要时，也可按支承圈的实际结构绘制。

4）有效圈数在 4 圈以上的螺旋弹簧，可只画出其两端的 1 ~ 2 圈，中间部分可以省略。圆柱螺旋弹簧中间部分省略后，允许适当缩短图形的长度。

（2）圆柱螺旋弹簧在装配图中的画法

圆柱螺旋弹簧在装配图中的画法如图 2–42 所示。

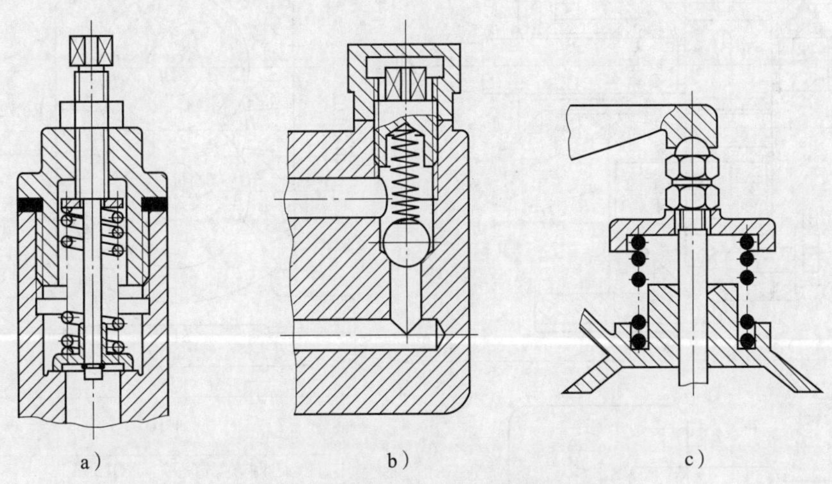

图 2–42 圆柱螺旋弹簧在装配图中的画法

a）普通画法 b）示意图画法 c）涂黑表示

【规则】

1）被弹簧遮挡的结构一般不画出，可见部分应从弹簧的外轮廓线或从弹簧钢丝剖面的中心线画起（见图 2–42a）。

2）尺寸较小（直径在图形上等于或小于 2 mm）的螺旋弹簧允许用示意图表示（见图 2–42b）。当弹簧被剖切时，也可用涂黑表示（见图 2–42c）。

应用举例

识读装配图中的标准件与常用件

结合图 2–22，找出图 2–43 中的标准件、常用件和零件上的标准结构。

1．分析齿轮泵中的标准件

在图 2–43 中，垫圈 14、螺栓 15 是标准件，圆柱销 2、钢球 13 也是标准件。

2．分析齿轮泵中的常用件

在图 2–43 中，从动齿轮 16、弹簧 12 属于常用件。

3．分析零件上的标准结构

在图 2-43 中，螺母 6、压盖 7、调节螺钉 11、防护螺母 10 不是标准件，但是其上有螺纹等标准结构。泵体 8 的左侧有许多用于安装螺栓的螺孔，右侧有安装压盖的螺孔，前后有连接管路的管螺纹；在泵盖 1 上有用于安装调节螺钉 11 的螺孔，它们都属于标准结构。齿轮轴 4 上的齿轮也属于标准结构。

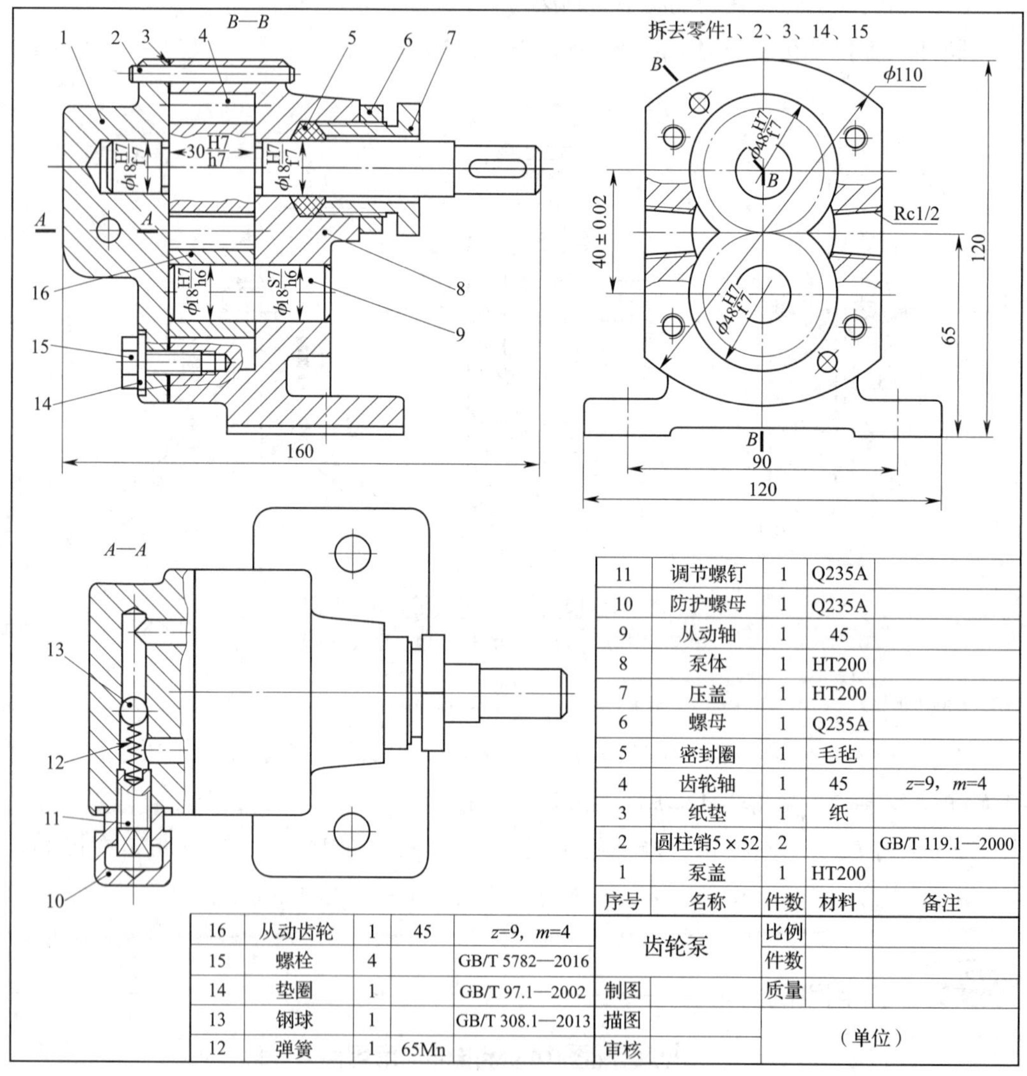

图 2-43　齿轮泵的装配图

§2-3 机械图样的技术要求

学习目标

能识读机械图样上极限与配合、几何公差、表面结构要求等技术要求，了解各项技术要求的含义。

在机械零、部件的生产过程中，由于机床精度、刀具磨损、测量误差、工人技术水平等因素，所加工零件的尺寸、几何形状和表面结构总是存在着一定的误差，为保证零件能够使用，就必须将其控制在一定的范围内。如图 2-44 所示为定位销的零件图，在图上用符号标注了尺寸公差、几何公差和表面结构要求等技术要求，在图样的下方还用文字标注了热处理等方面的要求。

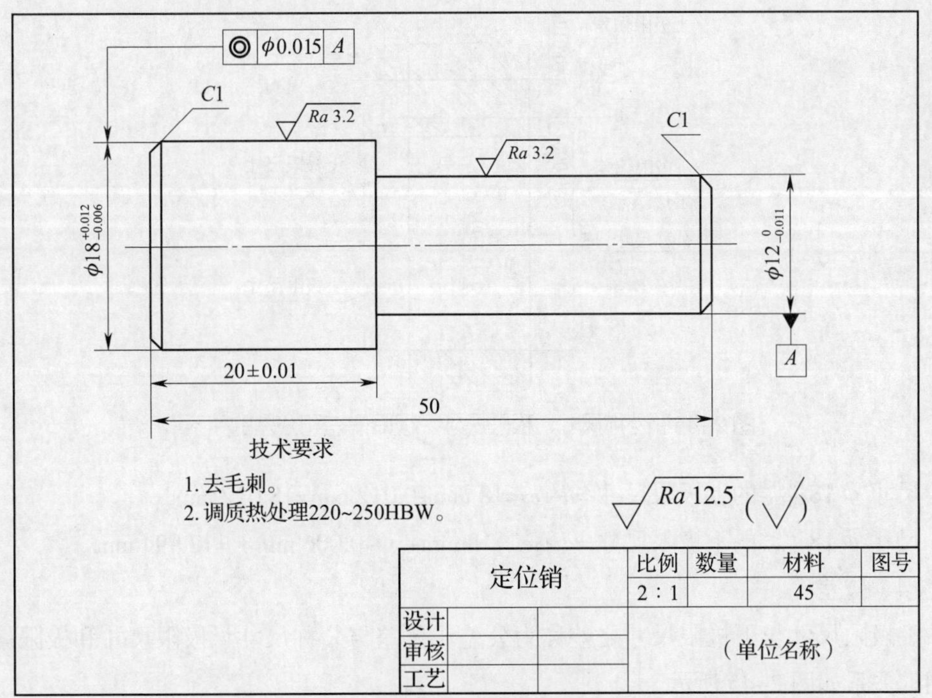

图 2-44 定位销零件图

一、极限与配合

1．尺寸与极限

（1）公称尺寸

公称尺寸是指由图样规范定义的理想形状要素的尺寸，它由设计者根据零件的使用要求，通过计算、试验或按类比法确定。孔、轴的公称尺寸分别用 D、d 表示。图 2–44 中尺寸 $\phi 18^{+0.012}_{-0.006}$ 的公称尺寸 $d=\phi 18$ mm。

（2）极限尺寸

尺寸要素可以是一个球体、一个圆、两条直线、两相对平行面、一个圆柱体、一个圆锥体、一个楔块等。尺寸要素所允许的极限值称为极限尺寸。尺寸要素允许的最大尺寸称为上极限尺寸，尺寸要素允许的最小尺寸称为下极限尺寸。

（3）极限偏差

极限偏差分为上极限偏差和下极限偏差。上极限尺寸减其公称尺寸所得的代数差，称为上极限偏差；下极限尺寸减其公称尺寸所得的代数差，称为下极限偏差。孔的上、下极限偏差分别用 ES 和 EI 表示，轴的上、下极限偏差分别用 es 和 ei 表示。

尺寸 $\phi 18^{+0.012}_{-0.006}$ 的上极限偏差为 +0.012 mm，下极限偏差为 –0.006 mm。

公称尺寸、极限尺寸、极限偏差和公差的关系如图 2–45 所示。

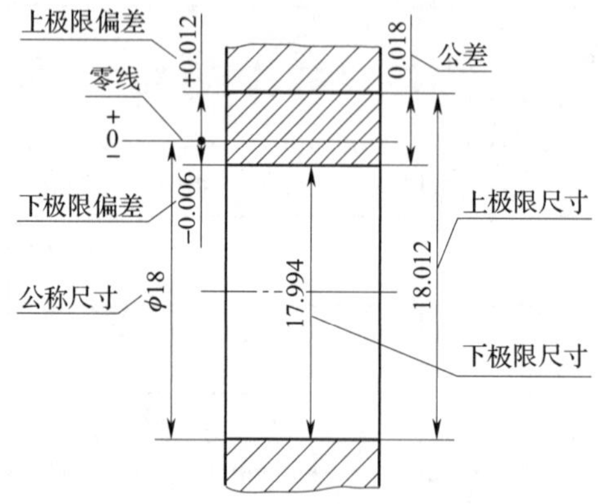

图 2–45　公称尺寸、极限尺寸、极限偏差和公差的关系

尺寸 $\phi 18^{+0.012}_{-0.006}$ 的上极限尺寸 $=d+es=18$ mm+0.012 mm=18.012 mm

尺寸 $\phi 18^{+0.012}_{-0.006}$ 的下极限尺寸 $=d+ei=18$ mm+（–0.006 mm）=17.994 mm

（4）公差

上极限尺寸与下极限尺寸之差称为公差。公差与公称尺寸、极限尺寸和极限偏差之间的关系如图 2–45 所示。

公差＝｜上极限尺寸－下极限尺寸｜＝｜上极限偏差－下极限偏差｜

尺寸 $\phi 18^{+0.012}_{-0.006}$ 的公差为 +0.012 mm–（–0.006 mm）=0.018 mm。

国家标准规定：在图样上和技术文件上标注极限偏差数值时，上极限偏差标在公称尺寸的右上角，下极限偏差标在公称尺寸的右下角。当极限偏差为零值时，必须标注“0”，且与另一个极限偏差个位上的“0”对齐，如图 2–44 中的 $\phi 12^{\ 0}_{-0.011}$。当上、下极限偏差数值相等而符号相反时，应简化标注，如图 2–44 中的 20 ± 0.01。

2. 公差带

公差极限之间（包括公差极限）的尺寸变动值称为公差带。公差带包含在上极限尺寸和下极限尺寸之间，由公差大小和相对于公称尺寸的位置确定，如图 2–46 所示。

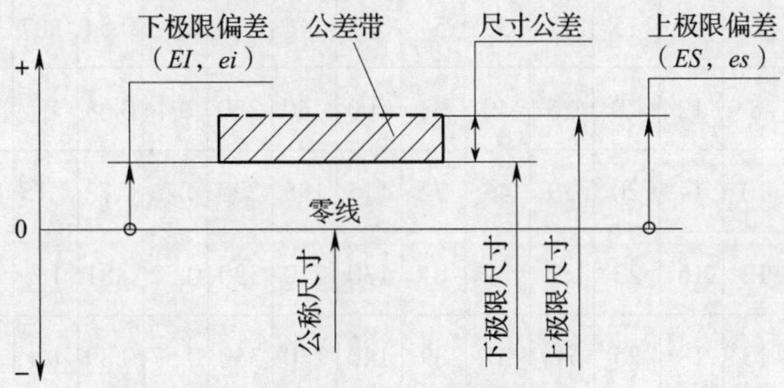

图 2–46 公差带图

3. 标准公差与基本偏差

标准公差分为 20 个等级，分别为 IT01、IT0、IT1、IT2…IT18。其中，IT01 精度最高，其余依次降低，IT18 精度最低。同一公称尺寸的标准公差值依次增大，即 IT01 公差值最小，IT18 公差值最大。常用标准公差的数值见表 2–9。

表 2–9 常用标准公差数值（摘自 GB/T 1800.1—2020）

公称尺寸/mm		标准公差等级																	
		IT1	IT2	IT3	IT4	IT5	IT6	IT7	IT8	IT9	IT10	IT11	IT12	IT13	IT14	IT15	IT16	IT17	IT18
大于	至	标准公差数值																	
		μm											mm						
—	3	0.8	1.2	2	3	4	6	10	14	25	40	60	0.1	0.14	0.25	0.4	0.6	1	1.4
3	6	1	1.5	2.5	4	5	8	12	18	30	48	75	0.12	0.18	0.3	0.48	0.75	1.2	1.8
6	10	1	1.5	2.5	4	6	9	15	22	36	58	90	0.15	0.22	0.36	0.58	0.9	1.5	2.2
10	18	1.2	2	3	5	8	11	18	27	43	70	110	0.18	0.27	0.43	0.7	1.1	1.8	2.7
18	30	1.5	2.5	4	6	9	13	21	33	52	84	130	0.21	0.33	0.52	0.84	1.3	2.1	3.3

续表

公称尺寸/mm		标准公差等级																	
		IT1	IT2	IT3	IT4	IT5	IT6	IT7	IT8	IT9	IT10	IT11	IT12	IT13	IT14	IT15	IT16	IT17	IT18
大于	至	标准公差数值																	
		μm											mm						
30	50	1.5	2.5	4	7	11	16	25	39	62	100	160	0.25	0.39	0.62	1	1.6	2.5	3.9
50	80	2	3	5	8	13	19	30	46	74	120	190	0.3	0.46	0.74	1.2	1.9	3	4.6
80	120	2.5	4	6	10	15	22	35	54	87	140	220	0.35	0.54	0.87	1.4	2.2	3.5	5.4
120	180	3.5	5	8	12	18	25	40	63	100	160	250	0.4	0.63	1	1.6	2.5	4	6.3
180	250	4.5	7	10	14	20	29	46	72	115	185	290	0.46	0.72	1.15	1.85	2.9	4.6	7.2
250	315	6	8	12	16	23	32	52	81	130	210	320	0.52	0.81	1.3	2.1	3.2	5.2	8.1
315	400	7	9	13	18	25	36	57	89	140	230	360	0.57	0.89	1.4	2.3	3.6	5.7	8.9
400	500	8	10	15	20	27	40	63	97	155	250	400	0.63	0.97	1.55	2.5	4	6.3	9.7

基本偏差是指在公差带图中靠近零线的那个极限偏差，它可能是上极限偏差，也可能是下极限偏差。国家标准规定：孔、轴的基本偏差各有 28 种，如图 2-47 所示。基本偏差用字母表示，孔的基本偏差用大写字母表示，轴的基本偏差用小写字母表示。基本偏差的数值见《产品几何技术规范（GPS） 线性尺寸公差 ISO 代号体系　第 1 部分：公差、偏差和配合的基础》（GB/T 1800.1—2020）。

有公差要求的尺寸，除了可以标注上、下极限偏差外，还可以标注公差带代号。公差带代号由基本偏差标示符和代表标准公差等级的数字组成。如尺寸 $\phi 18^{+0.012}_{-0.006}$ 与 ϕ18j7 的含义是一样的，ϕ18j7 中的“j”为基本偏差标示符，“7”表示 7 级公差。

4. 配合

（1）配合的种类

公称尺寸相同的相互结合的孔和轴公差带之间的关系称为配合。按照孔公差带和轴公差带的相对位置不同，配合分为间隙配合、过渡配合和过盈配合 3 种。

1）间隙配合

孔和轴装配时总是存在间隙的配合称为间隙配合。此时，孔的下极限尺寸大于或在极端情况下等于轴的上极限尺寸。一般情况下，孔的实际尺寸总比轴的实际尺寸大，孔和轴装配在一起后，轴在孔中能自由转动或移动。如图 2-48a 所示，间隙配合的孔的公差带在轴的公差带之上。间隙配合还包括最小间隙为零的配合。

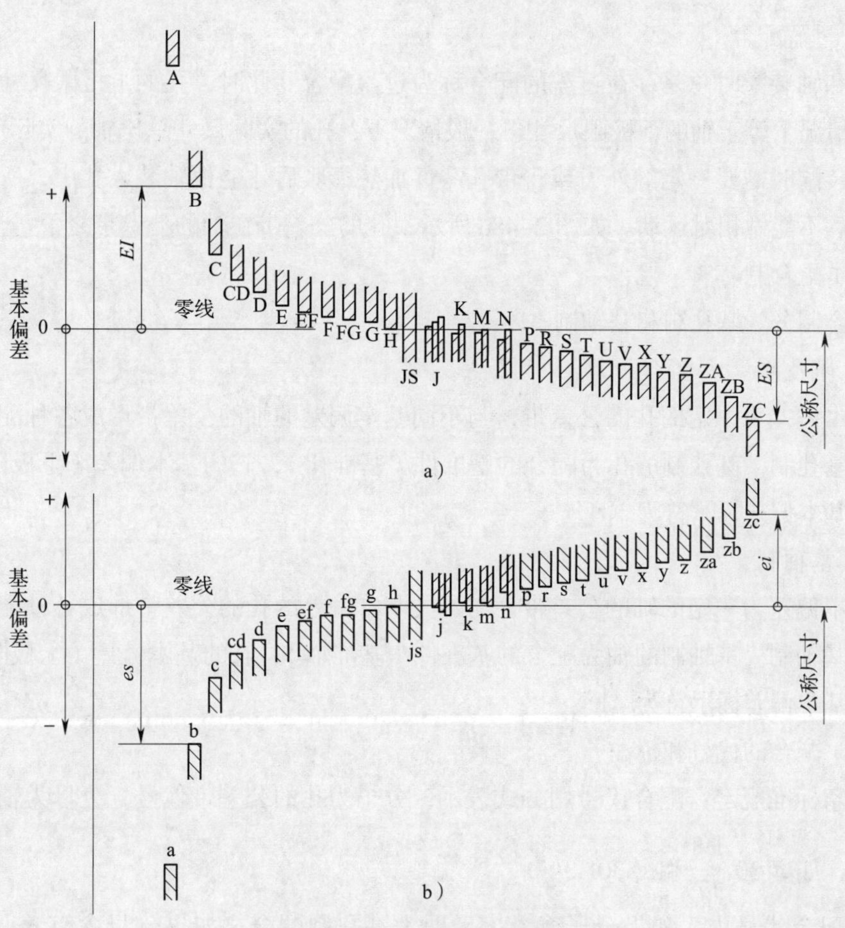

图 2-47　基本偏差系列图

a）孔的基本偏差系列　b）轴的基本偏差系列

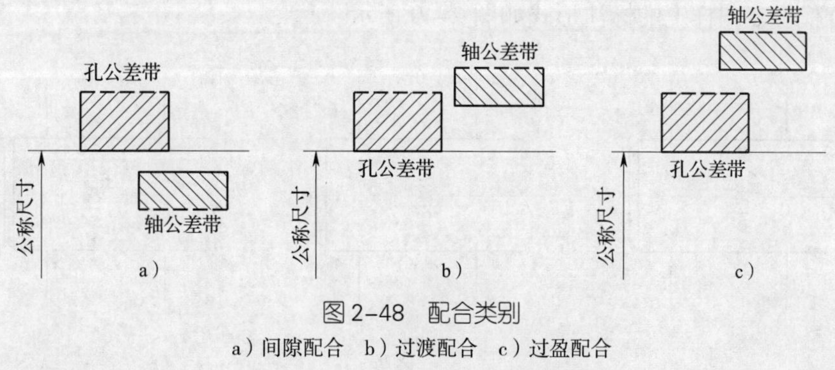

图 2-48　配合类别

a）间隙配合　b）过渡配合　c）过盈配合

2）过渡配合

孔和轴装配时可能具有间隙或过盈的配合称为过渡配合。此时，轴的实际尺寸比孔的实际尺寸有时小，有时大。孔与轴装配后，轴比孔小时能活动，但比间隙配合稍紧；轴比孔大时不能活动，但比过盈配合稍松。如图 2-48b 所示，孔的公差带与轴的公差带相互重叠。

3）过盈配合

孔和轴装配时总是存在过盈的配合称为过盈配合。此时，孔的上极限尺寸小于或在极端情况下等于轴的下极限尺寸。一般情况下，孔的实际尺寸总比轴的实际尺寸小，孔和轴装配时需要一定的外力或将带孔零件加热膨胀后才能把轴装入孔中，所以轴与孔装配后不能做相对运动。如图 2-48c 所示，孔的公差带在轴的公差带之下。

（2）配合制

配合制分为基孔制和基轴制。

1）基孔制

基本偏差为一定的孔的公差带，与不同基本偏差的轴的公差带形成各种配合的制度称为基孔制。基孔制的孔为配合的基准件（基准孔），它的基本偏差（下极限偏差）为零，基本偏差标示符为“H”。

2）基轴制

基本偏差为一定的轴的公差带，与不同基本偏差的孔的公差带形成各种配合的制度称为基轴制。基轴制的轴为配合的基准件（基准轴），它的基本偏差（上极限偏差）为零，基本偏差标示符为“h”。

（3）配合的代号和标注

国家标准规定：配合代号用分式表示，分子为孔的公差带代号，分母为轴的公差带代号，如 $\phi 30\frac{H8}{f7}$和 ϕ 30H8/f7。

在配合代号中，如果分子含有 H，即为基孔制配合；如果分母含有 h，即为基轴制配合；若分子含有 H，分母含有 h，则既可看作基孔制配合，也可看作基轴制配合。

配合代号在图样上的标注形式如图 2-49 所示。

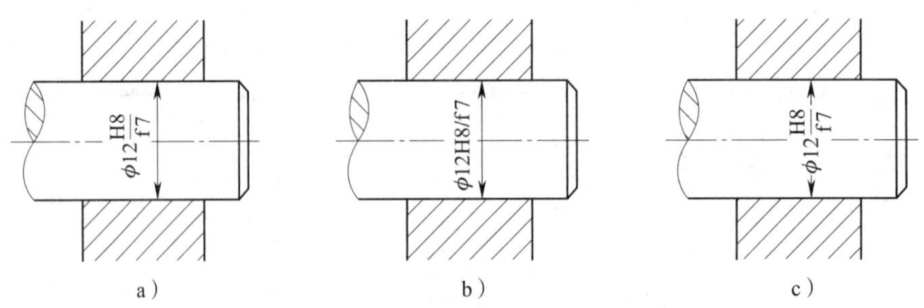

图 2-49　配合代号在图样上的标注

二、几何公差

零件在加工以后，其实际几何形状相对于理想几何形状总存在着一定的误差。几何公差是限制零件某些结构的形状和位置误差的技术参数。

1．几何公差的类型、几何特征及符号

几何公差的类型、几何特征及符号见表 2–10。

表 2–10 几何公差的类型、几何特征及符号（摘自 GB/T 1182—2018）

公差类型	几何特征	符号	有无基准
形状公差	直线度	—	无
形状公差	平面度	▱	无
形状公差	圆度	○	无
形状公差	圆柱度	⌭	无
形状公差	线轮廓度	⌒	无
形状公差	面轮廓度	⌓	无
方向公差	平行度	//	有
方向公差	垂直度	⊥	有
方向公差	倾斜度	∠	有
方向公差	线轮廓度	⌒	有

公差类型	几何特征	符号	有无基准
方向公差	面轮廓度	⌓	有
位置公差	位置度	⌖	有或无
位置公差	同心度（用于中心点）	◎	有
位置公差	同轴度（用于轴线）	◎	有
位置公差	对称度	⌯	有
位置公差	线轮廓度	⌒	有
位置公差	面轮廓度	⌓	有
跳动公差	圆跳动	↗	有
跳动公差	全跳动	⌰	有

2．几何公差框格与基准符号的格式

几何公差要求在图样中一般以矩形框格的形式给出，如图 2–50a 所示，几何公差框格由几何特征符号、公差值、基准字母等组成（形状公差只有几何特征符号和公差值两项内容）。基准符号如图 2–50b 所示，它由带大写字母的方框、直线和三角形（涂黑）组成。

3．常用几何公差项目

几何公差项目非常多，下面简要介绍几种常用几何公差的功用、公差带含义及标注方法。

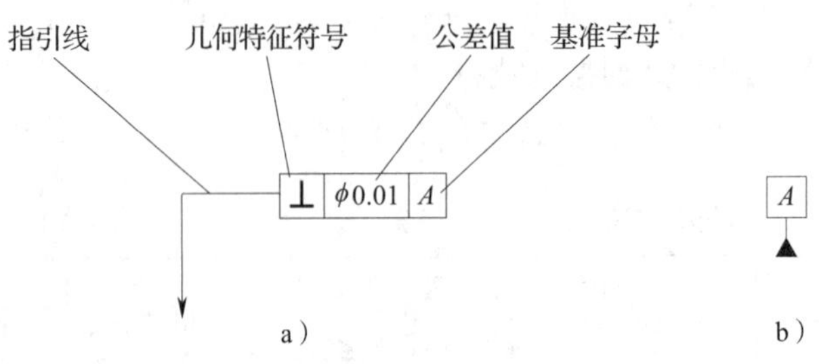

图 2-50 几何公差框格和基准符号
a）几何公差框格 b）基准符号

（1）直线度公差

直线度公差用于限制平面内的直线或空间直线的形状误差，直线度公差带有三种形式，其含义和标注见表 2-11。

表 2-11 直线度公差

项目		功用	公差带含义	标注示例
直线度公差	给定平面	用于限制给定平面内的直线形状误差	注：图中 a 为任意距离 公差带为在给定平面内和给定方向上，间距等于公差值 t 的两平行直线所限定的区域	在任一平行于图示投影面的平面内，上表面的实际线应限制在距离等于 0.1 mm 的两平行直线之间
	给定方向	用于限制给定方向上的直线形状误差	在给定方向上，公差带是距离为公差值 t 的两平行平面之间的区域	被测实际棱线应限定在间距等于 0.1 mm 的两平行平面之间
	任意方向	用于限制空间直线的形状误差	在任意方向上，公差带为直径等于公差值 t 的圆柱面所限定的区域	被测外圆柱面的实际轴线应限定在直径等于 0.1 mm 的圆柱面内

（2）平面度公差

平面度公差是指单一实际平面所允许的变动全量，其公差带含义和标注见表 2–12。

表 2–12 平面度公差

项目	功用	公差带含义	标注示例
平面度公差	用于限制被测实际平面的形状误差	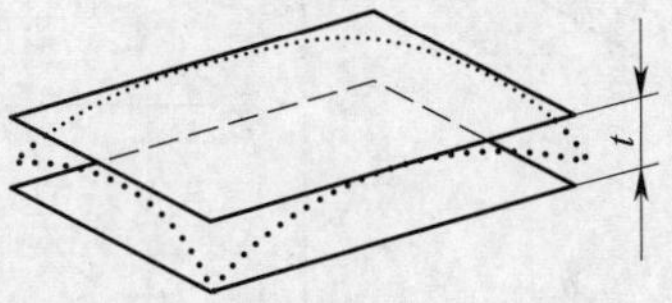 公差带为间距等于公差值 t 的两平行平面所限定的区域	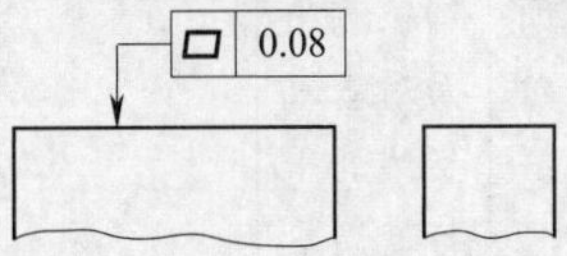 被测实际表面应限定在间距等于 0.08 mm 的两平行平面之间

（3）平行度公差

平行度公差是限制被测要素（平面或直线）相对基准要素（平面或直线）在平行方向上变动全量的一项指标，用来控制被测要素相对于基准要素在平行方向偏离的程度。平行度公差主要有线对线、线对面、面对线、面对面四种形式，其公差带含义和标注见表 2–13。

表 2–13 平行度公差

项目		功用	公差带含义	标注示例
平行度公差	线对线	用于限制被测直线对基准直线的平行度误差	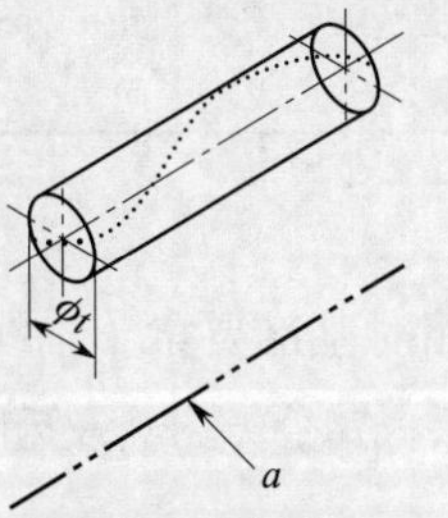 注：图中 a 为基准轴线 若公差值前加注了符号 ϕ，则公差带为平行于基准轴线且直径等于公差值 t 的圆柱面所限定的区域	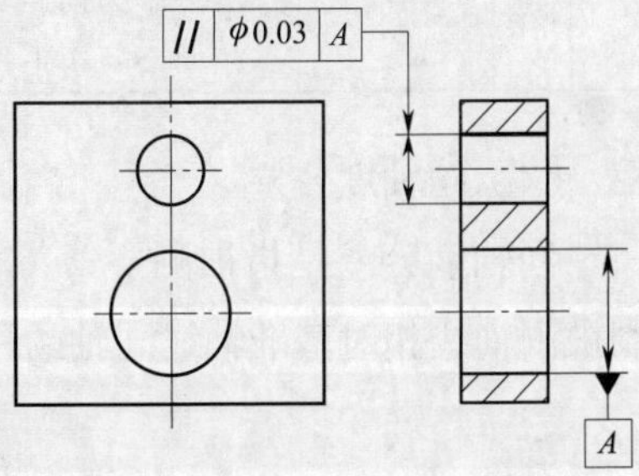 被测孔的实际轴线应限定在平行于基准轴线 A 且直径等于 0.03 mm 的圆柱面内
	线对面	用于限制被测直线对基准平面的平行度误差	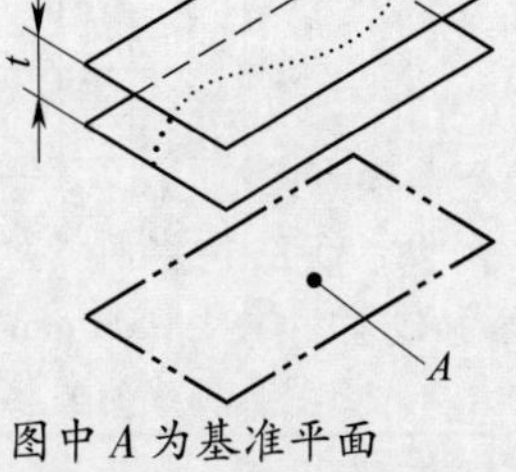 注：图中 A 为基准平面 公差带为平行于基准平面且间距等于公差值 t 的两平行平面所限定的区域	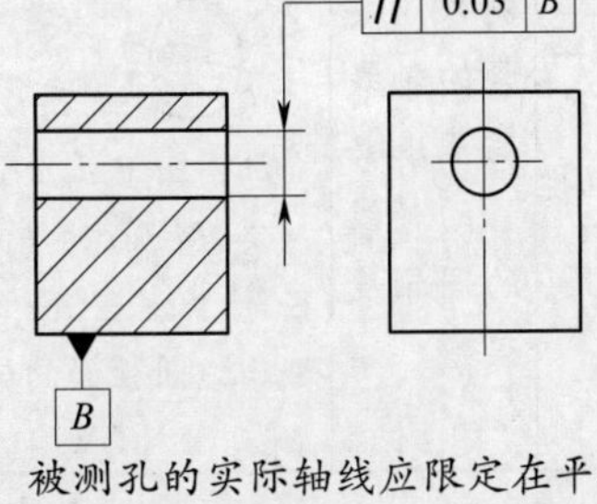 被测孔的实际轴线应限定在平行于基准平面 B 且间距等于 0.03 mm 的两平行平面之间

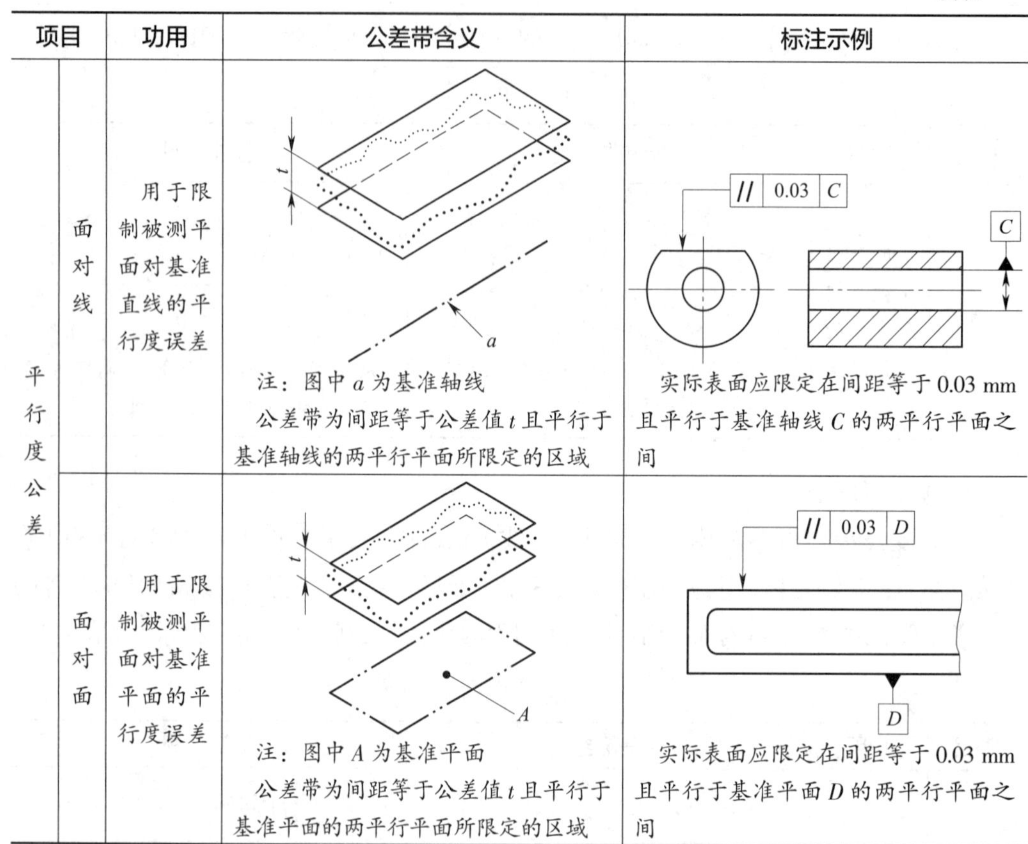

续表

项目		功用	公差带含义	标注示例
平行度公差	面对线	用于限制被测平面对基准直线的平行度误差	注：图中 a 为基准轴线 公差带为间距等于公差值 t 且平行于基准轴线的两平行平面所限定的区域	实际表面应限定在间距等于 0.03 mm 且平行于基准轴线 C 的两平行平面之间
	面对面	用于限制被测平面对基准平面的平行度误差	注：图中 A 为基准平面 公差带为间距等于公差值 t 且平行于基准平面的两平行平面所限定的区域	实际表面应限定在间距等于 0.03 mm 且平行于基准平面 D 的两平行平面之间

（4）同轴度公差

同轴度公差是指被测要素（轴线）相对基准要素（轴线）的允许变动全量，是限制被测轴线相对基准轴线同轴的一项指标。其公差带含义和标注见表 2–14。

表 2–14　同轴度公差

项目	功用	公差带含义	标注示例
轴线对轴线同轴度公差	用于限制被测要素的轴线对基准要素的轴线的同轴度误差	注：图中 a 为基准轴线 公差值前加注符号 ϕ，公差带为直径等于公差值 t 的圆柱面所限定的区域。该圆柱面的轴线与基准轴线重合	大圆柱面的实际轴线应限定在直径等于 0.08 mm、以公共基准轴线 $A—B$ 为轴线的圆柱面内

（5）对称度公差

对称度公差是指被测要素（中心平面）的位置相对基准要素（中心平面或轴线）

的允许变动全量，是限制被测要素偏离基准要素的一项指标。对称度公差分为中心平面对中心平面和中心平面对轴线两种形式，见表 2-15。

表 2-15 对称度公差

项目		功用	公差带含义	标注示例
对称度公差	中心平面对中心平面	用于限制被测中心平面对基准中心平面的位置误差	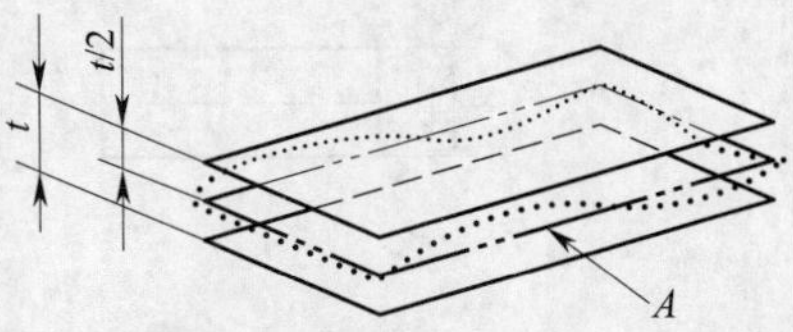 注：图中 A 为基准中心平面 公差带为间距等于公差值 t 且对称于基准中心平面的两平行平面所限定的区域	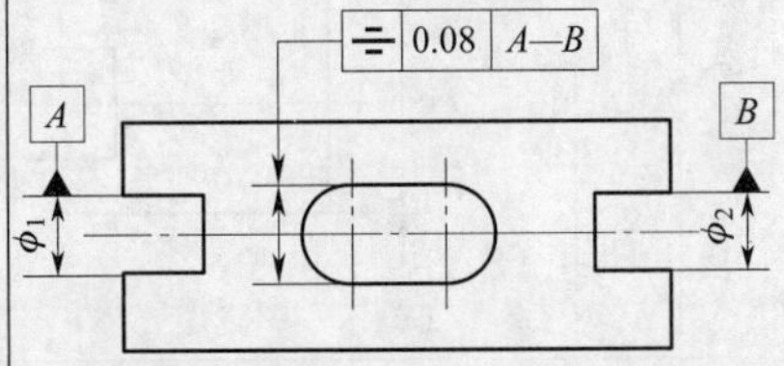 被测键槽的实际中心平面应限定在间距等于 0.08 mm 且对称于公共基准中心平面 A—B 的两平行平面之间
	中心平面对轴线	用于限制被测中心平面对基准轴线的位置误差	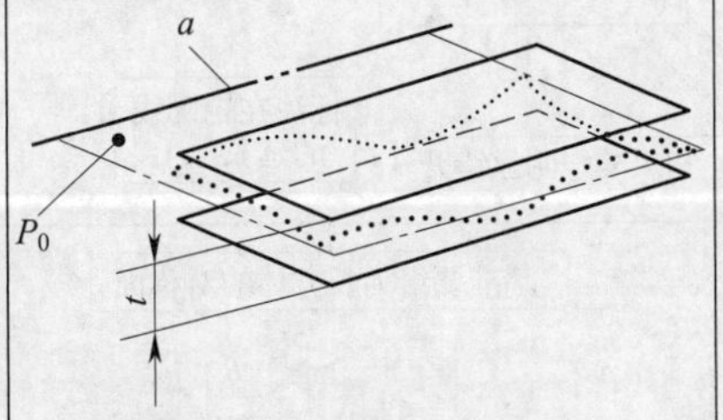 注：图中 a 为基准轴线，P_0 为通过基准轴线的理想平面 公差带为间距等于公差值 t 且对称于基准轴线（通过基准轴线的理想平面）的两平行平面所限定的区域	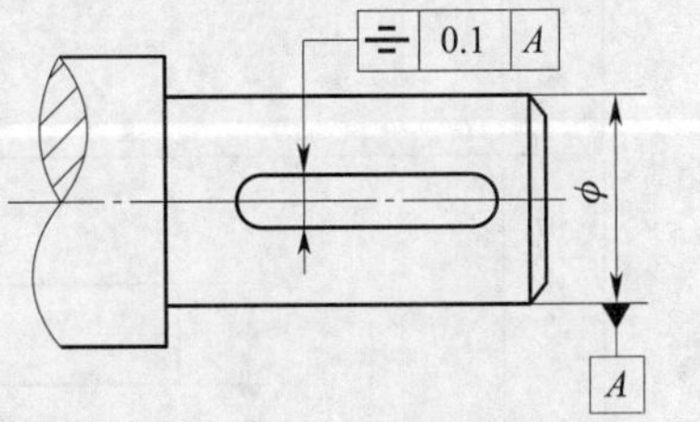 被测键槽的实际中心平面应限定在间距等于 0.1 mm 且对称于基准轴线 A（通过基准轴线 A 的理想平面）的两平行平面之间

4. 几何公差框格和基准符号在图样上的标注形式

几何公差框格和基准符号在图样上的标注形式见表 2-16。

表 2-16 几何公差框格和基准符号在图样上的标注形式

要素类型		图例	标注方法
被测要素	轮廓线或表面	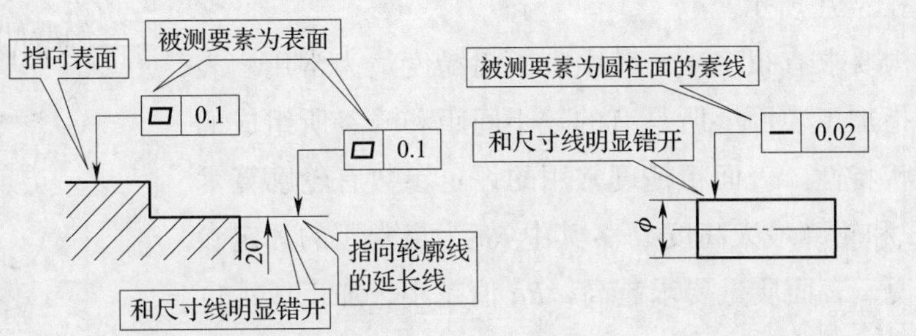 指向表面；被测要素为表面；0.1；0.1；20；指向轮廓线的延长线；和尺寸线明显错开；被测要素为圆柱面的素线；和尺寸线明显错开；0.02；ϕ	指引线与尺寸线明显错开

续表

要素类型		图例	标注方法
被测要素	轴线或中心平面	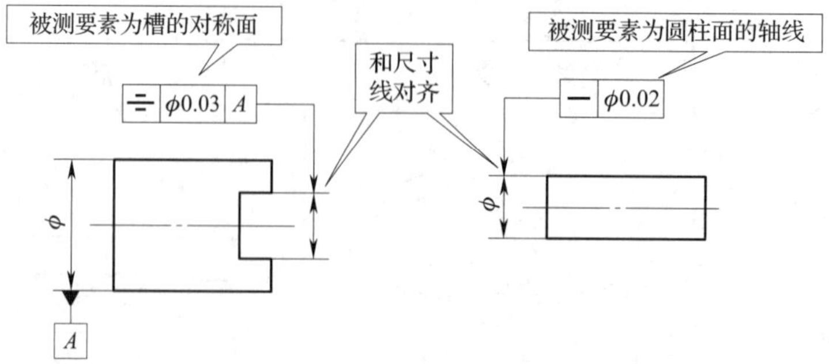 被测要素为槽的对称面 ⌯ ϕ0.03 *A* 和尺寸线对齐 被测要素为圆柱面的轴线 — ϕ0.02 ϕ *A*	指引线与尺寸线对齐
基准要素	轮廓线或表面	标注在轮廓线上 基准要素为表面 *A* *B* 20 和尺寸线明显错开 标注在轮廓线的延长线上	基准符号与尺寸线明显错开
	轴线或中心平面	基准要素为长方体的对称面 ϕ *A* *B* 和尺寸线对齐 和尺寸线对齐 基准要素为圆柱面的轴线	基准符号中的细实线应与尺寸线对齐

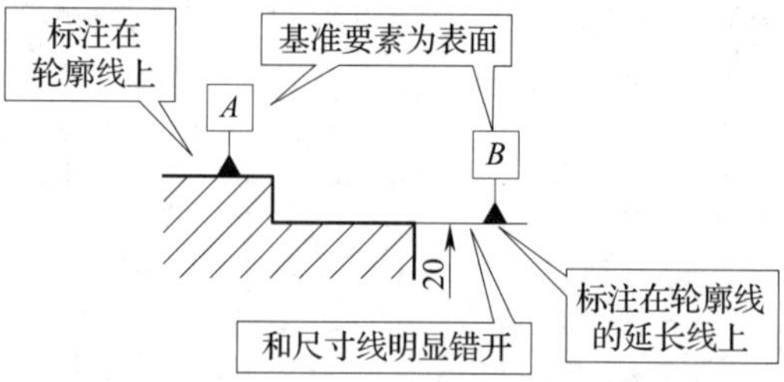

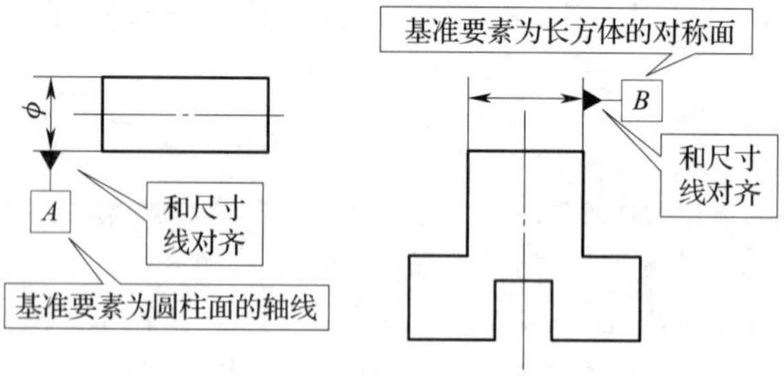

三、表面结构要求

零件在机械加工过程中，由于切削时金属表面的塑性变形和机床振动以及刀具在表面上留下的刀痕等因素的影响，使零件的各个表面，不管加工得多么光滑，置于显微镜下观察，都可以看到峰谷高低不平的情况，如图 2–51 所示。

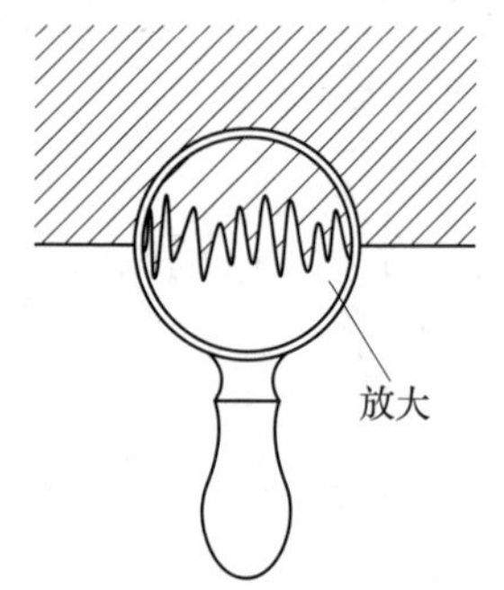

图 2–51　加工表面经放大后的图形

表面结构要求有很多项，其中表面粗糙度最为常用。表面粗糙度是指加工表面上所具有的较小间距和峰谷所组成的微观几何形状特性。表面粗糙度常用的评定参数有轮廓算术平均偏差 *Ra* 和轮廓最大高度 *Rz*，其中 *Ra* 为最常用的评定参数。一般来说，表面质量要求越高，*Ra* 值越小，加工成本也越高。

1. 表面结构要求的评定参数

（1）取样长度 l

用于判别具有表面粗糙度特征而规定的一段基准线长度称为取样长度，如图 2–52 所示。

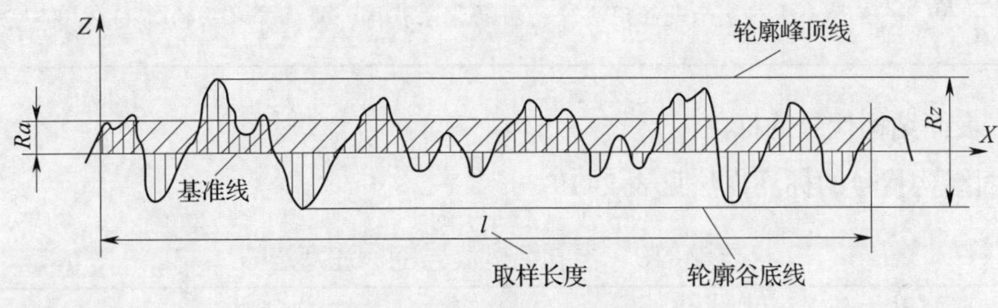

图 2–52 表面粗糙度轮廓

（2）轮廓算术平均偏差 Ra

在取样长度内，轮廓偏差绝对值的算术平均值称为轮廓算术平均偏差，其计算公式为

$$Ra = \frac{1}{n}(z_1 + z_2 + \cdots + z_n)$$

式中，Ra——轮廓算术平均偏差，μm；

z_1、$z_2 \cdots z_n$——轮廓上各点至轮廓基准线的距离，μm。

2. 表面结构符号

表面结构符号及其含义见表 2–17。

表 2–17 表面结构符号及其含义

符号名称	符号	含义
基本图形符号		由两条不等长的与标注表面成 60° 夹角的直线构成，仅用于简化代号标注，没有补充说明时不能单独使用
扩展图形符号		在基本图形符号上加一短横，表示指定表面用去除材料的方法获得，如通过车、铣、磨等切削加工获得的表面
		在基本图形符号上加一圆圈，表示指定表面用非去除材料的方法获得，如铸造、锻造、冲压表面
完整图形符号		当要求标注表面结构特征的补充信息时，应在图形符号的长边上加一横线

3. 表面结构代号

注写了表面结构参数或其他有关要求后的表面结构符号称为表面结构代号。在表面结构代号上标注轮廓算术平均偏差 Ra 时，其参数值前应标出相应的参数代号“Ra”。表面结构代号的应用示例见表 2–18。

表 2-18　表面结构代号的应用示例

代号	含义
Ra 25	表示表面用非去除材料的方法获得，轮廓算术平均偏差 Ra 为 25 μm
Ra 3.2	表示表面用去除材料的方法获得，轮廓算术平均偏差 Ra 为 3.2 μm

4．表面结构代号的标注

表面结构代号的标注方法见表 2-19。

表 2-19　表面结构代号的标注方法

标注方法	示例
（1）表面结构代号的注写和读取方向与尺寸数字的方向一致。表面结构代号可标注在轮廓线上，并应从材料外指向并接触表面	Ra 12.5　Ra 6.3　Ra 1.6　Ra 1.6　Ra 12.5　Ra 6.3
（2）在不致引起误会时，表面结构代号可以标注在给定的尺寸线上	120H7 Ra 12.5　120h6 Ra 6.3
（3）圆柱面的表面结构代号可标注在圆柱面的轮廓线及其延长线上，也可标注在尺寸界线上	Ra 1.6　Ra 6.3　φ　Ra 6.3　Ra 6.3　φ　φ　φ　φ　Ra 1.6
（4）当多数表面有相同表面结构要求时，可将表面结构代号统一标注在图样右下角标题栏附近	Ra 6.3　Ra 1.6　Ra 3.2（√）

§2-4 识读机械图样

学习目标

1. 熟悉零件图所表达的主要内容，学会识读零件图。
2. 熟悉装配图所表达的主要内容，学会识读装配图。

机械图样包括零件图和装配图，用于表达机械和电气设备，本节简要介绍零件图和装配图的主要内容及看图方法。

一、识读零件图

任何机器都是由各种零件装配而成的，制造机器必须首先加工零件。表达零件的形状结构、尺寸和技术要求的图样称为零件图。如图 2-53 所示为电缆接线座的零件图。下面以此为例分析零件图上的主要内容。

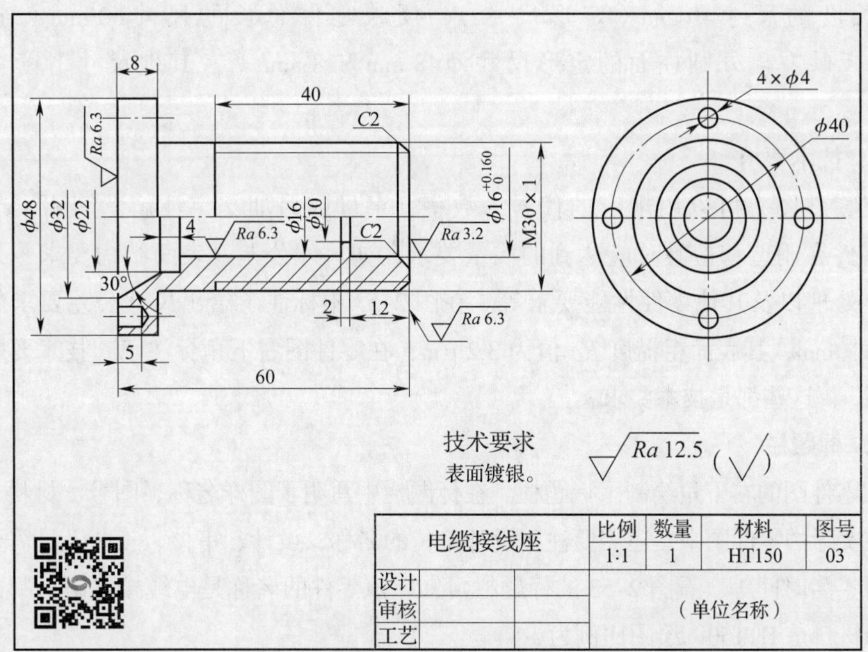

图 2-53 电缆接线座的零件图

1. 一组图形

在零件图中，可以采用适当的视图、剖视图、断面图等表达方法，以一组图形完整、清晰地表达零件各部分的形状和结构。

零件图的视图应根据零件的结构形状合理选择，在图 2–53 所示的零件图上有主、左两个视图，主视图采用半剖视图，左视图绘制外形图。下面分析两视图，想象零件的形状。电缆接线座的外形为两个圆柱体，在左侧的圆柱体上加工了 4 个 ϕ4 mm 的盲孔，右侧圆柱体上加工了螺纹。电缆接线座的内部加工了一系列阶梯孔，其左侧加工了锥角为 60° 的圆锥孔，如图 2–54 所示。

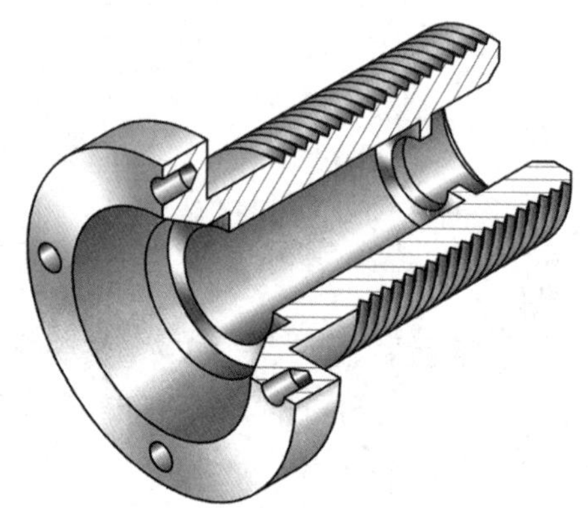

图 2–54　电缆接线座的立体图

2. 一组尺寸

为表达零件各部分的形状大小和相对位置关系，在零件图上标注了一组尺寸，以满足零件制造和检验的需要。零件图上尺寸的类型与组合体上的尺寸类型相同，即零件图上的尺寸也分为定形尺寸和定位尺寸两类。

在图 2–53 中标注了反映电缆接线座各结构大小和位置的定形尺寸和定位尺寸。如反映左侧四个小圆孔大小的尺寸 4 × ϕ4 mm（定形尺寸）和反映其位置的尺寸 ϕ40 mm（定位尺寸），反映右端外螺纹规格的尺寸 M30 × 1（定形尺寸）和螺纹长度的尺寸 40 mm（定形尺寸），反映零件总长的尺寸 60 mm（定形尺寸），反映左侧外圆柱面的定形尺寸 ϕ48 mm 和 8 mm 等。其他尺寸请读者自行分析。

3. 技术要求

在零件图上可以用规定的代号、数字、字母或另加文字注解，简明、准确地给出零件在制造和检验时应达到的质量要求，如尺寸公差、表面结构要求、几何公差、热处理以及其他零件性能要求等。在图 2–53 中标注了给出尺寸公差要求的尺寸 $\phi 16^{+0.160}_{0}$ mm，其表面粗糙度 Ra 值为 3.2 μm，在零件图右下角标注了“技术要求　表面镀银”，这些都是技术要求。

4. 标题栏

在零件图的右下角绘制了标题栏。在标题栏中写明了图样名称、图号、材料、比例等。在实际的零件图中，还需要注明设计单位的名称，设计、审核、工艺人员需要签名并填写签名时间等。看图 2–53 的标题栏可知，该零件的名称是电缆接线座，制造零件所用的材料是 HT150，绘图比例为 1 : 1。

应用举例

识读电容器支架零件图

识读零件图的目的是根据零件图想象零件的结构形状，了解零件的尺寸和技术要求。识读零件图时，应尽量了解零件在机器或部件中的位置、作用，以及和其他零件的关系，以便理解和读懂零件图。下面识读图2–55所示电容器支架零件图。

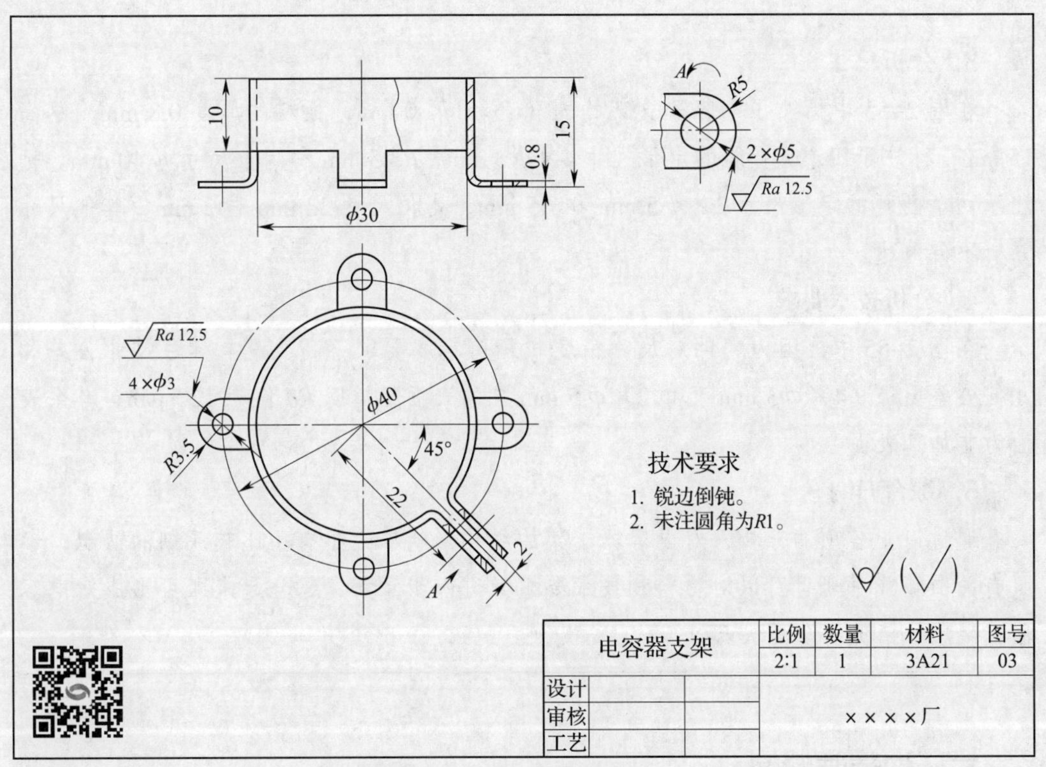

图2–55 电容器支架零件图

1．看标题栏，初步了解零件

由标题栏可知，该零件的名称是电容器支架，其材料为3A21（防锈铝合金），绘图比例为2∶1，由此形成对该零件的初步概念。

2．分析视图，想象零件形状

电容器支架零件图由主视图、俯视图和斜视图*A*三个视图表达其结构，主视图反映电容器的整体结构，对照俯视图可以看出该机件是钣金件，其主体结构是中间的圆筒。俯视图还表达了下方四个连接脚的形状、位置，以及45°倾斜方向的凸耳的位置，其形状由斜视图*A*表达。电容器支架的形状如图2–56所示。

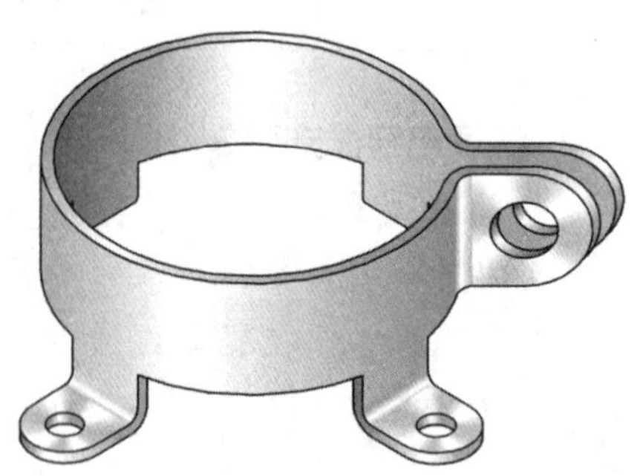

图 2-56　电容器支架的形状

3．分析尺寸

在图 2-55 中标注了电容器支架的内孔直径 ϕ30 mm，板料的厚度 0.8 mm，总高 15 mm，标注了四个连接脚的定形尺寸 4×ϕ3 mm、*R*3.5 mm 和定位尺寸 ϕ40 mm。标注了两个凸耳的定形尺寸 2×ϕ5 mm 和 *R*5 mm，定位尺寸 22 mm 和 2 mm。其他尺寸分析不再赘述。

4．分析技术要求

在图 2-55 中，因为零件对尺寸精度和几何精度要求不高，没有标注尺寸公差和几何公差要求。4×ϕ3 mm 孔和 2×ϕ5 mm 孔的表面粗糙度 *Ra* 值为 12.5 μm，其余表面为非加工表面。

5．综合归纳

通过以上各项的分析，对电容器支架的结构形状、大小有了比较深刻的认识，参照有关书籍或手册也可以对材料和技术要求做进一步了解，综合起来即可形成对电容器支架总体情况的全面认识。

二、识读装配图

装配图是表达机器或部件的图样，主要用来表达机器或部件的工作原理、各零件间的相对位置和装配连接关系。在安装、使用和维修机电设备时，需要通过装配图来了解设备的结构。因此，装配图在机电设备的生产和维修中具有非常重要的作用。

图 2-57 所示为凸缘联轴器，两半联轴器用螺栓连接在一起，然后用普通平键将两轴连为一体，以传递转矩和运动。图 2-57a 所示为凸缘联轴器的装配图，下面以识读该装配图为例分析装配图上的主要内容。

1．一组图形

装配图可以运用必要的视图和各种表达方法，表达机器或部件的工作原理、零件之间的相互位置和装配连接关系，以及主要零件的基本结构形状。图 2-57a 所示凸缘联轴器装配图用了主、左两个基本视图，主视图采用了全剖视图，左视图为外形图。

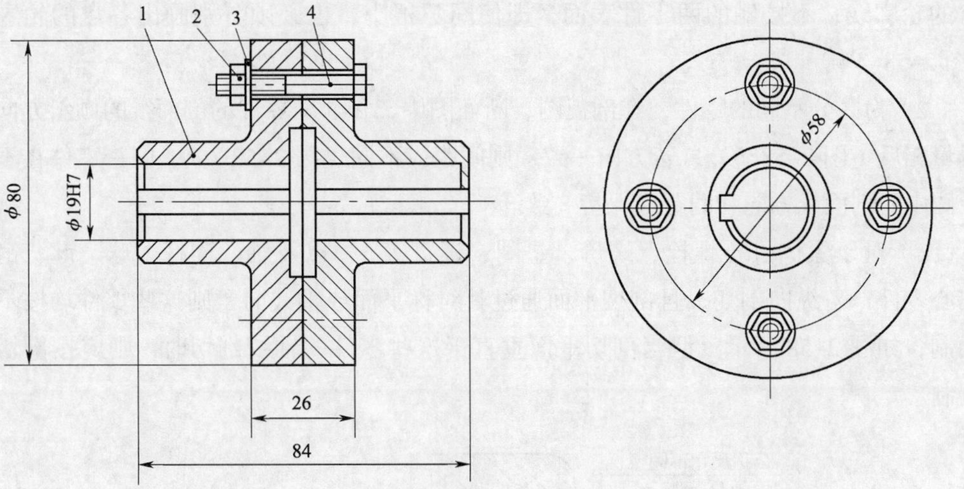

1 2 3 4

φ80 φ19H7 φ58

26

84

4		螺栓M6×35	4				GB/T 5782—2016
3		垫圈6	4				GB/T 95—2002
2		螺母M6	4				GB/T 6170—2015
1		半联轴器	2	35			
序号	代号	名称	数量	材料	单件	总计	备注
					质量		

技术要求

1. 此联轴器是标准件，符合《凸缘联轴器》(GB/T 5843—2003)的有关规定。
2. 两被连接轴的同轴度误差不大于0.10。

								(单位名称)
标记	处数	分区	更改文件号	签名	年、月、日			凸缘联轴器
设计			标准化			阶段标记	质量	比例
								1:2
审核								(图样代号)
工艺			批准			共1张 第1张		(投影符号)

a)

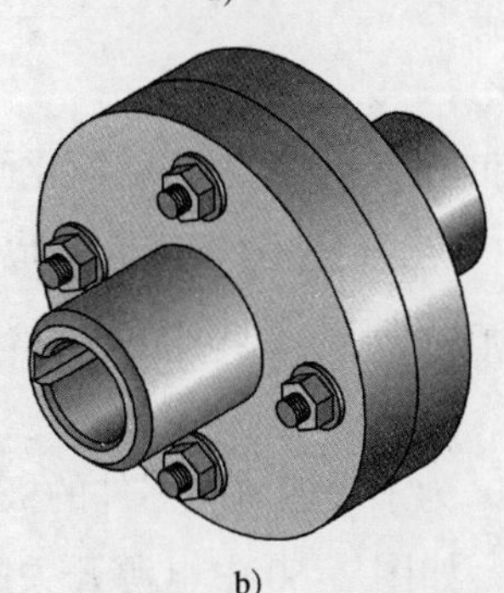

b)

图 2-57 凸缘联轴器

a）装配图 b）立体图

除了前面所述的表达方法外，装配图还有自己的规定画法和特殊表达方法，具体内容如下：

（1）装配图的规定画法

1）两相邻零件的接触表面（图 2–58 ①）和配合表面（图 2–58 ②）只画一条共有的轮廓线；不接触的两零件表面，即使间隙很小，也必须分别画出各自的轮廓线（图 2–58 ③④）。

2）为区分不同的零件，在剖视图、断面图中，相邻两零件的剖面线的倾斜方向应尽量相反（图 2–58 ⑤）；若方向一致，则间距应不同（图 2–58 ⑥）。同一零件在不同视图中的剖面线方向和间距应保持一致。

3）对于紧固件（螺栓、螺母、垫圈、螺钉等），以及轴、连杆、球、键、销等实心零件，若纵向剖切，且剖切平面通过其对称平面或轴线时，则这些零件均按不剖绘制，如图 2–58 所示。但当剖切平面垂直于这些零件的轴线剖切时，则应按剖切到绘制。

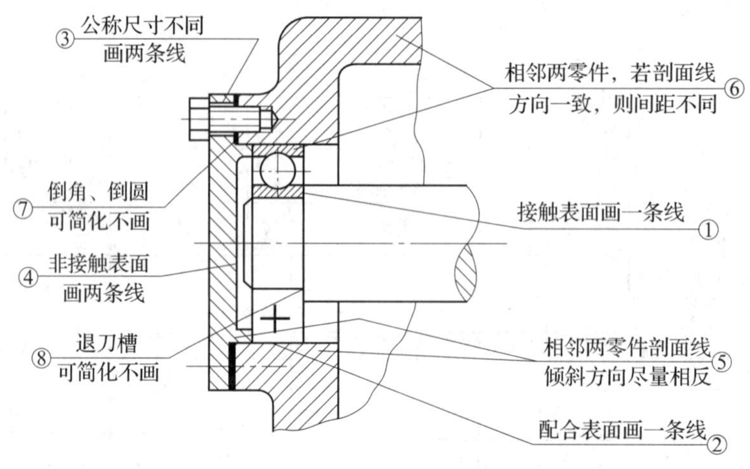

图 2–58　装配图的规定画法

（2）装配图的特殊表达方法

常用的特殊表达方法有拆卸画法、假想画法和简化画法等。

1）拆卸画法。在装配图中，当某些零件遮住了所需表达的其他零件时，可假想将其拆卸后再绘制视图。拆卸后需加以说明时，可以注上“拆去 × ×”等字样，如图 2–59 所示。

2）假想画法。在装配图中，为了表达可动零件的极限位置，可用细双点画线画出该零件在极限位置时的轮廓线，如图 2–60 中电源开关的手柄；当需要表达与本部件有关的相邻零件或部件的安装关系时，也可用细双点画线画出相邻零件或部件的轮廓，图 2–60 中的下部用细双点画线绘制了电源开关的相邻零件（箱体）。

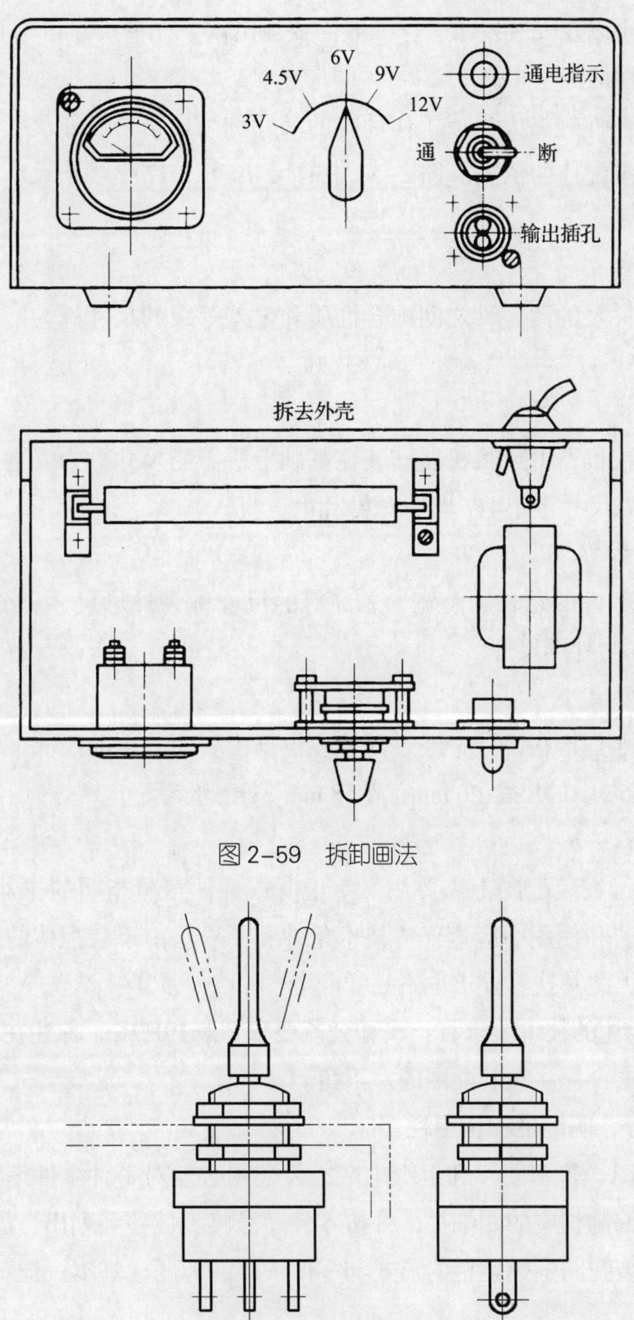

图 2-59　拆卸画法

图 2-60　假想画法

3）简化画法。装配图上若干相同的零件组（如螺栓、螺钉等），可详细地画出一组，其余用细点画线表示其中心位置，如图 2-58 中图形下方螺钉的画法。倒角、倒圆、退刀槽等工艺结构可省略不画，如图 2-58 中的⑦⑧所示。

2. 必要的尺寸

装配图的尺寸主要是用来表达机器或部件的规格、性能，各零件之间的配合关系，装配体的总体大小以及安装要求等。一般需要注出以下几种尺寸：

（1）规格、性能尺寸

表示机器或部件规格大小或工作性能的尺寸称为规格、性能尺寸。这类尺寸是设计、了解和选用装配体的依据。图 2–57 中的尺寸 ϕ19H7 是规格尺寸，它确定了所连接轴颈的大小。

（2）配合尺寸

表示有配合关系的两零件之间配合性质和公差等级的尺寸称为配合尺寸，具体可查阅有关资料。

（3）安装尺寸

将部件安装在机器上或将机器安装在基础上所需的尺寸称为安装尺寸。凸缘联轴器和轴相连，所以尺寸 ϕ19H7 也是安装尺寸。

（4）外形尺寸

表示机器或部件的总长、总宽、总高等的尺寸称为外形尺寸。图 2–57 中的尺寸 84 mm、ϕ80 mm 为外形尺寸。

（5）其他重要尺寸

其他重要尺寸是指在设计中经过计算或根据需要而确定的尺寸，但又不属于以上四种尺寸，图 2–57 中的尺寸 26 mm、ϕ58 mm 属于这类尺寸。

3. 技术要求

技术要求是指在装配图上需要用文字说明或标注符号指明的机器或部件在装配、调试、检验、安装和使用中应遵守的技术条件和要求。由于装配体的技术性能、装配要求各不相同，因此其技术要求也不一样。

图 2–57 中标注的技术要求有：尺寸公差要求“ϕ19H7”，标注在主视图上；用文字叙述的技术要求，标注在装配图的左下角。

4. 零件序号、明细栏和标题栏

为了便于看图、管理图样和组织生产，装配图必须对每种零件编制零件序号。同时在标题栏上方编制相应的明细栏，并按零件序号将零件一一列出，注明零件的名称、材料、数量等。装配图上标题栏的形式与零件图上的标题栏基本一样。

应用举例

一、识读双极插头装配图

双极插头装配图如图 2–61 所示，下面识读该图。

1. 概括了解

从标题栏中了解产品的名称，由此可略知其主要用途和性能。从明细栏中了解零件的种类，可略知装配体的大致组成情况及复杂程度。从视图的配置、尺寸和技术要求，可知该装配体的大小、结构特点及大致的工作原理。

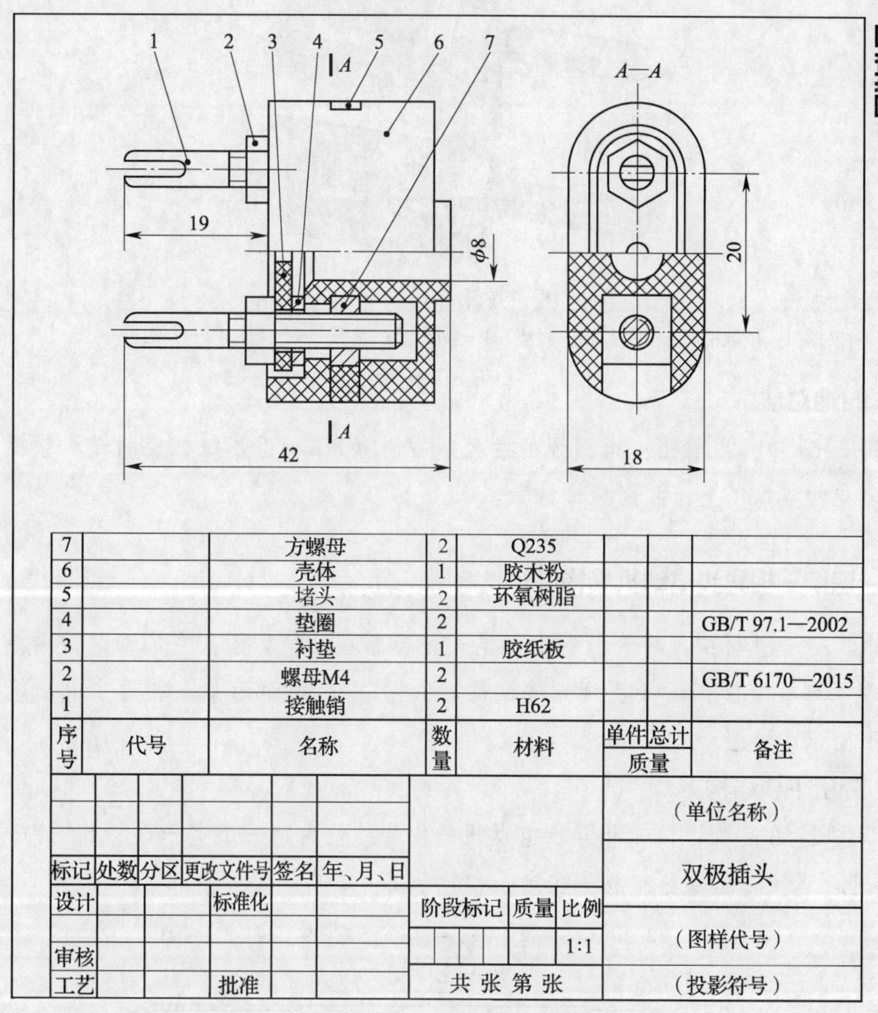

序号	代号	名称	数量	材料	单件质量	总计质量	备注
7		方螺母	2	Q235			
6		壳体	1	胶木粉			
5		堵头	2	环氧树脂			
4		垫圈	2				GB/T 97.1—2002
3		衬垫	1	胶纸板			
2		螺母M4	2				GB/T 6170—2015
1		接触销	2	H62			

图 2–61　双极插头装配图

从图 2–61 所示标题栏中可知，装配体的名称是双极插头，用以接通电源。装配体由 7 种零件组成，属于较简单的装配体。

2. 分析视图

根据视图配置，找出它们之间的投影关系。对于剖视图，要找出剖切位置，分析所采用的表达方法及其表达的主要内容。

图 2–61 中共有两个视图，均画成半剖视图。主视图沿装配体的前后对称面剖切，表达出接触销与壳体之间的连接关系。左视图是沿着件 7（方螺母）的左端面剖切的半剖视图，既反映了壳体等零件的端面形状，又表达了方螺母与壳体的结构形状和装配关系。双极插头的结构形状如图 2–62 所示。

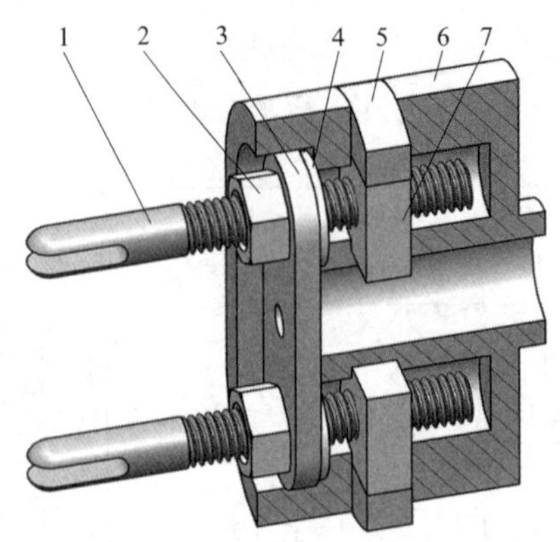

图 2-62　双极插头的结构形状

1—接触销　2—螺母　3—衬垫　4—垫圈　5—堵头　6—壳体　7—方螺母

3. 归纳总结

从图 2-61 中可以看出：电源线的两极从右侧 $\phi 8$ mm 孔引入，在衬垫和垫圈之间分别连接在两接触销上，并用螺母拧紧。

二、识读三相异步电动机结构图

在电类专业教材中，有大量的表示电气设备原理的结构图，它们都是按照机械制图的绘图原理和装配图的绘图规则绘制的。如图 2-63 所示为某三相异步电动机的结构图，下面识读该图。

1. 分析主要结构

分析图 2-63 可知，该三相异步电动机的主要结构由定子（定子铁芯 6、定子绕组 9）和转子 7 两大基本部分组成，在定子和转子之间具有一定的空隙。

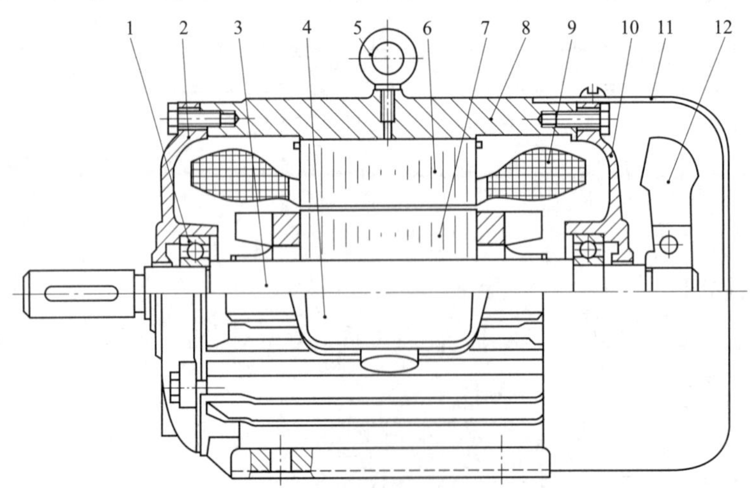

图 2-63　三相异步电动机结构图

1—滚动轴承　2—前端盖　3—转轴　4—接线盒　5—吊环　6—定子铁芯　7—转子　8—机座　9—定子绕组　10—后端盖　11—风罩　12—风扇

2. 分析外壳

三相异步电动机外壳包括机座、端盖、接线盒及吊环等部件。

（1）机座

机座的作用是保护和固定三相异步电动机的定子绕组，它是三相异步电动机机械结构的重要组成部分。机座的外表要求散热性能好，所以一般都铸有散热片。

（2）端盖

端盖有前端盖和后端盖，其作用是把转子固定在定子内腔中心，使转子能够在定子中旋转。

（3）接线盒

接线盒的作用是保护和固定绕组的引出线端子。

（4）吊环

吊环安装在机座的上端，用来起吊、搬抬三相异步电动机。

3. 分析其他部分

其他部分包括滚动轴承、风扇等。在前、后端盖上装有轴承，用以支承转轴。风扇则用来通风，以便冷却电动机。

第三章
电气制图基本符号

§3-1 图形符号

学习目标

1. 理解图形符号的概念。
2. 掌握图形符号的基本形式、构成方式和应用规则。
3. 能识读和使用常见的图形符号，并会查阅相关标准。

想一想

以图 3-1b 为例，分析图形符号的作用，思考用图形符号制图的好处。图 3-1 中电气元器件实物与图形符号之间的对应关系见表 3-1。

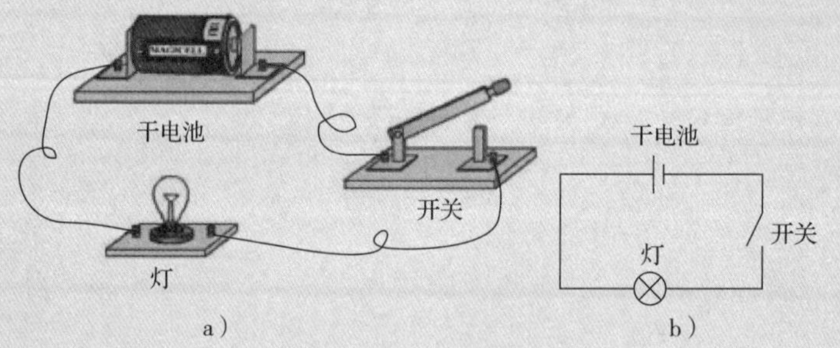

图 3-1 电灯泡控制电路
a）示意图（实物） b）电路图

表 3-1 电气元器件实物与图形符号之间的对应关系

名称	实物	图形符号	名称	实物	图形符号
干电池		─┤├─	灯		⊗
开关		─╱─	导线		——

一、图形符号的基本概念

1. 图形符号

图形符号是指用于表达一个电气设备或概念（一个项目）的简单图形或字符。例如，表 3–1 为图形符号用简单图形表示示例，表 3–2 为图形符号用字符表示示例。

表 3–2 图形符号用字符表示示例

图形符号	说明	图形符号	说明	图形符号	说明
DC	直流	+	正极性	N	中性（中性线）
AC	交流	–	负极性	<	动作（小于整定值时）

2. 项目

项目是对用一个图形符号表示的电气系统、设备或元器件等的统称，如用一个图形符号表示的电阻器、电动机、结构或功能单元等均可称为项目。如图 3–1b 所示，为了描述和区分图中项目，可用图形“⊣⊢”表示“干电池”、用“—⁄—”表示“开关”、用“⊗”表示“灯”、用“——”表示“导线”。因此，也可以讲“图形符号是一种用以表示项目的简单图形”。

为了规范图形符号的应用，我国在国际电工委员会（IEC）标准的基础上制定了标准《电气简图用图形符号》(GB/T 4728)。

二、图形符号的基本形式及构成方式

1. 图形符号的基本形式

电气简图用图形符号的基本形式主要有符号要素、限定符号和一般符号。

（1）符号要素

符号要素是一种具有确定意义的简单图形，是图形符号的组成部分，不能单独使用，必须同其他图形组合后才能构成表示一个设备或概念的完整符号。符号要素的组合示例见表 3–3，表中 PNP 型半导体三极管的图形符号“—|<”由符号要素“—|”（表示具有一处欧姆接触的半导体区）、“|↘”（表示 N 区上的 P 型发射极）和“|/”（表示不同导电型区上的集电极）组合而成。

表 3–3 符号要素组合示例

符号要素		组合符号	
图形符号	说明	图形符号	说明
—|	具有一处欧姆接触的半导体区	—|<	PNP 型半导体三极管
|↘	N 区上的 P 型发射极		
|/	不同导电型区上的集电极		

（2）限定符号

限定符号是一种附加在一般符号或其他符号上的，用以提供某种确定或附加信息的符号，通常不能单独使用。常见限定符号及其含义示例见表 3–4。

表 3–4　常见限定符号及其含义示例

图形符号	说明		图形符号	说明
⎓	形式 1	直流	+	正极性
DC	形式 2		–	负极性
~	形式 1	交流		动触点
AC	形式 2			接触器功能

（3）一般符号

一般符号是指用以表示一类事物或其特征，或作为成组符号中各个图形符号的组成基础的较简明的图形符号。一般符号是同一类产品中各种产品的通用符号，可单独使用。常用一般符号及其含义示例见表 3–5。

表 3–5　常用一般符号及其含义示例

图形符号	说明	图形符号	说明
	电阻器		半导体二极管
	电容器		灯
	开关		熔断器

一般符号还可用作限定符号。用作限定符号的一般符号通常要缩小绘制，如表 3-6 中，电容器的一般符号用作限定符号时被缩小绘制，组成变容二极管的图形符号。

表 3–6　一般符号用作限定符号组合示例

用作限定符号的一般符号		用于表示主功能的一般符号		组合符号	
图形符号	说明	图形符号	说明	图形符号	说明
	电容器		半导体二极管		变容二极管

2. 图形符号的构成方式

（1）符号要素与一般符号组合

符号要素与一般符号的组合示例见表 3–7。表中表示屏蔽导体的图形符号“—⊖—”由表示屏蔽的符号“⌈‾‾⌉”（符号要素）和表示导线的符号“——”（一般符号）组合而成。

表 3–7 符号要素与一般符号的组合示例

符号要素		一般符号		组合符号	
图形符号	说明	图形符号	说明	图形符号	说明
[symbol]	屏蔽	[symbol]	导线	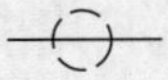 [symbol]	屏蔽导体

（2）限定符号与一般符号组合

限定符号与一般符号的组合示例见表 3-8。表中表示极性电容器的图形符号“⊣⊢+”由表示正极性的符号“+”（限定符号）和表示电容器的符号“⊣⊢”（一般符号）组合而成。限定符号加在一般符号上组成特定产品的图形符号示例见表 3-9。表中表示电阻器的图形符号是一般符号（通用符号），表示可调电阻器、压敏电阻器、带滑动触点的电阻器的图形符号是特定产品的图形符号，它们是在电阻器的一般符号“—▭—”基础上加上限定符号“↗”（可调节性）、“_/¯”（可变性）、“↓¯¯”（动触点）组合而成。

表 3–8 限定符号与一般符号的组合示例

限定符号		一般符号		组合符号	
图形符号	说明	图形符号	说明	图形符号	说明
+	正极性	⊣⊢	电容器	⊣⊢+	极性电容器
 [symbol]	动触点	 [symbol]	电阻器	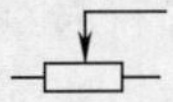 [symbol]	带滑动触点的电阻器
d	接触器功能	 [symbol]	开关（动合触点）	 [symbol]	接触器的主动合触点

表 3–9 限定符号加在一般符号上组成特定产品的图形符号示例

一般符号		特定产品图形符号	
图形符号	说明	图形符号	说明
 [symbol]	电阻器	 [symbol]	可调电阻器
		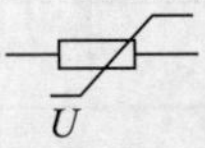 [symbol] U	压敏电阻器
		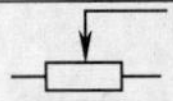 [symbol]	带滑动触点的电阻器

3. 框形符号

框形符号是一种只用来表示元器件、设备等的组合及其功能，既不给出元器件、设备的细节，也不考虑所有连接的简单图形符号。框形符号通常是在框（包含圆形、

方形等）内加上限定符号（或用作限定符号的一般符号）构成的，如桥式全波整流器的图形符号（框形符号）"◈"，由表示外轮廓的方形框图形符号"□"和内置表示半导体二极管的图形符号"—▷|—"（一般符号用作限定符号）组成。

框形符号通常只用于采用单线表示法的概略图（见"§5-1　识读概略图"）中，也可用在表示全部输入和输出连接线的图中，还可用在按单线表示法画成的电路图中。除此之外，电路图中的外购件、不可修理件也可用框形符号表示。图 3-2 所示为单相桥式整流电路图，图 3-2a 和图 3-2b 给出的信息是相同的、一致的，只是桥式全波整流部分的画法不同。图 3-2b 所示整流部分用框形符号绘制，并画出了桥式全波整流器的全部输入和输出连接线。

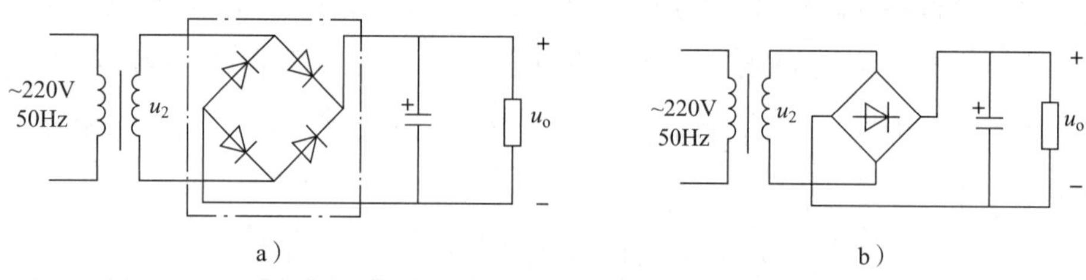

图 3-2　单相桥式整流电路图

a）整流部分未用框形符号绘制　b）整流部分用框形符号绘制

大部分用以表示某些特定装置或概念的图形符号是由标准规定的一般符号、限定符号、符号要素及相关物理符号、文字符号等组合而成的。表 3-10 所列为三相鼠笼式感应电动机图形符号组合示例。为适应不同图样或用途的要求，组合时可以改变彼此有关的符号尺寸。与此相同的例子还有表 3-3 所列 PNP 型半导体三极管的组合示例、表 3-7 所列符号要素与一般符号的组合示例、表 3-8 所列限定符号与一般符号的组合示例和表 3-6 所列一般符号用作限定符号的组合示例等。

表 3-10　三相鼠笼式感应电动机图形符号组合示例

图形符号	图形符号的含义	组合图形符号	组合图形符号的含义	备注
(*)	电机，一般符号（"M"表示"电动机"）	(M 3~)	三相鼠笼式感应电动机	该组合图形符号是一个标准化的图形符号，是由标准中规定的图形符号组合而成的图形符号
3	文字，限定符号			
~	交流，限定符号			

三、电气图形符号的应用

1. 图形符号形式的选用规则

在国家标准中，用于表示同一对象的图形符号可能不止一个形式。如表 3-11 中所示，双绕组变压器的图形符号有"形式 1"和"形式 2"两种。

表 3-11 双绕组变压器图形符号的选用示例

图形符号		说明	应用图例	备注
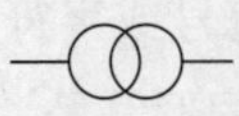	形式1	双绕组变压器	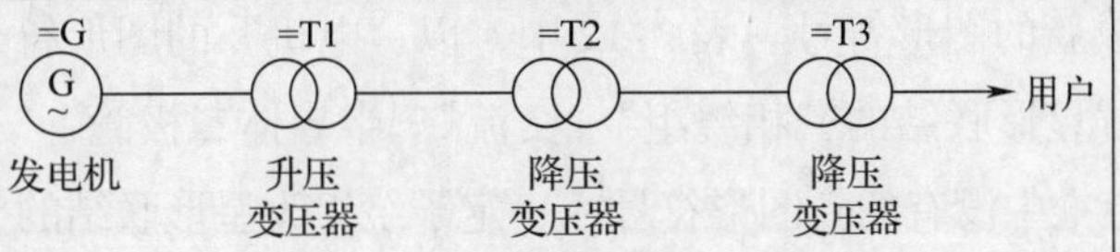 =G 发电机 =T1 升压变压器 =T2 降压变压器 =T3 降压变压器 用户 供电系统概略图	用于用单线表示法绘制的概略图
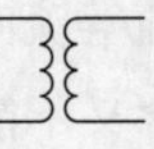	形式2		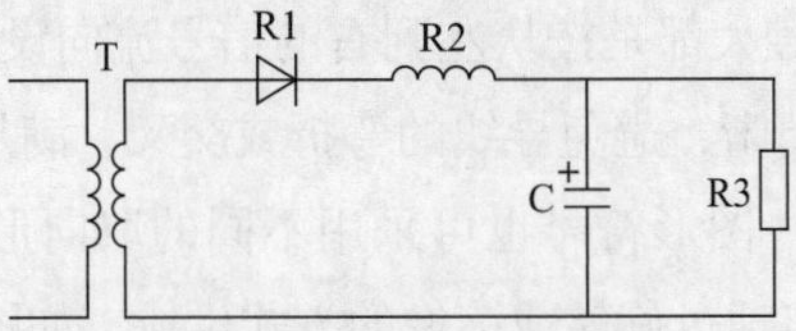 T R1 R2 C R3 单相半波整流电路图	用于用多线表示法绘制的电路图

在绘制电气图时，可根据需要选择合适的图形符号形式，在同一图中表示同一对象应采用同一种形式。图形符号的一般选用原则是：

首先，要选择优选形式或适用于专门类别的符号形式。例如，表 3-11 中，双绕组变压器的图形符号“—◎—”（形式 1）用于用单线表示法绘制的概略图，双绕组变压器的图形符号“⊐⊏”（形式 2）用于用多线表示法绘制的电路图。连接线的单线表示法和多线表示法见“§ 4-3 连接线的表示方法”。

其次，在满足需要的前提下，尽量选用简单的形式。

2. 图形符号的选用及组合

在同一图中表示同一含义只能选用同一个符号。如果标准中有所需符号，则应直接选用；如果标准中没有，则应根据符号的功能要求，用标准中规定的符号（如符号要素、限定符号、一般符号等）组合成一个新的图形符号。例如，表 3-12 给出的定子绕组为星形联结的交流发电机图形符号就是用标准中规定的符号组合而成的。

表 3-12 定子绕组为星形联结的交流发电机图形符号组合示例

图形符号	图形符号的含义	组合图形符号	组合图形符号的含义	说明
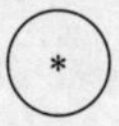 *	电机，一般符号（“G”表示“发电机”）	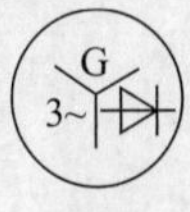 G 3~	定子绕组为星形联结的交流发电机	该组合图形符号是一个未被标准化的图形符号，它是由标准中规定的图形符号组合而成的图形符号；用作限定符号的符号要缩小绘制；数字“3”表示三相
	星形联结的三相绕组，限定符号			
~	交流，限定符号			
	半导体二极管，一般符号（用作限定符号）			

新组合成的图形符号的含义应与其各组成部分所表示的含义一致。组合时，先按基本概念选用一个符号，再将其与一个或多个适当的补充符号（如限定符号、符号要素等）组合形成新的图形符号。表 3–12 中，以“电机”的图形符号（一般符号）为基础符号，补充“星形联结的三相绕组”“交流”“半导体二极管”“3”等图形符号或字符，组合形成了标准中没有的新图形符号——定子绕组为星形联结的交流发电机图形符号。

3. 图形符号的取向

标准中的图形符号大都是按从左到右的信号流向设计的，即输入在左，输出在右。有时为了保持图面的清晰，避免导线的弯折或交叉，满足有关信息流、能量流等流向和阅读方向的不同需求，图形符号也可采用不同的取向形式，但图形符号的含义不能改变。图形符号的取向可通过旋转或镜像的方式生成，如图 3–3 所示。图中取向形式 A 依次逆时针方向旋转 90°，即可得到取向形式 B、C 和 D；取向形式 E 由取向形式 A 以 $y—y$ 为轴镜像得到，取向形式 E 再依次逆时针方向旋转 90° 即可得到取向形式 F、G 和 H。

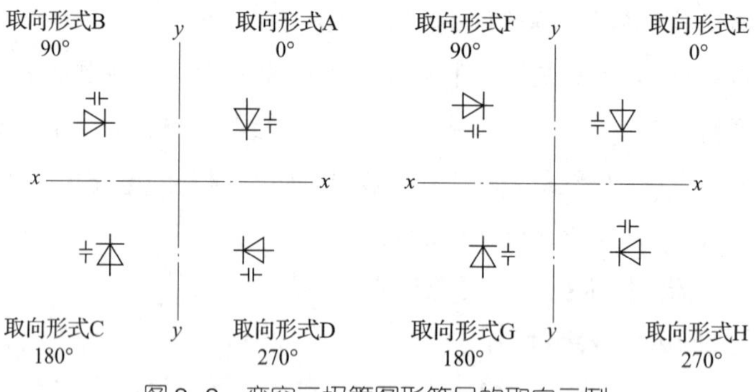

图 3–3　变容二极管图形符号的取向示例

图形符号旋转或镜像时，其文字、图形或符号的输入 / 输出标志应按水平或竖直的方向布置，并能从图纸的底部或右边阅读。如图 3–4a 所示，读图者所在位置应该是文档的下方或右侧，即从底部或右侧读图，以此来确定文字是水平布置（如参照代号 –K1+S1AB2、–K2+S1AB1），还是竖直布置（如端子代号 14、13 和 B、A）。图 3–4b 所示为压敏电阻器图形符号旋转 90° 示例，左图为水平布置，右图为竖直布置，符号含义不变。

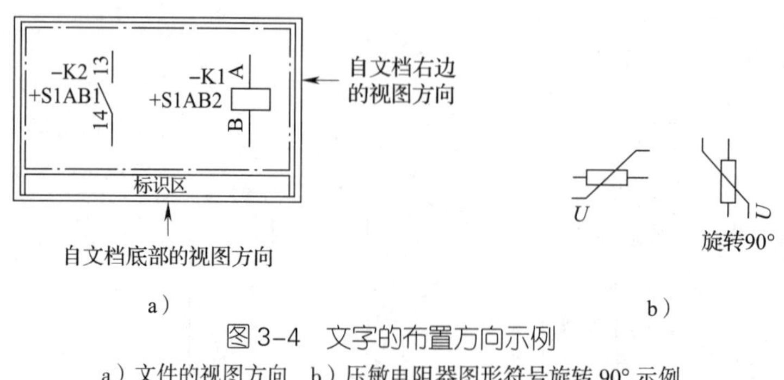

图 3–4　文字的布置方向示例

a）文件的视图方向　b）压敏电阻器图形符号旋转 90° 示例

4. 图形符号的尺寸

图形符号是按网格绘制的，如图 3-5 所示。图形符号的绘制比例按网格的模数 M 确定，但网格不随图形符号示出。虽然每个图形符号的尺寸与比例是在网格系统中设计、确定的，但是图形符号的含义是由其形状和内容确定的，符号大小和图线宽度不影响其含义。

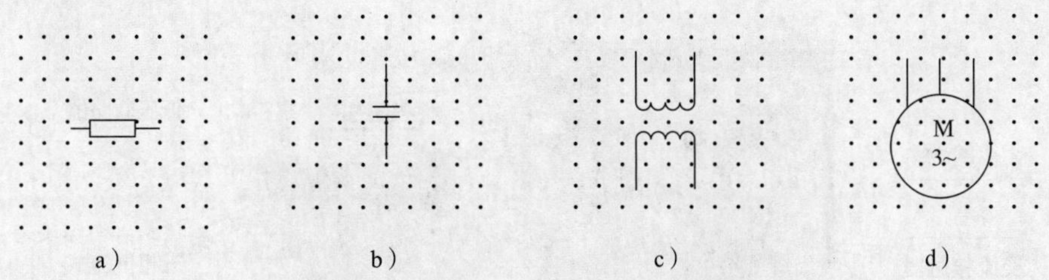

图 3-5　图形符号按网格绘制示例

a）电阻器　b）电容器　c）双绕组变压器　d）三相鼠笼式感应电动机

图形符号的基本形状以及应用时相关的比例应保持一致。若图形符号的比例调整后仍能够传递与原符号相同的信息，则可根据需要调整符号的比例，因此，图形符号可以被任意画成一种与全图尺寸相匹配的图形，但在放大或缩小时，图形符号本身各部分应按比例放大或缩小，即图形符号的基本形状保持不变。如图 3-6 所示，不能把电阻器的图形符号绘制成驱动器件的图形符号。

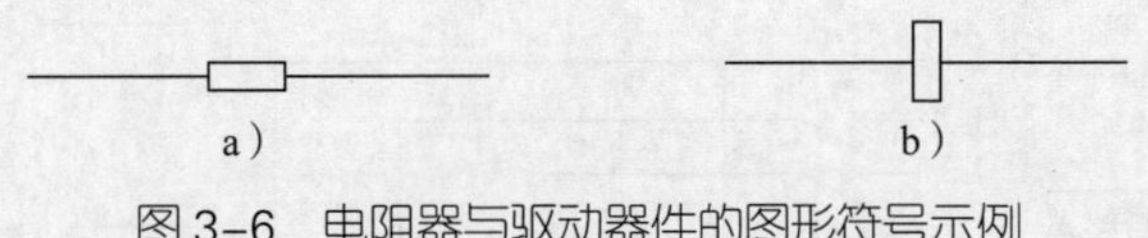

图 3-6　电阻器与驱动器件的图形符号示例

a）电阻器　b）驱动器件

5. 图形符号的引线

电气元器件的图形符号一般都画有引出线，但图形符号所带的引出线并不是图形符号的组成部分，在大多数情况下引出线位置仅用作示例。在不改变图形符号含义的原则下，引出线可取不同的方向。符号和引出线的不同位置示例见表 3-13。

表 3-13　符号和引出线的不同位置示例

不同引出线位置对含义无影响的符号示例	不同引出线位置对含义有影响的符号示例	
转换器，一般符号	电阻器，一般符号	驱动器件，一般符号

应用举例

图 3-7 所示为三相鼠笼式感应电动机点动控制电路，其中图 a 为实物示意图（配电盘），图 b 为电路图。试分析图中电气元器件实物与图形符号之间的内在联系，并识读图形符号。

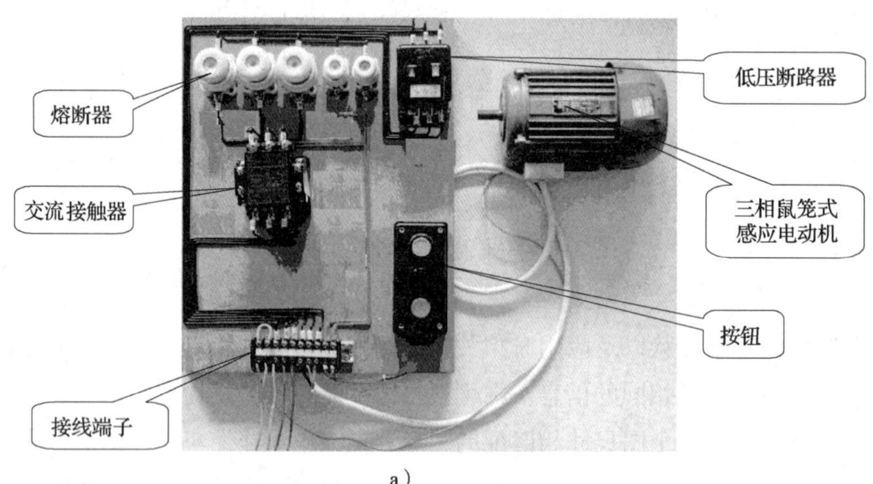

a）

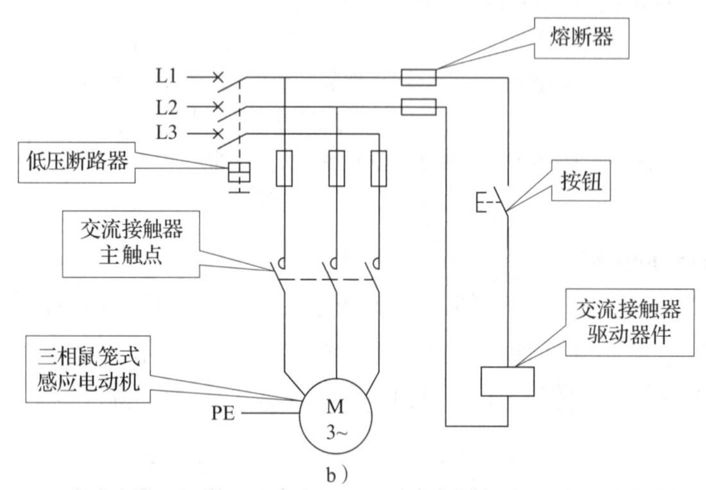

b）

图 3-7　三相鼠笼式感应电动机点动控制电路

a）配电盘　b）电路图

1. 分析图形符号与电气元器件实物之间的内在联系

在图 3-7b 中，每个电气元器件均用一个图形符号来表示，其对应关系见表 3-14。

表 3-14 电气元器件与图形符号之间的对应关系

<table>
<tr><th>名称</th><th>实物</th><th>图形符号</th><th>名称</th><th>实物</th><th>图形符号</th></tr>
<tr><td>低压断路器</td><td></td><td></td><td rowspan="4">交流接触器</td><td rowspan="4"></td><td rowspan="2">（驱动器件）</td></tr>
<tr><td rowspan="3">熔断器</td><td rowspan="3"></td><td rowspan="3"></td></tr>
<tr><td rowspan="2">（主触点）</td></tr>
<tr></tr>
<tr><td>按钮</td><td></td><td></td><td>三相鼠笼式感应电动机</td><td></td><td>M
3~</td></tr>
</table>

2. 识读图形符号

（1）图形符号的组合关系

在图 3-7b 中，低压断路器图形符号的组合关系示例见表 3-15。其中，基本符号是“开关”符号（一般符号），补充符号是“机械连接”“断路器功能”“手动控制操作件”“自由脱扣机构”等限定符号。

表 3-15 低压断路器图形符号的组合关系示例

<table>
<tr><th>图形符号</th><th>图形符号的含义</th><th>组合图形符号</th><th>组合图形符号的含义</th><th>说明</th></tr>
<tr><td></td><td>开关，一般符号</td><td rowspan="5"></td><td rowspan="5">低压断路器</td><td rowspan="5">该组合图形符号是一个未被标准化的图形符号，它是由标准中规定的图形符号组合而成的图形符号</td></tr>
<tr><td></td><td>机械连接，限定符号</td></tr>
<tr><td>×</td><td>断路器功能，限定符号</td></tr>
<tr><td></td><td>手动控制操作件，一般符号（用作限定符号）</td></tr>
<tr><td></td><td>自由脱扣机构，限定符号</td></tr>
</table>

（2）图形符号的布置取向

在图 3-7b 中，低压断路器的图形符号水平布置，按钮、交流接触器的图形符号竖直布置。

§3-2 字母代码

学习目标

1. 理解字母代码的概念。
2. 掌握字母代码的基本形式及其作用。
3. 能识读和使用常见的字母代码，并会查阅相关标准。

想一想

在图 3-8 所示电路图中，每个用于表示电气元器件的图形符号旁均标注了一个与之对应的字母符号，其对应关系见表 3-16。这种用于表示图形符号性能、特征的字母符号称为字母代码。试分析图 3-8 中字母代码和与之对应图形符号的内在关系，思考字母代码的作用。

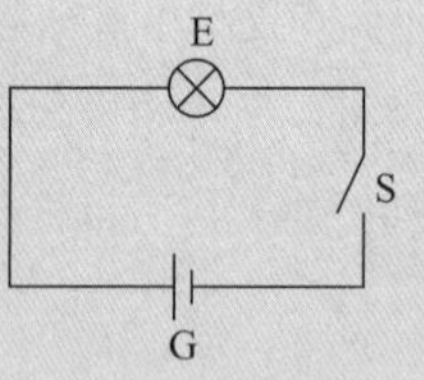

图 3-8　电灯泡控制电路图

表 3-16　字母符号与图形符号之间的对应关系

名称	图形符号	字母符号	名称	图形符号	字母符号
干电池	─┤├─	G	灯	⊗	E
开关	_/_	S	导线	___	未标注

一、字母代码的概念

字母代码是指标注在图形符号旁用于表明电气设备、电气元器件的用途或任务的一个字母或字母组合。在电气图中，字母代码可在图形符号与实物之间建立起较为明确的对应关系，以方便查找、区分图形符号所表示的元器件、装置和设备。在图 3-8 中，字母代码“G”表示干电池、“S”表示控制开关、“E”表示白炽灯。

字母代码是构成参照代号（见“§3-3　参照代号”）的主要组成部分，在特定的情况下，也可用于表示具体的项目或物体。为规范字母代码的使用，国家更新、制定了《工业系统、装置与设备以及工业产品　结构原则与参照代号　第2部分：项目的分类与分类码》（GB/T 5094.2—2018）等相关标准。

二、字母代码的基本形式

在电气图中，字母代码主要有主类字母代码和主类加子类字母代码两种基本形式。

1．主类字母代码

电气系统中的电气设备、装置、元器件等项目的种类繁多，在国家标准中，将这些电气项目按用途或任务（项目的功能）进行分类，每一类用一个大写的专用拉丁字母代码表示，这个专用拉丁字母被称为主类字母代码，即单字母代码。例如，在图3-9所示的单相半波整流电路图中，用字母“T”表示变压器，“R”表示电阻器、电感器和二极管，“C”表示电容器，这些用于表示项目类别的字母“T”“R”“C”就是主类字母代码。注意：字母后面的数字为项目的细分序号。

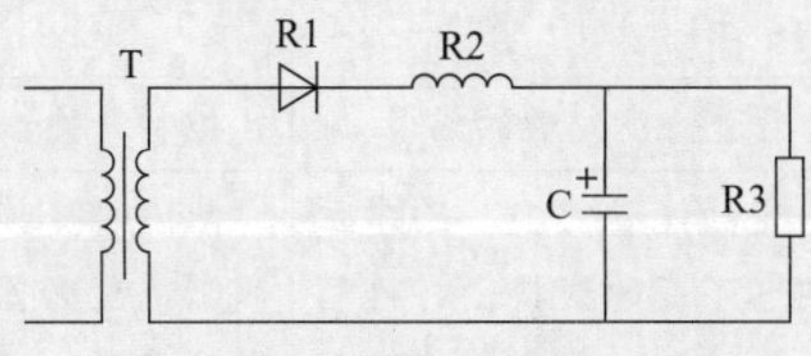

图3-9　单相半波整流电路图

国家标准GB/T 5094.2—2018中规定的项目类别和主类字母代码见表3-17。注意：字母“D、J、L、N、Y、Z”为将来标准化备用，字母“I、O”由于容易与数字“1、0”混淆而未被采用。字母“V”表示“材料或产品的处理（包括预处理和后处理）”，未给出电气元器件示例。

表3-17　项目类别和主类字母代码（摘自GB/T 5094.2—2018）

字母代码	项目的预期用途或任务（项目类别）	典型电气元器件示例
A	两种或两种以上的用途或任务	触屏
B	把某一输入变量（物理性质、条件或事件）转换为供进一步处理的信号	电流互感器、测量继电器、过载继电器、位置开关、转速表、电压互感器
C	能量、信息或材料的存储	浮充电池、电容器、存储器、蓄电池
E	提供辐射能或热能	电加热器、荧光灯、灯、灯泡、激光器、发光设备
F	直接防止（自动）能量流、信号流、人身或设备发生危险的或意外的情况，包括用于防护的系统和设备	阴极保护阳极、熔断器、微型断路器、浪涌保护器、热脱扣器
G	启动能量流或材料流，产生用作信息载体或参考源的信号	干电池组、电机、燃料电池、发生器、发电机、旋转发电机、信号发生器

续表

字母代码	项目的预期用途或任务（项目类别）	典型电气元器件示例
H	生产一种新型材料或产品	电抗器
K	处理（接收、加工和提供）信号或信息（用于防护的物体除外，见F类）	有或无继电器、模拟集成电路、数字集成电路、接触器继电器、CPU、时间继电器、晶体管
M	提供驱动用机械能（旋转或线性机械运动）	驱动线圈、执行器、电动机、线性电动机
P	提供信息	安培表、LED（发光二极管）、扬声器、信号灯、记录式伏特表、伏特表、瓦特表
Q	受控切换或改变能量流、信号流（对于控制电路中的信号，参见K类和S类）或材料流	断路器、接触器（电力）、隔离开关、电动机启动器、功率晶体管、晶闸管、熔断器开关（若主要用途为防护，参见F类）
R	限制或稳定能量、信息或材料的运动或流动	二极管、电感器、限定器、电阻器
S	把手动操作转变为进一步处理的信号	控制开关、按钮开关、选择开关
T	保持能量性质不变的能量变换，已建立的信号保持信息内容不变的变换，材料形态或形状的变换	AC/DC变换器、放大器、天线、光电转换器、变频器、电力变压器、整流器、信号变换器
U	保持物体在一定的位置	绝缘子
W	从一地到另一地导引或输送能量、信号、材料或产品	汇流排、电缆、导体、数据总线、光纤
X	连接物	连接器、插座、插头、端子、端子板

2. 主类加子类字母代码

在参照代号的编制中，优先选用单字母代码，只有当项目类别还可按层次再进一步分类时（每个项目大类可细分为很多的项目小类，即项目子类），为了更详细、更具体地表示某个项目大类中的小类别，就选用主类加子类字母代码的方式表示，即双字母代码。双字母代码的第一位字母代码代表主类，即表3–17中规定的字母代码；第二位字母代码代表子类。子类字母代码分类见表3–18。常用与主类相关的子类字母代码和定义见表3–19。

表3–18　子类字母代码分类（摘自GB/T 5094.2—2018）

项目	子类字母代码	备注
与电能相关的项目	A ~ E	
与信号或信息相关的项目	F ~ K	除“I”以外
与处理机械和民用工程相关的项目	L ~ Y	除“O”以外
与组合任务相关的项目	Z	

表 3-19 常用与主类相关的子类字母代码和定义（摘自 GB/T 5094.2—2018）

字母代码	子类定义	典型电气元器件示例
BA	电位	测量继电器（电压）、测量变压器（电压）
BC	电流	电流互感器、测量继电器（电流）、测量变压器（电流）、过载继电器（电流）
BG	距离、位置、长度	行程开关、接近开关、近距离传感器
BS	速度、频率	速度计、转速表
CA	电能的电容存储	电容器
EA	用电能产生用于照明目的的电磁辐射	荧光灯、灯泡、灯、LED 灯、白炽灯、激光
EB	通过电能制热	电热丝、电炉
FA	过电压保护	避雷器、浪涌保护器
FB	剩余电流保护	漏电保护器
FC	过电流保护	熔丝、熔断器、微型断路器、热过载脱扣器
GA	利用机械能产生电能流	发电机
GB	利用化学转换产生电能流	蓄电池、干电池
GF	产生作为信息载体的信号	信号发生器、转换器
KF	处理电气和电子信号	有或无继电器、模拟集成电路、二进制元件、CPU、光耦合器、时间继电器、晶体管
KK	处理各种信息输入/输出载体（如电动、气动）	控制器、电动阀
MA	电磁驱动	电动机、线性电动机
MB	磁驱动	驱动线圈、电磁铁
PF	离散状态的可视形态	LED 灯、信号灯、信号
PG	离散变量值的可视形态	安培表、电压表、电度表、瓦特计
PJ	可听的信息	喇叭、扬声器
QA	电路的通断和变换	断路器、接触器、闸流晶体管、电动机启动器
QB	电能回路的隔离	隔离开关、负载断路开关
RA	限制电能的流动	电阻器、二极管、电感器、限幅器
SF	提供电信号	控制开关、开关、选择开关
TA	维持能量类型和形态的电能通过	变压器、DC/DC 变换器、频率变换器

续表

字母代码	子类定义	典型电气元器件示例
TB	保持能量性质不变及改变能量形式的能量变换	整流器、变换器
TF	（保持信息内容的）信号转换	放大器、隔离转换器、脉冲放大器、天线
WA	高压电能分配	母线槽、成套开关设备
WB	高压电能传输	绝缘套管、电缆、导体
WC	低压电能分配	母线、开关总成
WD	低压电能传输	绝缘套管、电缆、导体
XB	连接高压对象	端子、接线盒、插座
XD	连接低压对象	连接器、接线盒、插座、端子板、插头连接器

小提示

《工业系统、装置与设备以及工业产品　结构原则与参照代号　第2部分：项目的分类与分类码》（GB/T 5094.2—2018）等相关标准的贯彻执行需要一个过程，因此目前仍有使用《电气技术中的项目代号》（GB/T 5094—1985）中规定的文字符号的，有关内容可扫描右侧二维码进行了解。

应用举例

分析图3-10中电气元器件的字母代码与图形符号之间的内在联系，并识读相关字母代码。

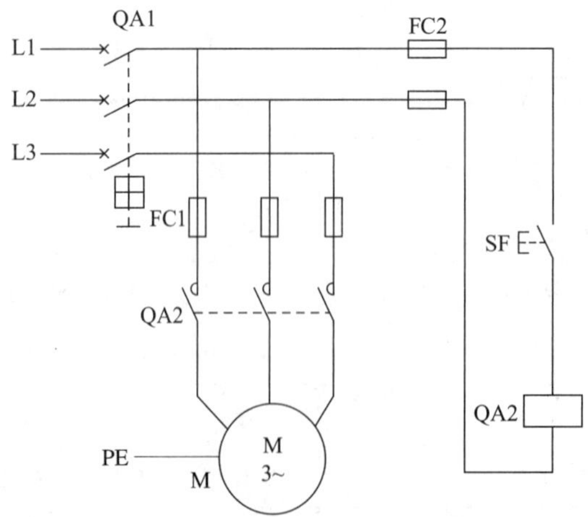

图3-10　三相鼠笼式感应电动机点动控制电路图

1. 分析字母代码与电气元器件之间的内在联系

在图3-10中的每个图形符号旁边均标注了一个与其对应的字母代码，其对应关系见表3-20。字母后面的数字为细分序号，在此用于表示同一类项目的各细分项目，例如，“QA1”与“QA2”、“FC1”与“FC2”。

表3-20 字母代码与各电气元器件之间的对应关系

名称	图形符号	字母代码	名称	图形符号	字母代码
低压断路器	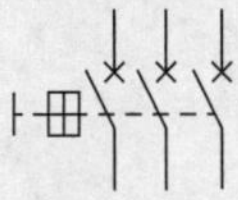	QA1	交流接触器	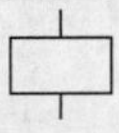 （驱动器件）	QA2
熔断器	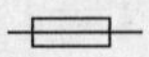	FC1 和 FC2		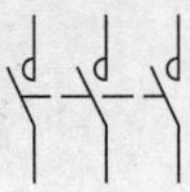 （主触点）	
按钮	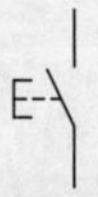	SF	三相鼠笼式感应电动机	 M 3~	M

2. 识读字母代码

在图3-10中，低压断路器、交流接触器、熔断器、按钮的图形符号旁均标注了与之对应的双字母代码，在三相鼠笼式感应电动机的图形符号旁边标注了单字母代码，其对应关系见表3-21。字母代码的含义可通过查阅表3-17和表3-19识读，如“Q”表示“受控切换或改变能量流、信号流（对于控制电路中的信号，参见K类和S类）或材料流”，“QA”表示“电路的通断和变换”。其他以此类推。

表3-21 主类、子类字母代码与电气元器件之间的对应关系

名称	图形符号	字母代码	主类字母代码	子类字母代码	名称	图形符号	字母代码	主类字母代码	子类字母代码
低压断路器	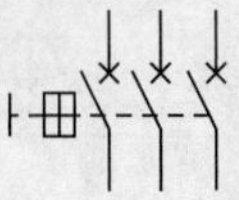	QA1	Q	A	交流接触器	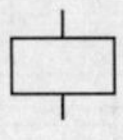 （驱动器件）	QA2	Q	A
熔断器	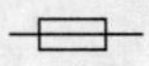	FC1、FC2	F	C		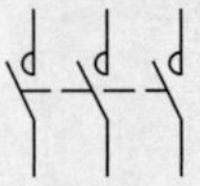 （主触点）			
按钮	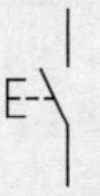	SF	S	F	三相鼠笼式感应电动机	 M 3~	M	M	

§3-3 参照代号

学习目标

1. 理解参照代号的概念。
2. 掌握参照代号的格式、标注方法及其作用。
3. 能识读和使用常见的参照代号，并会查阅相关标准。

想一想

对比图 3–11 和图 3–9 可知，在每个用于表示电气元器件的图形符号旁均标注了一个与之相对应的由前缀符号“–”、字母符号和数字组成的标识符号，其对应关系见表 3–22。在电气图中，称这种标识符号为参照代号。试分析图 3–11 中参照代号和与之对应图形符号的内在关系，思考参照代号的作用。

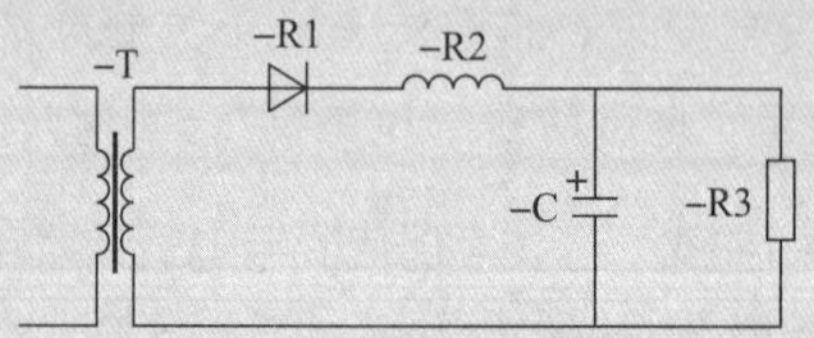

图 3–11　单相半波整流电路图

表 3–22　参照代号与图形符号之间的对应关系（前缀符号“–”表示产品面）

名称	图形符号	参照代号	名称	图形符号	参照代号
带磁芯的双绕组变压器		–T	极性电容器		–C
半导体二极管		–R1	电阻器		–R3
电感器		–R2			

一、参照代号的概念

参照代号是指作为系统组成部分的特定项目，按该系统的一个面或多个面相对于系统的标识符。“（方）面”是指观察一个对象的特定视角。一个项目的结构通常包括功能面结构、产品面结构和位置面结构。参照代号应唯一地标识所研究系统内所关注的项目。如图 3-11 中，“–T”为带磁芯的双绕组变压器参照代号，“–R1”为半导体二极管参照代号，“–R2”为电感器参照代号，“–R3”为电阻器参照代号，“–C”为极性电容器参照代号，这些参照代号均是从项目的产品面这个视角阐述的，是项目唯一的标识符号。

为规范参照代号的应用，国家更新、制定了《工业系统、装置与设备以及工业产品 结构原则与参照代号 第 1 部分：基本规则》（GB/T 5094.1—2018）等标准。

二、参照代号的格式

1. 单层参照代号

单层参照代号是指由一（方）面直接组成系统的特定项目给定的相对于系统的参照代号。如图 3-12 所示，图中示出的单层参照代号均是从项目的功能面（前缀符号“=”表示功能面）标识的。单层参照代号均不包括任何参照代号的上层或下层项目，只标识项目本身，这就是说“在某一项目内，单层参照代号的标识是唯一的”。

单层参照代号由前缀符号和代码构成，单层参照代号示例见表 3-23。

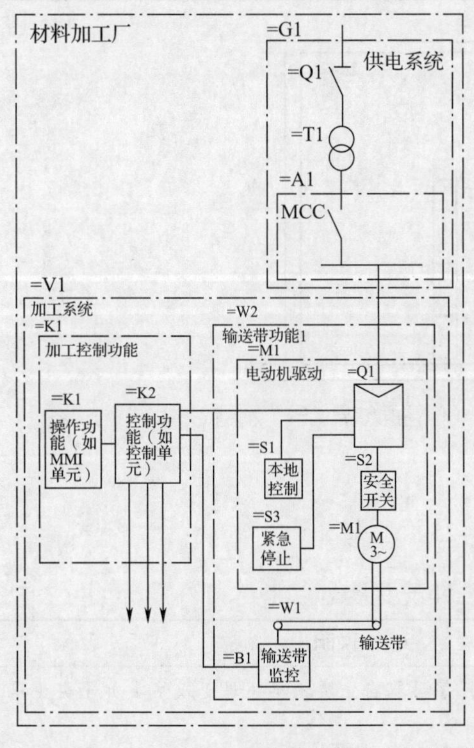

项目	多层参照代号	单层参照代号
供电系统		=G1
隔离开关	=G1=Q1	=Q1
变压器	=G1=T1	=T1
电动机控制中心（MCC）	=G1=A1	=A1
加工系统		=V1
加工控制功能	=V1=K1	=K1
操作功能	=V1=K1=K1	=K1
控制功能	=V1=K1=K2	=K2
输送带功能1	= V1=W2	=W2
电动机驱动	= V1=W2=M1	=M1
电动机启动器	= V1=W2=M1=Q1	=Q1
本地控制	= V1=W2=M1=S1	=S1
安全开关	= V1=W2=M1=S2	=S2
紧急停止	= V1=W2=M1=S3	=S3
电动机	= V1=W2=M1=M1	=M1
输送带	= V1=W2=W1	=W1
输送带监控	= V1=W2=B1	= B1

图 3-12 材料加工厂加工系统（=V1）和供电系统（=G1）概略图

表 3-23　单层参照代号示例

功能面结构	产品面结构	位置面结构
=G1	–T	+D

（1）前缀符号

参照代号的前缀符号及其含义见表 3-24。如不引起混淆，前缀符号可以省略，如图 3-9 所示。图 3-9 与图 3-11 表达的内容是一致的，只是图 3-9 中的参照代号均省略了表示产品面结构的前缀符号“–”，如“R1”等同于“–R1”，均表示半导体二极管的参照代号。

表 3-24　参照代号的前缀符号及其含义

前缀符号	含义	备注
=	项目的功能面（见图 3-12）	功能面是指项目的预期用途或实际作用是什么，即项目是做什么的
–	项目的产品面（见图 3-11）	产品面是指项目通过什么方式做出什么，即项目是如何构成的
+	项目的位置面（见图 3-13）	位置面是指项目的预想或实际空间，即项目位于何处

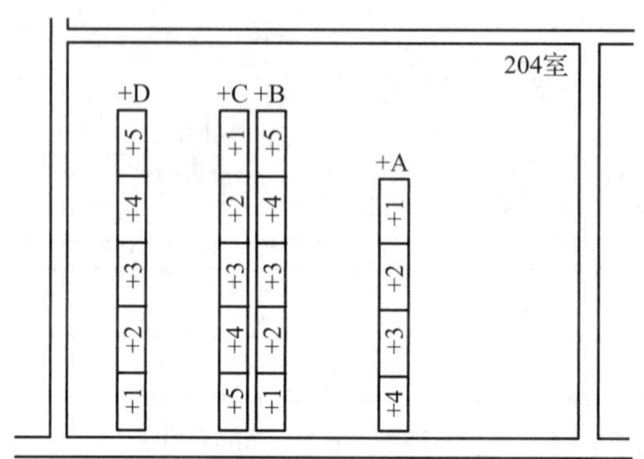

图 3-13　204 室机柜位置标识（位置面参照代号）示例

（2）代码

参照代号的代码有三种表示形式，见表 3-25。

表 3-25　代码的三种表示形式

代码的表示形式	示例	说明
字母代码	T、C	用大写拉丁字母，字母取自主类（单字母）或主类加子类（双字母）字母代码
字母代码加数字	R1、R2	字母在前，数字在后；一般对相同字母代码的同一类项目的各组成项目，应以数字来区分
数字	1、2、3	如果数字本身具有重要意义，则应在文件或支持文件中说明

（3）参照代号常见格式

1）由前缀符号和字母代码组成，如：=A、+TB、+RM。

2）由前缀符号和字母代码加数字组成，如：=A2、-KF2、+G10。

3）由前缀符号和数字组成，如：=11、-3、+10。

2. 多层参照代号

当项目的构成比较复杂，用单层参照代号不能完整地表达信息时，便要引用多层参照代号。如图 3-12 所示，材料加工厂由项目 =V1 和 =G1 构成；项目 =V1 由项目 =K1 和 =W2 构成，项目 =G1 由项目 =Q1、=T1、=A1 构成；项目 =K1 又由项目 =K1（注意与前一个 =K1 虽属于隶属关系，但是两个不同的项目）、=K2 构成，项目 =W2 又由项目 =M1、=W1、=B1 构成；项目 =M1 再由项目 =Q1（注意与项目 =G1 中的项目 =Q1 是两个不同的项目）、=S1、=S2、=S3、=M1（注意与前一个项目 =M1 虽属于隶属关系，但是两个不同的项目）构成。从中可以看出图中有的标识符是相同的，如 =K1、=Q1、=M1，但它们属于不同的项目，在自身项目内，该标识符（单层参照代号）是唯一的。

多层参照代号是从高层项目分解至所关注项目所经路径的一种代码表示法。这一路径将包含若干层次的中间项目。多层参照代号就是连接从高层项目分解至所关注项目中的各项目的单层参照代号。因此，多层参照代号是由多个单层参照代号串联构成的参照代号，如图 3-12 所示，功能“安全开关”的单层参照代号为“=S2”，其多层参照代号为“=V1=W2=M1=S2”，由单层参照代号“=V1”“=W2”“=M1”和“=S2”串联构成。

多层参照代号的常见格式如下。

（1）同一结构面的不同层次的参照代号

1）不同产品面的多层参照代号，如某开关 Q3 隶属于控制柜 A1，可标识为 -A1-Q3，也可标识为 -A1Q3。

2）不同功能面的多层参照代号，如某电动机 M 隶属于大楼供水系统 W1 中的一个子系统 WS3，可标识为 =W1=WS3=M，也可标识为 =W1WS3M。

3）不同位置面的多层参照代号，如某设备位于 204 房间 A6 列柜，可标识为 +204+A6，也可标识为 +204A6。

（2）不同结构面的不同层次的参照代号

例如，A1 装置中的继电器 K1，位置在 C8 区间 S1 列控制柜的 M4 柜中，可标识为 =A1-K1+C8S1M4。

三、参照代号的标注方法

1. 参照代号的表达方式

比较简单的图一般只标注产品面参照代号，如图 3-11 所示；比较复杂的图除应标注产品面参照代号之外，还应标注功能面参照代号和位置面参照代号。

（1）参照代号应该在同一行上呈现，单层参照代号的表示不得分开。如图 3-14 所示，图中单层参照代号（如“-S1”“-Q1”“-Q2”“-Q3”）均呈现在同一行上，其前缀符号、字母代码和数字集中在一起同行书写。

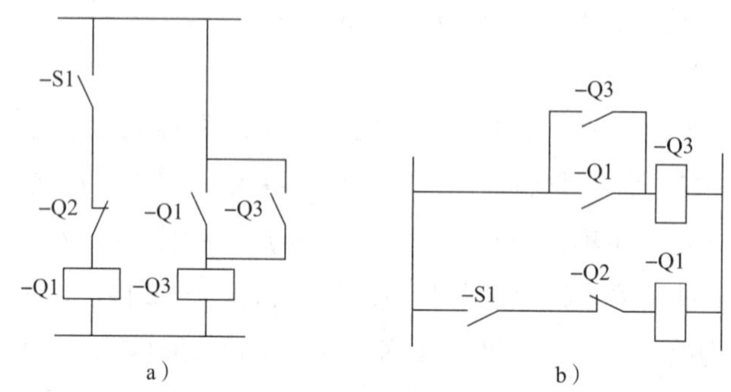

图 3-14　参照代号表达方式和标注位置

a）元器件竖直布置时参照代号的标注　b）元器件水平布置时参照代号的标注

（2）在多层参照代号中，当单层参照代号的前缀符号与前面的单层参照代号的前缀符号相同时，其表达方式见表 3-26。

表 3-26　前后单层参照代号的前缀符号相同的多层参照代号的表达方式

类型	示例		说明
	完整表示	简化表示	
前一单层参照代号以数字结尾，相邻的后一个单层参照代号以字母代码开头	=A1=B2	=A1B2	如果单层参照代号以数字结尾，并且下一个单层参照代号以字母代码开始，则前缀符号可以省略，而其他类型不能省略 前缀符号可用“. ”（下脚点）代替
		=A1. B2	
前一单层参照代号以数字结尾，相邻的后一个单层参照代号以数字开头	-A1-1	-A1. 1	
前一单层参照代号以字母结尾，相邻的后一个单层参照代号以字母代码开头	-C-D4	-C. D4	

2. 参照代号的标注位置

（1）图形符号参照代号的标注位置

与图形符号相对应的参照代号应标注在图形符号的近旁。当图形符号竖直布置时，即图形符号的引线竖直布置时，与图形符号相关的参照代号常置于符号的左边，如图 3-14a 所示；当图形符号水平布置时，即图形符号的引线水平布置时，与图形符号相关的参照代号常置于符号的上方，如图 3-14b 所示。

（2）连接线参照代号的标注位置

连接线的参照代号一般标注到连接线的近旁，不应碰到或跨越连接线。对水平布置的连接线，参照代号一般是顺着连接线的方向标注在图线的上方；对竖直布置的连接线，参照代号一般顺着连接线的方向标注在图线的左边。例如，图 3-15 中的

参照代号 -W10-1、-W11-1 标注在水平连接线的上方，-W12-1、-W12-2、-W22-2、-W22-4 标注在竖直连接线的左边。

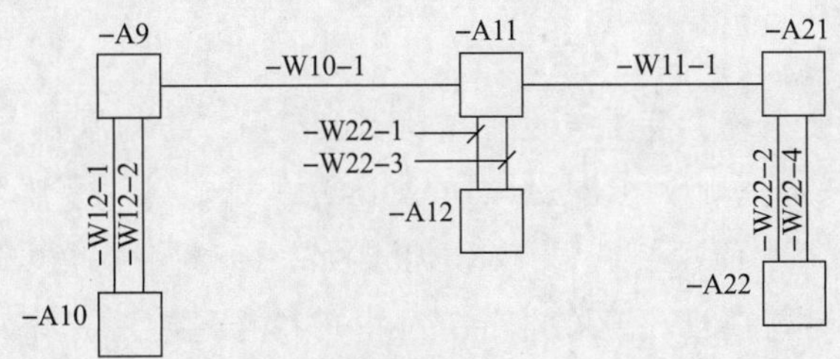

图 3-15 连接线的参照代号标注位置

如果不方便将参照代号置于毗邻连接线的地方，应将其置于内容区的其他地方，并用一条指引线（或一条基准线）引到那条连接线。如图 3-15 所示，图中的 -W22-1 和 -W22-3 通过指引线对连接线进行标识。

四、参照代号的作用

用参照代号标识项目，可在图形符号与实物之间建立起明确的对应关系，从而方便查找、区分各种图形符号所表示的电气元器件和设备。如图 3-16 所示为三相鼠笼式感应电动机点动控制电路图，图中两种规格的熔断器都用同一种图形符号表示。这说明在同一个图中用相同的图形符号来表示项目种类是不充分、不严谨的。

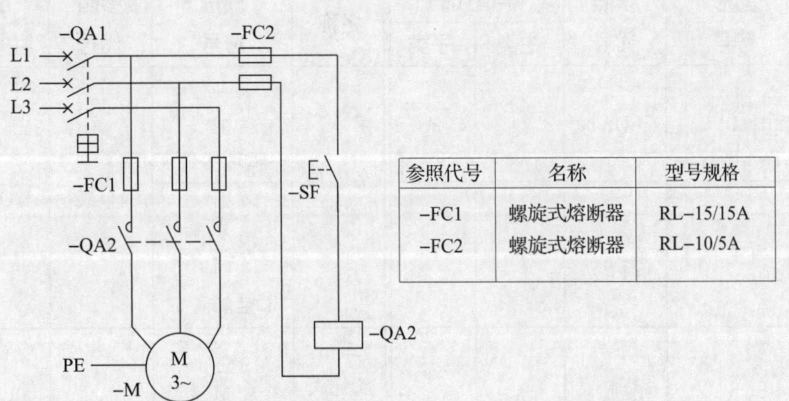

参照代号	名称	型号规格
-FC1	螺旋式熔断器	RL-15/15A
-FC2	螺旋式熔断器	RL-10/5A

图 3-16 三相鼠笼式感应电动机点动控制电路图

用在图形符号旁标注参照代号的方式就能很好地解决上述问题。用参照代号来区别电气设备的名称、功能、状态、特征及安装位置等信息，可使人们清晰地理解同一种图形符号所表达的不同用途。由于同一图中的参照代号是唯一的，如图 3-16 所示，-FC1 在同一张图中只能标注一个，这样在描述同一对象的各种图样和技术文件中，其对应关系就明确了。在一些图中，有时为了便于更具体、更详细地区分，除按要求标注参照代号之外，还要标注一些技术数据，如型号、规格等。例如，图 3-16 中的 -FC1、

–FC2 虽属同一类型的熔断器，但其规格是不同的，–FC1 为 15/15 A、–FC2 为 10/5 A。所以，图形符号与参照代号是相互弥补、缺一不可的关系，是电气图的主要组成部分。

小提示

《工业系统、装置与设备以及工业产品　结构原则与参照代号　第 1 部分：基本规则》（GB 5094.1—2018）中规定用“参照代号”替代标准《电气技术中的项目代号》（GB/T 5094—1985）中的“项目代号”。但目前项目代号在电气工程中仍在普遍使用。有关内容可扫描右侧二维码进行了解。

应用举例

分析图 3–16 中电气元器件的参照代号与字母代码、图形符号之间的内在联系，并识读参照代号。

1．分析参照代号与字母代码、图形符号之间的内在联系

图 3–16 中，每一个图形符号旁均标注了一个与其对应的参照代号。参照代号与字母代码、图形符号之间的对应关系见表 3–27。

表 3–27　参照代号与字母代码、图形符号之间的对应关系

名称	图形符号	参照代号	字母代码		名称	图形符号	参照代号	字母代码	
			主类	子类				主类	子类
低压断路器		–QA1	Q	A	交流接触器	（驱动器件）	–QA2	Q	A
熔断器		–FC1、–FC2	F	C		（主触点）			
按钮	E	–SF	S	F	三相鼠笼式感应电动机	M 3~	–M	M	

2．识读参照代号

图 3–16 中的参照代号均属单层参照代号，且都标注了该项目产品面的前缀符号“–”。

（1）参照代号都包含一个表示项目类别的字母代码，除三相鼠笼式感应电动机“–M”之外，其他参照代号均由双字母代码或双字母代码加数字组成，其完整格式是“–QA1”“–FC1”“–FC2”“–SF”“–QA2”。

（2）当图形符号竖直布置时，与图形符号相关的参照代号置于符号的左边，如“-FC1”“-SF”“-QA2”“-M”；当图形符号水平布置时，与图形符号相关的参照代号置于符号的上方，如“-QA1”“-FC2”。

§3-4 端子代号

学习目标

1. 理解端子代号的概念。
2. 掌握端子代号的标识方法、编制规则和标注方法。
3. 能识读和使用常见的端子代号，并会查阅相关标准。

想一想

对比图 3-17 与图 3-11 可知，图 3-17 中的所有电气元器件的接线端子均示出了端子的图形符号“○”，并用数字字符加以标注。在电气图中，称这种用来标识电气元器件接线端子的符号为端子代号。试以图 3-17 为例，分析端子代号和与之对应的图形符号、参照代号的内在联系，思考端子代号的作用。

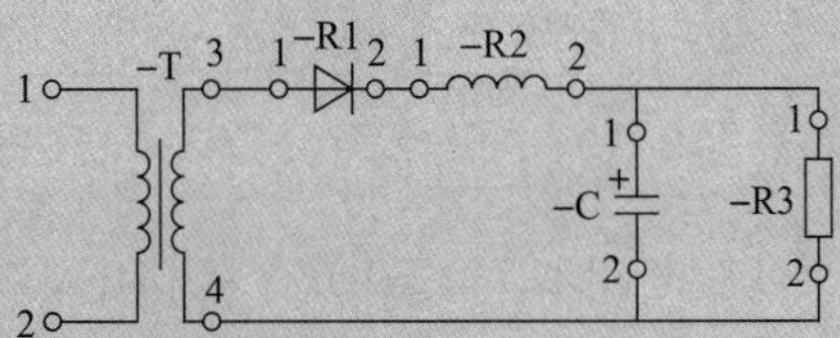

图 3-17 单相半波整流电路图

一、端子代号的概念

端子代号是指根据项目的一个方面确定的项目端子的标识符号。简单地讲，端子代号就是指端子的标识符。如图 3–17 所示，数字符号 1、2、3、4 就是整流变压器“–T”的四个端子的端子代号。

如图 3–17 所示，电路图中的端子可以用端子的图形符号“○”和端子代号共同表示。当端子能清晰表达时，除有特殊要求外，端子的图形符号“○”也可省略（不画出），如图 3–18 所示。与图 3–17 相比，其图面更加简洁、清晰，图中虽未给出端子的图形符号，但在每个元器件的引出线上都标注了相应的端子代号，两者给出的信息量是相同的、一致的。

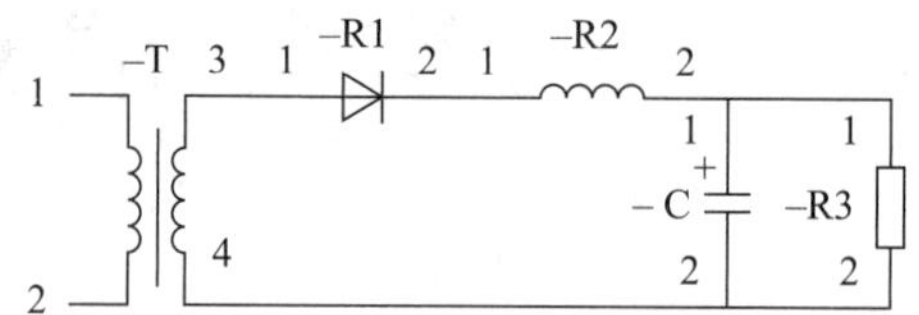

图 3–18　单相半波整流电路图（未画出端子图形符号）

为规范端子代号的应用，国家更新、制定了标准《工业系统、装置与设备以及工业产品　系统内端子的标识》（GB/T 18656—2002）。

二、端子的标识

1. 端子标识符号的基本表达形式

与项目相关的端子可能有若干个，但在一个系统内，某一端子的标识应是唯一的。端子标识符号应包括三部分：

（1）项目唯一标识端子的端子代号。

（2）端子代号前的前缀符号“：”（冒号）。

（3）冒号前的代号，即端子所在项目的参照代号。

端子标识符号的基本表达形式如图 3–19 所示，图中的端子代号为该项目端子的唯一标识符号，参照代号为端子所在项目的标识符号。

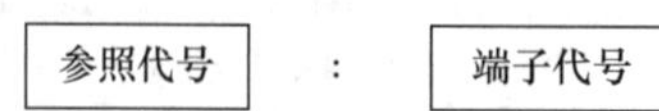

图 3–19　端子标识符号的基本表达形式

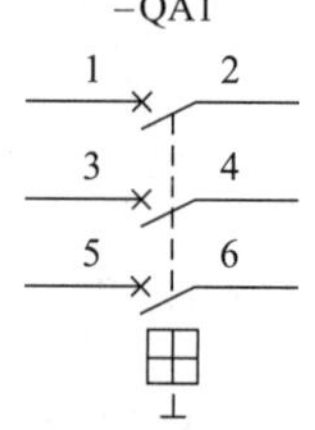

图 3–20　低压断路器（–QA1）的端子代号标识示例

如图 3–20 所示，某低压断路器（–QA1）有三个引入端子（标注 1、3、5）和三个引出端子（标注 2、4、6），其端子标识符号分别为 –QA1：1、–QA1：3、–QA1：5 和 –QA1：2、–QA1：4、–QA1：6。这里的“–QA1”为低压断路器的参照代号，1、3、5 和 2、4、6 是低压断路器输入、输出端子的端子代号。标注时，如果端子标识符号的参照代号和端子代号这两部分靠得很近，“：”（冒号）应示出；但在应用中，若参照代号和端子代号两者不可能发生混淆，则可以省略，如在表格形式中。

端子代号和端子的标识符号是两个不同的概念。端子代号是指一个具体项目内的某一端子的标识符号，在其他项目内某端子也可能有相同的标识符号，但端子的标识符号是唯一的，因为它含有端子代号所在项目的参照代号。如图 3–18 所示，二极管（–R1）、电容器（–C）、电阻器（–R3）的两个引出线的端子代号都标注为 1、2，但其端子标识符号却是不同的：二极管（–R1）的端子标识符号为 –R1：1、–R1：2；电容器（–C）的端子标识符号为 –C：1、–C：2；电阻器（–R3）的端子标识符号为 –R3：1、–R3：2。

2．端子代号的代码

端子代号的代码主要有以下三种基本表示形式。

（1）用字母代码表示，如 U、V、W、PE、N 等。

（2）用字母代码加数字表示，如 U1、V1、W1 等，常用于较复杂的电路中。

（3）用数字表示，如图 3–17 中变压器（–T）的端子代号 1、2、3、4，常用于连接器中的连接点。

三、端子代号的标识方法

根据需要，端子的标识符号可以从功能面“=”、产品面“–”、位置面“+”之中择其一进行命名或确定。这说明端子代号可分为产品面端子代号、功能面端子代号、位置面端子代号。如果需要区分或强调端子代号是根据哪一方面给定的，则用于表示该“面”的前缀符号可在冒号“：”后直接加上。例如，三相鼠笼式感应电动机的 U1 相接线端子的产品面端子代号为“：–U1”。

1．产品面端子代号的标识

产品面端子代号应由实际的端子代号组成。产品面端子代号一般指产品手册中标在产品上的代号、制造厂商给定的代号和根据惯例熟知的代号等。连接器端子代号一般在产品手册中用阿拉伯数字 1、2、3 等表示端子的代号，也可以在电路图中重新命名。例如，图 3–21 所示为三相鼠笼式感应电动机的接线盒。图 3–21a 所示绕组为Y形接法，图 3–21b 所示绕组为△形接法。图中，U1、V1、W1 和 U2、V2、W2 分别为接线端子标识，这是制造厂商标在产品上的标识代号。本图例中未给出用于表示产品面端子代号的前缀符号“–”。

如果不存在制造厂商对装置实际端子给定的代号或由于某些原因给定的代号不全时，则应给予任意的端子代号，并应在文件中或支持文件中说明。例如，图 3–22 所示为端子板的端子代号标识示例，该端子板（–X1）是一个由 4 个组件构成的项目，含有 8 个端子。本图例中未给出用于表示产品面端子代号的前缀符号“–”。

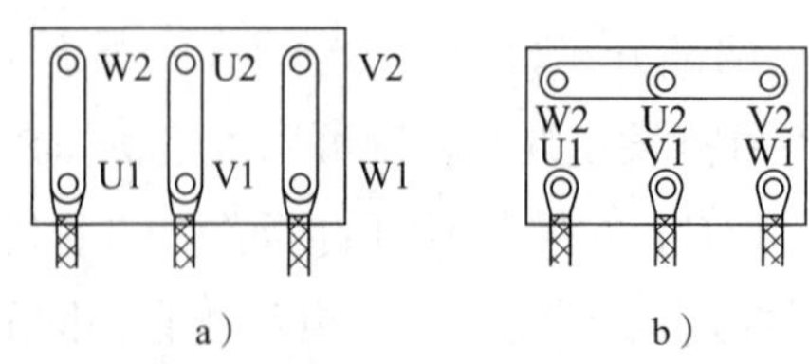

图 3–21　三相鼠笼式感应电动机的接线盒

a）绕组为Y形接法　b）绕组为△形接法

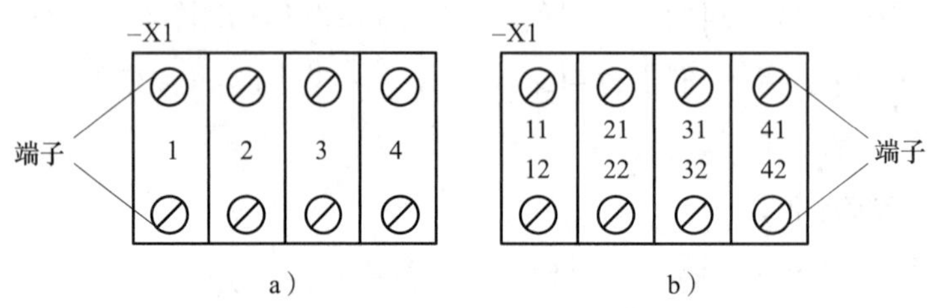

图 3–22　端子板的端子代号标识示例

a）未标识每个端子　b）端子有足够的标识

如图 3–22a 所示，当提供的标识不足以标识每个端子时，就要给定端子代号，并在文件或支持文件中说明。通常是一边为 1，另一边为 2；或一边为 A，另一边为 B。这样端子的标识可定为“–X1：1.1”“–X1：1.2”等，或“–X1：1.A”“–X1：1.B”等。当端子有足够的标识时，就应使用它们，如图 3–22b 所示。此时的端子标识为“–X1：11”“–X1：12”“–X1：21”“–X1：22”等。

2. 功能面端子代号的标识

功能面端子代号应以端子功能或内部与端子有关功能的信号名为依据。图 3–23 所示为双列直插式集成芯片 CC4518 计数器端子图，图中标出了功能标识符号和产品面端子代号。功能标识符号 1CP、2CP 为计数脉冲输入端，1EN、2EN 为计数允许控制端，1CR、2CR 为清零端，1Q0、1Q1、1Q2、1Q3 和 2Q0、2Q1、2Q2、2Q3 为计数状态输出端，VDD 为电源输入端，VSS 为公共端。这些功能标识符号都是功能面的端子代号，均用于表示各端子的功能。脚标字符 1 ~ 16 则由生产厂家标定，是产品面的端子代号。本图例中未给出用于表示功能面端子代号的前缀符号“=”和用于表示产品面端子代号的前缀符号“–”。

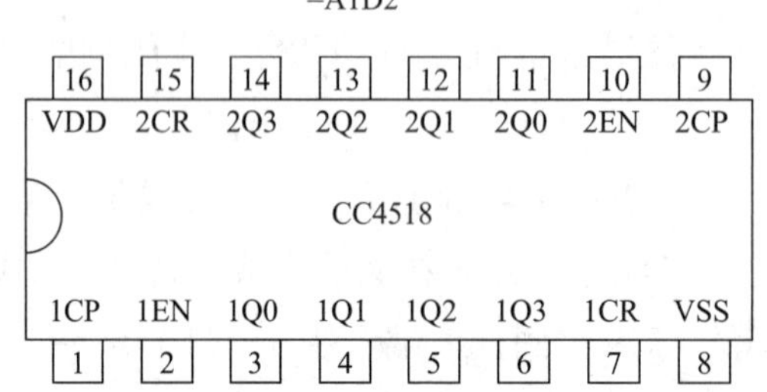

图 3–23　双列直插式集成芯片 CC4518 计数器端子图

图 3-23 中，字符“VDD”是表示电源接入端子的功能面端子代号，其端子标识为“=A1D2：VDD”；字符“16”是表示电源接入端子的产品面端子代号，其端子标识为“=A1D2：16”。端子标识“=A1D2：VDD”和“=A1D2：16”均表示同一个电源接入端子，但视角（面）不同。

3. 位置面端子代号的标识

位置面端子代号由标在端子旁的代号，或表示所在位置或位置名称的相对位置的其他字母数字代号构成。位置面端子代号主要用于表示端子的位置，在电气技术文件中应用很少，一般只在电缆、管路等端子处用文字注出安装的位置。

四、端子代号的编制规则

端子代号的编制顺序一般要遵循信息流流向从上到下、自左至右的规定。

1. 单个元件的接线端子标识

（1）单个元件的两边端子用连续的两个数字来表示，奇数数字应小于偶数数字，如 1 和 2。图 3-24a 所示为一个具有两个端子的电阻器示例。

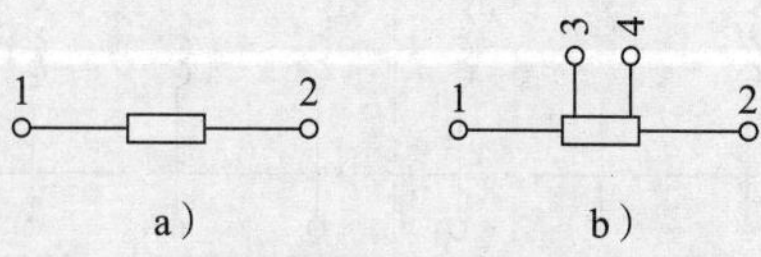

图 3-24 单个元件的接线端子标识

a）有两个端子的电阻器示例 b）有四个端子的带固定抽头的电阻器示例

（2）单个元件的中间各端子最好用连续数字来区别。其中，中间各端子的数字应选用大于两边端子的数字，并应从靠近数字较小的那个端子开始标注。如图 3-24b 所示为一个具有四个端子的带固定抽头的电阻器（示出两个抽头）示例，图中两边端子标注为 1 和 2，中间端子标注为 3 和 4。

2. 相同元件组的接线端子标识

几个相同元件组合成一个组，各元件的接线端子可按下列方式标识。

（1）在数字前冠以字母。如图 3-25a 所示，图中用 U、V、W 标识三相交流电系统中相应设备的各相端子。如 U 相的两个端子标识为 U1、U2，V 相的两个端子标识为 V1、V2，W 相的两个端子标识为 W1、W2。

（2）当不需要区分或不可能识别电源相线类别时，用数字前冠以数字的方法来区分。如图 3-25b 所示，图中用数字 1.1、1.2，2.1、2.2，3.1、3.2 标识。为避免混淆，在这些数字中间用一个圆点“．”分开。

3. 同类元件组的接线端子标识

同类元件组用相同字母标识时，可在字母前冠以数字来区别。如图 3-26 所示，第一组三相绕组的接线端子用字母前加数字“1”表示，其端子用端子代号 1U1、

1U2，1V1、1V2，1W1、1W2来标识。第二组三相绕组的接线端子用字母前加数字“2”表示，其端子用端子代号2U1、2U2，2V1、2V2，2W1、2W2来标识。

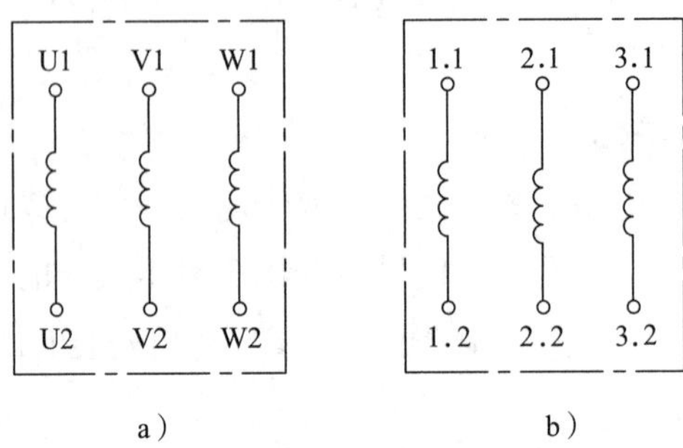

图3-25 相同元件组接线端子标识示例

a）数字前冠以字母 b）数字前冠以数字

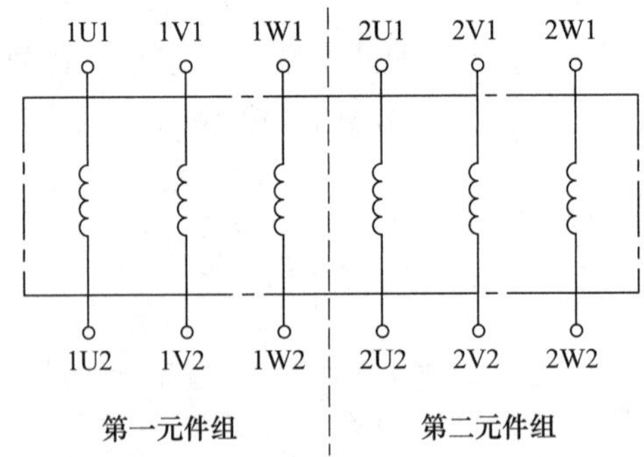

图3-26 两组三相绕组接线端子标识示例

五、端子代号的标注方法

1. 端子代号的标注位置

端子代号应标注在水平连接线的上方或竖直连接线的左边，并沿着连接线的方向布置。端子代号的标注位置示例如图3-27所示。

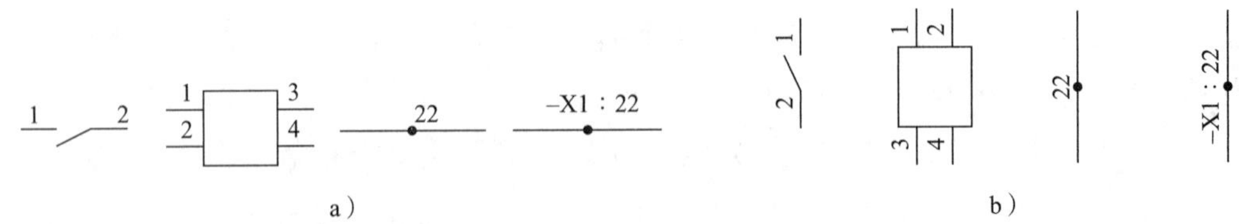

图3-27 端子代号的标注位置示例

a）连接线水平布置 b）连接线竖直布置

2. 电阻器、继电器线圈等电气元器件端子代号的标注

电阻器、继电器线圈等电气元器件的端子代号应标注在其图形符号的轮廓线外。

如图 3–28 所示，电阻器、继电器线圈、与非门逻辑单元的端子代号标注在图形符号的轮廓线外。

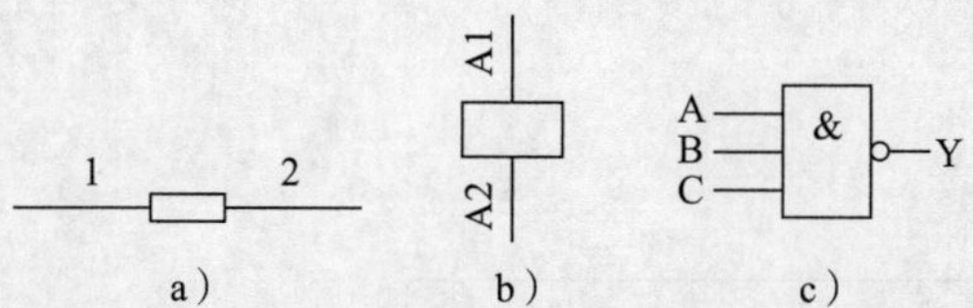

图 3–28 端子代号标注在图形符号的轮廓线外示例

a）电阻器 b）继电器线圈 c）与非门逻辑单元

3. 端子板、插头和插座等连接器件端子代号的标注

端子板、插头和插座等连接器件的每一连接点都应标注端子代号，如图 3–29 所示。

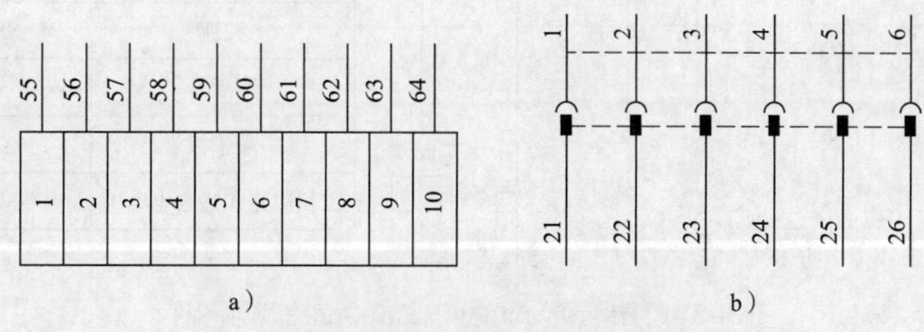

图 3–29 连接器件端子代号的标注示例

a）端子板 b）多极插头与插座

4. 用围框表示功能单元或结构单元项目的端子代号的标注

在用围框表示的功能单元或结构单元中，端子代号必须标注在围框内，以免被误解。如图 3–30 所示，图中项目 –A5 的围框共引出 6 根线，分属项目 –X1 和 –X2，项目 –X1 的端子代号为 1、2、3、4，项目 –X2 的端子代号为 1、2，其对应端子标识符号分别为“–A5–X1：1”“–A5–X1：2”“–A5–X1：3”“–A5–X1：4”和“–A5–X2：1”“–A5–X2：2”。端子代号本应置于水平连接线的上方，但由于其位置已标注相关项目的参照代号 –X1 和 –X2，故将相关端子代号置于水平连接线的下方。

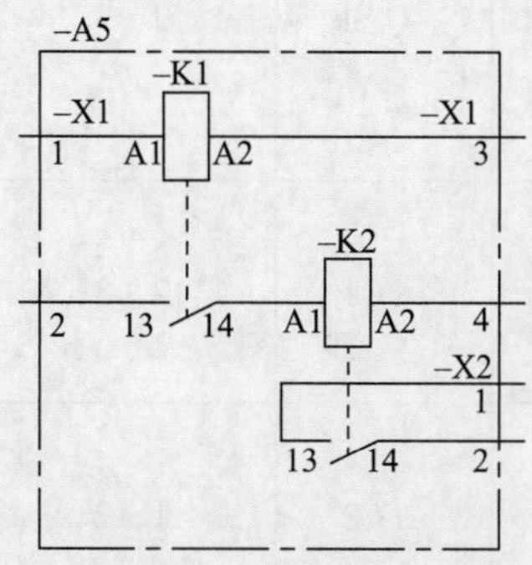

图 3–30 用围框表示功能单元或结构单元项目的端子代号标注示例

应用举例

分析图 3-31 中各图形符号的接线端子与其标识符号之间的内在联系，并识读端子代号。

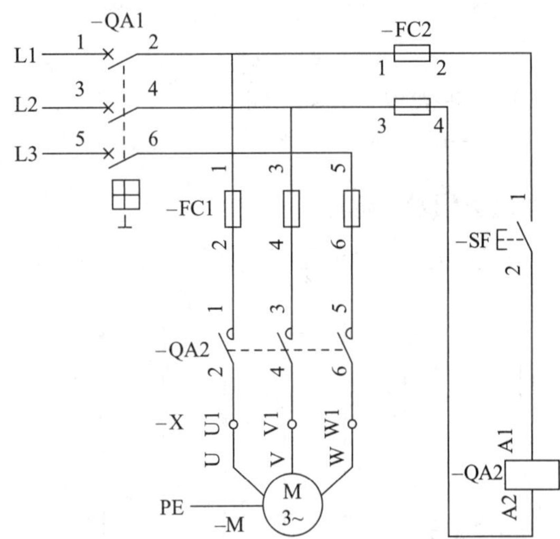

项目	参照代号
低压断路器	-QA1
交流接触器	-QA2
按钮	-SF
熔断器	-FC1、-FC2
端子板	-X
三相鼠笼式感应电动机	-M

图 3-31　三相鼠笼式感应电动机点动控制电路图

1. 分析图形符号的接线端子与其标识符号之间的内在联系

图 3-31 中，每个图形符号的端子旁均标注一个用来识别项目端子的端子代号，图中在图形符号上标注的端子标识符号见表 3-28。图中的端子代号均为产品面端子代号，并省略了前缀符号“-”。

表 3-28　在图形符号上标注的端子标识符号

名称	图形符号	参照代号	端子代号	端子标识符号
低压断路器		-QA1	1、2、3、4、5、6	-QA1：1…-QA1：6
熔断器		-FC1	1、2、3、4、5、6	-FC1：1…-FC1：6
		-FC2	1、2、3、4	-FC2：1…-FC2：4

续表

名称	图形符号	参照代号	端子代号	端子标识符号
按钮	1 2	–SF	1、2	–SF：1、–SF：2
交流接触器	A1 A2（驱动器件）	–QA2	A1、A2	–QA2：A1、–QA2：A2
	1 3 5 2 4 6（主触点）		1、2、3、4、5、6	–QA2：1…–QA2：6
端子板	U1 V1 W1	–X	U1、V1、W1	–X: U1、–X: V1、–X: W1
三相鼠笼式感应电动机	U V W M 3~	–M	U、V、W	–M: U、–M: V、–M: W

2. 识读端子代号

（1）端子标识符号的基本表达形式

以图 3–31 中的低压断路器“–QA1”的端子代号为例分析。“–QA1”为低压断路器产品面单层参照代号标识，三个引入端子的端子代号标识为 1、3、5，端子标识符号为 –QA1：1、–QA1：3、–QA1：5；三个引出端子的端子代号标识为 2、4、6，端子标识符号为 –QA1：2、–QA1：4、–QA1：6。

（2）端子代号的代码

1）用字母代码表示。例如，图 3–31 中三相鼠笼式感应电动机“–M”的三根相线的端子代号 U、V、W。

2）用字母加数字表示。例如，图 3–31 中交流接触器“–QA2”驱动器件的端子代号 A1、A2；端子板“–X”的端子代号 U1、V1、W1。

3）用数字代码表示。例如，图 3–31 中低压断路器“–QA1”的三个输入端的端子代号为 1、3、5，三个输出端的端子代号为 2、4、6；按钮开关“–SF”的端子代号为 1、2。

（3）端子代号的编制方式

图 3-31 中，按信息流向设置端子代号的编制顺序。图形符号水平布置的自左至右编排，如低压断路器（-QA1）、熔断器（-FC2）等电气元器件端子的端子代号，奇数小于偶数，奇数在左，偶数在右；图形符号竖直布置的从上到下编排，如按钮（-SF）、熔断器（-FC1）等电气元器件端子的端子代号，奇数小于偶数，奇数在上，偶数在下。

第四章
电气制图的一般规则和基本表示方法

§4-1 电气制图的一般规则

学习目标

1. 掌握图线、箭头、指引线、围框的画法规定和应用。

2. 掌握图线的布置方式、电路或电气元器件的布局方法等。

3. 能识读和使用图线的布置方式、电气元器件的布局方法，并会查阅相关标准。

想一想

图 3-16 所示三相鼠笼式感应电动机点动控制电路图中，图线是如何布置的？各电气元器件的布局特点是什么？

电气制图的图纸幅面、标题栏、字体、比例、尺寸标注等应符合技术制图标准中的相关规则。除此之外，还要遵守电气制图方面的特有规则和标准，如《电气技术用文件的编制　第 1 部分：规则》（GB/T 6988.1—2008）等。

一、图线、箭头和指引线

1. 图线

电气制图中的图线应符合国家标准《技术制图　图线》（GB/T 17450—1998）的有关规定，一般只使用实线、虚线、点画线和双点画线四种形式的图线。图线的形式和一般应用见表 4-1。如图 3-16 所示，图中除机械连接线用虚线绘制之外，其余的连接线、图形符号均采用实线绘制。

表 4–1　图线的形式和一般应用

图线名称	一般应用
实线	基本线、简图主要内容用线、可见导线
虚线	辅助线、屏蔽线、机械连接线、不可见导线、计划扩展内容用线
点画线	分界线、结构围框线、功能围框线、分组围框线
双点画线	辅助围框线

2．箭头

在电气简图中，用于表示箭头的图形符号有两种形式：开口箭头和实心箭头。开口箭头“ ——>—— ”主要用于表示电气能量、电气信号的传播方向，如能量流、信息流等；实心箭头“ ————►———— ”主要用于表示可变性、力和运动方向，以及指引线方向。

3．指引线

指引线主要用于指示注释的对象，采用细实线绘制，其末端指向被注释处，并加注末端标记。例如，末端指在轮廓线内，用一黑点表示，如图 4–1a 所示；末端指在轮廓线上，用一实心箭头表示，如图 4–1b 所示；末端指在连接线上，则在连接线和指引线交点上画一短斜线或箭头表示终止，并允许有多个末端，如图 4–1c 所示。

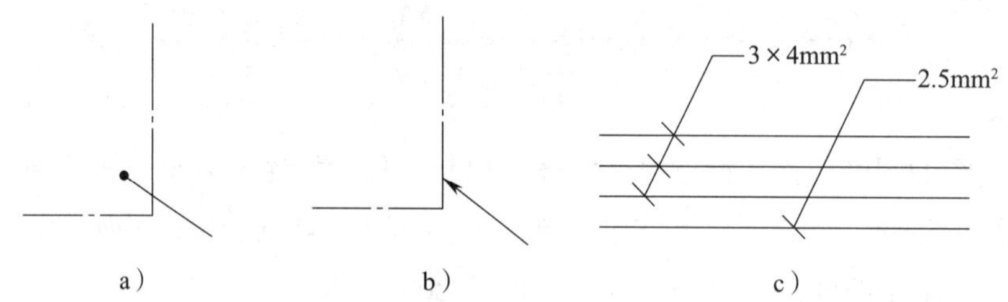

图 4–1　指引线末端指示标记示例

a）末端指在轮廓线内　b）末端指在轮廓线上　c）末端指在连接线上

二、围框

1．点画线围框的应用

当需要在图上显示出图的某一部分表示的是功能单元或结构单元时，可用点画线围框表示。如图 3–30 所示，用点画线围框表示项目 –A5 控制单元，使读图者清晰地读出其所属结构，例如，继电器 –K1、–K2 是项目 –A5 的组成部分。有时，围框的形状是不规则的，如图 4–2a 所示。从图 4–2a 上可以看出，继电器（–K）的驱动线圈及其触点用围框围出后，其组成关系就非常明了；触点的端子代号注写在围框内。

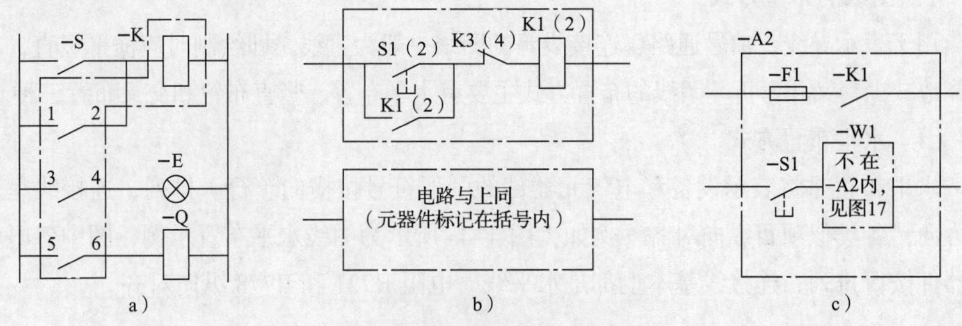

图 4-2 点画线围框的应用示例

a）不规则点画线围框示例 b）相同电路的简化画法示例 c）套装围框示例

用围框表示的单元，若在其他文件上给出了可供查阅其功能的资料，则该单元的电路等可简化或省略。如图 4-2b 所示，对重复出现的相同电路，可只详细地表示出其中的一个，其他电路可用点画线围框表示，并在围框内标注说明。

在图上含有安装在别处而功能与本图相关的部分，可用双点画线围框表示。如图 4-2c 中，项目 -F1（熔断器）、-S1（按钮）、-K1（继电器动合触点）及 -W1（功能单元）虽然都画在一个围框内，但是 -W1 不装在 -A2 单元内，只是一个在功能上与 -A2 相关的项目。此处用简化形式将其内部连接省略，仅在表示项目 -W1 的围框内标明“不在 -A2 内，见图 17”。

2. 连接器、端子板与点画线围框的用法

如果连接器或端子板是某一功能单元或结构单元不可缺少的符号，则应将连接器或端子板符号放在围框里边，否则应分别放在围框外。如图 4-3a 中，一对连接器的插头（-X1）部分画在围框内，说明该插头（-X1）属于 -A1 项目单元；插座（-W1X1）画在围框外，说明该插座（-W1X1）不属于 -A1 项目单元，应属于 -W1 项目单元。图 4-3b 中，一对连接器（-X1）的插头和插座两部分均画在围框内，说明连接器（-X1）的插头和插座都是 -A1 项目单元内不可缺少的部分。

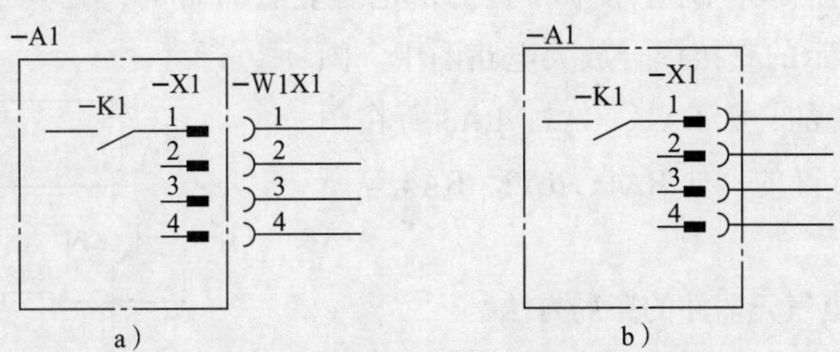

图 4-3 连接器与围框的应用

a）插座置于围框外（不属于 -A1 项目单元） b）插座置于围框内（属于 -A1 项目单元）

三、电气简图的布局方法

1. 图线的布置方式

用于表示导线、信号通路、连接线等的图线一般为直线，即绘制时应横平竖直，尽可能地减少交叉和弯折。图线的布置方式主要有水平布置、竖直布置和交叉布置三种。

（1）水平布置方式

水平布置是将表示设备和电气元器件的图形符号按横向（行）排列，连接线呈水平方向，各类似项目纵向对齐。例如，图 4–4a 所示为图线水平布置示例，图中各电气元器件按行排列，连接线基本上都是水平线，电阻 R721 和 R778 纵向对齐。

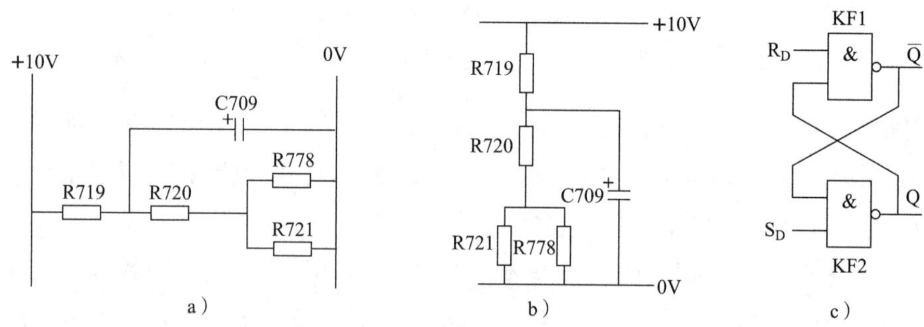

图 4–4　图线布置方式示例

a）图线水平布置示例　b）图线竖直布置示例　c）图线交叉布置示例

（2）竖直布置方式

竖直布置是将表示设备或电气元器件的图形符号按纵向（列）排列，连接线呈竖直方向，各类似项目横向对齐。例如，图 4–4b 所示为图线竖直布置示例，图中各电气元器件按列排列，连接线基本上都是竖直线，电阻 R721 和 R778 横向对齐。

（3）交叉布置方式

为了把相应的元器件连接成对称的布局，也可以采用斜的交叉线的方式布置。例如，图 4–4c 所示为图线交叉布置示例。

电气图中的图线，既有水平布置的，也有竖直布置的，尤其是较复杂的电气图。在图 4–5 所示的直接耦合放大电路图中，图线既有水平布置的，如 CA1、CA2、RA3 所在图线；也有竖直布置的，如 RA1、RA2、RA4 等所在图线。

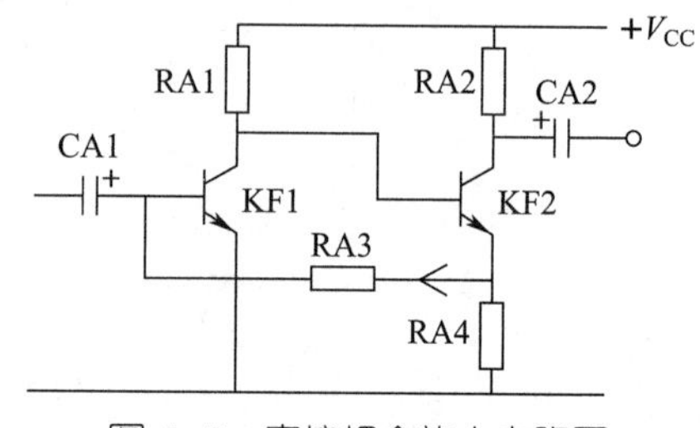

图 4–5　直接耦合放大电路图

2. 电路或电气元器件的布局方法

电气图中，电路或电气元器件的布局方法有功能布局法和位置布局法两种。

（1）功能布局法

功能布局法是指简图中表示电路或电气元器件的图形符号的布置，只考虑便于看出它们所表示的电路或电气元器件的功能关系，而不考虑其实际安装位置的一种布局方法。功能布局法广泛用于概略图、电路图、功能图等功能性简图，如图4–6所示的两级阻容耦合放大电路图。

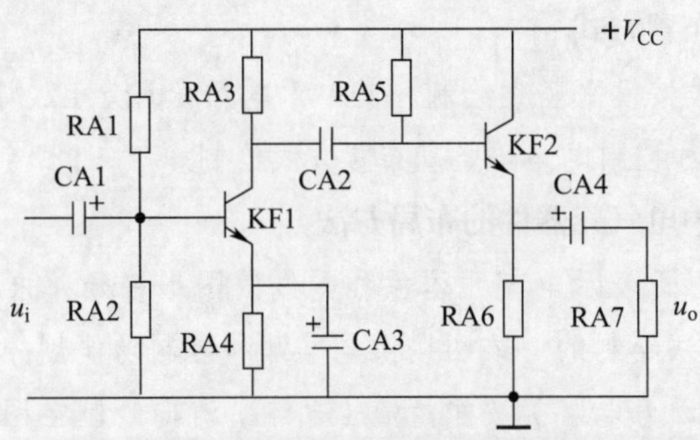

图4–6 两级阻容耦合放大电路图

在功能布局法中，将表示对象划分为若干功能组，按照因果关系、动作顺序、功能联系等从左到右或从上到下布置。为了强调并便于看清其中的功能关系，每个功能组的电气元器件应集中布置在一起，并尽可能按工作顺序排列。如图4–6所示，两级阻容耦合放大电路由一个分压偏置式共射放大电路和一个射极输出器组成。分压偏置式共射放大电路布置在图的左侧，由电阻器（RA1、RA2、RA3、RA4）、电容器（CA1、CA3）、晶体管（KF1）构成，集中布置在一起；射极输出器布置在图的右侧，由电阻器（RA5、RA6）、电容器（CA2）、晶体管（KF2）构成，也集中布置在一起。信号流向从左到右，左为输入，右为输出。

如果信息流或能量流从右到左或从下到上，或流向对看图者不明显，则应在连接线上画开口箭头，开口箭头不应与其他符号相邻近。在闭合电路中，前向通路上的信息流方向应该是从左到右或从上到下，反馈通路的方向则相反。如图4–5所示，图中反馈通路画出开口箭头，用以表明反馈信号的方向是从右到左。

（2）位置布局法

位置布局法是指简图中表示电路或电气元器件的图形符号的布置位置与其实际安装位置基本一致的布局方法。位置布局法主要用于接线图、电气布置图等图样，它能清楚地示出电气元器件的相对位置和导线走向。如图4–7所示，在三相鼠笼式感应电动机点动控制电路电气元器件布置图中，通过纵向和横向两个尺寸（相当于平面直角坐标系的x轴

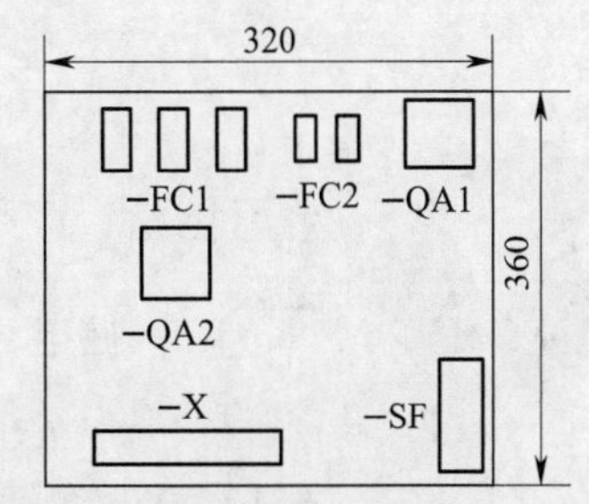

图4–7 三相鼠笼式感应电动机点动控制电路电气元器件布置图

和 y 轴，单位为 mm）可清楚地标定出每个电气元器件的相对位置。

应用举例

对比图 3–16 和图 4–7，分析点动控制电路图中图线的布置方式和电气元器件的布局方法，并分析布置图中电气元器件的布局方法。

1. 分析图线的布置方式

图 3–16 中的图线按横平竖直绘制。其中，电源线 L1、L2、L3 按水平布置方式绘制，电动机的主电路和控制电路按竖直布置方式绘制。

2. 分析电路图中电气元器件的布局方法

在图 3–16 中，用于表示电气元器件和导线的图形符号并未按其实际安装位置布置，而是按功能布局法绘制的。该图按供电电源和控制功能划分为两部分：电动机的电源电路（主电路、动力电路）按能量流（电流）流向绘制在图的左边，表示电能经熔断器（–FC1）、交流接触器（–QA2）主触点至电动机（–M）的供电关系；控制电路按动作顺序（功能关系）绘制在图的右边，表示通过按钮（–SF）来控制交流接触器（–QA2）线圈，以此控制主电路（交流接触器主触点）。

3. 分析布置图中电气元器件的布局方法

图 4–7 是按位置布局法绘制的，用于表示电气元器件的框形符号按实际安装位置布置。如交流接触器（–QA2）的大约安装位置通过测量可定位为：距配电盘的左边沿 68 mm，距配电盘的下边沿 176 mm。其他电气元器件可以以此类推，由自己测量定出。

§4-2　电气元器件的表示方法

学习目标

1. 掌握电气元器件的表示方法和其在图上位置的表示方法。

2. 能识读和使用电气元器件的表示方法和其在图上位置的表示方法，并会查阅相关标准。

想一想

观察图 4–8a、b 所示电路图，分析用集中表示法制图（见图 4–8a）和用分开表示法制图（见图 4–8b）的特点，并识读图中图形符号的示出状态。

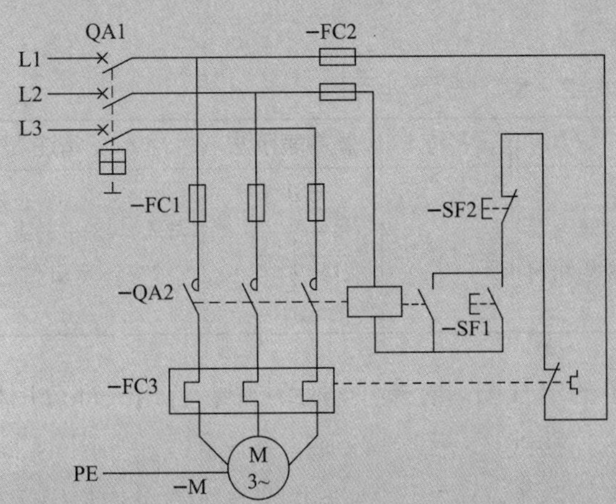

项目	参照代号
低压断路器	−QA1
交流接触器	−QA2
热继电器	−FC3
按钮	−SF1、−SF2
熔断器	−FC1、−FC2
三相鼠笼式感应电动机	−M

a）

项目	参照代号
低压断路器	−QA1
交流接触器	−QA2
热继电器	−FC3
按钮	−SF1、−SF2
熔断器	−FC1、−FC2
三相鼠笼式感应电动机	−M

b）

图 4–8　三相鼠笼式感应电动机接触器自锁正转控制电路图

a）集中表示法示例　b）分开表示法示例

一、电气元器件的基本表示方法

对于驱动部分和被驱动部分之间具有机械连接功能关系的元器件，特别是被驱动部分有多组触点的器件，如复合按钮、多组触点的继电器等，在电气图中的表示方法主要有集中表示法、半集中表示法和分开表示法三种。本书仅简要介绍常见的集中表示法和分开表示法。

1．集中表示法

集中表示法是指在简图中把表示一个项目的各组成部分的图形符号绘制在一起的方法。集中表示法示例见表 4-2，表中的继电器有一个驱动线圈（A1—A2）和两对触点（13—14、23—24）、复合按钮有两对触点（13—14、21/23—22），它们分别用机械连接线联系起来构成一个整体。

表 4-2　集中表示法示例

名称	集中表示法	备注	名称	集中表示法	备注
继电器	−K1 A1 A2 13 14 23 24	与表 4-3 中的继电器对应，示出信息相同	复合按钮	−S1 21 22 23 14 13	与表 4-3 中的复合按钮对应，示出信息相同

集中表示法只适用于绘制简单的电气图。在集中表示法中，各组成部分用机械连接线（虚线）互相连接起来。机械连接线（虚线）必须是一条直线。如图 4-8a 所示，图中低压断路器（-QA1）、交流接触器（-QA2）、热继电器（-FC3）均集中示出，并用一条直的机械连接线（虚线）相互连接，用以表示同一个电气元器件。

2．分开表示法

分开表示法是指把一个项目中某些部分的图形符号在简图上分开布置，并用参照代号表示它们之间关系的方法。分开表示法示例见表 4-3，表中的继电器和复合按钮的各组成部分分别画在不同的电路中，其触点和线圈还可画在不同张次的图上。由于分开表示法没有机械连接线，这样可避免或减少图线交叉，可使图面更为清晰。

表 4-3　分开表示法示例

名称	分开表示法	备注	名称	分开表示法	备注
继电器	−K1 A1 A2 −K1 13 14 −K1 23 24	与表 4-2 中的继电器对应	复合按钮	−S1 13 14 −S1 21 22 23	与表 4-2 中的复合按钮对应

用分开表示法绘制的图，由于省去了项目各组成部分之间的机械连接线，使查找项目的各组成部分的工作相对于集中表示法来说变得困难。为了解决这个问题，在用分开表示法绘制的图中，常选用重复标注参照代号的方法来帮助读者理清项目的组成部分，为其在图中查找各组成部分的位置提供线索，如图 4-8b 所示，在交流接触器（-QA2）主触点的图形符号旁、辅助动合触点的图形符号旁均标注了相同的参照代号 -QA2；热继电器（-FC3）也是如此。

除此之外，在一些比较复杂的电气图中，还可用插图或表格的方式来补充说明电气元器件或设备各组成部分及其在图中的位置，以便降低查找难度。如图 4–9 所示，图例用集中表示法绘制，用图幅分区法标定电气元器件在图上的位置。例如，在插图中的交流接触器线圈的图形符号旁注有“7/3”，表明交流接触器线圈在第 7 张图（本图）的第 3 列；在交流接触器主触点的图形符号旁注有“7/5”，表明交流接触器主触点在第 7 张图（本图）的第 5 列；在交流接触器辅助动合触点（13—14）的图形符号旁注有“7/4”，表明交流接触器辅助动合触点在第 7 张图（本图）的第 4 列。

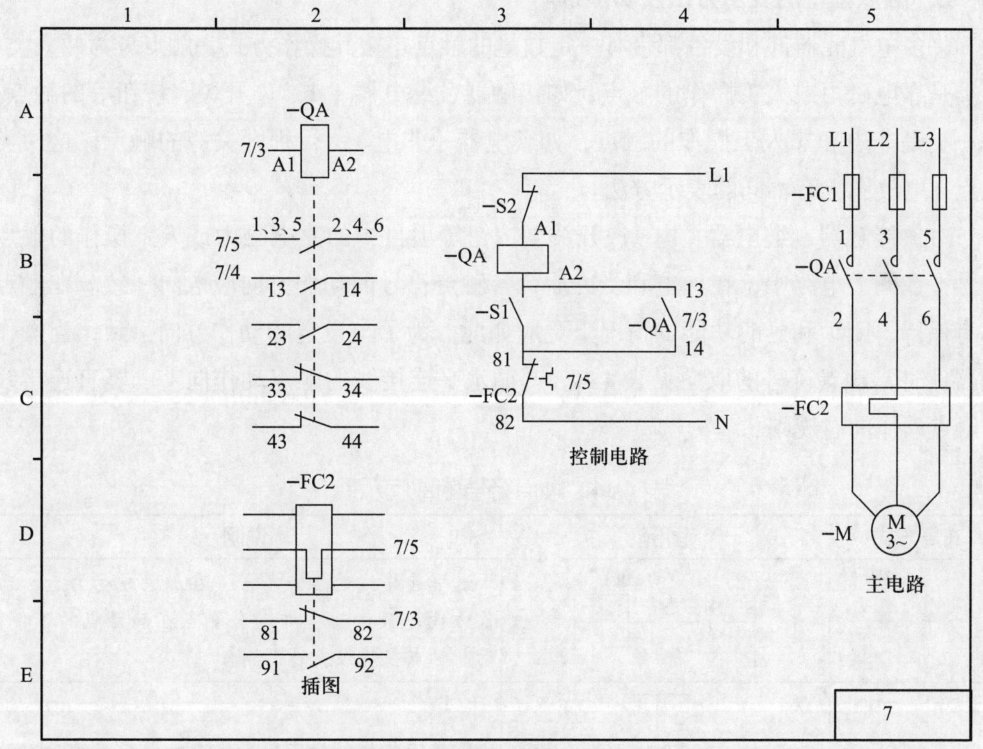

图 4–9 插图的使用方法示例

插图是指在图上把采用分开表示法分散在图中不同位置的同一项目的不同部分的图形符号集中绘制在一起，并给出位置信息的图。插图一般绘制在与驱动部分的图形符号成一直线的位置上；若受到图幅限制，插图也可绘制在其他位置或另外的图上。

如图 4–8 所示，用集中表示法和分开表示法绘制的图给出的信息量是相等的、一致的。因此，可根据画图特点，依据图面繁简需要合理选择制图方法。

二、组成部分可动的电气元器件的表示方法

1. 组成部分可动的电气元器件工作状态的表示方法

元器件和设备的可动部分通常表示在非激励或不工作的状态或位置。例如，继电

器和接触器在非激励的状态；断路器、负荷开关和隔离开关在断开位置；带零位的手动控制开关在零位位置，不带零位的手动控制开关在图中规定的位置；机械操作开关（如行程开关）处在非工作的状态或位置（搁置时的情况），其工作状态与工作位置的对应关系，一般应表示在其触点符号的附近，或另附说明；事故、备用、报警等开关应该表示在设备正常使用的位置，当在特定的位置时，图上应有说明。多重开闭器件的各组成部分必须表示在相互一致的位置上，而不管电路的工作状态。

2. 触点位置的表示方法及功能说明

许多电气元器件和设备都带有一定数量的触点。按其操作方式，触点分为两大类：一类是靠电磁力或人工操作的触点，如接触器、继电器（电）、开关、按钮等的触点；另一类是非电和非人工操作的触点，如继电器（非电）、行程开关等的触点。这两类触点在电气图上有不同的表示方法。

（1）接触器、继电器（电）、开关、按钮等项目中的靠电磁力或人工操作的触点符号，在同一电路中，在加电和受力后，各触点符号的动作方向应取向一致。在触点具有保持、闭锁和延时功能的情况下更应如此。为了与设定的动作方向一致，当操作元器件时，触点符号的取向见表 4–4。遵循水平连接线的触点动作向上、竖直连接线的触点动作向右规则。

表 4–4 触点符号的取向示例

布局方式	图例	说明
水平布置	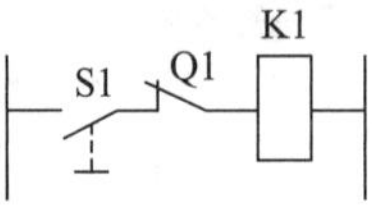 S1 Q1 K1	水平连接线的触点符号，在加电或受力后，动作方向一致向上，即动合触点在静触点的下侧，动断触点在静触点的上侧
竖直布置	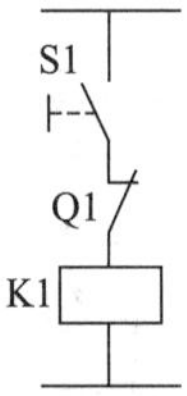 S1 Q1 K1	竖直连接线的触点符号，在加电或受力后，动作方向一致向右，即动合触点在静触点的左侧，动断触点在静触点的右侧

在分开表示法表示的电路中，当触点排列复杂而没有保持、闭锁和延时等功能时，为了避免电路连接线的交叉，使图面布局清晰，在加电和受力后，触点符号的动作方向可不用强调一致。

（2）对非电和非人工操作的触点，必须在其触点符号附近标明运行方式。该说明可采用图形表示、操作器件的符号表示或用注释、标记和表格表示等方法，例如：

1）用坐标图形表示。触点的运行方式用坐标图形表示示例见表 4–5。在表中各坐标的纵轴上，数字“0”表示触点断开，“1”表示触点闭合；横轴表示改变运行方式的条件，如温度、速度、时间、角度、位置等。

表 4-5　用坐标图形表示示例

坐标图形	说明	坐标图形	说明
1　0　15　℃	当温度等于或超过15 ℃时，触点闭合	1　0　5　5.2 m/s	当速度上升时，触点在0 m/s处闭合，在5.2 m/s处断开；而当速度下降时，在5 m/s处闭合

2）用操作器件的符号表示。如图 4-10 所示，图中凸轮推动圆球，触点便闭合，其余为断开。例如，转轮自 0° 开始，顺时针旋转，转到 60° ~ 180° 和 240° ~ 330° 之间闭合，在其他位置均断开。

3）用注释、标记和表格表示。如图 4-11 所示，用注释补充开关（触点）功能，图中注释置于图的右侧，数字 1、2、3、4 是开关（触点）的参照代号。

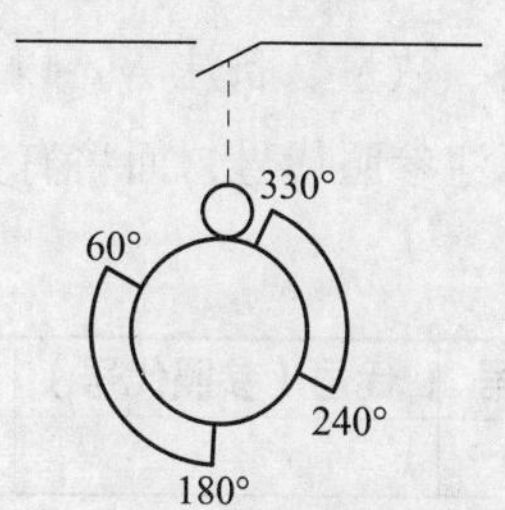

图 4-10　用操作器件符号表示某位置开关触点的运行方式

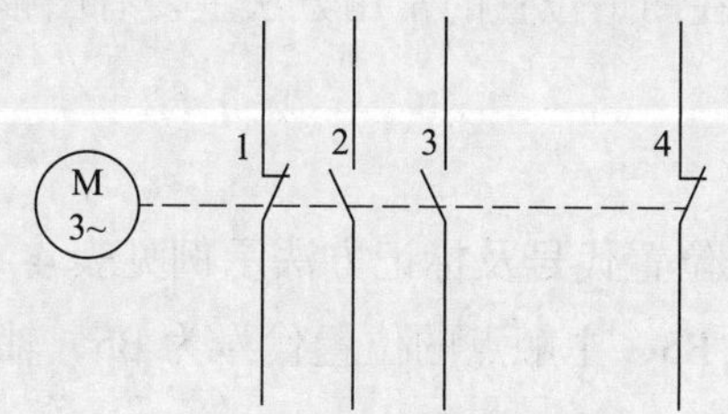

图 4-11　用注释补充开关（触点）功能

3. 技术数据的标注方法

（1）电气元器件或设备的型号、规格、整定值等技术数据一般标在图形符号的近旁。如图 4-12a 所示的三相电力变压器，图中标注的技术数据：型号为 S9，电压比为 35 kV/10.5 kV，容量为 2 500 kV · A，联结组标号为 Yd11。

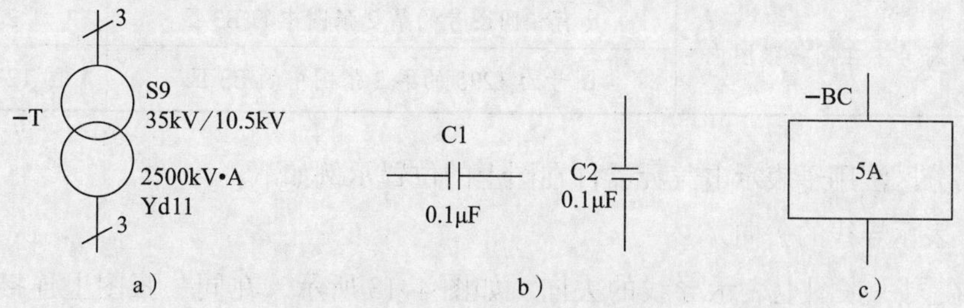

图 4-12　技术数据标注方法示例

a）三相电力变压器　b）电容器　c）电流继电器线圈

（2）技术数据可标注在以下位置。

1）当连接线水平布置时，技术数据尽可能标在图形符号的下方；竖直布置时，标在图形符号的左边。图 4–12b 所示的电容器 C1、C2 的电容量均为 0.1 μF，分别标注在各自对应图形符号的下方和左边。

2）技术数据可以标在继电器线圈、仪表、集成块等元件的框形符号或简化外形符号内。在图 4–12c 所示的电流继电器线圈中，技术数据标注在框形符号内，说明继电器（–BC）的额定电流为 5 A。

（3）技术数据可用表格的形式给出，表格的主要内容为序号、代号、名称、型号、规格、数量、备注等。以图 4–12a 所示三相电力变压器的技术数据为例，可以在图上只标注参照代号，而将有关的技术数据列于表中（见表 4–6）。

表 4–6　元件明细表

序号	代号（参照代号）	名称	型号及技术数据	数量	备注
1	–T	三相电力变压器	S9–2 500 kV · A–35 kV/10.5 kV	1	

三、电气元器件在图上位置的表示方法

在电路图中，用以表示电气元器件在图上位置的常用方法主要有图幅分区法、电路编号法和表格法三种。

1．图幅分区法

图幅分区法也称坐标法。常见分区位置代号及标记方法示例见表 4–7。如图 4–9 中，交流接触器驱动线圈的位置代号为 B3，主触点的位置代号为 B5，辅助动合触点的位置代号为 C4。

表 4–7　常见分区位置代号及标记方法示例

图中符号或元器件的位置		标记方法
有关联的符号在同一张图内	本图中的 B 行	B
	本图中的 3 列	3
	本图中的 B 行 3 列	B3
有关联的符号不在同一张图内	具有相同图号的第 2 张图中的 B3 区	2/B3
	图号为 1235 的第 2 张图中的 B3 区	图 1235/2/B3

图幅分区法用于表示电气元器件在图上的位置示例如下。

（1）表示导线的去向

1）在同一张图上表示导线的去向。如图 4–13 所示，在同一张图上连接线中断，并在中断处标出另一端的位置。如在 B1 区的 Y 信号线中断处标注“A5”，说明 B1 区的 Y 信号线与 A5 区的 Y 信号线相连接；同时，在 A5 区的 Y 信号线中断处标注了与之相对应的“B1”，说明 A5 区的 Y 信号线与 B1 区的 Y 信号线相连接。其他以此类推。

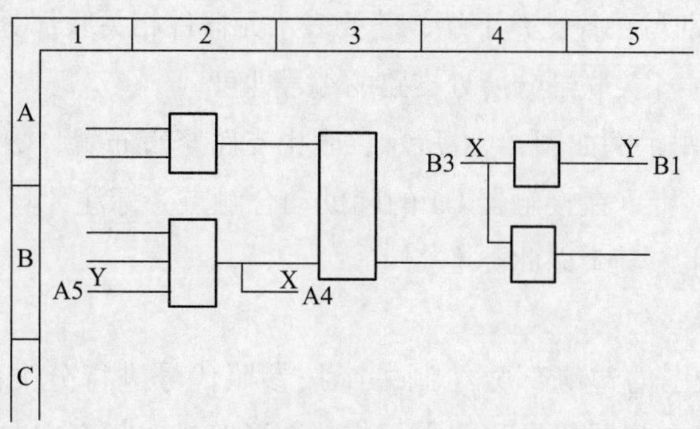

图 4-13 在同一张图上连接线中断处标注位置标记示例

2）不在同一张图上表示导线的去向。如图 4-14a 所示，导线在图纸的 A3 区中断，并在中断处标注“图 15/B4”，说明该导线连接到 15 号图纸的 B4 区导线中断处；在图 4-14b 中，导线在图纸的 B4 区中断，并在中断处标注“图 32/A3”，说明该导线连接到 32 号图纸的 A3 区导线中断处。这样通过导线的标记就可知道导线另一端所在的位置，便于查找。

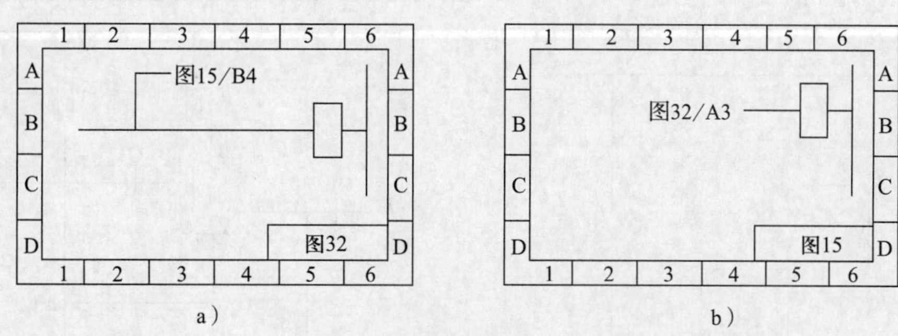

图 4-14 接到另一张图上的连接线中断处标注位置标记示例

a）图 32 b）图 15

（2）表示符号或元器件的位置

图 4-15 中，在两个接触器（QA1、QA2）辅助动合触点的图形符号旁标注了这两个接触器驱动线圈在图上的位置，如“D4”说明接触器 QA1 辅助动合触点的驱动线圈在本张图的 D4 区；“3/C3”说明接触器 QA2 辅助动合触点的驱动线圈在第 3 张图的 C3 区。分区位置代号可以标注在触点旁边，也可标注在种类代号的下方，但全图的形式要统一。

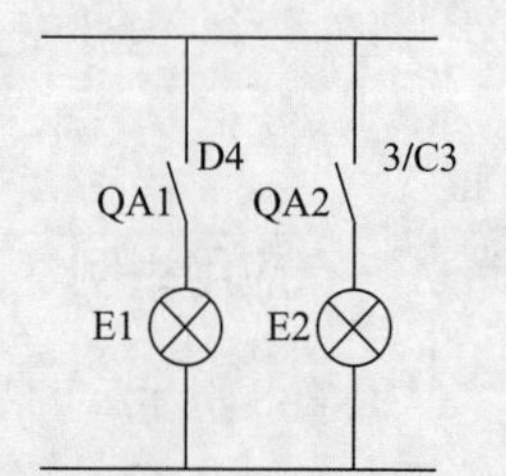

图 4-15 图幅分区法应用示例

2. 电路编号法

电路编号法是一种用阿拉伯数字按一定的顺序编号来确定各支路项目位置的方法。对水平布置的图，数字按自上而下的顺序编排；对竖直布置的图，数字按自左至右的顺序编排。数字分别写在各支路下端，若要表示元器件相关联部分所在位置，只需在元器件的符号旁标注相关联部分所处支路的编号即可。

电路编号法应用示例如图 4–16 所示，图中支路竖直布置，数字序号从左向右编写。其中，5 号支路上，在接触器 Q1 的辅助动合触点旁标注“4”，说明驱动本触点的线圈在 4 号支路上。其余以此类推。

3. 表格法

表格法是指在图的边缘部分绘制一个按参照代号进行分类的表格。例如，在图 4–17 所示表格中，参照代号和图中相应的图形符号在竖直方向对齐，电路图中的图形符号旁仍标注参照代号，电路图中的元器件与表格中的元器件一一对应。表格法便于读者对元器件进行归类和统计，主要用于项目种类较少而同类项目数量较多的电子电路图。

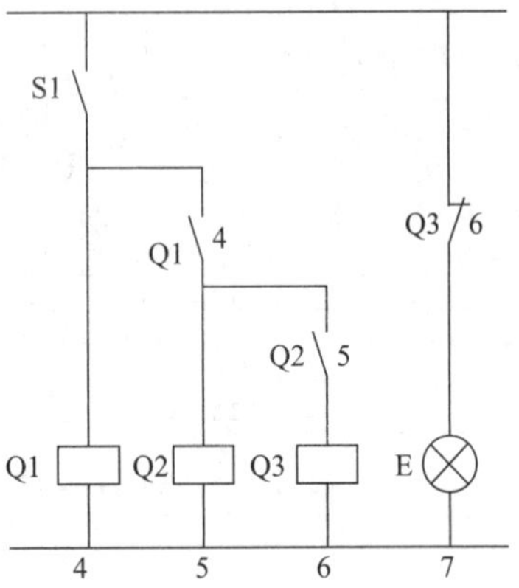

图 4–16 电路编号法应用示例

电容器	C1	C2	C3	
电阻器	R1	R2		R3，R4
晶体管		K1		

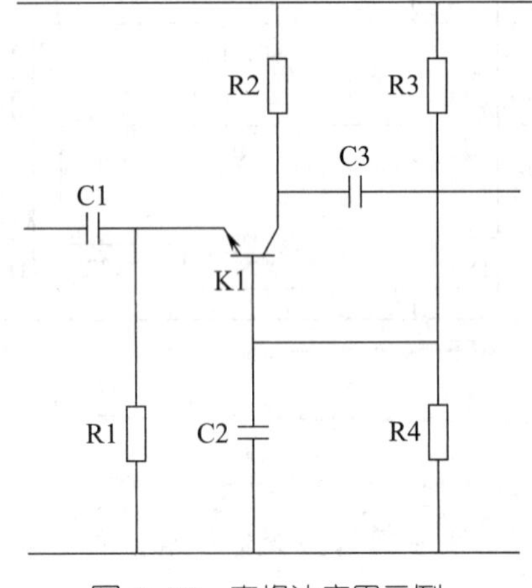

图 4–17 表格法应用示例

应用举例

以图 4–8 所示三相鼠笼式感应电动机接触器自锁正转控制电路图为例，分析图中电气元器件的表示方法和图形符号状态的表示方法。

1. 分析电气元器件的表示方法

在图 4–8a 中，用于表示电气元器件的图形符号被集中绘制在一起；在图 4–8b 中，表示电气元器件的图形符号被分开绘制在不同回路中。现以这两个图中的交流接触器（–QA2）为例，对比分析不同绘制方式的特点，其对比示例见表 4–8。

表 4–8 交流接触器（–QA2）的不同绘制方式对比示例

<table>
<tr><th>来源</th><th colspan="2">图例</th><th>分析说明</th></tr>
<tr><td>图 4–8a
（集中表示法）</td><td colspan="2">–QA2 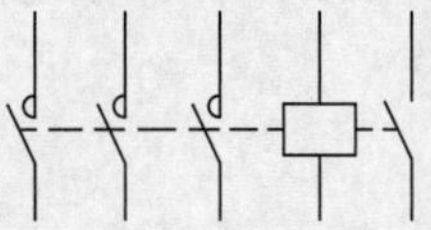</td><td>交流接触器的主触点、驱动线圈、辅助动合（常开）触点集中绘制在一起，并用一条直的机械连接线（虚线）互相连接，参照代号只标注了一次。交流接触器的各组成部分集中在同一条虚线上，检索非常方便</td></tr>
<tr><td rowspan="3">图 4–8b
（分开表示法）</td><td>主触点</td><td>–QA2 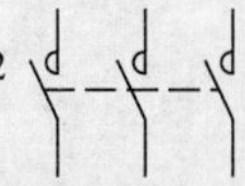</td><td rowspan="3">交流接触器的主触点、驱动线圈、辅助动合（常开）触点分开绘制，参照代号在接触器的每一部分的图形符号旁均进行了重复标注，用以降低检索难度</td></tr>
<tr><td>驱动器件</td><td>–QA2 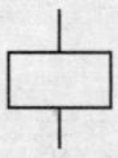</td></tr>
<tr><td>辅助触点</td><td>–QA2 </td></tr>
</table>

2. 分析图形符号状态的表示方法

图 4–8 中交流接触器、低压断路器、热继电器和按钮的图形符号在电路图中的示出状态见表 4–9。图 4–8 中，水平布置的低压断路器触点符号的动合触点在静触点的下侧，在加电或受力后，动作方向一致向上；竖直布置的交流接触器、热继电器和按钮的触点符号，动合触点在静触点的左侧，动断触点在静触点的右侧，在加电或受力后，动作方向一致向右。

表 4–9 图形符号在电路图中的示出状态

<table>
<tr><th colspan="2">元器件名称</th><th>参照代号</th><th>图形符号表示的状态</th><th>说明</th></tr>
<tr><td colspan="2">低压断路器</td><td>–QA1</td><td></td><td>低压断路器未合闸，动合触点处在断开位置</td></tr>
<tr><td rowspan="2">交流接触器</td><td>主触点</td><td>–QA2</td><td></td><td rowspan="2">交流接触器的线圈未通电，主动合触点处在断开位置，辅助动合触点处在断开位置</td></tr>
<tr><td>辅助动合（常开）触点</td><td>–QA2</td><td></td></tr>
<tr><td rowspan="2">按钮</td><td>动合（常开）按钮</td><td>–SF1</td><td>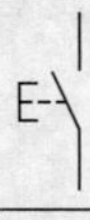</td><td>按钮未按下，动合触点处在断开位置</td></tr>
<tr><td>动断（常闭）按钮</td><td>–SF2</td><td>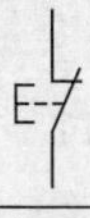</td><td>按钮未按下，动断触点处在闭合位置</td></tr>
<tr><td colspan="2">热继电器</td><td>–FC3</td><td>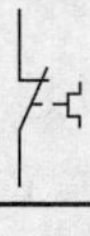</td><td>热继电器的驱动机构未动作，动断触点处在闭合位置</td></tr>
</table>

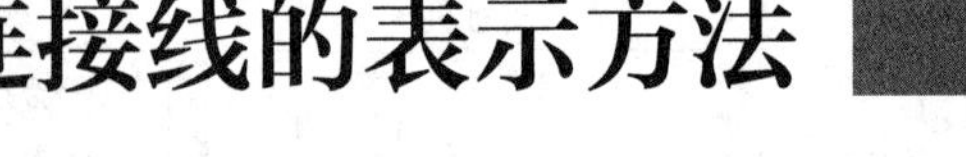

§4-3 连接线的表示方法

学习目标

1. 掌握连接线的表示方法。
2. 能识读和使用连接线的表示方法，并会查阅相关标准。

想一想

试分析图 4-18a、b 所示电路图中连接线的表达形式及其特点。

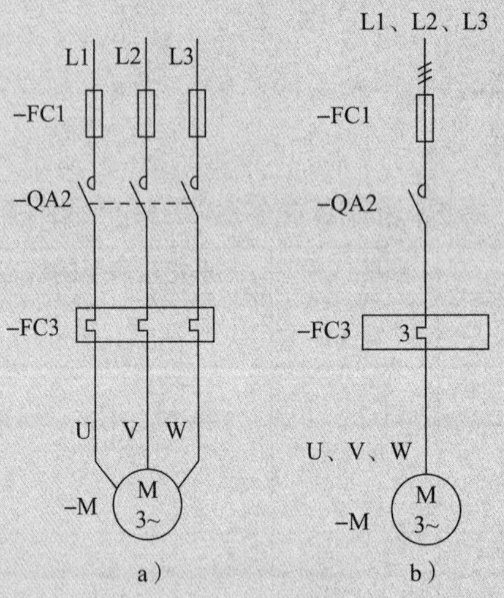

图 4-18 连接线的表示方法示例
a）多线表示法绘制 b）单线表示法绘制

一、连接线的概念

连接线是对电气图中各种图形符号之间连线的统称。根据图种情况，连接线可以是表示传输能量流、信息流的导线，如电路图（见图 4-8、图 4-18）、框图（见图 4-19）、接线图中的图线；也可以是表示逻辑流（如逻辑图、程序图等）、功能流（如功能表图、电气系统说明书用图等）的图线。

图 4-19 是与图 4-8 相对应的，它概略地说明三相鼠笼式感应电动机接触器自锁正转控制电路各部分之间的能量和信号的流向（或传递）关系：通电后开关设备接通，电动机便工作；开关设备的接通与断开是根据操作者的命令而动作的，而电动机在运转过程中的情况（如过载）则不断反馈到控制部分。

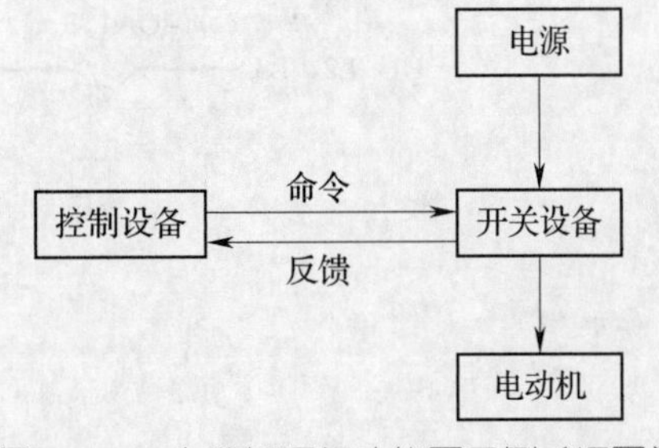

图 4-19 电动机运行功能图示例（框图）

二、连接线的一般表示方法

1. 导线的一般表示方法

导线的一般表示方法见表 4-10，表中给出了用于表示导线的常见图形符号及其含义。

表 4-10 表示导线的常见图形符号及其含义

图形符号	含义	说明
——	连线、连接；连接组；导线；电缆；电线；传输通路	导线的一般符号，主要用于表示导线、导线组、电缆、传输通路、母线、总线等
―///―	导线组（示出导线数），图中示出三根导线	用一条图线表示一组导线；若需示出导线根数，可用在图线上加画小短斜线条数表示
―/―（标注3）	导线组（示出导线数），图中示出三根导线	用一条图线表示一组导线；若需示出导线根数，可用短斜线加注数字的方法表示

2. 重要电路的表示方法

为突出或区分某些重要的电路，连接线可采用不同宽度的图线表示。此时一般只允许采用两种宽度的图线，电源主电路、一次电路、主信号通路等可选择粗图线表示，与之相关的其余部分用细图线表示，如控制电路、保护电路等。图 4-20 是与图 4-8 相对应的三相鼠笼式感应电动机接触器自锁正转控制电路图，只是主电路与控制电路分开绘制，主电路用单线表示法表示，并用粗图线突出显示。控制电路用细图线绘制。

3. 连接线的标记

为了表示连接线的功能或去向，可在连接线上加注信号名称或其他标记，以方便用图者识别，利于接线、查线。标记一般置于水平连接线的上方、竖直连接线的左边，也可置于连接线的中断处，如图 4-21 所示。为了便于理解图的内容，必要时还可在连接线上标出含有信号特性的信息，如波形、传输速度等内容。例如，图 4-21a 中用于表示功能的标记“TV”，用于表示电流的标记“I”，用于表示传输波形的标记“⎍”等。

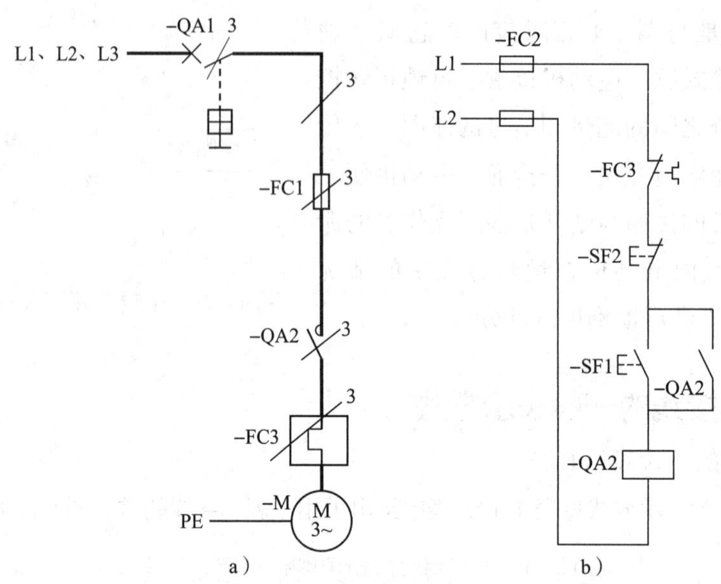

图 4–20　三相鼠笼式感应电动机接触器自锁正转控制电路图
a）主电路　b）控制电路

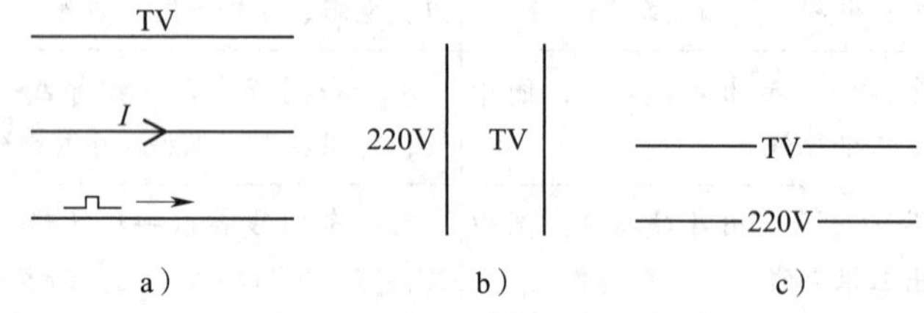

图 4–21　连接线的标记示例
a）置于水平连接线的上方　b）置于竖直连接线的左边　c）置于连接线中断处

4．连接线接点的表示方法

如图 4–22 所示为连接线接点的表示方法示例。连接线接点有“T”形和“十”字形两种。对“T”形连接点，可加实心圆点（连接符号“•”），如图 4–22b 所示；也可以不加实心圆点，如图 4–22a、c 所示。对“十”字形连接点，必须加实心圆点（连接符号“•”），如图 4–22d 所示。

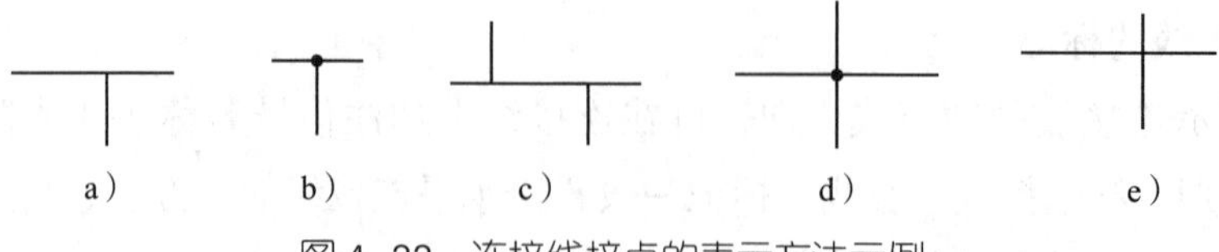

图 4–22　连接线接点的表示方法示例
a）b）c）“T”形接法　d）“十”字形接法　e）导线不连接（跨越）

对两条连接线交叉而不连接的情况，要避免连接线在交叉处改变方向或穿过其他连接线的连接点。图 4–23 所示为导线连接点的表示方法应用示例。图中连接点①属

“T”形连接点，没有实心圆点；连接点②属“十”字形连接点，必须加实心圆点，否则表示不连接。图中 A 处，表示的是两导线交叉而不连接。若将这一交叉点绘制在①或②的连接点上，势必会引起误解，这是不允许的。

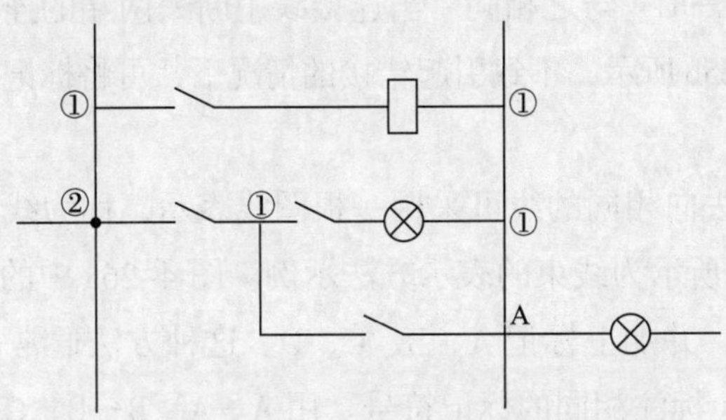

图 4-23　导线连接点的表示方法应用示例

5. 平行连接线

（1）连接线的分组

电气图中的母线、总线、多芯电缆（或电线）等都可视为平行连接线。为了便于看图，对多条平行连接线，应按功能分组。不能按功能分组的，可以任意分组，每组不多于 3 条。组间距应大于线间距离。如图 4-24 所示为连接线按功能分组示例。

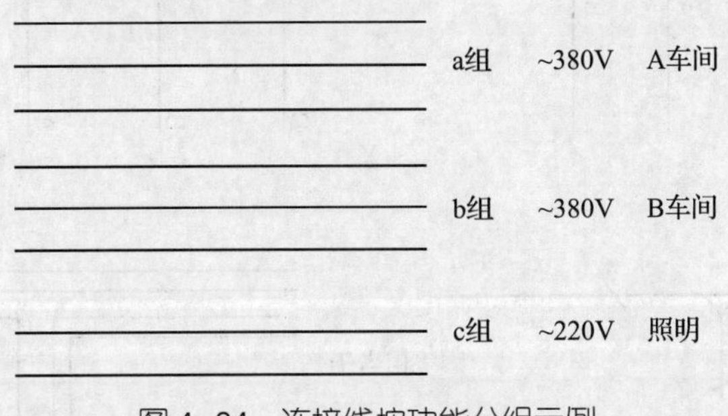

图 4-24　连接线按功能分组示例

（2）多条平行线的表示方法

由于图幅内的连接线越多对图面清晰度的影响越大，不便阅图和制图，因此对含有多根去向相同的连接线的线束，可用一条图线表示。如图 4-25 所示，图中将多条平行的连接线中断，然后用短垂线间隔，再用一根连接线表示两垂线之间的平行线。

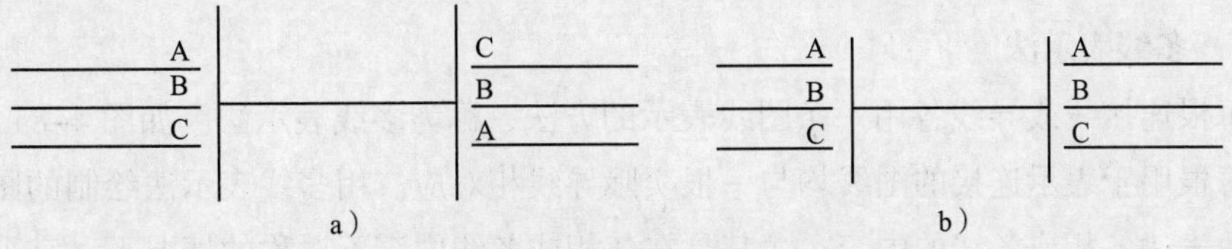

图 4-25　平行线的表示方法示例

a）标记符号的顺序编号、位置不一致　b）标记符号的顺序编号、位置一致当同一条连接线在中断处的两端处于不同位置时，必须在两个有相互连接关系的线端加注相同的标记，用以表示是同一条连接线。如图 4–25a 所示，在连接线中断处的两端标记 A、B、C 符号，用相同标记说明两个端点之间的连接关系，如“A—A”是同一条连接线，“B—B”“C—C”与之相同。当连接线中断处两端的连接线都按顺序编号且位置一致时，如图 4–25b 所示，不致引起错接的情况下，可将标记符号 A、B、C 省略。

6. 线束

电气图中的多根去向相同的线可采用一根图线表示，称为线束。实际它代表着一个连接线组。图 4–26 所示为线束的表示方法示例。图 4–26a 中的每根连接线汇入线束时，与线束倾斜相接，并加上标记 A、B、C、D。这种方法通常需要在每根连接线的末端（进入或离开端）标注相同的标记符号。用 A—A、B—B、C—C、D—D 的方式强调是同一条连接线。汇接处使用的斜线方向标志着连接线进入或离开线束的方向，使看图者易于识别。图 4–26b 给出了线束所代表的连接线数目。当线束与线束相交时，表示线束的图线不必倾斜。

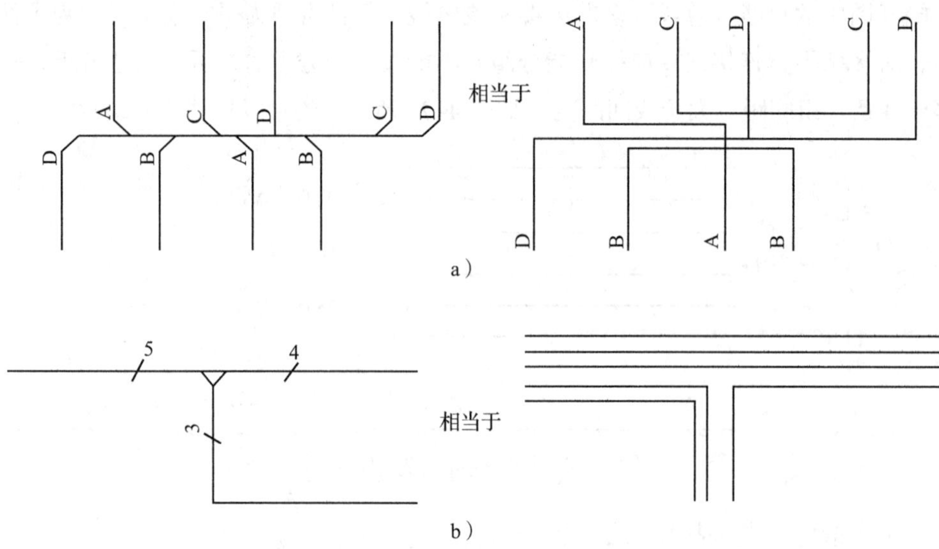

图 4–26　线束的表示方法示例

a）单根连接线汇入线束　b）多根连接线汇入线束（用数字表示线束所代表的连接线数目）

三、多线表示法和单线表示法

1. 多线表示法

每根连接线或导线各用一条图线表示的方法，称为多线表示法。如图 4–8a 所示，图中每根用于表示连接的图线均与一根实际导线相对应。用多线表示法绘制的图，能详细地表达各相或各线的内容，尤其是在各相或各线内容不对称的情况下，宜采用这种方法。

2. 单线表示法

用一条图线表示两根或两根以上的连接线或导线的方法，称为单线表示法。如图 4-20a 所示，图中主电路用单线表示法表示，在图线上加画了小短斜线并标记数字“3”。在此，“3”表示有 3 根导线。单线表示法主要适用于三相或多线基本对称的情况。如图 4-25 所示，用单线表示 3 根去向相同的平行线。

如图 4-20a 所示，单线表示法还可用于图形符号，即用单个图形符号表示多个相同的元器件，其示例见表 4-11。

表 4-11 单线表示法用于图形符号示例

单线示例	多线示例	说明
		一个三极低压断路器
		三个熔断器
		三对交流接触器主触点

四、连续表示法和中断表示法

1. 连续表示法

连续表示法是指端子之间的连接线用连续的、不间断的图线表示的方法。连续表示法应用示例如图 4-27 所示，图中导线 1、2、3、4 分别用连续的图线表示，每根图线在两个端子之间没有任何中断。其中，图 4-27a 为连接线用多线表示法绘制示例，图 4-27b 为连接线用单线表示法绘制示例。图 4-27a 和图 4-27b 两图只是连接线的表达方式不同，但其表达的信息量是一致的、相同的。

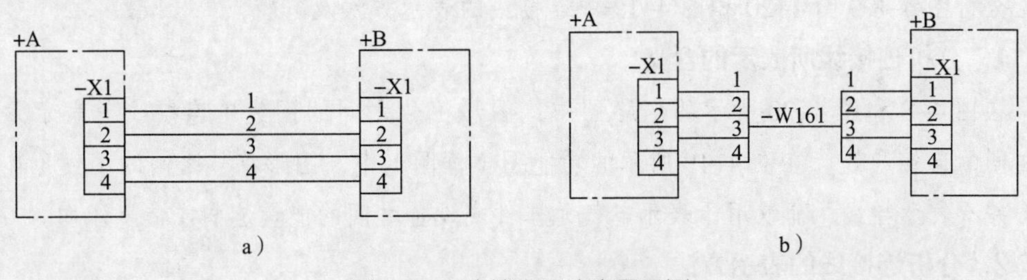

图 4-27 连续表示法应用示例

a）多线表示 b）单线表示

2. 中断表示法

中断表示法是指将连接线的中间部分断开，然后用标记符号表示导线去向的方法。中断表示法应用示例如图 4–28 所示。其中，图 4–28a 为连接线用连续表示法绘制示例；图 4–28b 为连接线用中断表示法绘制示例，在连接线中断处标注导线标记，用以表示导线去向。图 4–28a 和图 4–28b 两图只是连接线的表达方式不同，但其表达的信息量是一致的、相同的。

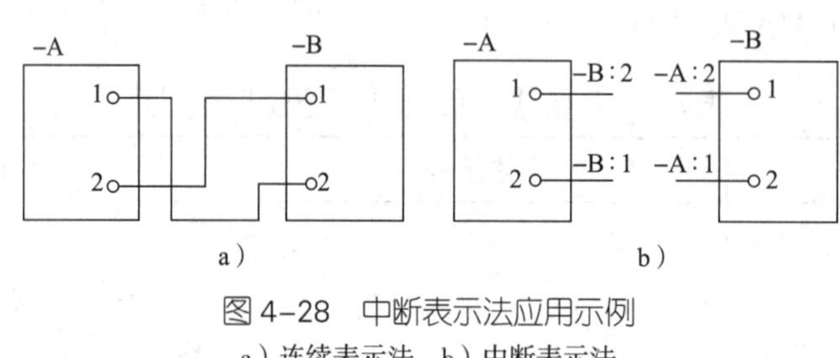

图 4–28　中断表示法应用示例

a）连续表示法　b）中断表示法

中断表示法是简化连接线作图的一个重要手段。在同一张图中，当穿越图面的连接线较长或穿越稠密区域时，为使图面清晰，可用中断表示法绘制。如图 4–13 所示，在同一张图中用符号（X—X、Y—Y）和位置代号（A5—B1、A4—B3）标记，用以表示中断线的关系。当一条图线需要连接到另外的图上时，必须采用中断表示法绘制。如图 4–14 所示，连接线从图 32 接到图 15，并在连接线的中断处标注位置标记。在图 32 中 A3 位置的中断线标记为“图 15/B4”，说明此连接线接到图 15 的 B4 位置处的中断线；图 15 的 B4 位置处的中断线标记为“图 32/A3”，说明此连接线接到图 32 的 A3 位置处的中断线。

连接线中断处的中断标记可以采用字母、数字、参照代号、位置标记、端子标识等表示。如图 4–28b 所示，在连接线中断处用端子标识（远端）标记，表示导线的连接去向。

应用举例

分析图 4–8、图 4–20 和图 4–19 中连接线的表示方法及其特点。

1. 分析连接线所表示的含义

在图 4–8 和图 4–20 所示的电路图中，图形符号之间的图线（连接线）表示元器件之间的连接导线。在图 4–19 所示的功能图（框图）中，图形符号之间的图线（连接线）并不表示导线，而仅用于表示电气元器件或设备之间的能量流向或信息流向。

2. 分析连接线的表示方法

（1）图 4–8 所示的电路图是用连续的多线表示法绘制的，电气元器件之间的每根导线均对应着一根图线（连接线），且是连续的、不间断的。它详细地表达了三相鼠笼式感应电动机接触器自锁正转控制电路内各电气元器件之间的连接关系。与外电源的连接关系用中断表示法表示，并在中断处分别标注了用以表示导线去向的中断标记，如 L1、L2、L3，用于表示电源输入端，与电源电路（外电路）连接。接地线中断处标记 PE，用于表示与接地线（外电路）相接。

（2）图 4–20 所示的电路图由主电路和控制电路组成。主电路用连续的单线表示法绘制，绘制时用一根图线（连接线）表示平行的三根电源线（L1、L2、L3）；控制电路用连续的多线表示法绘制，电路中的每根导线均对应一条连接线。主电路与控制电路之间用中断表示法表示，其中，控制电路图中的 L1、L2 为中断标记，表示导线的连接去向。为突出电源电路，主电路用粗图线绘制，控制电路用细图线绘制。

（3）图 4–19 所示的框图中，连接线是用单线表示法绘制的，并用箭头表示能量流向或信息流向。

由上述分析可知，图种和图面情况不同，连接线的表达方式和作用是不同的。

第五章
典型电气图的识读

§5-1　识读概略图

学习目标

1. 掌握概略图的基本表示方法。
2. 能识读简单的概略图，并会查阅相关标准。

想一想

分析表 3-11 中的供电系统概略图，思考图样的绘制特点和用途。

一、概略图的基本概念

表 3-11 中的供电系统概略图概略地表达出了供电系统的工程规模、基本组成及相互关系，而不涉及其实施细节。在电气图中，把这种能够概略地表达一个系统、装置、设备等项目全面特性的简图称为概略图。

概略图是编制电路图、接线图等详细电气技术文件的依据，可供操作和维修时使用。概略图有多种类型，常见的主要有工厂供电系统一次回路图、框图等。

二、概略图的绘制原则和方法

概略图的绘制原则和方法应符合标准《电气技术用文件的编制　第 1 部分：规则》（GB/T 6988.1—2008）中的相关规定。

1．图形符号的运用

（1）用国家标准《电气简图用图形符号》（GB/T 4728）中给定的图形符号

例如，在表 3-11 的供电系统概略图中，交流发电机用“Ⓖ”表示、（升、降压）

变压器用“-◯◯-”表示、导线（连接线）用“——”表示。

（2）用带注释的框或框形符号

1）用带注释的框。例如，在图 5–1 所示的某工厂供电系统概略图和图 4–19 所示的电动机运行功能图中，各组成部分（项目）均用带注释的框表示。其中，图 5–1 用点画线框表示，图 4–19 用实线框表示。

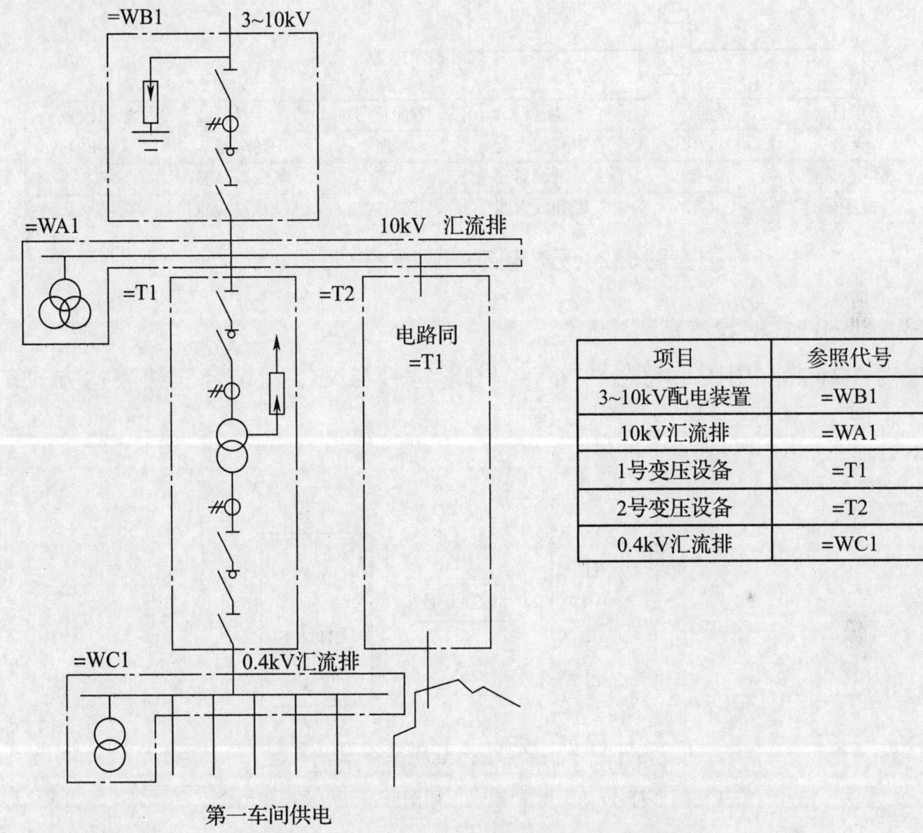

项目	参照代号
3~10kV配电装置	=WB1
10kV汇流排	=WA1
1号变压设备	=T1
2号变压设备	=T2
0.4kV汇流排	=WC1

图 5–1 某工厂供电系统概略图（框图）

2）用框形符号。例如，在图 5–2 所示的无线电接收机概略图中，各组成部分（项目）均用框形符号表示，如混频器和解调器用“⊠”表示、放大器用“▷”表示、本机振荡器用“G”表示等。该图样能够概略地阐述无线电接收机从天线接收电磁波，经过混频、放大、解调、再放大直至输出的全部工作过程。

3）框的表达形式。概略图中框的表达形式有实线框和点画线框两种，其中点画线框包含的容量一般更多些，如图 5–1 所示。

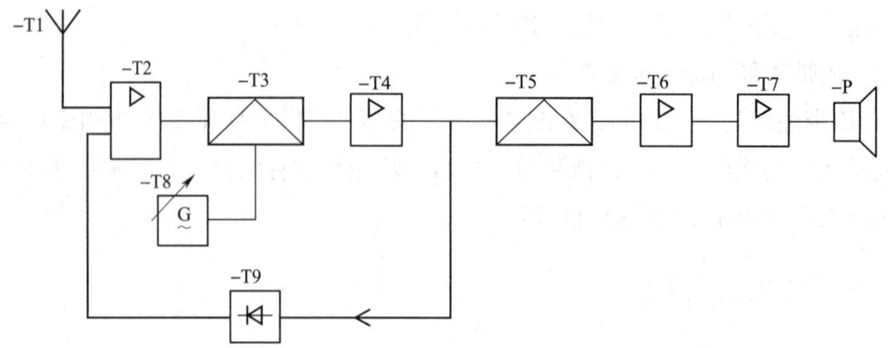

项目	参照代号	项目	参照代号	项目	参照代号
天线	–T1	中频放大器	–T4	扬声器	–P
高频放大器	–T2	解调器	–T5	本机振荡器	–T8
混频器	–T3	低频放大器	–T6、–T7	自动增益控制	–T9

图 5–2　无线电接收机概略图（框图）

（3）框内注释的表达方式

框内注释主要用图形符号、文字、图形符号与文字相结合三种表达方式，如图 5–3 所示。

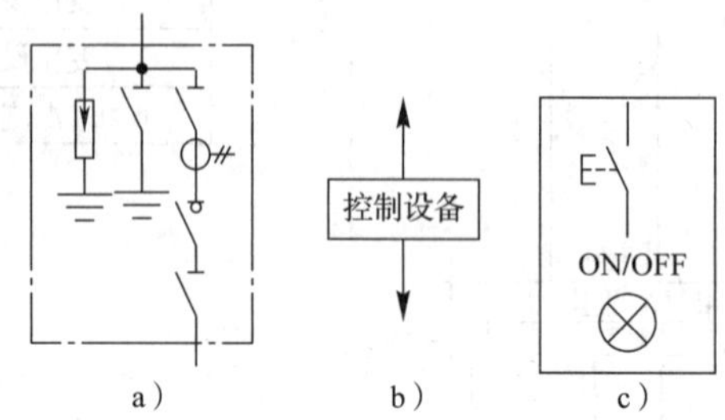

图 5–3　框内注释表达方式示例

a）用图形符号　b）用文字　c）用图形符号与文字相结合

1）用图形符号作注释，能够详细地表达出框内各主要元器件的连接关系。如图 5–3a 所示，项目框内的图形符号表达出如下信息。

①电源从输入，经隔离开关、电流互感器、负荷开关、隔离开关，至输出。

②一组避雷器和一组接地隔离开关并联，一端接电源，另一端接地。

2）用文字作注释，主要用于表示项目框的功能或结构。如图 5–3b 所示，项目框内用文字注释为“控制设备”，简单明了。

3）用图形符号与文字相结合的方式作注释。如图 5–3c 所示，项目框内用按钮和信号灯的图形符号示出该项目的基本功能及主要组成，用文字“ON/OFF”表明该单元（项目）的功能是开 / 关互相切换。

2. 图样的布局

概略图用功能布局法布置。对表示项目的图形符号的布局，应做到使信息、控制、能源和材料的流程清晰，易于区分辨认。必要时每个图形符号应标注参照代号。表示电气元器件的图形符号按工作顺序或功能关系从左到右、自上而下布置，每个功能组的元件集中布置在一起，而不考虑其实际尺寸、形状和安装位置。如图 5–2 所示，按功能关系以从左到右布置为主；如图 5–1、图 3–12 所示，按工作顺序以自上而下布置为主，图中每个表示项目的图形符号均标注了参照代号。功能组元件集中布置，如图 3–12 中的供电系统（=G1）、加工系统（=V1）等。

3. 层次的表达方式

概略图可以在功能或结构的不同层次上绘制。较高层次的概略图描述总系统，反映表示对象的概况；较低层次的概略图描述系统中的分系统，将表示对象表达得更为详细。某一层次的概略图应包含检索描述较低层次文件的标记。

对于一个比较复杂的产品，可按系统或设备的组成、功能等逐级分解，划分成若干层次，并分别绘制成图。当产品的组成关系不太复杂时，也可以在同一张图中，采用框嵌套的形式来表达产品组成部分的层次关系、功能关系。例如，在图 3–12 所示的加工系统（=V1）和供电系统（=G1）概略图中，“=V1”（加工系统）项目框内嵌有“=K1”（加工控制功能）项目框和“=W2”（输送带功能 1）项目框，而“=W2”（输送带功能 1）项目框内又嵌有“=M1”（电动机驱动）项目框；=G1（供电系统）项目框内嵌有“=A1”（电动机控制中心“MCC”）项目框。这种框嵌套的形式可以直观地反映出各部分的隶属关系。

4. 连接线及信号流向的表示方法

（1）连接线的表示方法

在概略图中，用于表示框形符号或带注释的框之间的电气的、机械的或非电过程（流程）的连接线用单线表示法表示，如图 5–1 和图 5–2 所示，图中各项目之间的连接线均用单线表示法表示。当概略图采用点画线框绘制时，其连接线接到该框内的图形符号上，如图 5–1 和图 3–12 所示；当概略图采用框形符号或带注释的实线框绘制时，其连接线接到框的轮廓线上，如图 4–19 和图 5–2 所示。

概略图中的连接线一般用与图形符号相同的细实线绘制，但必要时也可将表示电源电路和主信号电路的连接线用粗实线表示。机械连接线一般用虚线表示；非电过程（流程）的连接线要用粗实线绘制，并用实心箭头表示非电信号流向及过程流向。如图 5–4 所示，在水泵电动机控制系统概略图中，电气控制部分的连接线用了与图形符号相同的细实线绘制，机械连接线用虚线绘制，非电过程（水被水泵送至水塔的过程）的连接线用明显的粗实线绘制。

（2）信号流向的表示方法

概略图的布局应清晰并利于识别非电过程（流程）和信息的流向。信息流向是从左到右、自上而下，控制信号流向应与非电过程（流程）流向垂直。

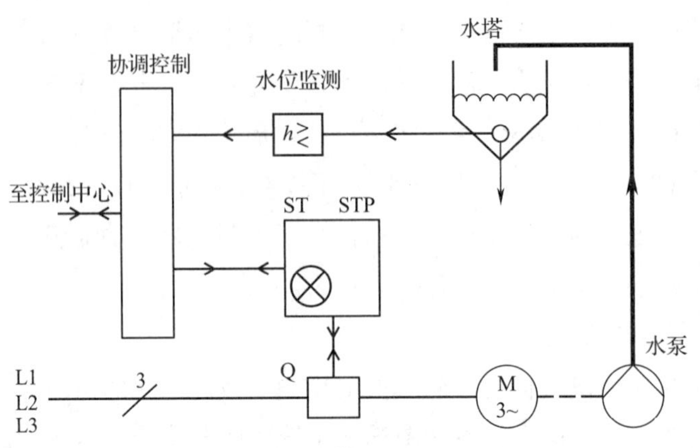

图 5-4　水泵电动机控制系统概略图（单线图）

如图 5-5 所示，控制信号（如电信号）流向自左至右水平布置，非电过程（如工艺流程）流向竖直布置。在连接线上用开口箭头表示电信号流向，但当电信号流向按从左到右、自上而下规定布置时，一般可省略开口箭头；非电过程流向用粗实线绘制，并用实心箭头表示非电过程和非电信息的流向。若信息流向是从右到左或自下而上的，应在连接线上画开口箭头表示。例如，图 5-5 的“控制系统 2”项目中经变换器输出的反馈信号的流向为从右到左，在图线上加画开口箭头表示。

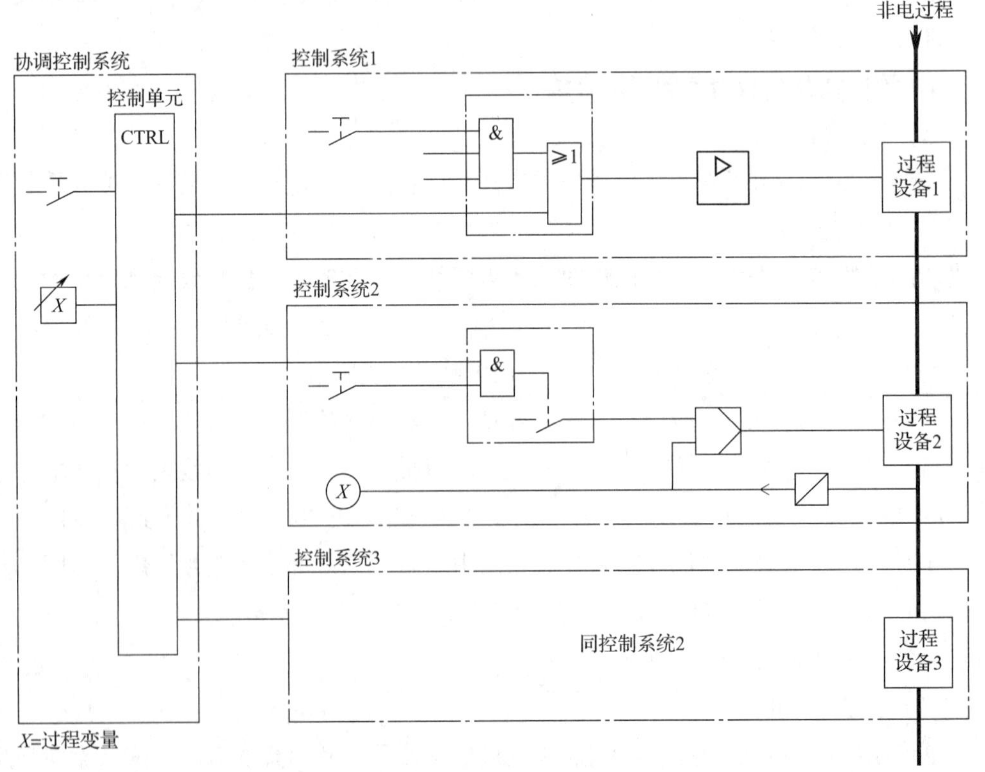

图 5-5　控制信号流向与非电过程流向垂直示例

（3）连接线上有关内容的标注

在连接线上可标注信号名称、频率、波形、去向和相关参数等标记，例如，图 5–1 中的“3 ~ 10 kV”“10 kV 汇流排”“0.4 kV 汇流排”等。

5．相同项目的简化

当相同项目重复出现时，仅需详细地表示出其中的一个，其余项目可用点画线围框表示，并在围框内标注说明。例如，图 5–1 中有两个相同的项目“=T1”和“=T2”，项目“=T1”正常画出，项目“=T2”只是在简化围框内标注“电路同 =T1”的字样。

6．参照代号的标注方法

在概略图上，各个用于表示项目的图形符号、带注释的框或框形符号一般应标注参照代号。通常在较高层次的概略图上标注功能面的参照代号，如图 5–1 所示，图中标注了“=WB1”“=WA1”“=T1”等功能面的参照代号；在较低层次的概略图上，一般标注产品面的参照代号，如图 5–2 所示，图中标注了“–T1”“–T2”“–P”等产品面的参照代号。若不需要标注参照代号，也可不标注，如图 4–19 所示。由于概略图不具体表示项目的实际连接线和安装位置，因此一般不标注端子代号。

参照代号一般标注在各框的上方或左上方。例如，图5–1 中的参照代号“=WB1”“=WA1”“=WC1”标注在框的上方，“=T1”“=T2”标注在框的左上方，并紧靠各框。

三、概略图的基本特点

1．概略图所描述的对象是系统或分系统

在表 3–11 的供电系统概略图中，概略地描述了整个发电、供电、用电电力系统。图 5–6 所示为一个分系统供电概略图，用图形符号绘制，它概略地说明该供电系统的供电电源为 380 V 三相交流电，经隔离开关 QB、电流互感器 BC、空气断路器 QA，送至三相鼠笼式感应电动机 M。

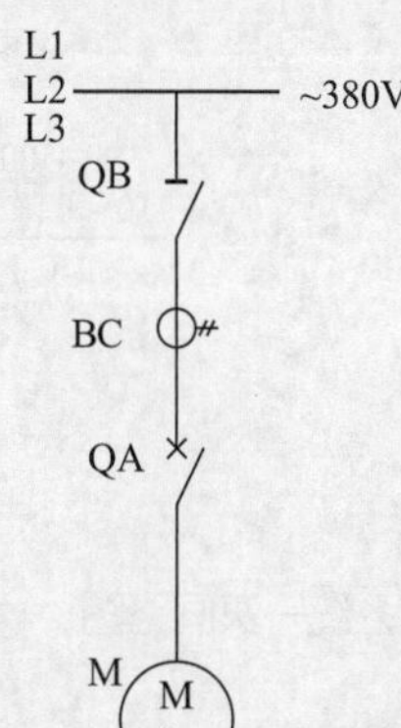

项目	参照代号
隔离开关	QB
电流互感器	BC
空气断路器	QA
三相鼠笼式感应电动机	M

图 5–6　分系统供电概略图

2．概略图描述的是产品的某一方面

图 5-1 中，从功能面“=”描述产品，图中标注了功能面的参照代号，如“=T1”“=T2”“=WB1”“=WA1”等。图 5-2 中，从产品面“-”描述产品，图中标注了产品面的参照代号，如“-T2”“-P”等。不致引起混淆时，产品面的前缀符号“-”可被省略，如图 5-6 中的“QB”“BC”“QA”等。

四、供配电系统一次回路图

供配电系统一次回路图是指用图形符号绘制的表示一次设备的全部组成和连接关系的概略图，也称为主电路图、一次设备系统图，是一种应用比较广的概略图，主要用于概略地表示变配电所电能的输送和分配线路。图 5-7 所示为某工厂变电所高压侧电气系统一次回路图。

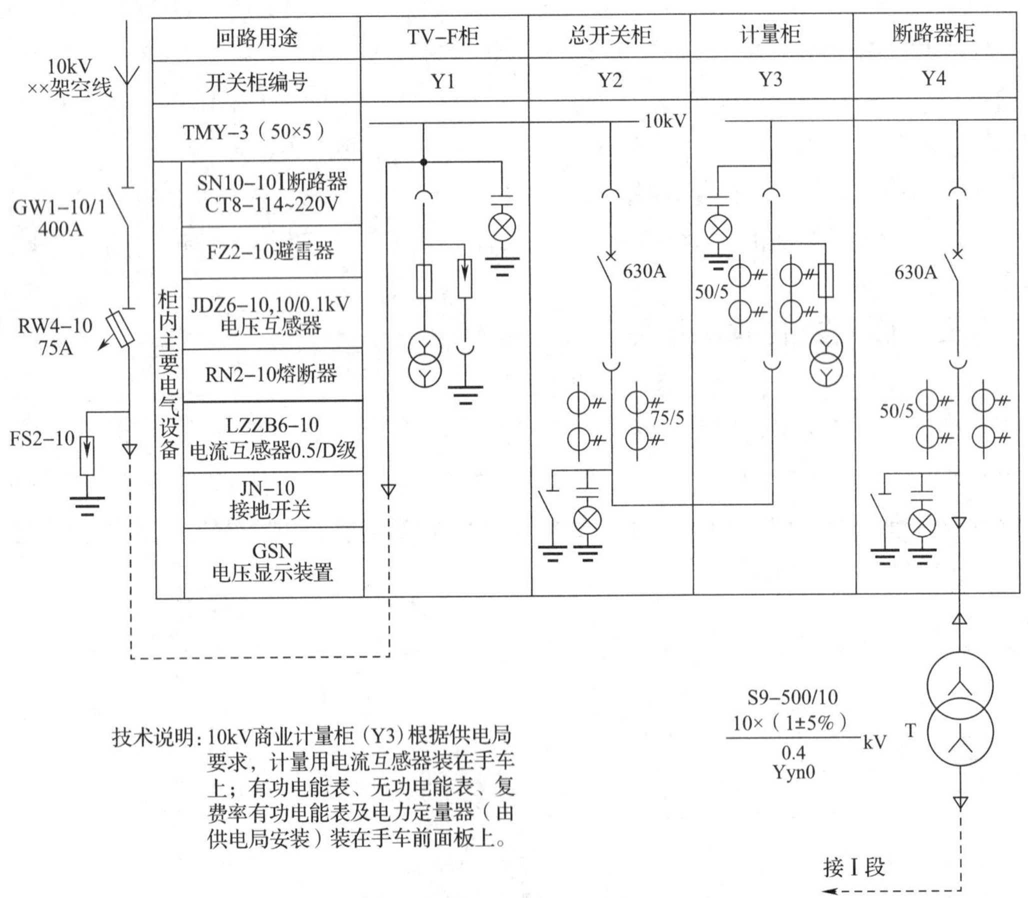

图 5-7　某工厂变电所高压侧电气系统一次回路图

1．供配电系统一次回路图的绘制特点

（1）一次回路图的基本组成和主要特征一般用概略图来描述。除特殊情况外，几

乎无一例外地画成单线图，即采用单线表示法表示。如图 5–7 所示，它是用单线表示法绘制的一次回路图，图中的电源进线、变压器、隔离开关、断路器等电气元器件一般竖直绘制，母线水平绘制。

（2）对有母线的一次回路，应以母线为核心，将各个项目联系在一起。母线的上方为电源进线，电源的进线如果以出线的形式送至母线，则可将此电源进线引至图的下方，然后用转折线接至开关柜，再接到母线上，如图 5–7 所示。母线的下方为出线，一般经过配电屏中的开关设备（如图 5–7 中的断路器柜）和电线电缆送至负载（如图 5–7 中的变压器）。

（3）一次回路图通常用图形符号、参照代号等电气符号来表示各项设备，而对设备的技术数据、电气接线、电气原理等都不详细表示，如图 5–7 所示。

（4）技术数据可标注在图形符号的旁边，也可以表格的形式给出，如图 5–7 所示，变压器的技术数据就标注在变压器的图形符号旁边。

（5）配电屏是一次回路系统的主要组成部分，如图 5–7 所示，共有 4 台配电屏（开关柜）。

2. 供配电系统一次回路图的基本识读方法

（1）一次回路图的识读顺序

一次回路图的识读顺序：一是看标题栏和技术说明，二是按电能输送的路径进行读图，三是了解主要电气设备材料明细表。

电能输送的路径是：电源进线→母线→开关设备→馈线（电缆线）等。读电源进线时，要注意理清进线回路个数及编号、电压等级、进线方式（如架空线、电缆线等）、电流互感器、电压互感器、防雷方式等信息。

（2）一次回路图的识读方法

从主变压器开始，了解主变压器的技术参数，然后先看高压侧的接线，再看低压侧的接线。识读时，一定要明确各个电压等级的主接线基本形式，然后逐个阅读。例如，主接线是单母线还是双母线，是分段的还是不分段的等。

（3）要“化整为零”

一套复杂的一次回路图是由许多基本电气图构成的。阅读时，首先要掌握每个基本电气图的特点及其识读方法。例如，一次回路图一般是以配电屏单元为基础组合而成的，阅读时，可按照图样标注的配电屏型号查阅有关手册，把每一个配电屏的电气系统一次回路图弄清楚。例如，图 5–8 所示为高压开关柜（断路器柜）一次回路图示例。

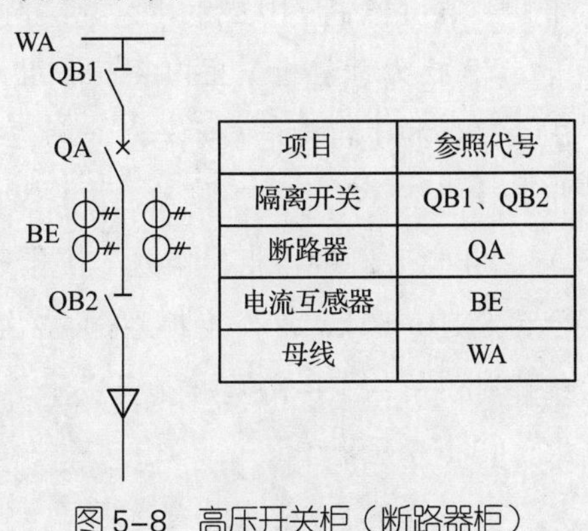

项目	参照代号
隔离开关	QB1、QB2
断路器	QA
电流互感器	BE
母线	WA

图 5–8　高压开关柜（断路器柜）一次回路图示例

此外，在一次回路图上一般都标注一些重要参数，如设备容量、计算容量、负荷等级、线路电压损失等，在读图时要借助这些参数并从中获得有关信息。

应用举例

以图 5–7 所示的某工厂变电所高压侧电气系统一次回路图为例，分析图样的绘制特点，并识读图样。注意：图中省略了标题栏和主要电气设备材料明细表。

1. 分析图样的绘制特点

图 5–7 是以配电屏单元电气系统图为基础组合而成，用单线表示法绘制，主接线形式为单母线隔离插头分段。隔离插头具有隔离开关的功能，但结构不同。该图以母线为核心，将电源、负载、开关、电线电缆等项目联系在一起，既表示出主电路中各元器件及装置的相互连接关系，又表示出其排列和安装位置。为突出一次回路图的功能，图中还标注了有关的设计参数。

2. 识读图样

（1）电源进线

如图 5–7 所示，电源由架空线经高压电缆埋地引入，在架空线转接电缆处装有 1 台 GW1–10/1 型 400 A 的隔离开关；隔离开关下装有 1 组 RW4–10 型 75 A 的跌落式熔断器，用作线路的短路保护；同时，还装有 1 组 FS2–10 型阀式避雷器，用作防雷电波保护。

（2）开关柜

Y1 柜为电压互感器和避雷器柜。柜内装有 1 台电压互感器、1 组阀式避雷器、1 组户内型熔断器和带电显示器，并利用隔离插头做隔离开关。电缆进入高压开关柜后，与开关柜顶部的母线连接，再由母线送至 Y2 柜。

Y2 柜为总开关柜。柜内装有 1 台额定电流为 630 A（型号为 SN10–10Ⅰ）的少油断路器，断路器下面装有两组电流互感器（变比为 75/5），并接有 1 组带电显示器和维修时使用的 JN–10 型接地开关。断路器下面的母线从柜的下部接入 Y3 柜。

Y3 柜为计量柜。柜内装有 2 组计量用电流互感器（变比为 50/5）、1 台计量用电压互感器和 1 组带电显示器。电压互感器用熔断器做短路保护。柜上部母线连接至 Y4 柜。

Y4 柜为断路器柜，作为变压器的主开关柜。柜中装有 1 台额定电流为 630 A（型号为 SN10–10Ⅰ）的少油断路器、2 组电流互感器（变比为 50/5）、1 组带电显示器和维修时使用的 JN–10 型接地开关。

（3）变压器

变压器为 S9 型油浸式变压器，低压侧额定电压为 0.4 kV，无载调压范围为 ±5%。

高低压侧均为星形联结，低压侧中性点接地，并引出中性线。变压器降压后经电缆将电能输往低压母线Ⅰ段。

§5-2 识读电路图

学习目标

1. 掌握电路图的基本表示方法。
2. 能识读和绘制简单的电路图，并会查阅相关标准。

想一想

分析图 3-10 所示三相鼠笼式感应电动机点动控制电路图，思考图样的绘制特点和用途。

一、电路图的基本概念

如图 3-10 所示，图中用图形符号、参照代号等电气符号详细地表达出构成图示电路的实际元器件及其实际连接关系，但又不涉及元器件的实际尺寸、形状及安装位置等信息。在电气图中，把这种用以表达一个系统、设备等项目的电路组成和物理连接信息的简图称为电路图。物理连接是指利用物体的物理特性对相关物体进行的连接，如用电线、电波等方式将两个物体连接。

电路图主要用于阐述电路的构成和工作原理，除此之外，还用于分析和计算电路特性及参数、为测试和寻找故障提供信息、为编制接线图提供基础文件、为安装和维修提供依据等，因此，电路图有时也被习惯地称为电气原理图或原理接线图等。电路图的种类很多，且各具特点，常见的主要有控制电路图、电力电路图、电子电路图等。

二、电路图的绘制原则和方法

电路图的绘制原则和方法应符合标准《电气技术用文件的编制　第 1 部分：规则》（GB/T 6988.1—2008）中的相关规定。

1．图形符号的运用

电路图一般采用国家标准《电气简图用图形符号》（GB/T 4728）中规定或按此规定组合生成的图形符号，但有时也根据需要采用简化外形表示。如图 5–9 所示的单相整流稳压电源电路图中，三端集成稳压器（KF）就是采用简化外形（带注释的框）表示的。

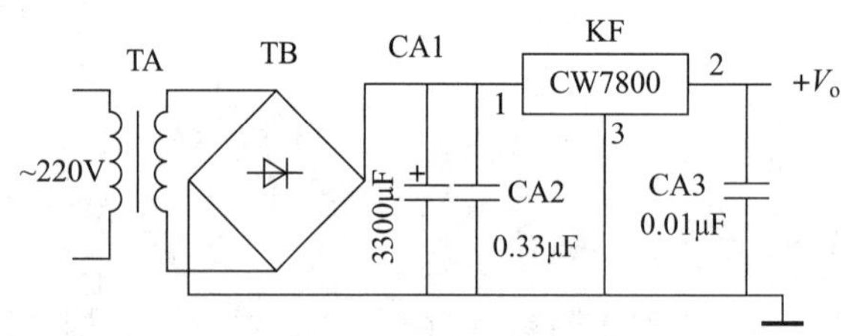

图 5–9　单相整流稳压电源电路图

2．图样的布局

电路图用功能布局法布置。如图 5–10 所示，在三相鼠笼式感应电动机接触器联锁正反转控制电路图中，电动机主电路按能量流流向布置，控制电路按动作顺序布置。

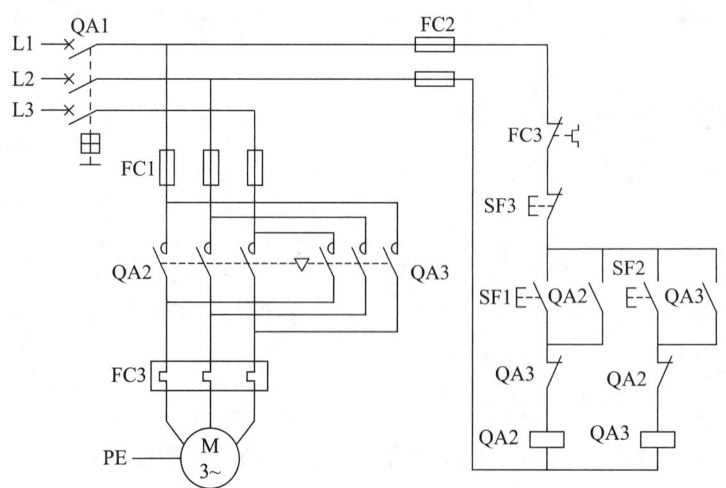

图 5–10　三相鼠笼式感应电动机接触器联锁正反转控制电路图

电路图的布局要合理，便于说明工作原理和连接关系，同时也应考虑图面要紧凑、清晰，连线要最短，交叉要最少。图中各项目按工作顺序从左至右、自上而下进行排列，要突出过程或信号流方向，突出各部分的功能关系，并遵守以下规则。

（1）当电路竖直布置时，类似项目宜横向对齐。例如，图 5–10 中的熔断器 FC1，主电路中交流接触器 QA2 和 QA3 的主触点，控制电路中交流接触器 QA2 和 QA3 的驱动线圈以及其动断、动合辅助触点等均为横向对齐布置。当水平布置时，类似项目宜纵向对齐。例如，图 5–10 中的低压断路器 QA1（三对动合触点）和熔断器 FC2 均为纵向对齐布置。

（2）为了强调信号流，图中的连接线应尽可能保持直线，相关项目的图形符号应排列整齐并使电路直接连通。如图 5–11 所示，通过对继电器线圈 –K1、–K2 和信号灯 –E1、–E2 等图形符号的重新排列，让电路直接连通，使工作原理和工作过程更加直观。

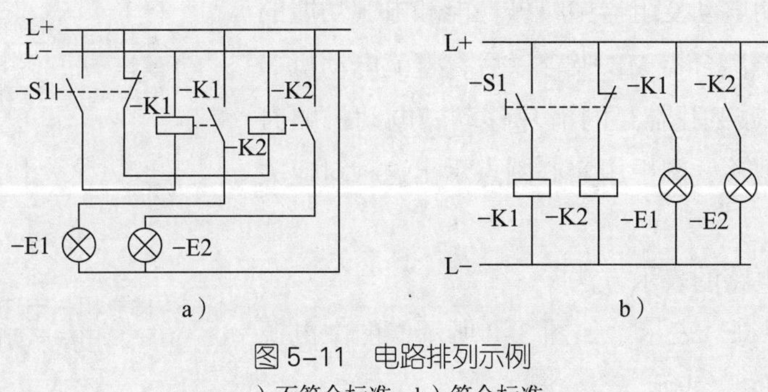

图 5–11 电路排列示例

a）不符合标准 b）符合标准

（3）为了强调功能关系，图中功能相关项目的图形符号应集中在一起，彼此靠近，使其关系表达得更加清晰。例如，在图 5–12a 中，电阻 R 是电容 C 的放电电阻，属于同一功能件，应集中绘制在一起。

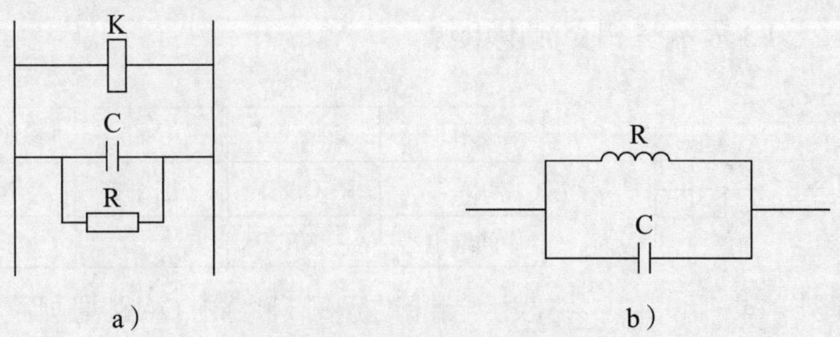

图 5–12 项目布置示例

a）功能相关项目的布置 b）同等重要并联支路的布置

（4）同等重要并联支路应依主电路对称布置。例如，在图 5–12b 中，电感 R 与电容 C 同等重要，它们被对称布置在主电路的两侧。在某些情况下，为了把相应元件连接成对称的布局，也可以采用斜的交叉线。

3. 电路的表示方法

（1）连接线的表示方法

1）在电路图中，连接线一般为水平布置或竖直布置，连接线的交叉、弯折一般应成直角，且应路径最短。如图 3–10、图 4–8、图 5–10 等电气控制电路图和图 3–11、图 4–6 等电子电路图所示，图线均为横平竖直，即水平布置或竖直布置。但也有特殊情况，如图 3–2a 中的整流单元。

2）电路中过长的连接线可采用中断线的表示法。

3）必要时可将主电路、主信号通路的连线加粗。

4）在某些情况下，当机械功能和电气功能关系密切时，可应用机械连接线（虚线）表示出符号之间的联系。如图 5–13 所示的电动变阻器，图中用机械连接线表示出了各符号之间的联系，用以说明电动变阻器中机械功能和电气功能的密切关系：电磁离合器 MB 吸合以后，直流电动机 M 经过差动轮带动变阻器 R 的滑片移动。电动机顺时针旋转时滑片上移，图中用实心圆点示出这种对应关系。

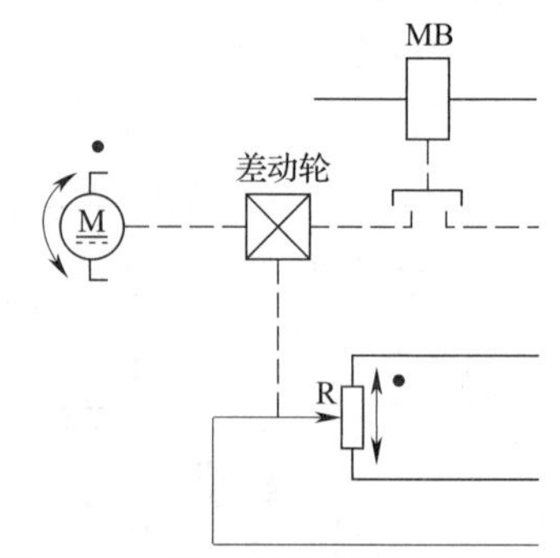

图 5–13　机—电功能关系密切的连接线示例（电动变阻器）

（2）电源电路的表示方法

1）用电源符号表示。如图 3–8 所示，图中电源用图形符号“⊣⊢”表示。

2）用线条表示。如图 5–12a 所示，图中电源用线条表示，但没有指明电源的性质，如直流（正、负极性）或交流（相别、中性线等）。

3）用 +、–，L、N，L1、L2、L3，PE，PEN 等符号表示。例如，图 5–14 为断路器 QA 跳闸回路，用“+”“–”表示电源极性；图 3–10、图 4–8、图 5–10 所示控制电路图，用 L1、L2、L3 表示三相交流电电源。

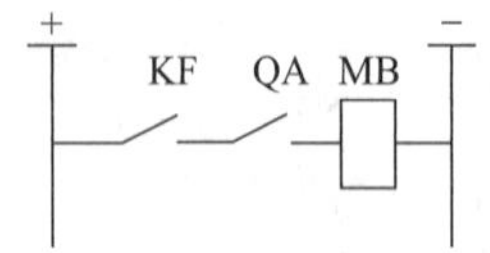

项目	参照代号	项目	参照代号
断路器	QA	电磁阀	MB
中间继电器	KF		

图 5–14　用“+”“–”表示电源极性示例（断路器 QA 跳闸回路）

4）同时用线条和符号表示。如图 5–15 所示，电源用线条和符号“L”“N”表示。

5）用电位、电压值来表示。例如，在图 5–16a 中，“+12 V”表示对地（0 V）电位为 12 V；在图 5–16b 中，“~ 220 V”表示交流电压为 220 V，“DC 24V”表示直流电压为 24 V。

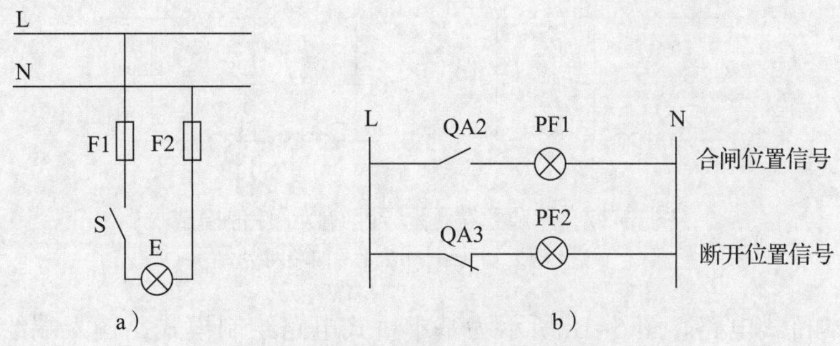

图 5–15 同时用线条和符号表示电源示例

a）电源线水平布置示例 b）电源线竖直布置示例

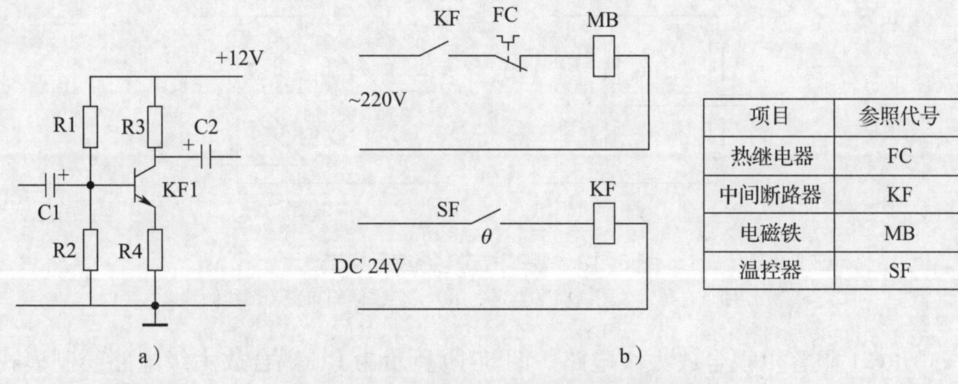

项目	参照代号
热继电器	FC
中间断路器	KF
电磁铁	MB
温控器	SF

图 5–16 用电位、电压值表示电源示例

a）用电位表示 b）用电压值表示

（3）电源线的布局

电源线集中绘制在电路的一侧（或上部、下部），例如，在图 3–10、图 4–8、图 5–10、图 5–15a 所示的电气控制电路图中，电源线集中绘制在电路的上部。多相电源按相序从上至下水平布置，如图 4–8、图 5–10 所示；或从左至右排列，竖直布置，如图 4–18a 所示；中性线应绘制在相线的下方（水平布置）或右方（竖直布置）。多相电源线也可布置到各支路的两侧，如图 5–15b 所示。

连接到框形符号的电源线一般应与信号流向成直角绘制，如图 5–14（电磁阀驱动线圈 MB）、图 5–12a（继电器驱动线圈 K）、图 5–11（继电器驱动线圈 –K1、–K2）所示。

（4）基础电路的模式

常用基础电路的模式一般是固定的，其目的是便于辨认和识读。

1）网络。图 5–17a 所示为无源二端网络电路的绘制模式，其两个端一般绘制在同一侧；图 5–17b 所示为无源四端网络电路的绘制模式，其四个端应绘制在假想矩形的四个角上。图中的电感器和电容器仅是示例，在实际应用中，电气元器件的数量、种类可多可少，但基础模式不应改变。

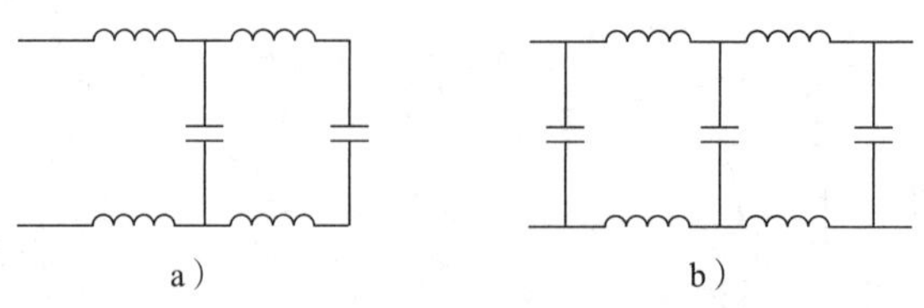

图 5-17　无源二端和无源四端网络绘制模式

a）无源二端网络　b）无源四端网络

2）基本桥式电路。图 5-18 所示为基本桥式电路绘制模式，输入端绘制在左侧，输出端绘制在右侧，与电气制图要求的信号（能量）流向一致。图中的元器件可以是电阻器或其他元器件及其组合。

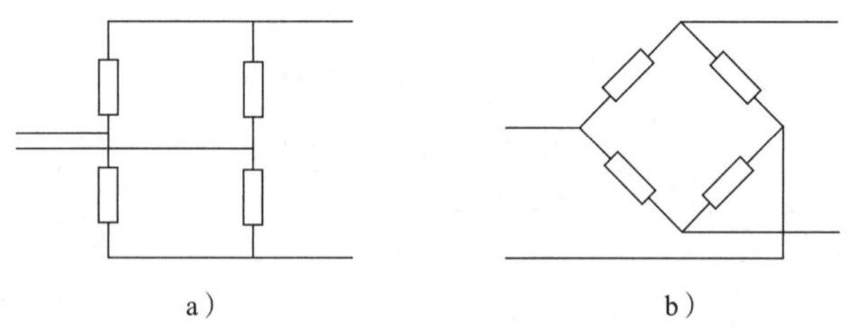

图 5-18　基本桥式电路绘制模式

a）元器件竖直布置（图线横平竖直）　b）元器件倾斜布置（图线倾斜）

3）RC（阻容）耦合放大级电路。图 5-19 所示为 RC 耦合放大级电路绘制模式，输入端绘制在左侧，输出端绘制在右侧，与电气制图要求的信号（能量）流向一致。

4）基本双稳态电路。基本双稳态电路的基础元件符号的布置如图 5-20 所示。基本 RS 触发器的输入端绘制在左侧，输出端绘制在右侧，与电气制图要求的信号流向一致。

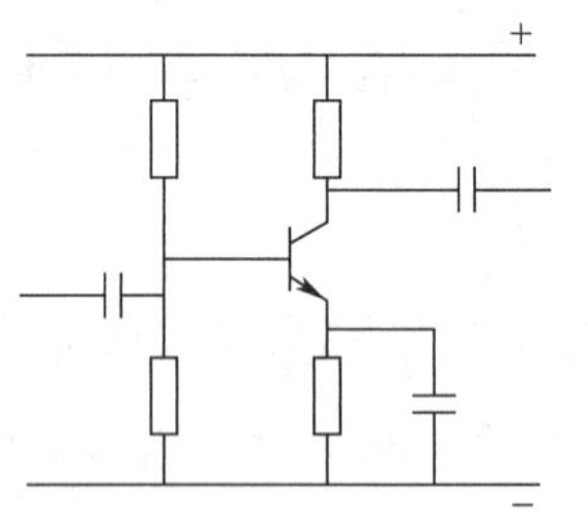

图 5-19　RC 耦合放大级电路绘制模式（NPN 型共发射极）

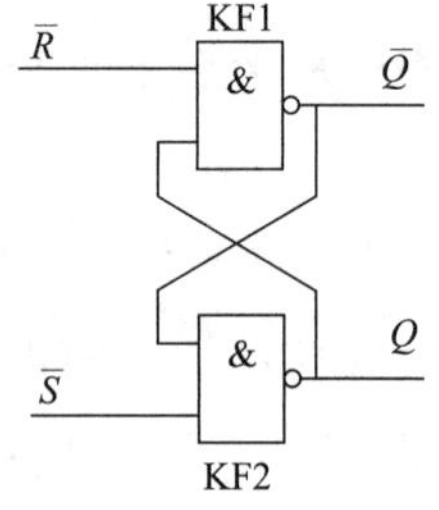

图 5-20　基本 RS 触发器电路

除以上所列举的几种电路外，基础电路还有电子电路中的功率放大电路、检波电路、振荡电路、运算放大电路，以及控制电路中的Y—△启动器电路、接触器联锁（或自锁）电路等，读者可结合有关课程及专业知识逐步熟悉。

（5）电路的简化表示法

1）主电路的简化。在主电路为三相三线或三相四线的电路中，可将主电路或其一部分简化成单线表示。如图 4–20a 所示即为主电路用单线表示法表示示例。有时，为了表示互感器等的连接方法，在某些情况下可部分地用多线表示。例如，图 5–21 所示的 6 ~ 10 kV 线路过流保护二次回路电路图中，主电路用单线表示法表示，为表示电流互感器 BC1、BC2 的连接，将其一部分画成三线，并标注 L1（BC1 接）、L3（BC2 接）。表示多相电源的电路的导线符号，宜按相序从上到下或从左到右排列，中性线应排在相线的下方或右侧。

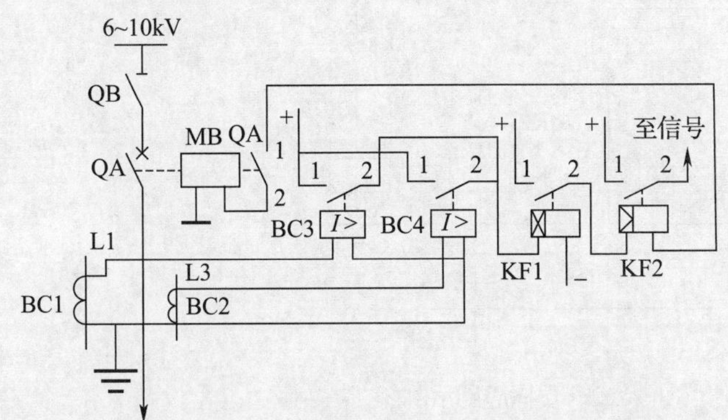

项目	参照代号
隔离开关	QB
断路器	QA
电流互感器	BC1、BC2
电流继电器	BC3、BC4
时间继电器	KF1
信号继电器	KF2
跳闸线圈	MB

图 5–21　主电路简化画法（6 ~ 10 kV 线路过流保护二次回路电路图）

2）相同电路的简化。当相同电路重复出现时，仅需详细地表示出其中的一个，其余的电路可用点画线围框表示，并在围框内标注说明。如图 4–2b 所示，图中有两个相同的电路，但元器件的参照代号不同，可只画出一个，并将另一个的参照代号标注在括号内，同时，在简化围框内标注“电路与上同”的字样。

4．图上位置的表示方法

在绘制和使用电路图时，往往需要确定元器件（含连接线）在图上的位置。例如，当继电器、接触器之类的项目在图上采用分开表示法绘制时，需要采用插图或表格表明各部分在图上的位置，如图 4–9 所示；较长的连接线采用中断画法（见图 4–13），或者连接线的另一端需要画到另一张图上时，除了要在中断处标注中断标记外，还需标注另一端在图上的位置，如图 4–14 所示。图上位置的表示方法主要有图幅分区法、电路编号法和表格法。

5．元器件的表示方法

对于断路器、继电器、接触器等在驱动部分和被驱动部分之间采用机械连接的元器件和设备，以及具有同一操作源的多个元件的组合器件，如带开关的电位器、组合开关等，可根据电路的繁简程度分别用集中表示法、半集中表示法和分开表示法表示。

在使用分开表示法时，为了表明元器件和设备的各组成部分，寻找其在图上的位置，常用插图或表格来说明。表格应用示例如图 5–22 所示，图中有 4 条支路，在各支路的下方按顺序标有电路编号 1、2、3、4，说明该电路图用电路编号法表示图上位置。图中下方的表格是用来表示各继电器触点位置的，表格第一栏（上部）用图形符号表示触点；第二栏（下部）中的数字是触点所在支路的编号，符号“—”表示触点未使用。例如，在继电器 K1 动合触点（常开触点）栏目内，数字“2”表示动合触点在第 2 支路内。图 5–22 中的触点位置也可用表 5–1 表示。

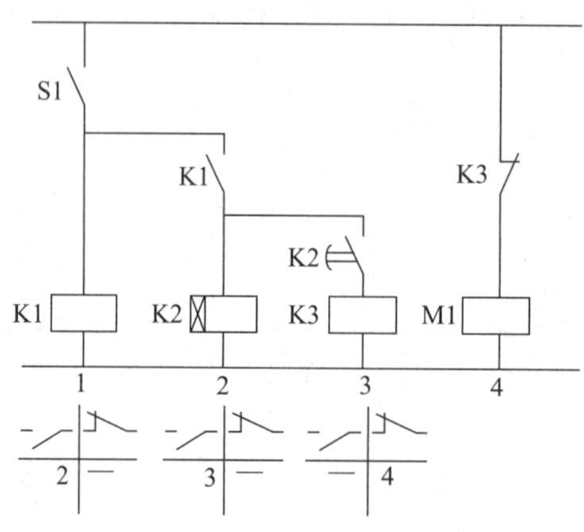

图 5–22　表格应用示例

表 5–1　触点位置（与图 5–22 对应）

项目	参照代号	触点所在支路	
		动合触点	动断触点
继电器	K1	2	—
继电器（有延时功能）	K2	3	—
继电器	K3	—	4

6．参照代号的标注

在电路图中，根据电路的用途和繁简程度，分别标注产品面参照代号、功能面参照代号、位置面参照代号或者其组合。在简单电路图中，一般只标注产品面参照代号，如图 3–10、图 4–8、图 5–10 所示；有时也可省略前缀符号“–”，如图 3–10、图 5–10 所示。

三、电气控制电路图

电气控制电路图是指以电动机或生产机械设备的电气控制装置为主要描述对象，用图形符号表示电气元器件，并按其工作顺序排列，详细表示控制装置、电路的基本构成和连接关系的电路图。电气控制电路图是一种最常见、应用最广的电路图，如图 5–23 所示为 C620 型车床电气控制电路图。

1．电气控制电路图的组成以及绘制原则和方法

（1）电气控制电路图的组成

电气控制电路图一般由主电路和辅助电路两部分组成。主电路主要由电源开关、接触器的主触点、热继电器的热元件、电动机定子绕组等组成。主电路是电气控制电路中负载电流通过的电路。辅助电路包括控制电路、保护电路、信号电路和照明电路，主要由继电器和接触器的线圈、继电器的触点、接触器的辅助触点、热继电器的触点、按钮、照明灯、信号灯、变压器等电气元器件组成。辅助电路通过的电流较小。

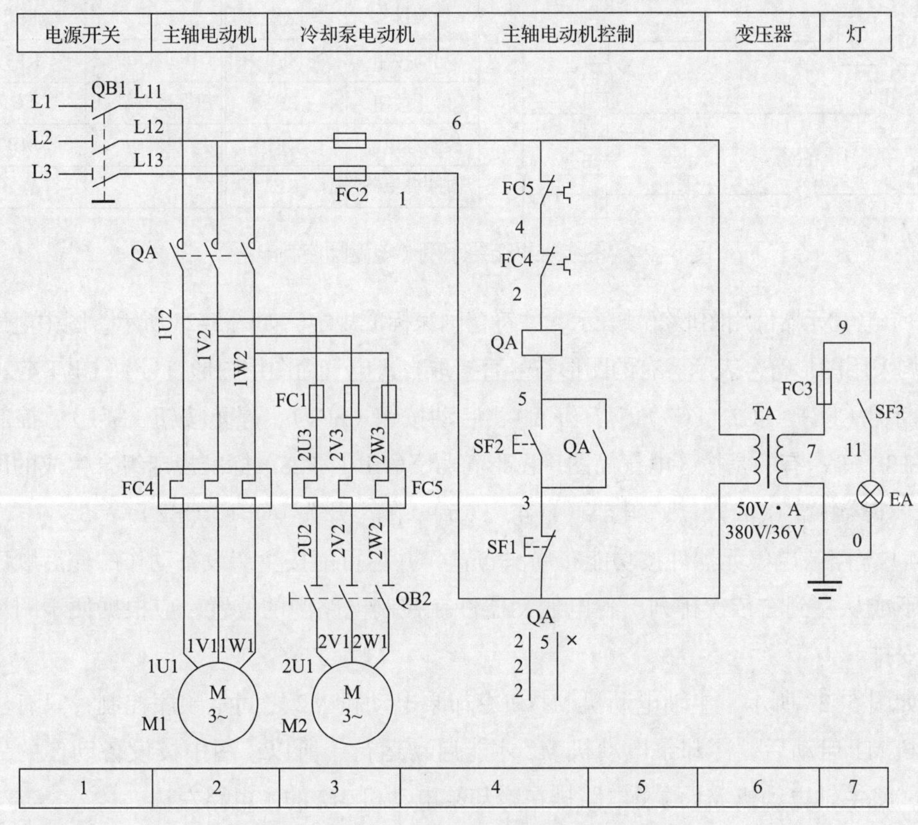

图 5–23 C620 型车床电气控制电路图

在比较简单的电气控制电路中，一般没有信号电路和局部照明电路，大多数控制系统中控制电路和保护电路融为一体，但仍将其统称为控制电路。

（2）电气控制电路图的绘制原则和方法

1）主电路和辅助电路一般要分开绘制。如图 5–23 所示，主电路绘制在图纸的左侧，辅助电路绘制在图纸的右侧。

2）电气控制电路图中的图线一般按水平布置或竖直布置。当图线水平布置时，电源线竖直画，其他电路水平画，控制电路中的线圈、电磁铁、信号灯等耗能元件画在电路的最右端。例如，图 5–24 所示的电磁阀控制电路图中，图线水平布置，电源线竖直绘制（见 L、N），控制电路中的耗能元件画在电路的最右端，如继电器的驱动线圈和电磁阀的驱动线圈。当图线竖直布置时，电源线水平画，其他电路竖直画，控制电路中的耗能元件画在电路的最下端。如图 5–10 所示，图中图线竖直布置，电源电路水平绘制在图纸的左上部，并依相序 L1、L2、L3 自上而下画出；控制电路中的耗能元件画在电路的最下端，如接触器的驱动线圈。但有时也有例外，如图 5–23 所示，考虑到元器件的安装布置，将接触器的驱动线圈画在中间。

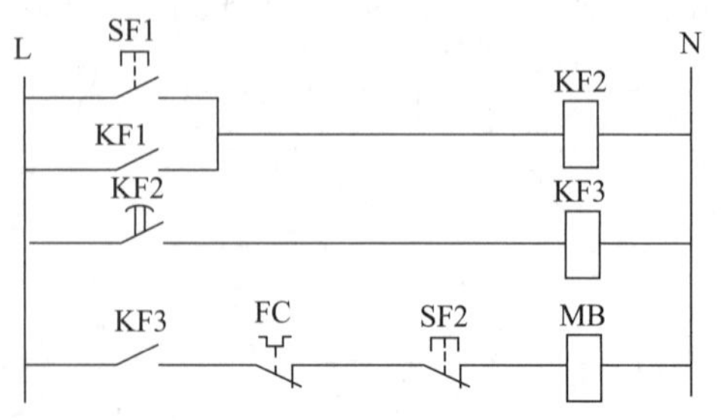

项目	参照代号	项目	参照代号
启动按钮	SF1	中间继电器	KF3
停止按钮	SF2	热继电器触点	FC
控制继电器	KF1	电磁阀	MB
时间继电器	KF2		

图 5–24　图线水平布置示例（电磁阀控制电路）

3）电气元器件用图形符号表示，并符合国家标准规定。如图 5–23 所示，图中电气元器件均采用图形符号表示。有的图形符号直接取自《电气简图用图形符号》（GB/T 4728），如熔断器（FC1、FC2、FC3）、灯（EA）、启动按钮（SF2）、停止按钮（SF1）、控制开关（SF3）等；有的是按《电气简图用图形符号》（GB/T 4728）标准规定组合生成的图形符号，如接触器（QA）、热继电器（FC4、FC5）、隔离开关（QB1、QB2）等。

4）电路或电气元器件按功能布局法布置，并尽可能按生产设备动作的先后顺序从上到下或从左到右依次排列。各电气元器件在控制电路中的位置，应根据便于阅读的原则安排。

如图 5–23 所示，主轴电动机 M1 和冷却泵电动机 M2 之间是顺序控制，只有主轴电动机 M1 启动后，冷却泵电动机 M2 才能启动运行。所以，图中按设备动作的先后顺序，将主轴电动机 M1 的主电路排在冷却泵电动机 M2 的主电路左边。

5）在复杂的电气控制电路图中，由多个部件组成的电气元器件和设备常用分开表示法绘制。同一电气元器件的各个部件一般不画在一起，而是按其在电路中起的作用分别画在不同电路中。属于同一电气元器件上的各个部件标注相同的参照代号。

如图 5–23 所示，接触器的线圈和辅助触点画在辅助电路中，主触点画在主电路中，参照代号统一用 QA 标注。为了便于查找，用表格方式给出主触点（标注“2”，说明在 2 区）和辅助动合触点（标注“5”，说明在 5 区）的位置，辅助动断触点未使用，标注“×”。

6）电气元器件的可动部分均画在没有通电和没有外力作用时的状态。也就是说，图中电气元器件的可动部分均表示在常态。

如图 5–23 所示，接触器（QA）表示在线圈未通电时的状态；负荷隔离开关（QB1、QB2）、停止按钮（SF1）、启动按钮（SF2）、控制开关（SF3）均处于不受力时的状态；热继电器（FC4、FC5）的动断触点处于未激发（不受力）时的状态。

7）图中导线均标记线号。如图 5–23 所示，在线圈、开关、触点等电气元器件分隔开的导线旁边分别标注了用来识别导线的独立标记，其主要用途是为接线和查线提供方便。

8）由于控制电路的支路较多，且各支路中元器件的布置与功能也不相同，图幅分区可用图 5–25 所示的简化形式，按列序数纵向分区，区号只有数字，没有表示“行”的字母。如图 5–25 所示，只对图的水平方向分区，分区数目不限，各个分区长度也可不相等（可视支路内元器件的多少而定），下边单边标注分区序号，上边单边标注分区用途。

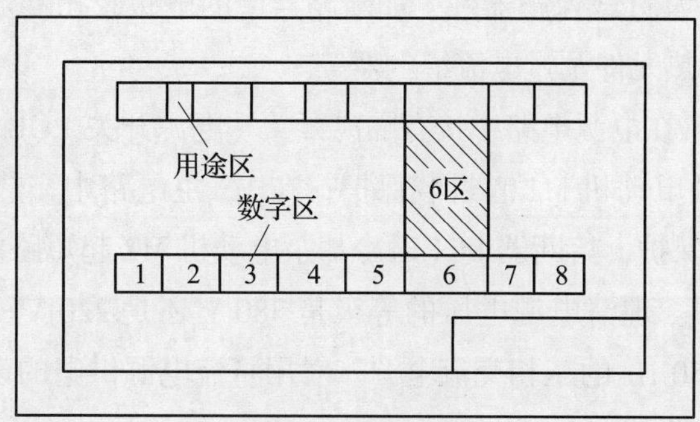

图 5–25 机械设备电气控制电路图图幅分区示例

如图 5–23 所示，图的上部按电路功能划分并标注功能区域名称，如电源开关、主轴电动机、冷却泵电动机等；图的下部按回路或支路划分图区，并在电气元器件线圈的参照代号下面用表格方式标注该电气元器件触点所处图区位置。划分图区的原则可扫描右则二维码进行了解。

9）在完整的电气控制电路图中，还应标明主要电器的型号、参照代号、有关技术参数和用途。如图 5–23 所示，在图中变压器的图形符号下方标注了变压器的相关参数：50 V · A，380 V/36 V。

2. 识读电气控制电路图的基本方法

识读电气控制电路图的基本方法可简述为先机后电；先主后辅，化整为零；集零为整，统观全局。

（1）先机后电

首先应了解生产机械的基本结构、运行情况、操作方法等信息，对生产机械及其运行有个总体认识。明确电气控制要求，为分析电路做好前期准备。

（2）先主后辅，化整为零

先识读主电路，再识读辅助电路，并用辅助电路的各个回路去研究主电路的控制程序。阅读和分析电气控制电路图最常见的方法是查线读图法。

1）用查线读图法识读主电路的步骤。

第一步：查主电路中的用电设备。理清用电设备的数量、类别、用途、接线方式及不同要求等信息。如图 5-23 所示，图中的用电设备是电动机 M1 和 M2。

第二步：查用电设备是用什么电气元器件控制的。控制电气设备的方法很多，有的直接用开关控制，有的用各种启动器控制，有的用接触器或继电器控制。如图 5-23 所示，电动机 M1 是用接触器控制的，电动机 M2 是用隔离开关控制的；电动机 M1 和 M2 又是顺序控制关系。

第三步：查主电路中所用的控制电器及保护电器。前者是指除常规接触器以外的其他电气元器件，如电源开关，包括转换开关、断路器、负荷开关、隔离开关等。后者是指短路保护器件及过载保护器件，如断路器中的电磁脱扣器及热过载脱扣器、熔断器、热继电器中的热元件及过电流继电器等。

如图 5-23 所示，在电源电路中接有隔离开关（电源开关）QB1；在 M1 主电路中，热继电器 FC4 对主轴电动机 M1 起过载保护；在 M2 主电路中，热继电器 FC5 对冷却泵电动机 M2 起过载保护，熔断器 FC1 对冷却泵电动机 M2 起短路保护作用。

第四步：查电源。理清电源电压的等级是 380 V 还是 220 V。生产机械设备所用电源通常是 380 V、50 Hz 的三相交流电源。对用直流电源供电的设备，往往都是用直流发电机或整流装置供电。

如图 5-23 所示，电动机 M1、M2 的电源均为 380 V 三相交流电。这样便可得出图中主电路的构成情况：三相电源 L1、L2、L3 →隔离开关 QB1 →接触器 QA →热继电器 FC4 →主轴电动机 M1；另一条支路是接触器 QA →熔断器 FC1 →热继电器 FC5 →隔离开关 QB2 →冷却泵电动机 M2。

2）用查线读图法识读辅助电路的步骤。根据主电路中各电动机和执行电器的控制要求，逐一找出控制电路中的基本控制环节，将控制电路“化整为零”，按功能不同划分成若干个局部控制线路来进行分析。如果控制线路较复杂，就先排除照明、显示等与控制关系不密切的电路，以便集中精力进行分析。

第一步：查电源。首先要理清电源的种类，是交流供电还是直流供电。其次，要理清辅助电路的电源是从什么地方接来的，其电压是多少。

辅助电路为交流供电时，电源一般是从主电路的两条相线上接来的，其电压为 380 V；但也有从主电路的一相线和一零线上接来的，其电压为 220 V。此外，还有从专用隔离变压器接来的，常见的电压主要有 140 V、127 V、36 V、6.3 V 等。如图 5-23 所示，辅助电路的电源从主电路的两条相线（L2、L3）接来，电压为 380 V。

辅助电路为直流供电时，直流电源可从整流器或放大器上接出来，其电压一般为 24 V、12 V、6 V、4.5 V、3 V 等。

第二步：查控制电路中各种继电器、接触器的用途，如果采用了一些特殊结构的继电器，就要了解它们的动作原理。只有这样，才能理解它们在电路中如何动作和具有何种用途。如图 5-23 所示，接触器 QA 主要控制主轴电动机 M1，可实现自锁控制。

第三步：结合主电路的要求，分析辅助电路的动作过程。控制电路总是按动作顺序画在两条水平线（电路或电气元器件竖直布置）或两条竖直线（电路或电气元器件水平布置）之间的。因此，可以从左到右或自上而下进行分析。

对复杂辅助电路，可把整个辅助电路看成一条大支路，然后把这条大支路分成几条独立的小支路，每条小支路控制一个用电器件或一个动作。当某条小支路形成闭合回路有电流流过时，在该支路中的接触器、继电器等电气元器件便动作，把用电设备接入或切断电源。

控制电路的接通一般是靠按钮或控制开关。对控制电路的分析必须随时结合主电路的动作要求来进行，只有全面了解主电路对控制电路的要求以后，才能真正掌握控制电路的动作原理。不可孤立地看待各部分的动作原理，而应注意各个动作之间是否有互相制约的关系，如电动机正、反转之间应设有联锁等。

第四步：分析电气元器件之间的相互关系。电路中的一切电气元器件都不是孤立存在的，而是相互联系、相互制约的。这种互相控制的关系有时表现在一条回路中，有时表现在几条回路中。

如图 5–23 所示，主轴电动机 M1 和冷却泵电动机 M2 是顺序控制，保证只有主轴电动机 M1 启动后冷却泵电动机 M2 才能启动运行，提供冷却液。

第五步：分析其他电气设备和电气元器件，如整流设备、照明电路、信号电路等。对这些电气设备和电气元器件，只要知道它们的线路走向，电路的来龙去脉就清晰了。

如图 5–23 所示，图中 EA 是局部照明灯，TA 是 380 V/36 V 照明变压器，提供 36 V 安全电压。照明灯开关 SF3 闭合时，照明灯 EA 就亮。

（3）集零为整，统观全局

经过“化整为零”，逐步分析了每一单元电路的工作原理以及各单元之间的控制关系后，还必须用“集零为整”的方法，检查整个控制电路，看是否有遗漏。从整体角度去进一步检查各控制环节之间的联系，以达到清楚地理解电路图中每一个电气元器件的作用、工作过程及主要参数的目的。

上面所介绍的读图方法和步骤，只是识读机床电气控制电路图一般的通用方法。各种设备的电气控制电路虽然都是由各种基本控制电路组合而成，但其电气控制电路都有各自的特点，这也是各种设备电气控制电路的区别所在。

应用举例

以图 5–23 所示 C620 型车床电气控制电路图为例，分析图样的绘制特点，并识读图样。

1．分析图样的绘制特点

在图 5–23 中，电气元器件用分开表示法表示，图线以竖直布置为主。在电路图的上部按电路功能划分并标注功能区域名称，在电路图的下部按支路划分图区，在电气元器件线圈的参照代号下面标注该元器件触点所处图区。

2. 识读图样

（1）C620 型车床电路的组成

由图 5-23 可知，C620 型车床电路由主电路、控制电路和照明电路三部分组成。主电路共有两台电动机，M1 是主轴电动机，由按钮和接触器控制；M2 是冷却泵电动机，直接用隔离开关 QB2 控制。

（2）C620 型车床电气控制电路的工作过程

1）主轴电动机 M1 的电气控制电路是接触器自锁正转控制电路，工作过程如下。

先合上电源开关 QB1。

启动：按下 SF2 → QA 线圈得电 → QA 主触点闭合 / QA 辅助动合触点闭合 → 主轴电动机 M1 启动连续运转。

停止：按下 SF1 → QA 线圈失电 → QA 主触点分断 / QA 辅助动合触点分断 → 主轴电动机 M1 失电停转。

2）冷却泵电动机 M2 的电气控制电路的工作过程。冷却泵电动机 M2 与主轴电动机 M1 是顺序控制的，只有当主轴电动机 M1 运行后，冷却泵电动机 M2 才能在隔离开关 QB2 的控制下启动运转。

3）照明电路的控制过程。照明电路由一台 380 V/36 V 变压器供给 36 V 安全电压，使用时合上控制开关 SF3 即可。

§ 5-3 识读接线图

学习目标

1. 掌握接线图的基本表示方法和常见类型。
2. 能识读和绘制简单的接线图，并会查阅相关标准。

想一想

分析图 5-26b 所示三相鼠笼式感应电动机点动控制电路接线图，思考图样的绘制特点和用途。分析时可参考与之相关的图 4-7（布置图）、图 4-19（功能框图）和图 5-26a（电路图）。

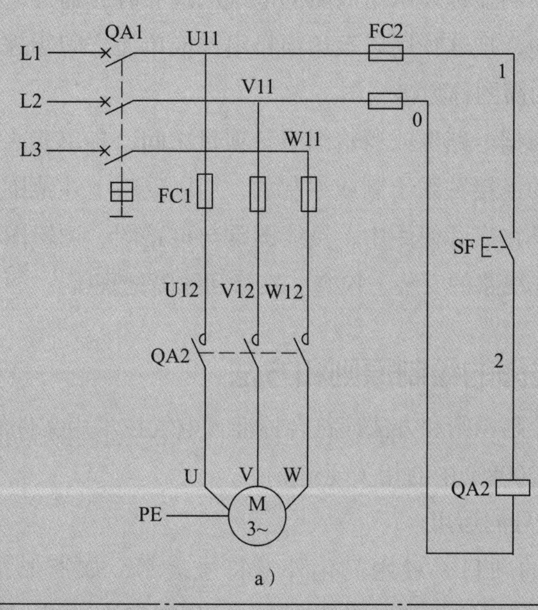

a）

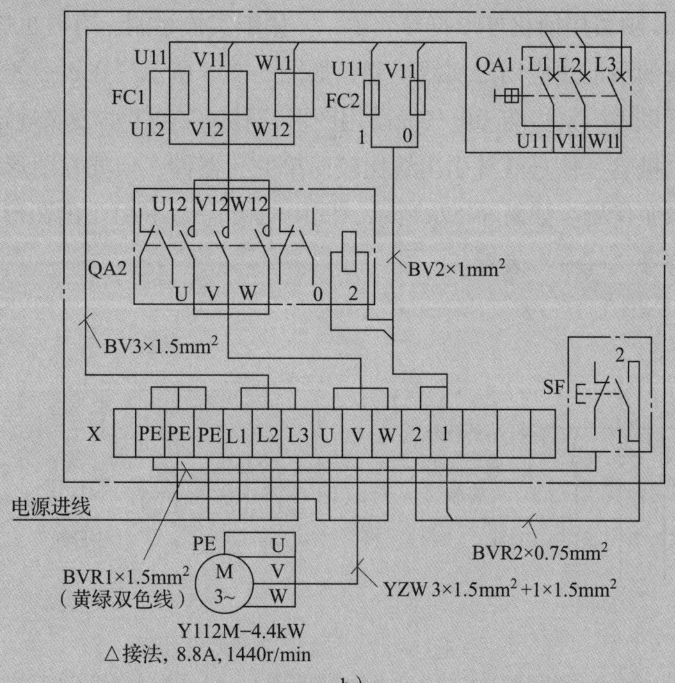

b）

图 5-26 三相鼠笼式感应电动机点动控制电路图与接线图

a）点动控制电路图 b）点动控制电路接线图

一、接线图的基本概念

如图 5–26b 所示，与电路图（见图 5–26a）、布置图（见图 4–7）、功能框图（见图 4–19）不同，图中仅表达出电气设备和电气元器件的安装位置、配线方式和接线方式等信息，而不明显地表示出电路的电气原理和各元器件之间的控制关系、功能关系等。在电气图中，把这种用以表达项目组件或单元之间物理连接（如用电线、电波等的连接）信息的简图称为接线图。

接线图是根据电路图或逻辑图中各项目之间、各单元之间、单元和设备的端子及外部导线之间的连接关系绘制或编制的，用以反映上述范围内的接线关系，其主要目的是方便接线。在实际使用中，接线图常与电路图、逻辑图配合使用，主要用于指导电气设备和电气线路的安装、检查、维修和故障处理等。

二、接线图的绘制原则和方法

接线图的绘制原则和方法应符合标准《电气技术用文件的编制　第 1 部分：规则》（GB/T 6988.1—2008）中的相关规定。

1. 图形符号的运用

接线图中的项目一般用简化外形符号表示，如矩形、正方形、圆形等。如图 5–27a 所示，项目用简化外形符号表示，并用细实线绘制。有时也用点画线围框表示，但有引出线的围框边应用细实线绘制，如图 5–27b 所示。在不需要强调项目的实际位置时，也可采用国家标准《电气简图用图形符号》（GB/T 4728）规定的图形符号表示，如电阻、二极管、信号灯等引出线比较简单的元器件，但要在图形符号旁标注与电路图相同的参照代号。如图 5–27c 所示，图中二极管（–RA1）的图形符号就是采用二极管的一般符号“ ⊣▷|⊢ ”表示。

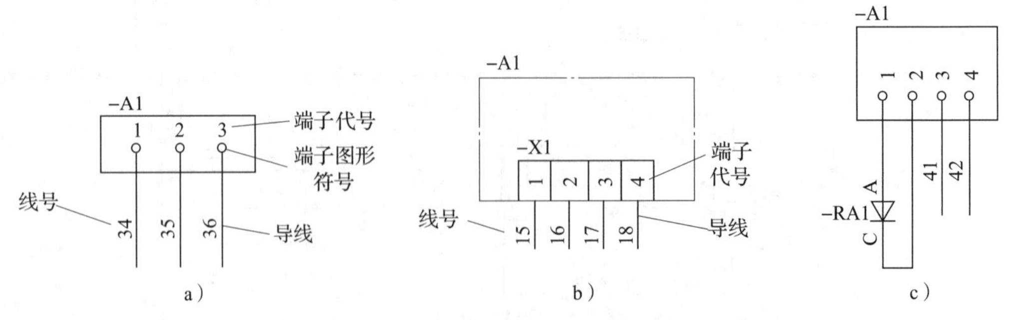

图 5–27　项目的表示方法示例

a）用实线框表示　b）用点画线围框表示　c）用标准中的图形符号表示

2. 图样的布局

接线图用位置布局法布置。如图 5–26b 所示，在三相鼠笼式感应电动机点动控制电路接线图中，低压断路器、熔断器、接触器、按钮等元器件的位置与其在模拟配电盘（见图 3-7a）和布置图（见图 4-7）上的实际相对位置一致。它清楚地给出了各项目之间的相对位置和导线走向，但并没有按比例给出它们之间的确切位置关系以及电气元器件的具体形状和实际尺寸。

3. 端子的表示方法

在接线图中，端子一般用图形符号和端子代号表示，如图 5-27a 所示，其详细端子代号为“-A1：1”“-A1：2”“-A1：3”。当端子在项目的简化外形中能清晰识别时，端子图形符号无须示出，可只标出端子代号，如图 5-27b 所示，其详细端子代号为“-A1-X1：1”“-A1-X1：2”“-A1-X1：3”“-A1-X1：4”。

4. 导线标记

接线图中的导线一般应进行标记。导线标记是指标在导线（或线束）两端或标在图线上用以识别导线（或线束）的标记。

（1）标记的方法

导线标记的方法一般有三种。

1）等电位编号法。等电位编号法一般用两个号码表示，第一个号码表示电位的顺序号，第二个号码表示同一电位内的导线顺序号。两个号码之间用短横线隔开。例如，“2-3”线表示第 2 等电位线中的第 3 条支线。

2）顺序编号法。顺序编号法是指将所有的导线按顺序编号。如图 5-28 所示，两条导线分别标记 8、9。

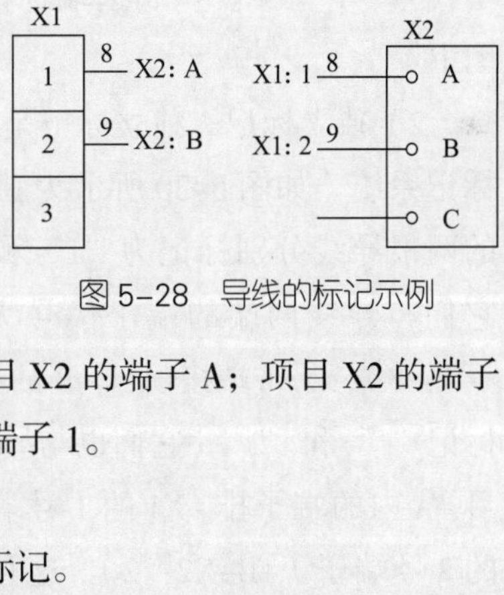

3）呼应法（相对编号法）。呼应法通常以导线的另一端去向作为标记。例如，图 5-28 中项目 X1 的端子“X1：1”上标为“X2：A”，即表示连接到项目 X2 的端子 A；项目 X2 的端子“X2：A”上标为“X1：1”，即表示连接到项目 X1 的端子 1。

图 5-28 导线的标记示例

（2）标记内容

接线图中常用的导线标记主要有从属标记和独立标记。

1）从属标记。从属标记是指以导线所连接的端子的标记或线束所连接的设备的标记为依据的导线或线束的标记系统。在接线图中，常用的从属标记主要有从属本端标记和从属远端标记。

①从属本端标记是指在导线或线束的端部标记与其本端部连接的端子代号的一种标记方式。如图 5-29a 所示为从属本端标记示例，图中项目 -A、-B 之间有两根连接导线，项目 -A 的端子 1、3 分别与项目 -B 的端子 a、d 相连。当采用从属本端标记时，项目 -A 的端子引出线标注本端端子标记“-A：1”“-A：3”，项目 -B 的端子引出线标注本端端子标记“-B：a”“-B：d”。在不引起误解时，可将标记中的

参照代号省略而只标注端子代号，如“-A：1”可标记成“1”，“-B：a”可标记成“a”。这种标记方式对于本端接线，特别是对导线拆卸后再往端子上接线的操作比较方便。

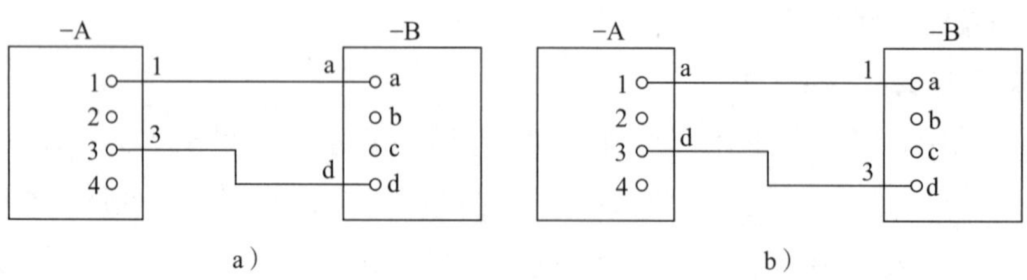

图 5-29　从属标记示例

a）从属本端标记示例　b）从属远端标记示例

②从属远端标记是指在导线或线束的端部标记与其远端部连接的端子代号的一种标记方式。如图 5-29b 所示为从属远端标记示例，图中项目 -A、-B 之间有两根连接导线，项目 -A 的端子 1、3 分别与项目 -B 的端子 a、d 相连。当采用从属远端标记时，项目 -A 端的连接导线标注连接到项目 -B 端的端子代号“-B：a”“-B：d”，标注时省略了参照代号，只标注端子代号“a”“d”。而项目 -B 端的连接导线标注连接到项目 -A 的端子代号“-A：1”“-A：3”，标注时省略了参照代号，只标注端子代号“1”“3”。从属远端标记能清楚地指出导线去向，常用于中断线表示的接线图中。

2）独立标记。独立标记是指导线或线束的标记与其所连接的端子的代号无关的标记系统。如图 5-30 所示为独立标记示例，在图 5-30a 中，与项目 -A、-B 相连接的两根导线分别标记为“1”和“2”（在此可称之为线号，即“1 号线”“2 号线”），它们与导线两端的端子代号无关，例如，“2 号线”的一端接项目 -A 的 3 号端子（-A：3），另一端接项目 -B 的 d 号端子（-B：d）；在图 5-30b 中，107 电缆中的芯线标记“1”和“2”，它们也与导线两端的端子代号无关，例如，“1 号线”的一端接项目 +A 内的端子排 -X1 的 1 号端子（+A-X1：1），另一端接项目 +B 内的端子排 -X2 的 2 号端子（+B-X2：2）。这种标记方式一般只用于用连续线方式表示的接线图中。

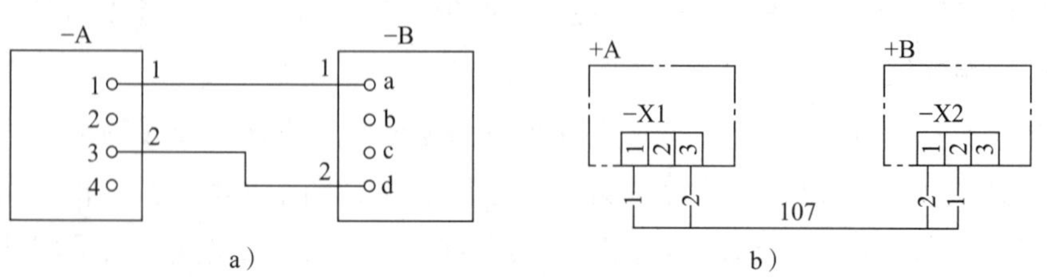

图 5-30　独立标记示例

a）单根导线的独立标记　b）电缆及其芯线的独立标记

5. 导线的表示方法

（1）导线的连续线表示方法和中断线表示方法

1）导线的连续线表示方法。如图 5-29 和图 5-30a 所示，项目 -A、-B 之间的两条连接线用连续图线表示。其中，图 5-29a 中的导线标注了从属本端标记，图 5-29b 中的导线标注了从属远端标记，均用以表示它们之间的连接关系；图 5-30a 中的导线标注了独立标记。图 5-30b 中项目 +A、+B 之间的连接线（电缆）也用连续线表示。

2）导线的中断线表示方法。图 5-31 所示为导线的中断线表示方法示例，图中，在端子引线旁标注相应的端子代号作为导线的标记。如图 5-31a 所示，在端子引线旁标注本端端子代号“-A：1”“-A：3”和“-B：a”“-B：d”；如图 5-31b 所示，在端子引线旁标注远端端子代号“-B：a”“-B：d”和“-A：1”“-A：3”。

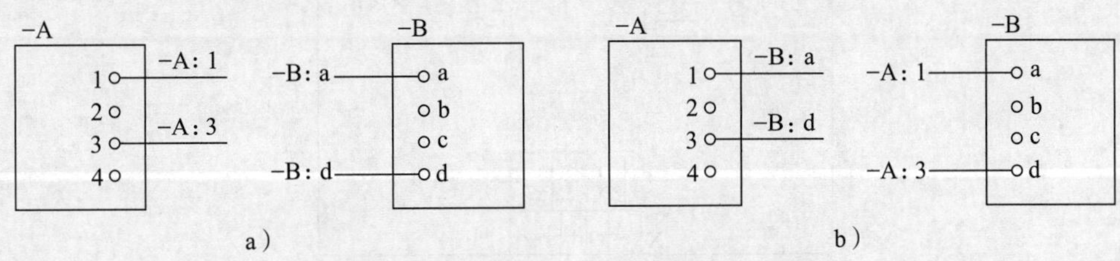

图 5-31 导线的中断线表示方法示例

a）标注从属本端标记 b）标注从属远端标记

（2）导线的多线表示法和单线表示法

1）导线的多线表示法。如图 5-32a 所示为导线的多线表示法示例，图中每条导线均用一条图线表示。

2）导线的单线表示法。导线组、电缆、线束等可以用多线表示，也可以用单线表示。如图 5-32b 所示为导线（电缆）的单线表示法示例，图中将多线汇聚成束，并将线束用单线表示。

（3）电缆及其组成芯线的表示方法

当用单线表示法表示多芯电缆时，若要示出芯线所接到的端子，则应使表示电缆的单线在交叉线（短垂线段间隔）处终止；然后，使表示芯线的连接线从该交叉线处直接接到目标端子；最后，用标记代号标识电缆及其芯线。如图 5-33 所示为多芯电缆表示方法示例，图中，芯线的参照代号分别为“-W1-1”“-W1-2”“-W1-3”“-W1-4”，所接端子标识分别为“-A2X1：1”“-A2X1：2”“-A2X1：3”“-A2X1：4”。

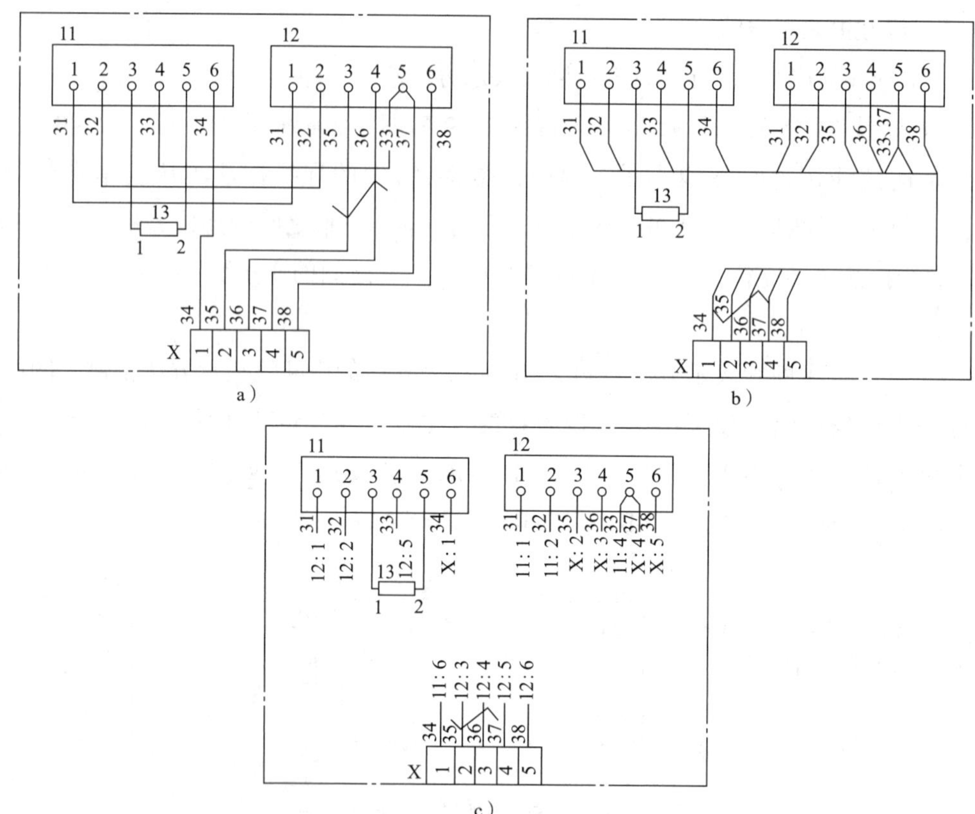

图 5-32　导线的表示方法示例（单元接线图示例）

a）多线表示法示例　b）单线表示法示例　c）中断线表示法示例

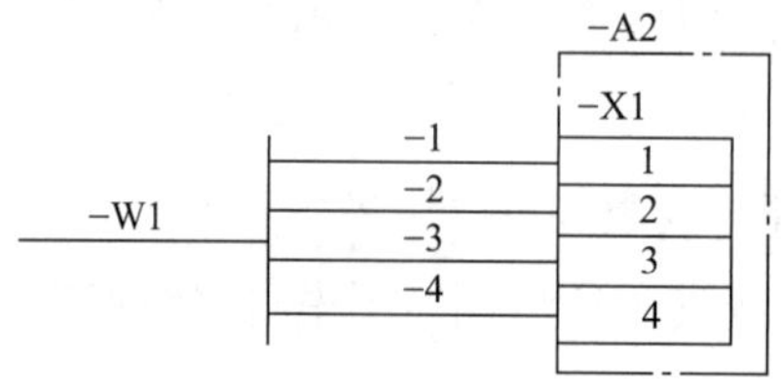

电缆芯线参照代号	端子标识
-W1-1	-A2X1: 1
-W1-2	-A2X1: 2
-W1-3	-A2X1: 3
-W1-4	-A2X1: 4

图 5-33　多芯电缆表示方法示例

6．参照代号的标注

在接线图项目符号旁一般应标注参照代号，通常只标注产品面参照代号和位置面参照代号。例如，图 5-30a 中参照代号“-A”“-B”是产品面参照代号，图 5-30b 中参照代号“+A”“+B”是位置面参照代号。

三、接线图类型

1．单元接线图

单元接线图是指单元或组件内部元器件之间的物理连接图，俗称内部接线图。单元接线图只是表示成套装置或设备中一个结构单元内部连接的情况，通常不包括单元之间的外部连接，但可给出与之有关的互连接线图的识别标识，如图号等。

（1）单元接线图绘制方法

1）在单元接线图上，代表项目的简化外形和图形符号按照各个项目的大体相对位置进行布置，项目之间的距离不以实际距离为准，而是由连接线的复杂程度而定。

2）视图应选择最能清晰地表示出各个项目的端子和布线情况的一面作为主视图，即主接线面。当一个视图不能清楚地表示多面布线时，可用多个视图，这时应以主接线面为主视图，其他接线面按一定方向展开，如图 5-34 所示。接线面背后的项目或导线可采用虚线绘制。当背后项目用图形符号表示时，应采用实线绘制。

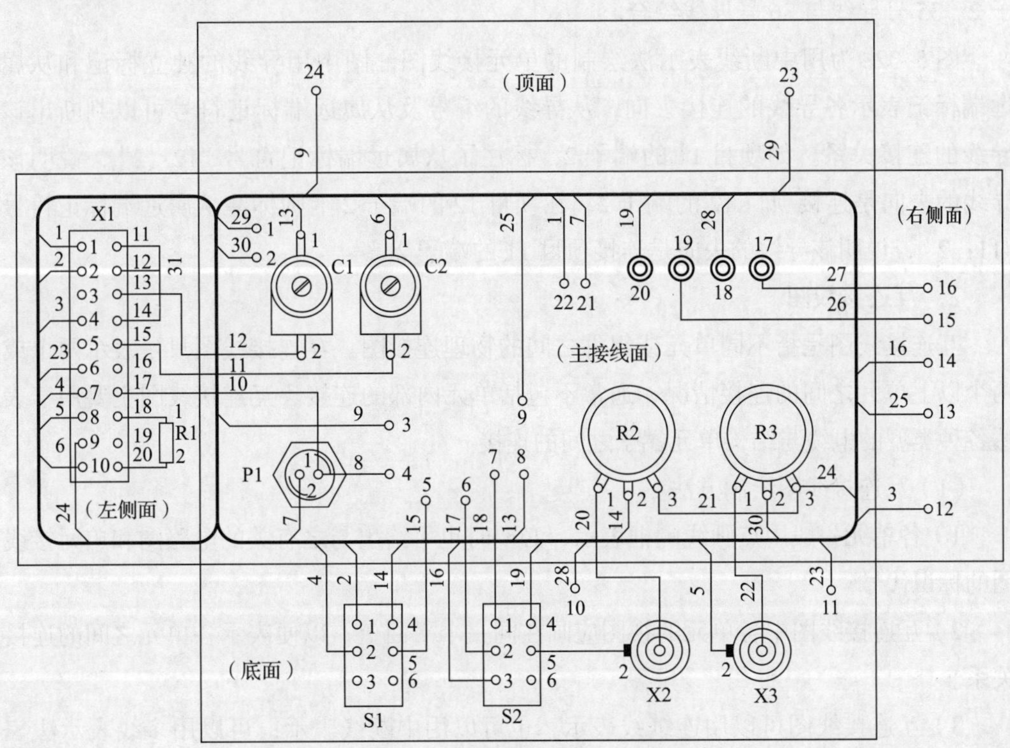

图 5-34　多面布线的展开视图

3）单元接线图可以用连续线表示，也可以用中断线表示；可以用多线表示法表示，也可以用单线表示法表示。

（2）单元接线图示例

图 5-32 所示的 3 个单元接线图，虽然画法不同，但给出的信息完全一致。图中单元包括 4 个项目，其中项目 11 和项目 12 采用简化外形符号表示，项目 13（电阻）和项目 X（端子排）采用一般图形符号表示，各项目的端子代号分别标注在各端子符号旁。单元内部有 10 根互相连接线，其中 8 根连接线的顺序编号为 31 ~ 38。项目 11

和项目 13 之间有两根互相连接线，因相距很近，可直接用元件的引线连接，没有编号。

图 5–32a 为用多线表示法绘制的单元接线图，图中导线用连续线表示法绘制，用独立标记表示各导线的连接去向。从导线的编号可以判断出该导线的连接关系，例如，32 号导线的一端接项目 11 的端子 2，另一端接项目 12 的端子 2。35 号导线与 36 号导线绞合。

图 5–32b 为用单线表示法绘制的单元接线图，图中导线用连续线表示法绘制，用独立标记表示各导线的连接去向。从导线的编号及表示去向的弯折符号可以判断出该导线的连接关系，例如，32 号导线的一端接项目 11 的端子 2，另一端接项目 12 的端子 2。35 号导线与 36 号导线绞合。

图 5–32c 为用中断线表示法绘制的单元接线图，图中用导线的独立标记和从属远端标记表示各导线的连接去向，从导线的编号及从属远端标记符号可以判断出该导线的连接关系。如项目 11 的端子 2，标注了从属远端标记符号“12：2”，说明该导线的去向是连接项目 12 的端子 2，在项目 12 的端子 2 上则标注从属远端标记符号“11：2”，说明该导线的去向是连接项目 11 的端子 2。

2. 互连接线图

互连接线图是指不同单元或组件之间的物理连接图。互连接线图只是表示两个或两个以上单元之间的连接情况，通常不包括单元内部的连接。互连接线图主要用于表达各种类型的电缆与结构单元端子之间的连接。

（1）互连接线图绘制方法

1）各单元一般用点画线围框表示，必要时也可给出与之有关的电路图和单元接线图的标识代号。

2）互连接线图中各单元的视图应画在同一个平面上，以便表示各单元之间的连接关系。

3）互连接线图可以用连续线表示，也可以用中断线表示；可以用多线表示法表示，也可以用单线表示法表示。

（2）互连接线图示例

如图 5–35 所示，图中清楚地表示了 +A、+B、+C 三个单元之间的互连接线情况，以及 +A 与 +D 的互连接线情况。这四个单元之间共有 –W107、–W108、–W109 三条电缆。–W107 号电缆连接 +A 单元与 +B 单元，三芯，每根导线的截面积为 1.5 mm^2。其中，1 号芯线将项目“+A–X1”的 1 号端子与项目“+B–X2”的 2 号端子相连，并注明线号“1”；2 号芯线将“+A–X1”的 2 号端子与“+B–X2”的 3 号端子相连，并注明线号“2”；3 号芯线将“+A–X1”的 3 号端子与“+B–X2”的 1 号端子相连，并注明线号“3”。–W108 号电缆连接 +B 单元与 +C 单元，两芯，每根导线的截面积为

$1.5\ mm^2$；-W109 号电缆连接 +A 单元与 +D 单元，两芯，每根导线的截面积为 $1.5\ mm^2$，电压为交流 220 V。-W108 号电缆和 -W109 号电缆中的芯线连接关系读者可自行分析，在此不再赘述。

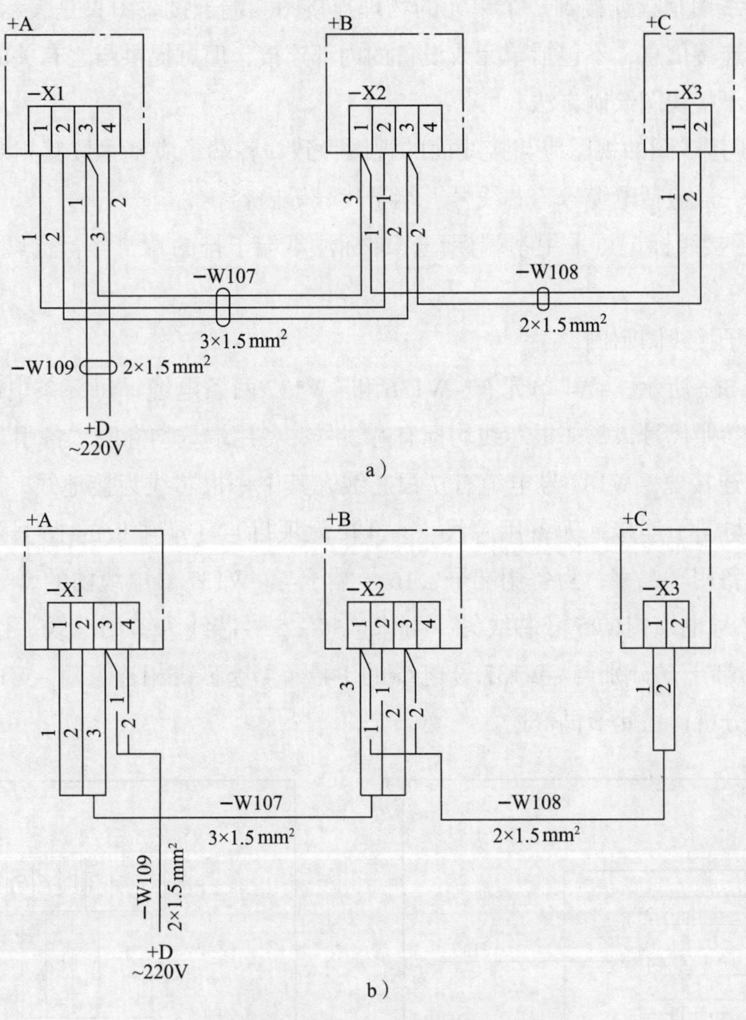

图 5-35 互连接线图示例

a）用多线表示法绘制 b）用单线表示法绘制

图 5-35 中虽未详细表示与 +D 单元的连接情况，但在电缆终端用远端标记表示了其去向。+A、+B、+C 三单元内部的连接线也未表示，只画出了代表这三个单元的点画线围框，但对需要互连的端子排 -X1、-X2、-X3 及其端子用较具体的图形符号表示。

互连接线图既可以用连续线的多线表示法绘制（见图 5-35a），也可以用连续线的单线表示法绘制（见图 5-35b），还可以用中断线绘制。但不管采用哪种绘制形式，均应在连接电缆上加注线缆号和电缆规格，并用“芯数 × 截面积”方式表示，

如 -W107 号电缆的标注为“$3\times1.5\ mm^2$”，表示 -W107 号电缆含有 3 条截面积为 $1.5\ mm^2$ 的导线。

3. 端子接线图

端子接线图是指连接到一个单元的物理连接图。端子接线图只是表示成套装置或设备的外部连接信息，不包括单元或设备的内部连接，但可提供与之有关的图号。

（1）端子接线图绘制方法

1）端子接线图的视图应与接线面的视图一致，各端子应基本按其相对位置表示。端子接线图一般包括电缆号、芯线号、端子代号等内容。

2）端子接线标记可采用本端标记，即标注本端子排的端子号，也可采用远端标记。

（2）端子接线图示例

如图 5-36a 所示，+A4 单元有 -W136 和 -W137 两条电缆，每一条电缆的末端均标有电缆的参照代号，每一根芯线均标有芯线号，备用端子均标明“备用”（无论有连接，还是无连接）。-W137 号电缆有 7 根芯线，其中一根芯线为接地线，标注“PE”。6 号芯线未与端子连接，为备用芯线。+A4 单元项目 -X1 端子板的 16 号端子、20 号端子标注“备用”二字，为备用端子，16 号端子与 -W137 号电缆内的 5 号芯线相连，说明 -W137 号电缆内的 5 号芯线另一端未连接，5 号芯线为备用芯线。12 号 ~ 15 号端子为已用端子，分别与 -W137 号电缆的 1 号 ~ 4 号芯线相连。对 -W136 号电缆，请读者自行分析，在此不再赘述。

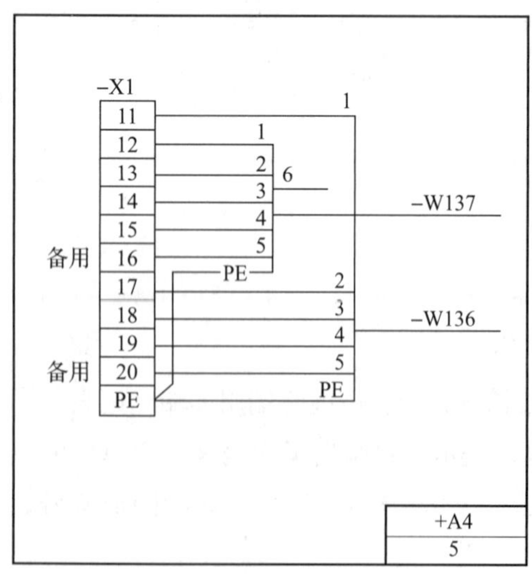

a）

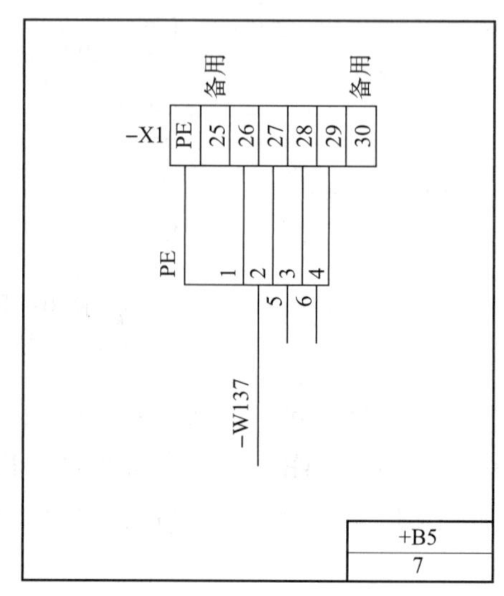

b）

图 5-36　单元的端子接线图示例

a）+A4 单元的端子接线图　b）+B5 单元的端子接线图

如图 5-36b 所示，+B5 单元有 -W137 一条电缆。+B5 单元项目 -X1 端子板的 25 号、30 号端子未连接，标注“备用”，26 号～29 号端子与 -W137 号电缆的 1 号～4 号芯线相连，5 号、6 号芯线未连接，为备用芯线。

如图 5-37a 所示，在图 5-36a 的基础上补充了远端标记，用以表示导线的连接去向。图中，电缆 -W137 终端标注的是“+B5”，它表示该电缆端接远处的 +B5 单元；项目 -X1 的 12 号端子标注的是“-X1：26”，联系电缆 -W137 终端标注的是 +B5，说明该导线接远处 +B5 单元中的项目 -X1 的 26 号端子，如图 5-37b 所示。

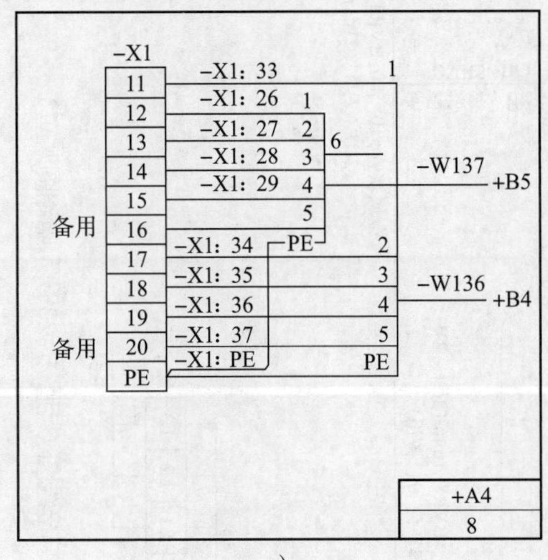

a）

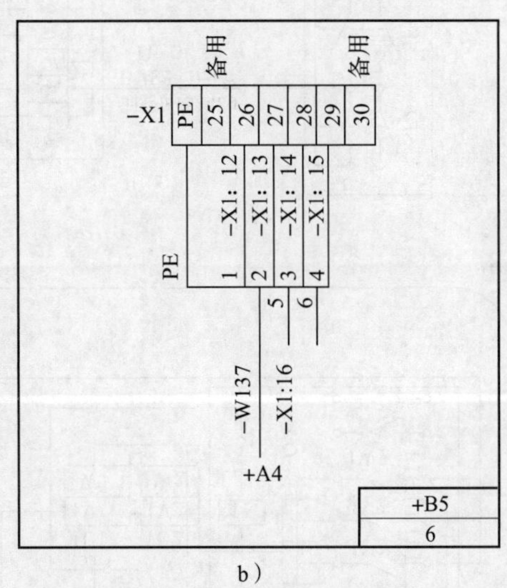

b）

图 5-37 两个带有远端标记的端子接线图示例

a）标注远端标记的 +A4 单元端子接线图 b）标注远端标记的 +B5 单元端子接线图

四、电气安装接线图的识读

电气安装接线图是一种以电动机或生产机械设备的电气控制装置为主要描述对象，表示其电气元器件实际安装位置和接线关系的接线图。电气安装接线图是机械设备电气控制中普遍使用的一种接线图。

1. 电气安装接线图的绘制原则和方法

（1）线束法

线束法是指将走向相同的导线绑扎成线束，并用一根图线表示的方法，也就是连接线的单线表示法。对于走向不完全相同的线路，只要在某一段上走向相同，也可用一段线条代替，当走向发生变化时，再逐条分出去。因此，线束法接线图中的线条，既有从中途汇合进来的，也有从中途分出去的。

如图 5-38 所示，三相电源线 L1、L2、L3 的走向相同，在外电源与端子板 X2 的 L1、L2、L3 端子之间，端子板 X2 的 L1、L2、L3 端子与隔离开关（电源开关）QB1

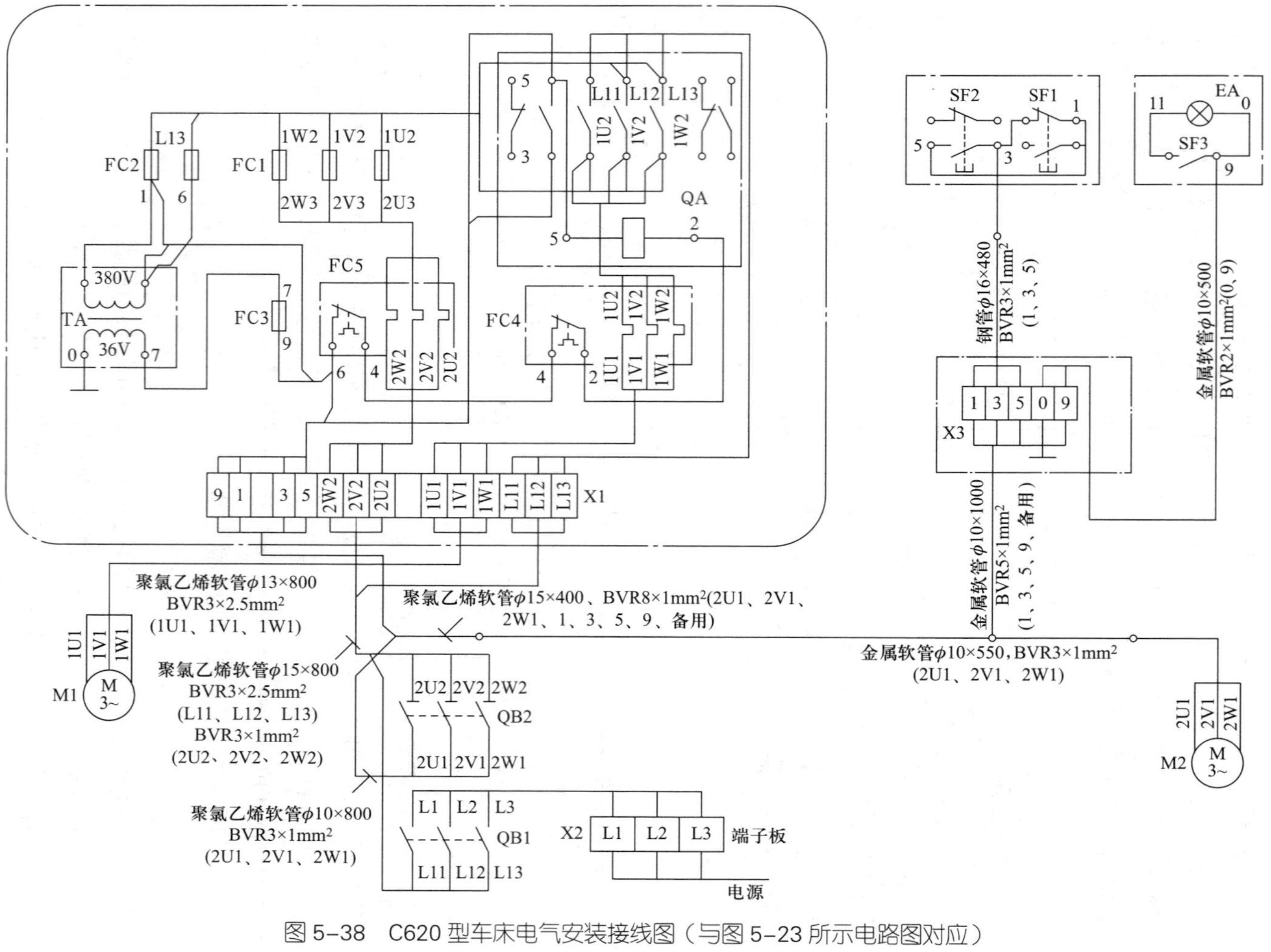

图 5-38　C620 型车床电气安装接线图（与图 5-23 所示电路图对应）

的 L1、L2、L3 端子之间，电源开关 QB1 的 L11、L12、L13 端子与端子板 X1 的 L11、L12、L13 端子之间，端子板 X1 的 L11、L12、L13 端子与接触器 QA 的 L11、L12、L13 端子之间均用线束表示。其他线束请读者自行分析。

由于主回路与控制回路的电源、电压及电流均可能不同，在线束法接线图的绘制中，应将主回路和控制回路严格区分开来，即使二者走向相同，也必须分别表示。

接线图中，一根线条代表的导线根数可从直观上分辨清楚，也可从导线标注的根数上看出。如图 5-38 所示，图中 BVR3 × 2.5 mm^2 表示该线束中有 3 条截面积为 2.5 mm^2 的铜芯聚氯乙烯绝缘软电线。

（2）散线法

散线法是指元件之间的连线导线是逐根绘制的方法，也就是连接线的多线表示法。用散线法绘制的安装接线图能清楚地反映出线路中各元器件的连接关系，但图线条数明显增加，不适用于复杂线路。

（3）相对编号法

相对编号法也就是连接线的中断表示法。例如，图 5-39 就是用相对编号法绘制的三相鼠笼式感应电动机双重联锁正反转控制接线图示例。

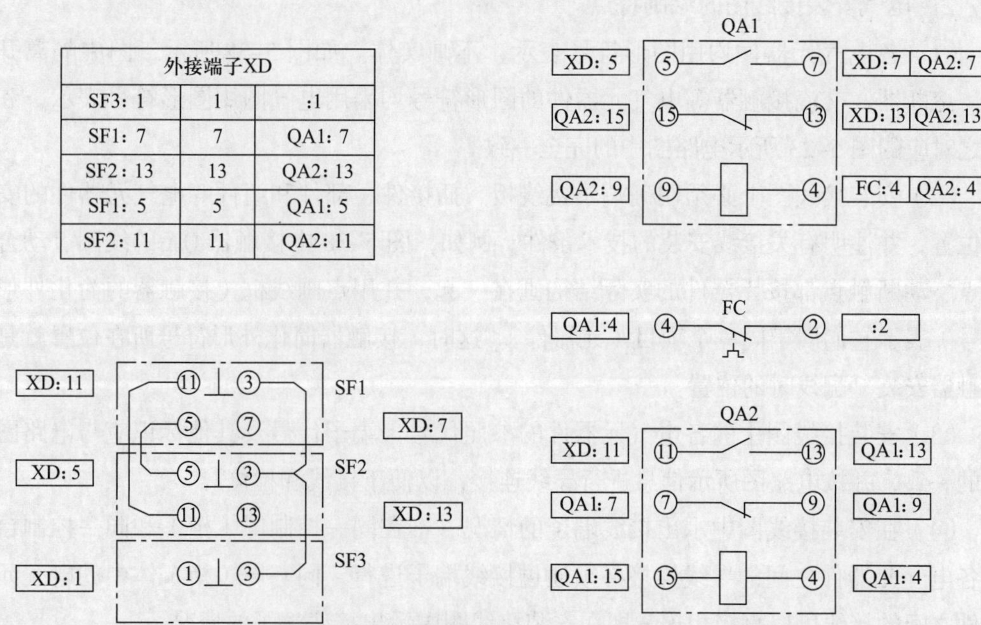

图 5-39 相对编号法绘制的接线图示例

用相对编号法表示的安装接线图有以下特点。

1）元器件采用与电路图完全一致的标识符号，标识符号标注在表示元器件的框线内或框线外的一侧。如图 5-39 所示，图中的参照代号与图 5-40 所示的三相鼠笼式感应电动机双重联锁正反转控制电路图中的相一致。

2）元器件的接线端子和端子排的接线端子的端子代号用元器件、端子排的接线端子间的连接线回路标号标记。如图 5-40 所示，4 号线的一端与 FC 的动断触点相连，另一端与 QA1 及 QA2 的线圈相连，因此，FC、QA1、QA2 元件各有一个接线端子均标注为 4，如图 5-39 所示。

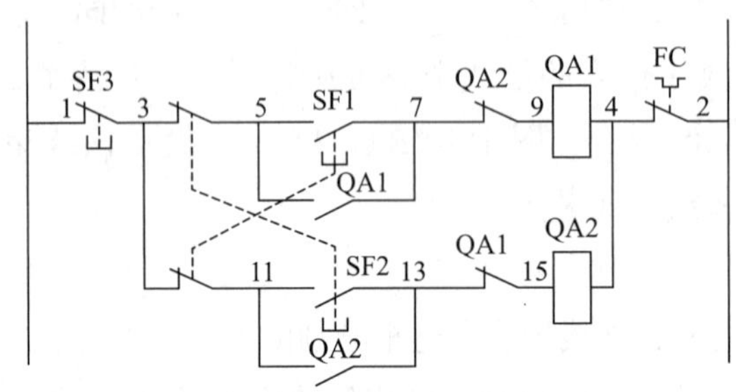

图 5-40　三相鼠笼式感应电动机双重联锁正反转控制电路图

3）元器件之间、元器件与端子排之间的导线用从属远端标记标注。如图 5-39 所示，图中 QA1 的 9 号端子与 QA2 的 9 号端子相连，则 QA1 的 9 号端子标注为“QA2：9”，QA2 的 9 号端子标注为“QA1：9”。

2．电气安装接线图的绘制特点

（1）各电气元器件均用图形符号表示，不画实体。如图 5-38 所示，图中隔离开关、熔断器、交流接触器等电气元器件的图形符号均采用电气图用图形符号表示，和与之对应的图 5-23 所示电路图中的完全一致。

（2）安装接线图上必须明确端子接线板、插接件、部件和组件等电气元器件的安装位置，并注明有关接线安装的技术条件。例如，图 5-38 中接触器 QA 的线圈、动合触点、动断触点都按元器件的实际结构画在一起，并用点画线框（接触器的简化外形符号）表示它们属于同一个项目（元器件）。这时，接触器简化外形符号所在位置就是接触器安装、配线时的位置。

（3）安装接线图中的各电气元器件的参照代号、端子代号及其他标识应与电路图中的一致，并按电路图所示信息进行导线连接，以便于接线和检修。

（4）在安装接线图中示出接线端子的情况。不在同一控制屏（柜）和同一控制台的各电气元器件之间的导线连接必须通过接线端子进行，同一屏（柜）体中的电气元器件之间的接线可以直接相连，即在安装接线图中示出接线端子的情况。

如图 5-38 所示，图中交流接触器、热继电器、熔断器等元器件被安装在机床的控制箱内，各种开关或按钮安装在机床表面的操作面板上，电动机在机床的底部。所以在配电盘上，一般都装有接线端子或接线板，用来连接配电盘的外电路。

（5）安装接线图中的分支导线应由各电气元器件的接线端引出，不允许在导线两端以外的其他地方连接。每个接线端子只能引出两根导线。如图 5-38 所示，从接触器 QA 的 1U2、1V2、1W2 分别引出两根导线，从其 L12、L13 端子也引出两根导线。

（6）安装接线图上应标明连接导线的规格、型号、根数及穿线管的尺寸。如图 5–38 所示，“聚氯乙烯软管 $\phi 15\times 400$，BVR$8\times 1\ \mathrm{mm}^2$”表示线束由 8 根截面积为 1 mm^2 的铜芯聚氯乙烯绝缘软电线组成，穿直径为 15 mm、长度为 400 mm 的聚氯乙烯软管。

3. 识读电气安装接线图的基本方法

（1）对照电气控制电路图读电气安装接线图

结合电路图看接线图是看懂接线图的基本方法。对照电气控制电路图，可以理清电路的工作原理及动作过程。虽然接线图是根据电路图绘制的，但它不能明显地反映出电气动作的原理。

（2）识读电气安装接线图的步骤

看接线图时，要先看主电路，再看辅助电路。根据端子代号、导线线号，从电源端顺次查下去，搞清楚线路的走向和电路的连接方法，即搞清楚每个元器件是如何通过连接线构成闭合回路的。接线图中的导线线号是元器件间导线连接的标记，标号相同的导线原则上都可以接在一起。

1）看主电路。从电源输入端开始，依次经过控制元器件、保护元器件和线路到电动机等用电设备。其主要目的是搞清楚电动机是怎样从三相电源获电的，三相电源线经过哪些电气元器件到达用电设备，以及为什么要经过这些电气元器件。这与看电路图时有所不同，看电路图是先看用电器，再看是什么电气元器件控制该用电器的。

如图 5–38 所示，主轴电动机 M1 的外电源从端子板 X2 的 L1、L2、L3 端子引入，其走向是：外电源→端子板 X2 的 L1、L2、L3 端子→L1、L2、L3 号线→电源开关 QB1→L11、L12、L13 号线→聚氯乙烯软管 $\phi 15\times 800$，BVR$3\times 2.5\ \mathrm{mm}^2$→端子板 X1 的 L11、L12、L13 端子→L11、L12、L13 号线→接触器 QA 的三对主触点→1U2、1V2、1W2 号线→热继电器 FC4 的热元件→1U1、1V1、1W1 号线→端子板 X1 的 1U1、1V1、1W1 端子→聚氯乙烯软管 $\phi 13\times 800$，BVR$3\times 2.5\ \mathrm{mm}^2$→电动机 M1 的 1U1、1V1、1W1 端子。

2）看辅助电路。看辅助电路要按每条小回路看，而看每条小回路时，应先从控制电路电源起点（相线）去寻找回路，看经过哪些电气元器件又回到电源的另一相（或零线）。注意经过元器件后线号（导线的识别标记，如独立标记、回路标号等）的变化，按动作顺序对每条小回路逐一分析研究，了解每个回路的作用，然后整体分析各条回路间的联系。其主要目的是要搞清楚辅助电路是怎样控制电动机的。

如图 5–38 所示，启动按钮 SF2 闭合时的控制回路走向是：接触器 QA 的 L13→L13 号线→熔断器 FC2→1 号线→端子板 X1 的 1 号端子→聚氯乙烯软管 $\phi 15\times 400$，BVR$8\times 1\ \mathrm{mm}^2$→金属软管 $\phi 10\times 1000$，BVR$5\times 1\ \mathrm{mm}^2$→端子板 X3 的

1 号端子→钢管 $\phi 16 \times 480$，BVR3 × 1 mm^2 → 1 号线→停止按钮 SF1 的动断触点→ 3 号线→启动按钮 SF2 → 5 号线→钢管 $\phi 16 \times 480$，BVR3 × 1 mm^2 →端子板 X3 的 5 号端子→金属软管 $\phi 10 \times 1000$，BVR5 × 1 mm^2 →聚氯乙烯软管 $\phi 15 \times 400$，BVR8 × 1 mm^2 →端子板 X1 的 5 号端子→ 5 号线→接触器 QA 线圈→ 2 号线→ FC4 的动断触点→ 4 号线→ FC5 的动断触点→ 6 号线→熔断器 FC2 →电源的 L12 线。

此外，要搞清端子板内外电路的连接情况，内外电路相同标号的导线要接在端子板的同号接点上。

应用举例

以图 5–38 所示的 C620 型车床电气安装接线图为例，分析图样的绘制特点，并识读。识读时可参考图 5–23 与之对应的电路图。

1．分析图样的绘制特点

（1）如图 5–38 所示，图中的电路或电气元器件是按位置布局法布置的。例如，C620 型车床中的接触器 QA、热继电器（FC4、FC5）、熔断器（FC1、FC2、FC3）、变压器 TA 和接线端子板 X1 等在控制箱内，被集中绘制，并用点画线围框表示；开关或按钮在车床表面的操作面板上，也被集中绘制，并用点画线围框表示；照明灯开关 SF3 及照明灯 EA 装在照明灯座上，也被集中绘制，并用点画线围框表示等。同时，还示出了主轴电动机 M1、冷却泵电动机 M2、电源开关 QB1、隔离开关 QB2 所在的位置。

（2）图 5–38 所示图样为单元接线图。图中连接线用连续线表示法和单线表示法绘制。各连接线用回路标号（独立标记法）标注，虽未给出电缆号，但给出了电缆规格、尺寸等相关参数。

（3）图 5–38 所示图样用线束法绘制（单线表示法绘制），各电气元器件均用图形符号表示。对每个具体的电气元器件都分别标注了产品面参照代号，并给出了连接端子和端子代号。

2．识读图样

根据图 5–23 所示的 C620 型车床电气控制电路图，将接线图划分为主电路、控制电路和照明电路三部分。在此仅介绍对主电路的识读，对控制电路和照明电路的识读，请读者自行识读。

由图 5–23 可知，主回路有两条，一条是主轴电动机 M1 的回路，另一条是冷却泵电动机 M2 的回路，根据连接线的回路标号可了解主回路的导线走向和连接方法。

对主轴电动机 M1 回路的接线在本节“看主电路”部分已做分析，在此不再重复。现分析冷却泵电动机 M2 回路的接线情况。由图 5–38 可知，电源由接触器 QA 的三个下接线端子引出（说明：“下”用于书面表述，仅指阅图方向），线号为 1U2、

1V2、1W2。其走向是：接触器QA的三对主触点→1U2、1V2、1W2号线→熔断器FC1→2U3、2V3、2W3号线→热继电器FC5的热元件→2U2、2V2、2W2号线→端子板X1的2U2、2V2、2W2端子→隔离开关QB2→2U1、2V1、2W1号线→聚氯乙烯软管 $\phi 15\times400$，BVR8×1 mm^2→金属软管 $\phi 10\times550$，BVR3×1 mm^2→电动机M2的2U1、2V1、2W1端子。

§5-4 识读逻辑功能图

学习目标

1. 掌握逻辑功能图的基本表示方法。
2. 能识读常见的简单逻辑功能图，并会查阅相关标准。

想一想

分析图5-41所示逻辑功能图，思考图样的绘制特点和用途。

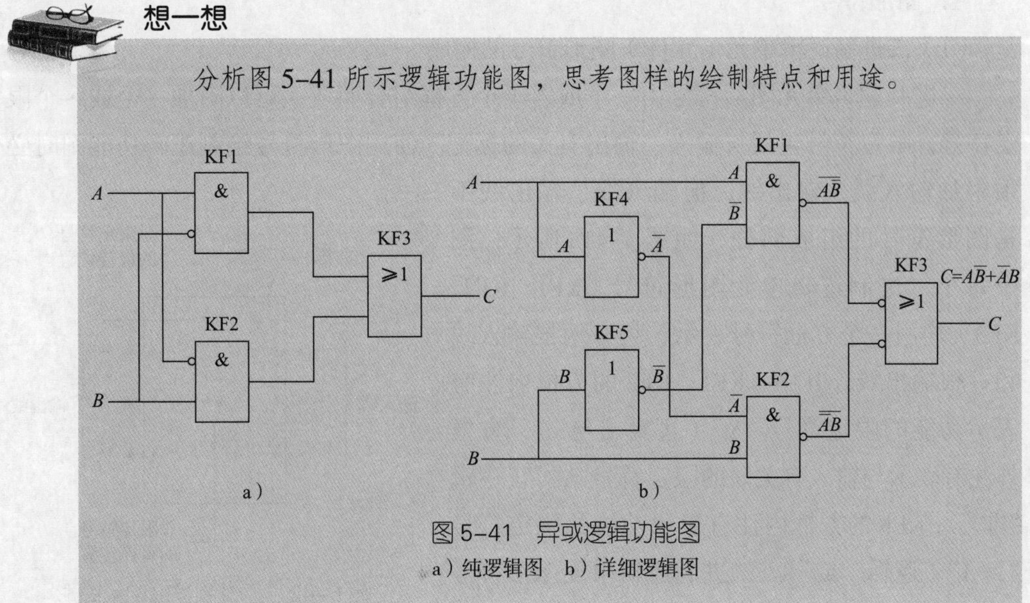

图5-41 异或逻辑功能图
a）纯逻辑图 b）详细逻辑图

一、逻辑功能图的基本概念

逻辑功能图是指用二进制逻辑元件符号绘制的简图，主要用于表达二进制逻辑电路的功能、逻辑关系及其工作原理。如图 5–41 所示，它清晰地示出了异或功能的逻辑功能状态，即 $C=A\overline{B}+\overline{A}B$。逻辑功能图按用途分为纯逻辑图和详细逻辑图两类。

1．纯逻辑图

纯逻辑图是一种只表示逻辑功能而不涉及实现方法的逻辑功能图，也称为理论逻辑图或一般逻辑图，如图 5–41a 所示。纯逻辑图是编制详细逻辑图的依据，主要用于表达系统的功能、逻辑连接关系以及工作原理，而不涉及实现逻辑功能的实际器件。

2．详细逻辑图

详细逻辑图是一种用执行逻辑功能实际器件的图形符号绘制的逻辑功能图，也称为工程逻辑图，如图 5–41b 所示。它不仅要表明系统的功能、逻辑关系和工作原理，而且要确定实现逻辑功能的实际器件和工程化的内容。详细逻辑图是产品设计、装接、测试、调整、使用和维修必不可少的电气用图。

二、逻辑功能图的绘制原则和方法

逻辑功能图的绘制原则和方法应符合标准《电气技术用文件的编制　第 1 部分：规则》（GB/T 6988.1—2008）中的相关规定。

1．图形符号

（1）二进制逻辑单元（元件）图形符号的构成

二进制逻辑单元图形符号由一个或若干个方框组合而成，可以附加一个或多个限定符号，限定符号包括与输入、输出有关的标记。使用图形符号绘制逻辑功能图时必须附加输入线、输出线，但输入线、输出线不是图形符号的组成部分。如图 5–41a 所示，图中每个二进制逻辑单元图形符号（KF1、KF2、KF3）均用一个方框符号表示，均有两根输入线和一根输出线。其中，KF1、KF2 的方框内注有表示功能的限定符号“&”（逻辑“与”），方框外注有表示与输入有关联的限定符号“○”（逻辑“非”）；KF3 的方框内注有表示功能的限定符号“≥ 1”（逻辑“或”）。二进制逻辑单元图形符号结构示例如图 5–42 所示。

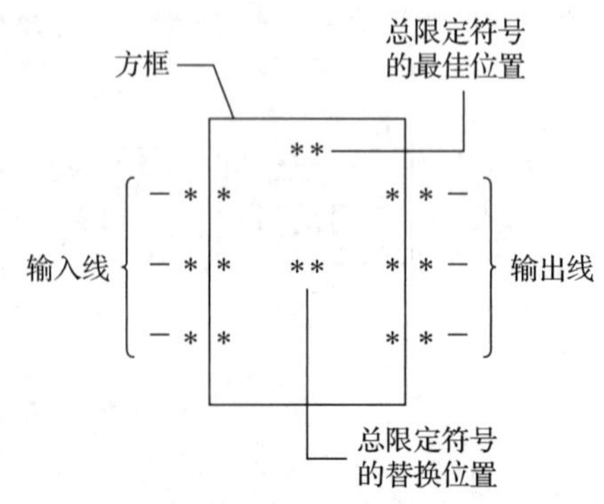

图 5–42　二进制逻辑单元图形符号结构示例

1）图 5-42 中用符号“**”表示总限定符号的位置。总限定符号是用来说明逻辑单元执行的逻辑功能，是方框符号功能的主要组成部分。如图 5-41a 所示，二进制逻辑单元图形符号 KF1、KF2 中的限定符号“&”和 KF3 中的限定符号“≥ 1”，分别表示 KF1、KF2 为“与”元件，KF3 为“或”元件。

2）图 5-42 中用符号“*”表示与输入、输出有关的限定符号（包括关联标记）的位置。如图 5-41a 所示，与二进制逻辑单元图形符号 KF1、KF2 的输入有关联的限定符号“○”表示逻辑“非”功能。

3）当逻辑单元的功能完全由输入、输出限定符号决定时，就不需要再标注总限定符号。如图 5-43 所示，基本 RS 触发器、JK 触发器（下降沿触发）、D 触发器（上升沿触发）等各种类型的双稳单元都属于这种情况。

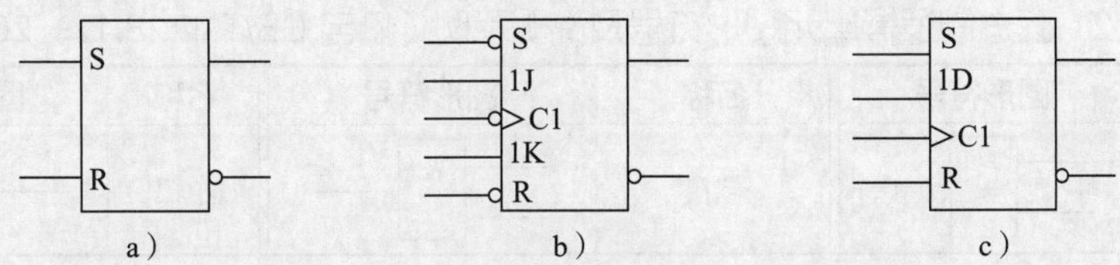

图 5-43 不需标注总限定符号的逻辑单元示例

a）基本 RS 触发器 b）JK 触发器（下降沿触发） c）D 触发器（上升沿触发）

（2）方框的种类

在二进制逻辑功能图中，方框有单元框、公共控制框和公共输出元件框三种，如图 5-44 所示。

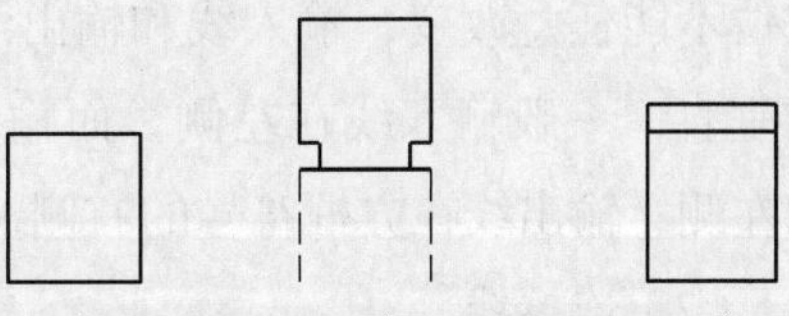

为了缩小一组相邻图形的幅面，表示各单元的方框可根据不同的需要来邻接或镶嵌。如图 5-45 所示为方框的邻接示例。其中，图 5-45a 适用于单元间无逻辑连接，连接边框与输入、输出信号流向平行；图 5-45b 适用于单元间仅有一种逻辑连接，连接边框与输入、输出信号流向垂直；图 5-45c 适用于公共控制线输入简化到公共控制区。方框的邻接应用示例如图 5-46 所示，有两个“与”单元和一个“或”单元构成的先“与”后“或”逻辑单元。

图 5-44 逻辑功能图方框的种类

a）单元框 b）公共控制框 c）公共输出元件框

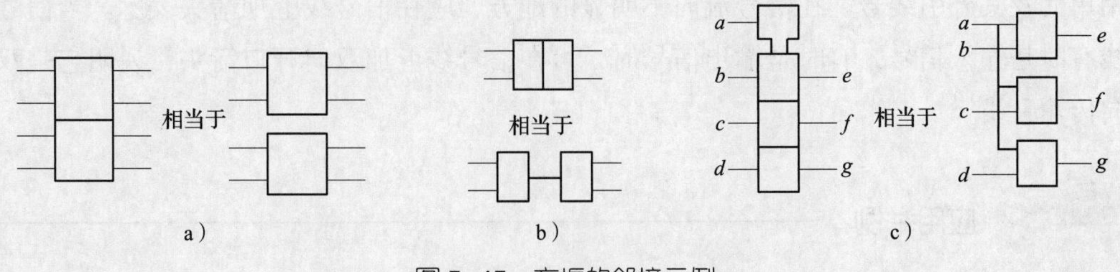

图 5-45 方框的邻接示例

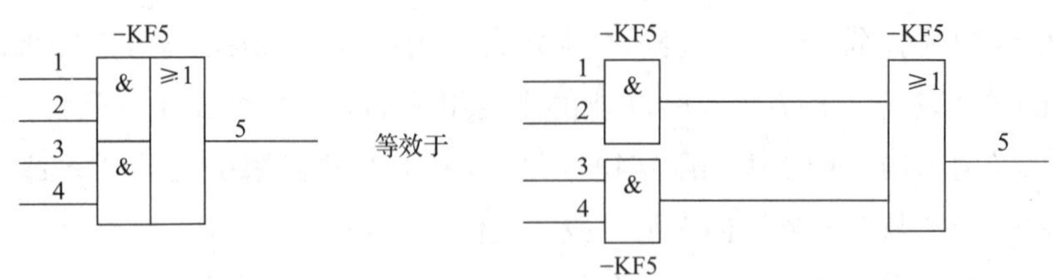

图 5-46　方框的邻接应用示例

（3）常用二进制逻辑单元的图形符号

二进制逻辑单元图形符号主要采用《电气简图用图形符号 第 12 部分：二进制逻辑元件》（GB/T 4728.12—2008）中的图形符号。二进制逻辑单元图形符号及说明示例见表 5-2。

表 5-2　二进制逻辑单元图形符号及说明示例（摘自 GB/T 4728.12—2008）

名称	图形符号	名称	图形符号	名称	图形符号
或门	≥1	与门	&	非门	1

2. 电气元器件的布局方式与连接线

（1）电气元器件的布局方式

在逻辑功能图中，用于表示电气元器件的图形符号是按功能布局法布置的。信息流向从左至右、自上而下，功能相关的图形符号结合在一起或尽量靠近。图形符号的方位不能任意改变，输入线和输出线分别置于图形符号相对的两侧，并与符号的框线相垂直，一般输入线在左侧，而输出线在右侧。如图 5-41 所示，输入线在方框符号的左侧，输出线在方框符号的右侧，信息流向从左至右。

（2）连接线

在逻辑功能图中，各单元之间的连接线及单元的输入线、输出线称为信号线。当一个信号输送给多个单元时，可用单根直线通过适当标记，以“T”形连接方式接到各个单元。例如，图 5-41a 中的输入信号 A 分别输送给 KF1 和 KF2 两个“与”单元，以“T”形连接方式绘制。

逻辑功能图中也可画出硬件的未使用部分，但必须标出未使用的外引线号或未使用单元及其外引线号。在信号流向不明显的地方，应在信号线上加箭头表示。当信号线有时是输入信号，有时是输出信号时，可在信号线上加双向开口箭头，说明它是双向传输引线。

应用举例

分析图 5-41 所示的异或逻辑功能图的绘制特点，并识读图样。

1. 分析图样的绘制特点

如图 5-41 所示，不论纯逻辑图还是详细逻辑图，表示二进制逻辑单元的图形符号均按功能布局法布置，信息流向从左至右。二进制逻辑单元图形符号的输入线和输出线分别置于图形符号相对的两侧，并与符号的框线相垂直，输入线在左侧，输出线在右侧。

2. 识读图样

（1）纯逻辑图

如图 5-41a 所示，异或逻辑功能图由两个“与”单元（KF1、KF2）和一个“或”单元（KF3）组成。“与”单元 KF1 的输入为 A、$\overline{B}$，输出为 $A\overline{B}$；“与”单元 KF2 的输入为 $\overline{A}$、B，输出为 $\overline{A}B$；“或”单元 KF3 的输入为 $A\overline{B}$、$\overline{A}B$，输出为 $C=A\overline{B}+\overline{A}B$。

（2）详细逻辑图

图 5-41a 仅仅从理论上阐述异或逻辑关系，并没有提供实现这种逻辑功能的实际方法。若要实现图 5-41a 所示的逻辑功能，必须增加“非”元件。假定实现所需功能的有两种器件，如图 5-47 所示。用这两种符号分别代替图 5-41a 中的三个二进制逻辑单元符号，在需要的地方插入非门符号，则可画出其详细逻辑图，如图 5-41b 所示。在这个详细逻辑图中，各项目已不再是理想的元件，而是实际的元件，从而达到实际应用和工程化的要求。

图 5-47　二进制逻辑单元符号（实际物理器件）

§5-5　识读电气布置图

学习目标

1. 掌握电气布置图的基本表示方法。
2. 能识读常见的简单电气布置图，并会查阅相关标准。

想一想

分析图 4–7 所示的电气元器件布置图，思考图样的绘制特点和用途。

一、电气布置图的基本概念

如图 4–7 所示，图中的电气元器件用简化外形（方框）表示，并标注产品面参照代号。简化外形所在位置就是其所表示元器件的安装位置，简化外形的形状、大小可与其所表示元器件的实际尺寸相对应。在电气图中，把这种用以表达项目相对或绝对位置信息的图样称为电气布置图。

电气布置图常与电路图、接线图配合使用，主要为电气设备的安装、检修等提供依据。

二、电气布置图的绘制原则和方法

电气布置图的绘制原则和方法应符合标准《电气技术用文件的编制　第 1 部分：规则》（GB/T 6988.1—2008）中的相关规定。

1．图样的布局

电气布置图是按照位置布局法布置的，图形符号应表示在电气元器件所在的大概位置。图中应表示出电气元器件的相对位置或绝对位置及其尺寸。对于非电设备的信息，只有对理解电气图和电气设备安装十分重要时，才将它们表示出来。为了使图面清晰，非电设备和电气设备要有明显区别。

2．电气元器件的表示方法

电气元器件用表示其主要轮廓的简化外形或《电气简图用图形符号》（GB/T 4728）标准中规定的图形符号来表示。如图 4–7 所示，电气元器件用简化外形表示。

3．连接线的表示方法

对于要求示出导线的电气布置图，一般用单线表示法绘制。只有在需要表明复杂连接的细节时，才采用多线表示。连接线应区别于表示地貌、结构或建筑物内容的图线。例如，为区别基本图上的图线，连接线可采用不同的线宽或墨色；也可采用在墙的断面画剖面线或阴影线的方法来区分连接线。当平行线太多时，可将其简化成线束（单线表示）或中断连接线。还可用参照代号表示连接线的存在。

4．设备位置的确定方法

在电气布置图中，可借助于物体的简化外形、物体的主要尺寸和它们之间的距离以及代表物体的符号等信息确定物体的相对位置或绝对位置。位置信息可以与必需的安装电气物体周围环境的信息一起提供。

三、电气布置图示例

1. 电气设备布置图

电气设备布置图是一种用以提供电气设备安装位置信息的简图，分室内和室外两种。电气设备应采用简化外形或图形符号来表示。表示电气设备的符号应绘制在设备的实际安装位置或大概位置。这种图不必给出各元器件间连接关系的信息，但要表示出设备之间的实际距离和尺寸等详细信息。有时，还可补充详图或说明，以及有关设备识别的信息和代号。

例如，图 5-48 所示为某控制室内设备布置图。室内设备布置图是一种提供室内电气设备安装位置信息的布置图，其基础图是建筑物图。图 5-48 中给出了建筑物内一个安装层上的控制屏和辅助机柜，并标注了位置面参照代号，例如，控制屏有 +W1、+W2、+W3 和 +WM1、+WM2，辅助机柜有 +WX1、+WX2。用尺寸标注定位法确定各电气元器件的相对位置，给出了布置距离和外形的相关尺寸，单位为 mm。

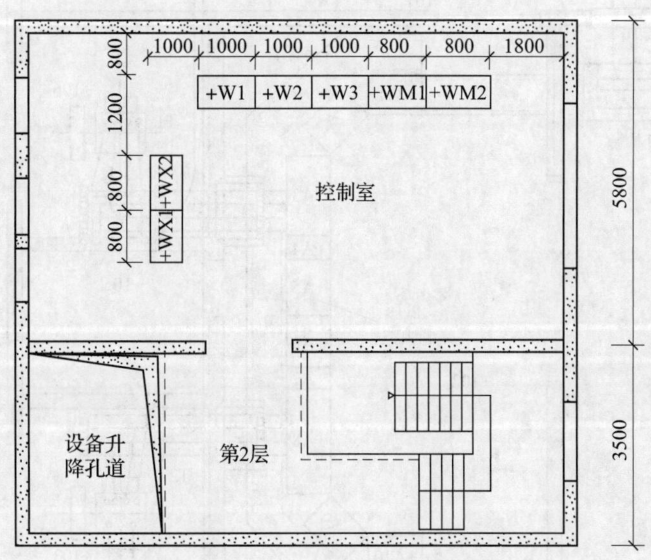

图 5-48　某控制室内设备布置图

2. 电气设备安装简图

电气设备安装简图是一种用以提供电气设备安装位置和连接关系的简图，分室内和室外两种。电气设备应采用简化外形或图形符号来表示。表示电气设备的符号应绘制在设备的实际安装位置或大概位置。这种图必须示出连接线的实际位置、路径、敷设线管等内容，有时还应表示出设备以何种顺序连接的具体情况。

例如，图 5-49 所示为某室内变电所电气设备安装简图。室内电气设备安装简图是一种用以提供室内电气设备安装位置和连接关系的布置图，其基础图是建筑物图。图 5-49 中清楚地给出了变电所里电气设备的实际安装位置，如变压器 T1 位于 +106 室内、变压器 T2 位于 +103 室内、高压配电柜位于 +101 室内、低压配电柜位于 +102 室内、操作台位于 +104 室内等。同时，还给出了各种电气设备的实际连接关系，如变压器 T1 和 T2 的高压侧与高压配电柜 +A8 相连；变压器 T1 的低压侧与低压配电柜 +A3 相连，变压器 T2 的低压侧与低压配电柜 +A8 相连；操作台 AC 与高压配电柜 +A2 及低压配电柜 +A1 相连等。用尺寸标注定位法确定各电气元器件的相对位置，给出了布置距离和外形的相关尺寸，单位为 mm。虚线为电缆沟。

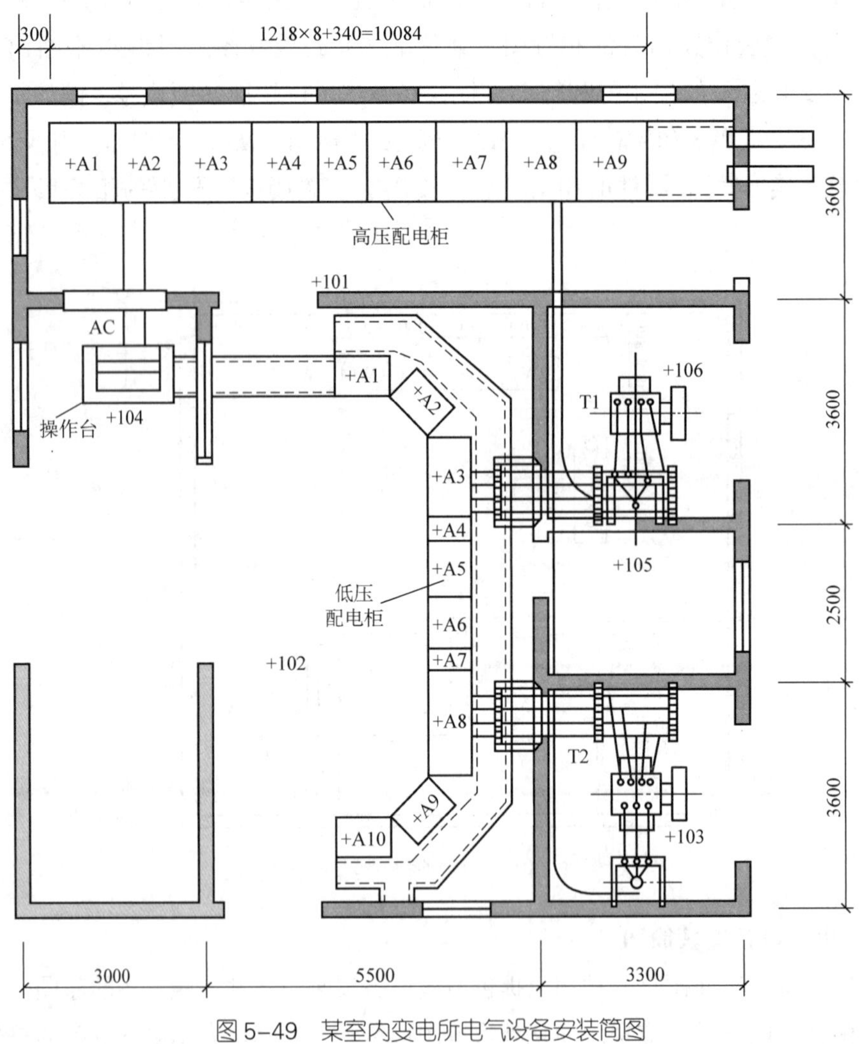

图 5-49　某室内变电所电气设备安装简图

3. 电气设备接地平面图

电气设备接地平面图是一种用以提供接地装置的位置及与电气设备连接关系的简图，又称接地图或接地简图，分室内和室外两种。在接地平面图上，应示出接地电极和接地排的位置，同时要求示出变压器、电动机、断路器等重要设备的接地元件和接地点。接地简图还应示出接地体。

例如，图 5-50 所示为某变电所的电气设备接地平面图，这是一种室内电气设备接地平面图，其基础图是建筑物图。图中清楚地示出了变电所里电气设备的布置位置及其接地线的连接情况，如变压器、高压配电柜、低压配电柜、计量柜、直流屏等。接地线采用加短斜线的点画线表示。室外为 3 个人工接地体，室内为自然接地体，接地线与建筑承力柱混凝土钢筋相接。用尺寸标注定位法确定各电气元器件的相对位置，给出了布置距离和外形的相关尺寸，单位为 mm。

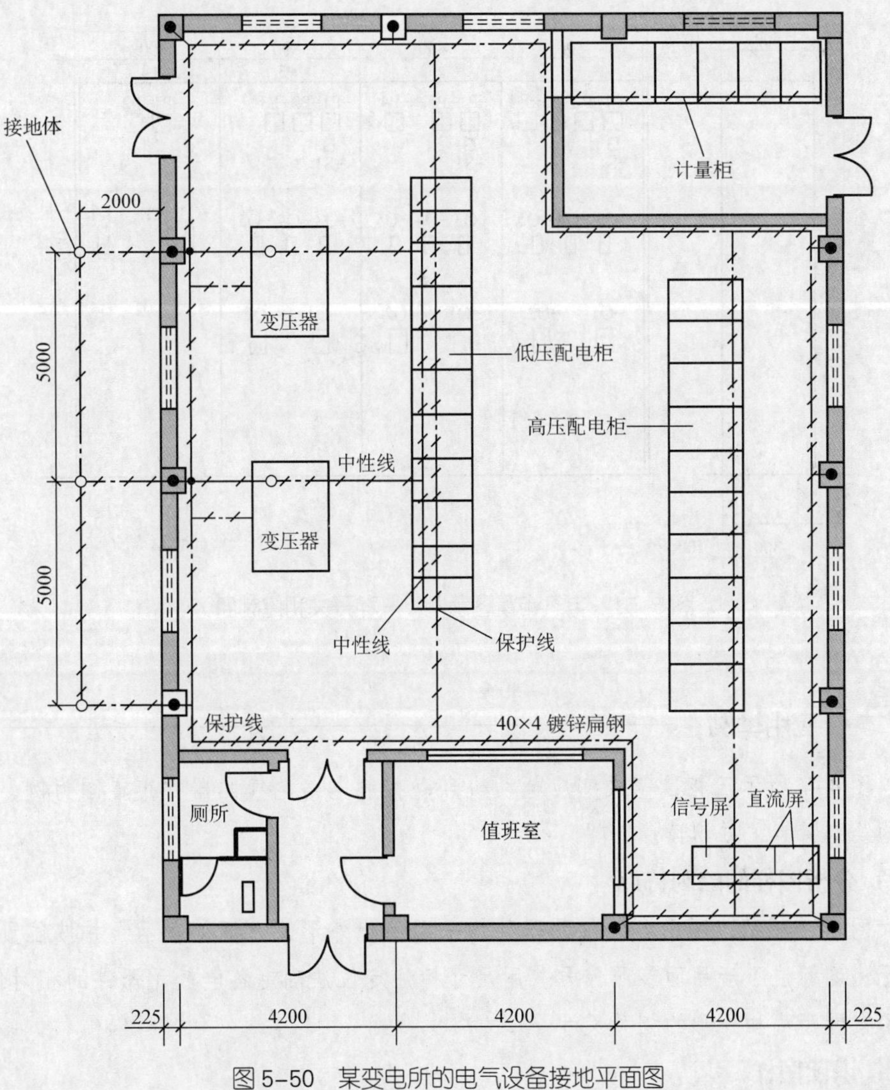

图 5-50　某变电所的电气设备接地平面图

4. 电气（设备内部元器件）布置图

电气（设备内部元器件）布置图是一种用于示出设备内部元器件安装位置的图，

通常以简化外形或其他补充图形符号的形式示出元器件的位置，包括设备的参照代号等信息。最常见的电气布置图主要有各种配电屏、控制屏、继电器屏、电气装置的屏面或屏内设备和元器件的布置图等。

例如，图 5–51 所示的电气布置图中，位于控制盘上的电气元器件用简化外形表示，各项目均标注了参照代号（位置面和产品面），如位置面参照代号 +1、+2、+3、+4，产品面参照代号 –P1、–P2、–Q1、–Q2 等，还给出了开关和控制盘在电缆沟上方的位置信息。用尺寸标注定位法确定各电气元器件的相对位置，给出了布置距离和外形的相关尺寸，单位为 mm。

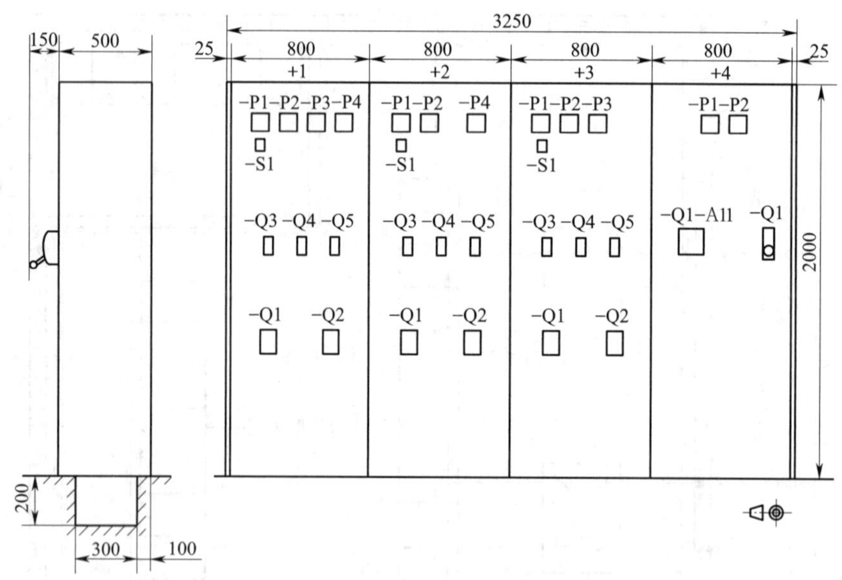

图 5–51　电气布置图示例（一种开关和控制盘）

应用举例

以图 4–7 所示三相鼠笼式感应电动机点动控制电路电气元器件布置图为例，分析图样的绘制特点，并识读。

1. 分析图样的绘制特点

如图 4–7 所示，图中各电气元器件均采用简化外形（方框）表示，并按位置布局法布置，均标注了产品面参照代号。用尺寸标注定位法确定各电气元器件的相对位置，给出了布置距离和外形的相关尺寸。

2. 识读图样

如图 4–7 所示，安装在面板上的电气元器件有熔断器（–FC1、–FC2）、接触器（–QA2）、低压断路器（–QA1）、按钮（–SF）和端子排（–X），它们按功能分区布置。

§5-6 识读建筑电气安装平面图

学习目标

1. 掌握建筑电气安装平面图的基本表达方式、绘制特点和识读的基本方法。

2. 学会识读简单的建筑电气安装平面图，并会查阅相关标准。

想一想

分析图 5-52 所示建筑电气安装平面图，思考图样的绘制特点和用途。

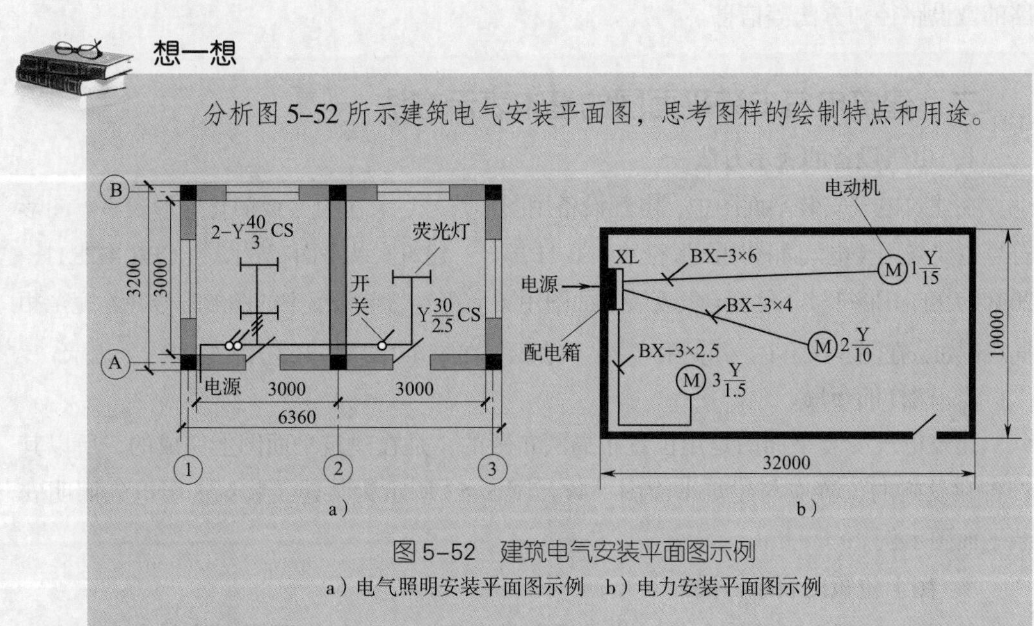

图 5-52 建筑电气安装平面图示例

a）电气照明安装平面图示例 b）电力安装平面图示例

一、建筑电气安装平面图的基本概念

建筑电气安装平面图是一种用图形符号（或简化图形）和文字符号来表示电气装置、设备和线路等在建筑物中的安装位置、连接关系及其安装方法的简图。为统一建筑电气专业制图规则，国家制定了《建筑电气制图标准》（GB/T 50786—2012）。

建筑电气安装平面图是以建筑专业平面图为基础绘制的图样，主要用于表达电气设备及电气设备之间的相对或绝对位置信息，如图 5-52 所示。建筑电气安装平面图主要用于建筑电气设备的安装、维护和管理。建筑电气安装平面图种类很多，常用的主要有电气照明安装平面图和电力安装平面图等。

1．电气照明安装平面图

电气照明安装平面图是指用图形符号和文字符号表示建筑物内照明设备和线路平面布置的简图。它主要用于反映建筑物内各种电气照明设备的安装位置、安装方式以及照明设备的规格、型号和数量等内容，常用于电气照明线路的安装、维护和管理。如图 5–52a 所示，图中给出了开关和荧光灯的安装位置，还给出了荧光灯的安装方式、型号、数量等信息。

2．电力安装平面图

电力安装平面图是指用图形符号和文字符号表示建筑物内各种电力设备平面布置的简图。它主要用于反映电力设备的安装位置、规格、型号、数量，以及供电线路的敷设路径和方法等内容，常用于电力设备的安装、维护和为管理提供安装信息。如图 5–52b 所示，图中给出了电动机和配电箱的安装位置以及规格、型号、数量，供电线路的敷设路径和方法等信息。

二、建筑电气安装平面图的基本表示方法

1．电气设备的表示方法

在建筑电气安装平面图中，电气设备用图形符号、文字符号或简化外形表示。图形符号主要采用《电气简图用图形符号　第 11 部分：建筑安装平面布置图》（GB/T 4728.11—2008）中的图形符号。建筑电气安装平面图用图形符号与电路图中的图形符号并不完全相同。例如，在图 5–52a 中，开关用“ ”表示；在图 3–1b 中，开关用“ ”表示。

2．图样的布局

建筑电气安装平面图是用位置布局法布置的，是在建筑平面图上完成的，所以其设备和设施的位置应与建筑平面图一致。图 5–53 所示为某建筑物第 3 层电气照明安装平面图示例。

3．图上位置的表示方法

如图 5–53 所示，建筑电气安装平面图是在简化的建筑平面图上绘制出来的，由建筑平面图的定位轴线以及某些建筑物（如梁、柱、门、窗等）的比例尺可以确定线路和设备布置的位置。其方法是：

（1）定位轴线法

如图 5–53 所示，定位轴线是指确定建筑平面图上的承重墙、柱、梁等主要承重构件的位置的轴线。定位轴线的编号原则是：在水平方向，按从左至右的顺序给轴线标注数字编号，如①、②、③、④…；在竖直方向，按从下到上的顺序给轴线标注字母编号（易混淆的 I、O、Z 不用），如Ⓐ、Ⓑ、Ⓒ…；数字和字母分别用点画线引出。定位轴线法类似于图幅分区法，有助于读图时确定设备的大概位置，并粗略估算出电气管线的长度。例如，图 5–53 中配电箱在 C3 附近，7 号室有一盏荧光灯在 B4 附近。

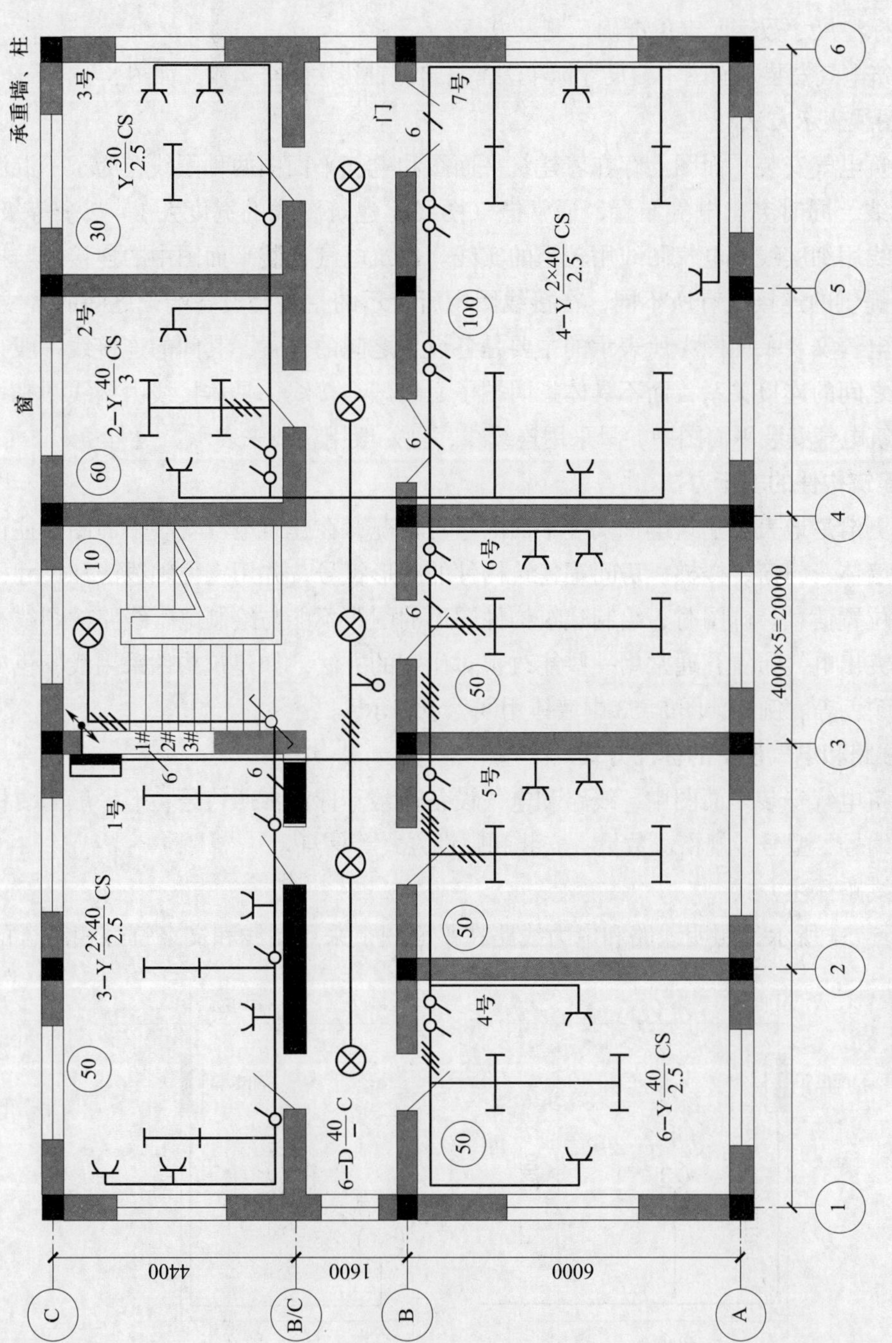

1#线路供1号房间、走廊、楼道；2#线路供4、5、6号房间；3#线路供2、3、7号房间。

图5-53　某建筑物第3层电气照明安装平面图示例

（2）尺寸标注法

尺寸标注法是指通过尺寸标注确定图上位置的方法。图样中的尺寸数字如没有明确说明，一律以 mm 为单位。用尺寸标注法定位类似于直角坐标系，在水平方向和竖直方向均标注尺寸数字，定位准确，测量方便。

在建筑电气安装平面图中，尺寸标注法常与定位轴线法结合运用，如图 5–53 所示。

4. 图线表示方法

在建筑电气安装平面图上存在着建筑平面图和电气平面图两种图线，为了不混淆这两种图线，同时突出电气布置，通常电气图线比建筑图线的宽度大 1 ~ 2 个等级，如建筑图线用细实线，电气图线用较粗的实线。建筑电气安装平面图中的连接线与接线图中所提供的连接线有所不同，在接线图中所表示的主要是设备端子之间的接线，而在建筑电气安装平面图中所表示的主要是各设备之间的位置，其间的连接线一般只表示设备之间的连接关系，而不具体指明端子之间怎么接线，具体接线由接线图来指明。在建筑电气安装平面图中，只采用连续线，且一般用单线来表示。

5. 建筑构件的表示方法

为了更清楚地表示建筑电气安装平面的布置情况，在建筑电气安装平面图上往往需要画出墙体、门窗、楼梯、房间等建筑构件的图形符号，并用定位轴线法和尺寸标注法给出位置信息。画图时，绘制建筑构件图形的图线不能与绘制电气线路的图线相混淆。为突出电气布置，通常用一些能改善对比度的方法，如建筑构件采用浅墨色或其他不同颜色等。例如，图 5–53 中墙体用浅墨色表示。

6. 线路和电气设备的标注方式

在建筑电气安装平面图中，线路和电气设备通常不标注参照代号，但一般需要标注设备的编号、型号、规格、数量、安装和敷设方式等信息。

（1）线路标注方式

如图 5–54 所示，照明线路和电力线路在平面图上采用图线和文字符号相结合的

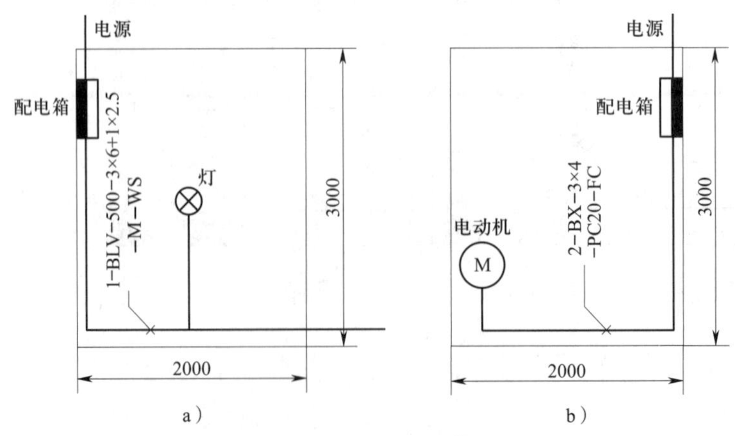

图 5–54　线路的标注示例

a）照明线路标注示例　b）电力线路标注示例

方法进行标注。图中用图线表示出线路的走向，用文字符号表示出导线的型号、规格、根数和线路配线方式，用尺寸标注法表示导线的长度和导线、电气设备的安装位置。

在电气工程中，导线特征的标注格式主要有两种，见表 5-3。标注导线特征的导线型号、敷设方式、敷设部位等信息可查阅相关材料，在此仅给出部分示例。例如，常用导线的型号示例见表 5-4，常用导线敷设方式的标注示例见表 5-5，常用导线敷设部位的标注示例见表 5-6。

表 5-3 导线特征的标注格式

格式	格式一：a-d-k-e×f-g-h 格式二：a-d（e×f）-g-h
说明	a—线路编号或功能符号 d—导线型号，示例见表 5-4 e—导线根数 f—导线截面积（mm^2） g—导线敷设方式代号（示例见表 5-5）和管径（mm） h—导线敷设部位代号，示例见表 5-6 k—电压（V）
示例	如图 5-54b 所示，图中标注“2-BX-3×4-PC20-FC”的含义是：2 号电缆用铜芯橡皮线（BX），有 3 根截面积为 4 mm^2 的导线，穿直径为 20 mm 的硬塑料导管（PC）敷设，敷设部位为暗敷在地面内（FC）
备注	在格式“e×f”中，如有截面不同的导线，则在截面不同的导线之间用符号“+”表示分开，如图 5-54a 中的 1-BLV-500-3×6+1×2.5-M-WS

表 5-4 常用导线的型号示例

型号	说明	型号	说明
BLV	铝芯聚氯乙烯绝缘电线	BXR	铜芯橡皮软线
BV	铜芯聚氯乙烯绝缘电线	BLX	铝芯橡皮线
BX	铜芯橡皮线	BVV	铜芯聚氯乙烯绝缘聚氯乙烯护套电线

表 5-5 常用导线敷设方式的标注示例（摘自 GB/T 50786—2012）

敷设方式	代号	敷设方式	代号	敷设方式	代号
直接埋设	DB	用钢索敷设	M	用塑料线槽敷设	PR
用电缆沟敷设	TC	穿焊接钢管（钢导管）敷设	SC	穿硬塑料导管敷设	PC

表 5-6 常用导线敷设部位的标注示例（摘自 GB/T 50786—2012）

敷设部位	代号	敷设部位	代号	敷设部位	代号
暗敷设在梁内	BC	暗敷设在墙内	WC	暗敷设在地板或地面下	FC
暗敷设在柱内	CLC	沿墙面敷设	WS	沿吊顶或顶板面敷设	CE

（2）电气设备的标注方式

由于电气设备种类很多，其标注方式也各有不同，本书仅以“电力和照明设备”和“照明灯具”为例介绍，其他电气设备的标注信息可查阅相关资料。“电力和照明设备”和“照明灯具”的标注方式示例见表 5–7 。常用灯具类型的符号示例见表 5–8。常用灯具安装方式的标注示例见表 5–9。

表 5–7 “电力和照明设备”和“照明灯具”的标注方式示例

类别	标注方式	说明	示例
电力和照明设备	$a\frac{b}{c}$	a—设备编号 b—设备型号 c—设备功率（kW）	图 5–52b 中，“$2\frac{Y}{10}$”表示 2 号电动机，型号为 Y 系列鼠笼式感应电动机，额定功率为 10 kW
照明灯具	$a-b\frac{c\times d\times L}{e}f$	a—灯数 b—型号或编号，示例见表 5–8 c—每盏照明灯具的灯泡数 d—灯泡容量（W） e—灯泡安装高度（m） f—安装方式，示例见表 5–9 L—光源种类（可省略）	图 5–52a 中，“$2-Y\frac{40}{3}CS$”表示房间内有 2 盏型号相同的荧光灯（Y），每盏灯为 40 W，安装高度为 3 m，链吊式（CS）安装

表 5–8 常用灯具类型的符号示例

灯具名称	符号	灯具名称	符号	灯具名称	符号	灯具名称	符号
普通吊灯	P	花灯	H	荧光灯	Y	吸顶灯	D
壁灯	B	水晶底罩灯	J	防水防尘灯	F	工厂一般灯具	G

表 5–9 常用灯具安装方式的标注示例（摘自 GB/T 50786—2012）

安装方式	代号	安装方式	代号	安装方式	代号	安装方式	代号
链吊式	CS	线吊式	SW	嵌入式	R	吊顶内安装	CR
管吊式	DS	吸顶式	C	壁装式	W	支架上安装	S

7. 照明电路接线的表示方法

（1）直接接线法

直接接线法是一种可以从线路上直接引线连接的接线方法，导线中间允许有接头。如图 5–55a 所示，图中开关 S1 控制灯 E1，开关 S2 控制灯 E2，开关 S3 控制灯 E3。如图 5–55b 所示，以灯 E1 为例，E1 的相线（火线）接线端子与开关 S1 的接线端子相接，E1 的中性线（零线）接线端子直接接在电源的中性线（零线）N 上，如图中 *A* 点所示，在电源的中性线中间有与E1的中性线接线端子相连接的接点；开关S1另一个接线端子直接接在电源线L上，在电源线L中间有与开关S1的接线端子相连接的接点，如图中*B*点所示。图5-55b中细虚线表示在图5-55a中的此处应示出3根导线（画3条斜短线）。直接接线法虽然能够省工省料，但不便于检测维修，使用不广。

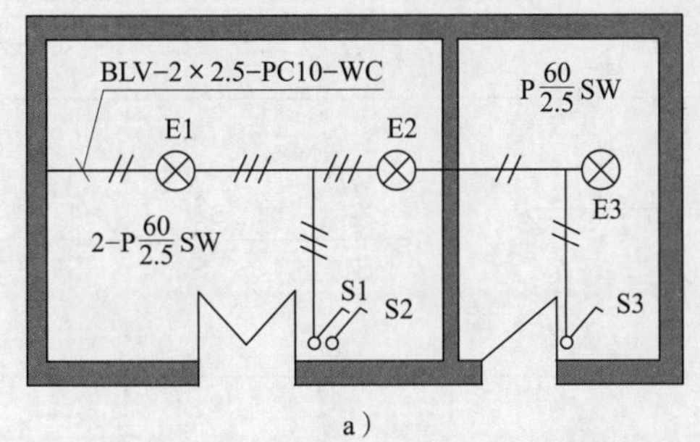

a）

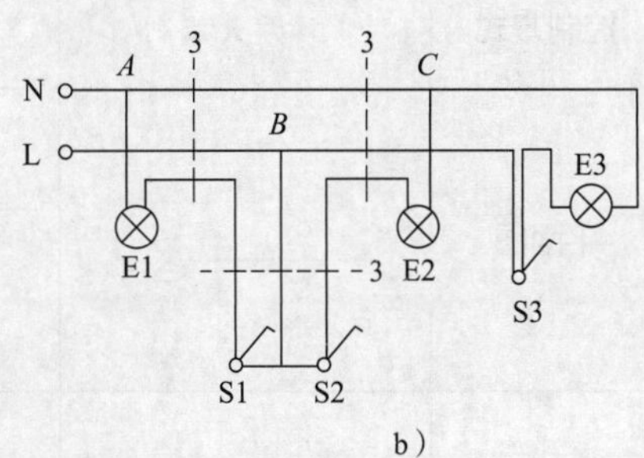

b）

图5-55 直接接线法示例

a）布置图 b）接线示意图

（2）共头接线法

共头接线法是一种只能通过设备的接线端子引线的接线方法，导线中间不允许有接头。如图5-56a所示，图中开关S1控制灯E1，开关S2控制灯E2，开关S3控制灯E3。在图5-56b中，灯E1的相线（火线）接线端子与开关S1的接线端子相接，电源的中性线（零线）N接头直接接在E1的中性线接线端子上；灯E2的相线（火线）接线端子与开关S2的接线端子相接，E2的中性线接线端子与E1的中性线接线端子通过导线直接连接。这样，电源的中性线N通过E1的中性线接线端子接到E2的中性线接线端子上，在接线端子与接线端子之间没有任何接头。电源相线L先接到开关S1的接线端子上，再从开关S1的接线端子引出接到开关S2的接线端子上，在接线端子与接线端子之间没有任何接头。图5-56b中细虚线表示在图5-56a中的此处应示出的导线根数（画斜短线根数）。采用共头接线法导线用量较大，但由于其可靠性比直接接线法高且检修方便，因此被广泛采用。

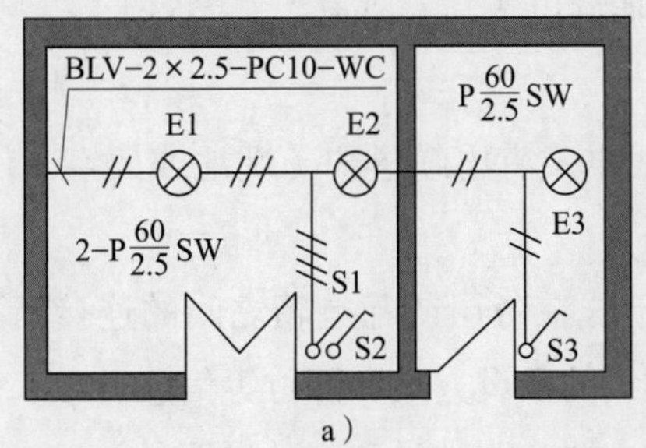

a）

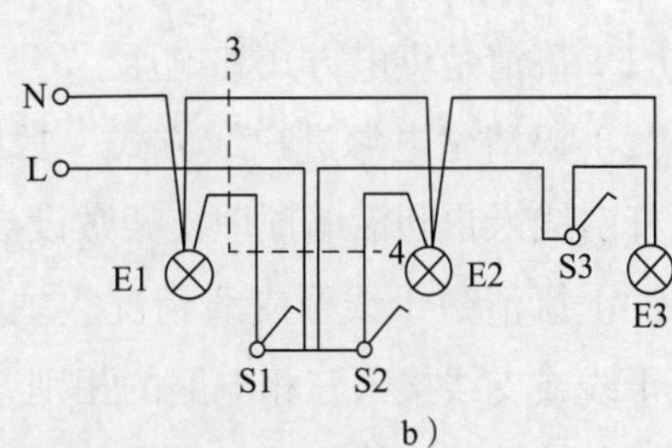

b）

图5-56 共头接线法示例

a）布置图 b）接线示意图

8. 基本照明控制电路的表示方法

常用基本照明控制电路的表示方法见表 5-10。为便于理解，在表中又列出了与之对应的电路图和接线示意图。

表 5-10　常用基本照明控制电路的表示方法

控制方式	1 只开关控制	双联控制	三联控制
平面图	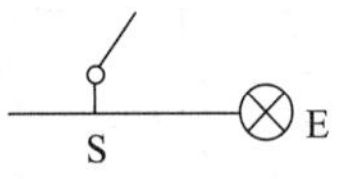 S E	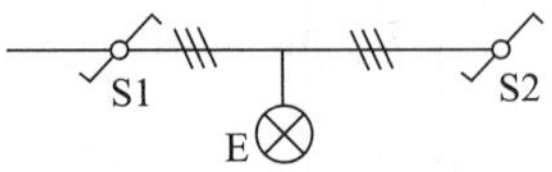 S1 S2 E	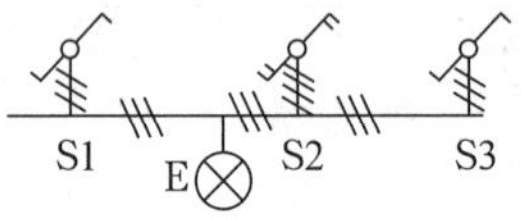 S1 E S2 S3
电路图	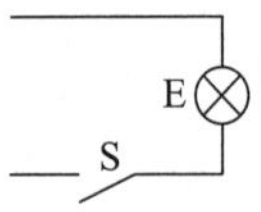 E S	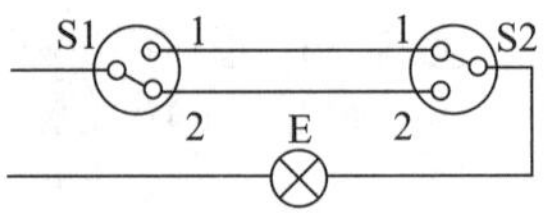 S1 1 1 S2 2 E 2	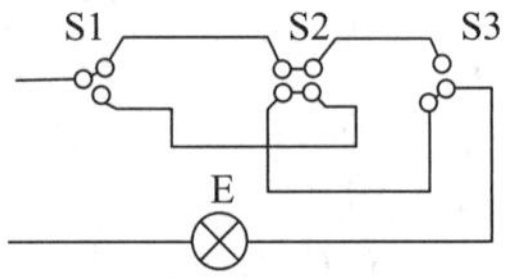 S1 S2 S3 E
接线示意图	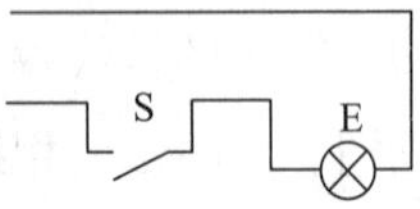 S E	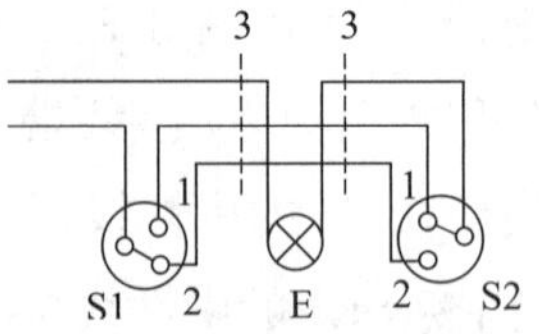 3 3 1 1 S1 2 E 2 S2	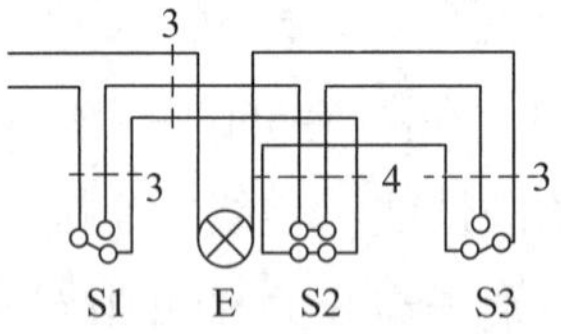 3 3 4 3 S1 E S2 S3

三、识读建筑电气安装平面图的基本方法

1. 识读顺序

建筑电气安装平面图一般按照从电气系统概略图到施工平面图、从电源进户线到总配电箱（盘）、从总配电箱沿着各条干线到分配电箱、从各个分配电箱沿着各条支线分别读到各个负载的顺序识读。读图时应注意把握好以下基本要点。

（1）搞清楚供电方式和电压。

（2）搞清楚电源进户线方式。常用的进户线方式有电缆进户（埋地或架空）、户外电杆引线入户和沿墙预埋支架敷设导线入户等。

（3）搞清楚干线及支线情况。主要搞清楚干线在各层或配电箱之间的连接情况、各条干线或支线接入三相电路的相别、干线和支线的敷设方式和部位等信息。

（4）搞清楚配线方式。常用的照明配线方式主要有明敷设和暗敷设两种。

（5）搞清楚电气设备的平面布置、安装方式和安装高度。

2. 识读方法

（1）阅读概略图，了解整个电气系统的基本组成及相互关系。

（2）阅读图上的文字说明，主要包括图纸目录、元器件明细表、施工说明等。平面图常附有设计或施工说明，以表达图中无法表示或不易表示，但又与施工有关的内容。有时还给出设计所采用的非标准图形符号。了解这些内容对进一步读图是十分必要的。

（3）电气管线敷设及设备安装与房屋的结构直接相关，因此要了解建筑物的基本情况，如房屋结构、房间分布与功能等。

（4）熟悉电气设备、灯具等在建筑物内的分布及安装位置，同时还要了解它们的型号、规格、性能、特点和对安装的技术要求。

（5）了解各支路的负荷分配情况和连接情况。在了解了电气设备的分布之后，就要进一步明确它是属于哪条支路的负荷，从而弄清它们之间的连接关系，这是最重要的。一般从进线开始，经过配电箱后，一条支路一条支路地阅读。

动力负荷多是三相负荷，主接线连接关系比较清楚；而照明负荷虽然都是单相负荷，但是其连接关系却比较复杂。这是因为照明灯具的控制方式是多种多样的，加上施工配线方式的不同以及对相线、零线、保护线的连接要求也各有不同造成的。例如，相线必须经开关后再接灯座，而零线则可直接进灯座，保护线则直接与灯具金属外壳相连接，这样，就会在灯具之间、灯具与开关之间出现导线根数的变化，其变化规律要通过熟悉照明基本线路和配线基本要求才能掌握。

（6）电力、电气照明安装平面图只表示设备和线路的平面位置而很少反映空间高度，但在识读平面图时，必须建立起空间概念。

应用举例

以图 5-53 所示的某建筑物第 3 层电气照明安装平面图为例，分析图样的绘制特点，并识读。图 5-57 所示为与图 5-53 相对应的电气照明配电系统概略图。建筑电气安装平面图用图形符号的含义示例见表 5-11。

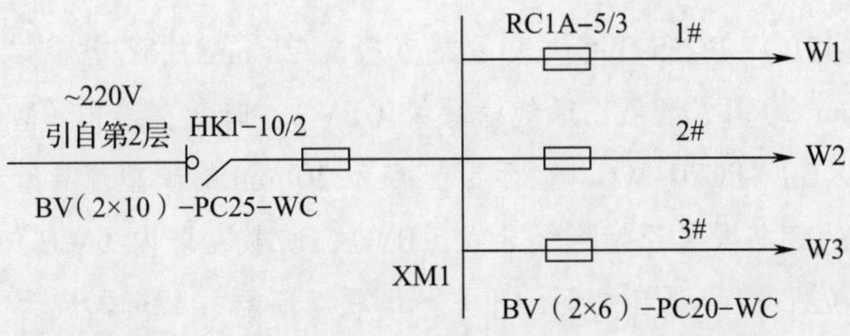

图 5-57 与图 5-53 对应的电气照明配电系统概略图

表 5-11 建筑电气安装平面图用图形符号的含义示例

图形符号	含义	图形符号	含义
	开关，一般符号		带保护极的（电源）插座
	双控单极开关		荧光灯，一般符号
	含有四根导线的导线组（线束）		垂直通过配线
	配电箱	⊗	灯，一般符号

1. 分析图样的绘制特点

图 5-53 所示的电气照明安装平面图是按位置布局法绘制的；导线用单线表示法表示，并用斜短线表示导线的条数。它清晰地表达了某建筑物第 3 层电气照明线路和灯具及其相关开关、插座等电气设备的安装位置，较好地体现了电气照明安装平面图的特点。

2. 识读图样

（1）识读基本图（建筑平面图）

图 5-53 所示的电气照明安装平面图的基本图是建筑平面图，因此，首先要读出图中所给出的非电信息。在电气照明安装平面图中，必要的非电信息与主要的电气信息有明显的区别。

如图 5-53 所示，为了清晰地表示线路、灯具的布置，图中按比例用细实线简略地绘出了建筑物的墙体、门窗、楼梯、承重梁柱等平面结构。用定位轴线法（水平方向①~⑥，竖直方向 A、B、B/C、C）和尺寸标注法表达了各部分的尺寸关系和安装位置。例如，配电箱在定位轴线“C”和“3”的交叉点“C3”附近。

（2）识读电气照明配电系统概略图

由图 5-57 所示电气照明配电系统概略图可知，该楼层电源引自第 2 层，为单相 220 V 的交流电，经照明配电箱 XM1 分配成 W1、W2、W3 三条分干线，送至各用电场所。图中标注含义如下。

1）“BV（2×10）-PC25-WC”表示穿直径为 25 mm 的硬塑料导管（PC）敷设 2 根截面积为 10 mm^2 的铜芯聚氯乙烯绝缘导线（BV），暗敷在墙内（WC）。

2）“BV（2×6）-PC20-WC”表示穿直径为 20 mm 的硬塑料导管（PC）敷设 2 根截面积为 6 mm^2 的铜芯聚氯乙烯绝缘导线（BV），暗敷在墙内（WC）。

3）“HK1-10/2”表示开启式负荷开关：串联熔断器，额定电流为 10 A，2 极。

4）“RC1A-5/3”表示插入式熔断器：额定电流为 5 A，熔体额定电流为 3 A。

（3）识读电气照明安装平面图

1）电源。由图5–57和图5–53可知，该层电源引自第2层，为单相220 V的交流电，经照明配电箱XM1分配成W1、W2、W3三条分干线。

2）照明线路。由图5–57和图5–53可知，照明总干线为BV（2×10）–PC25–WC，分干线为BV（2×6）–PC20–WC，但从分干线到用电器的支线没有给出。

3）照明设备。由图5–53可知，照明设备主要有灯具和开关。照明灯具有荧光灯和吸顶灯，灯具的安装方式为链吊式（荧光灯）、吸顶式（吸顶灯）等。各房间的照度用圆圈中标注的数字表示，照度单位为lx。

例如，1号房间的灯具$3-Y\dfrac{2\times 40}{2.5}\text{CS}$，表示该房间有3盏型号相同的荧光灯（Y），每盏灯由2支40 W灯管组成，安装高度为2.5 m，链吊式（CS）安装。1号房间的㊿表示照度为50 lx。

第六章
计算机绘图

AutoCAD 2020 是 Autodesk 公司最新推出的计算机辅助设计软件，它具有良好的工作界面和灵活、高效、快捷的绘图环境，已广泛应用于机械设计、电工电子电路设计等诸多领域。

§6-1　AutoCAD 2020 基础知识

学习目标

1. 掌握 AutoCAD 2020 的启动方法，了解 AutoCAD 2020 的工作界面。

2. 掌握 AutoCAD 文件新建、打开和保存的方法。

3. 掌握命令的启动、重复、撤销与重做操作，了解设置绘图区背景颜色的方法。

想一想

Word 是如何启动的？如何新建、打开和保存 Word 文件？

一、启动 AutoCAD 2020

双击桌面上的 AutoCAD 2020 快捷图标，即可启动 AutoCAD 2020 应用程序，启动后的界面如图 6–1 所示。在界面的下面有“了解”和“创建”两个选项，单击“创建”选项的“开始绘制”，即可进入 AutoCAD 的工作空间，如图 6–2 所示。为满足用户的使用需求，AutoCAD 2020 提供了“草图与注释”“三维基础”“三维建模”三种工作空间模式。“草图与注释”工作空间用于绘制二维图形，它也是 AutoCAD 2020 默认启动的工作空间，“三维基础”和“三维建模”工作空间用于绘制三维实体。

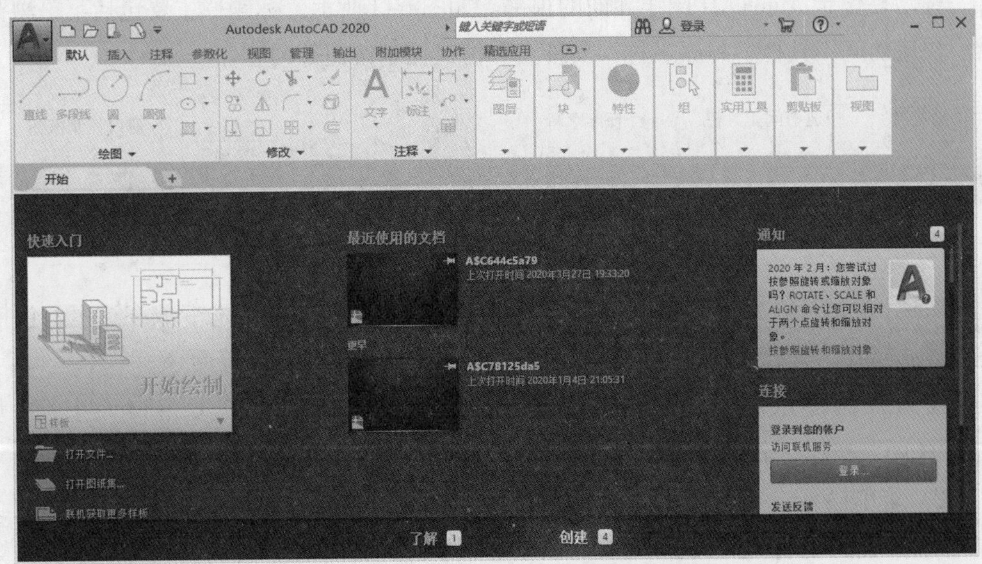

图 6–1 AutoCAD 2020 启动界面

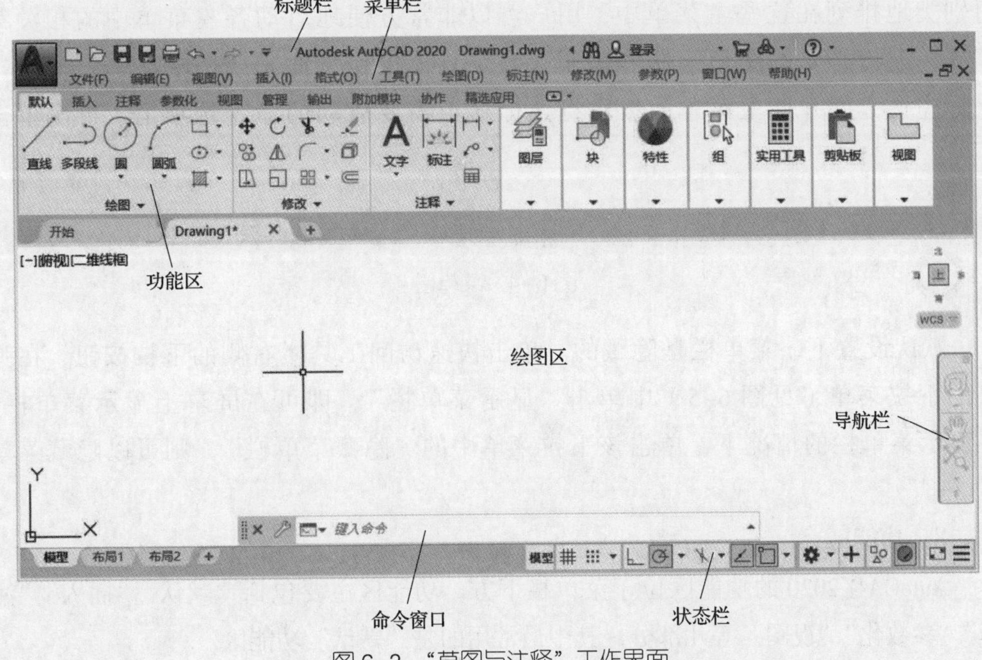

图 6–2 “草图与注释”工作界面

AutoCAD 2020 的“草图与注释”工作界面主要由标题栏、菜单栏、功能区、绘图区、命令窗口、状态栏、导航栏等组成，如图 6–2 所示。

二、AutoCAD 2020 的操作界面

1. 标题栏

标题栏位于 AutoCAD 操作界面的顶部。如图 6–3 所示，标题栏主要包括菜单浏览器、快速访问工具栏、程序名称、文件名和窗口控制按钮等内容。

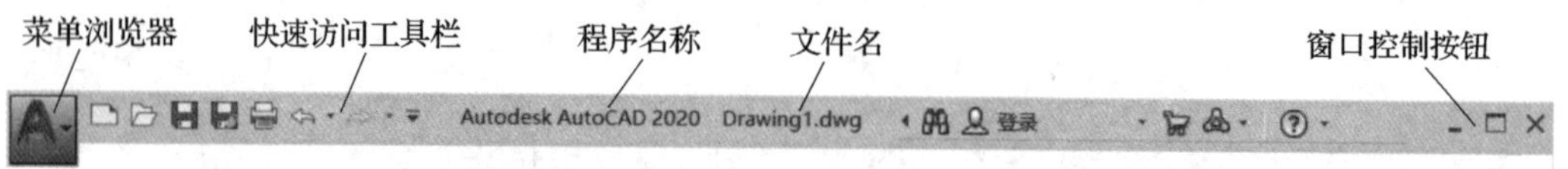

图 6–3　标题栏

快速访问工具栏在窗口的左上方，AutoCAD 的几个最常用的命令放在这里，包括“新建”“打开”“保存”“另存为”“打印”“放弃”以及“重做”等命令。

窗口控制按钮位于标题栏最右端，主要有“最小化”“恢复窗口大小 / 最大化”“关闭”按钮，分别用于控制 AutoCAD 窗口的大小和关闭。

2. 菜单栏

菜单栏位于标题栏的下侧，如图 6–4 所示。AutoCAD 共为用户提供了“文件”“编辑”“视图”“插入”“格式”“工具”“绘图”“标注”“修改”“参数”“窗口”“帮助”12 个主菜单。AutoCAD 的常用制图工具和管理、编辑工具等都分门别类地排列在这些主菜单中，用户可以非常方便地启动各主菜单中的相关菜单项，进行必要的图形绘制和编辑工作。具体操作方法是：在主菜单项上单击鼠标左键，展开此主菜单，然后将光标移至需要启动的命令选项上，再次单击即可。

文件(F)　编辑(E)　视图(V)　插入(I)　格式(O)　工具(T)　绘图(D)　标注(N)　修改(M)　参数(P)　窗口(W)　帮助(H)

图 6–4　菜单栏

默认设置下，菜单栏是隐藏的。单击快速访问工具栏右侧的下拉按钮，在弹出的下拉菜单（见图 6–5）中单击“显示菜单栏”，即可在屏幕上显示菜单栏；在显示菜单栏的情况下，单击该下拉菜单中的“隐藏菜单栏”，则可以隐藏菜单栏。

3. 功能区

AutoCAD 2020 的功能区位于菜单栏下方，功能区主要包括“默认”“插入”“注释”“参数化”“视图”等几部分，其中最常用的是“默认”功能区。

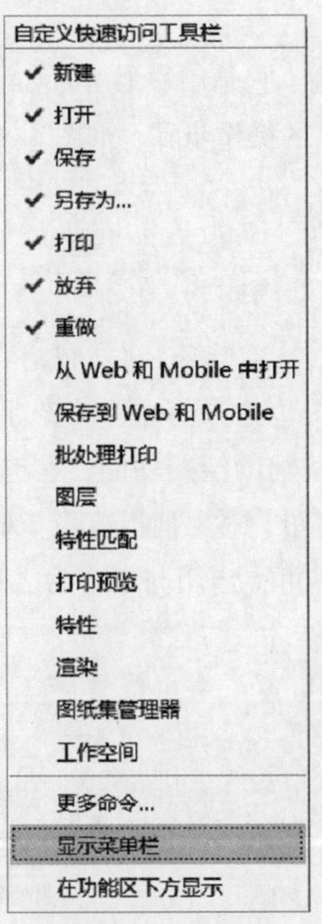

图 6–5 下拉菜单

单击“默认”标签，即可进入“默认”功能区，它包括“绘图”“修改”“注释”“图层”等 10 个面板，如图 6–6 所示。

图 6–6 “默认”功能区

4. 绘图区

绘图区位于用户界面的正中央，即被功能区和命令窗口所包围的整个区域，此区域是用户的工作区域，图形的设计与修改工作就是在此区域内进行操作的。默认状态下，绘图区是一个无限大的电子屏幕，无论尺寸多大或多小的图形，都可以在绘图区中绘制和灵活显示。

当移动鼠标时，绘图区会出现一个移动的“十”字光标，它由“十”字线和小方框叠加而成。当执行绘图命令时，“十”字光标变为拾取点光标（只有“十”字线），如图 6–7 所示。

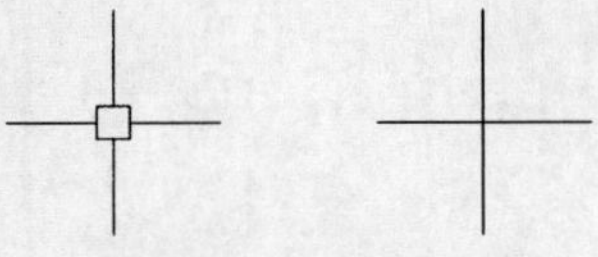

a） b）

图 6–7 光标

a）“十”字光标 b）拾取点光标

5. 命令窗口

命令窗口位于绘图区的下侧，它是用户与 AutoCAD 软件进行数据交流的平台，其主要功能是提示和显示用户当前的操作步骤，如图 6–8 所示。

图 6–8　命令窗口

6. 状态栏

状态栏位于屏幕的最下方，包括当前光标的坐标和辅助工具栏，如图 6–9 所示。辅助工具栏的按钮主要提供一些辅助绘图功能，它包括栅格、捕捉模式、动态输入、正交模式、极轴追踪、等轴测草图、对象捕捉追踪、对象捕捉、线宽、切换工作空间、全屏显示等开关按钮。单击它们可在启用与不启用之间进行切换。单击“自定义”按钮可以设置状态栏的显示内容。

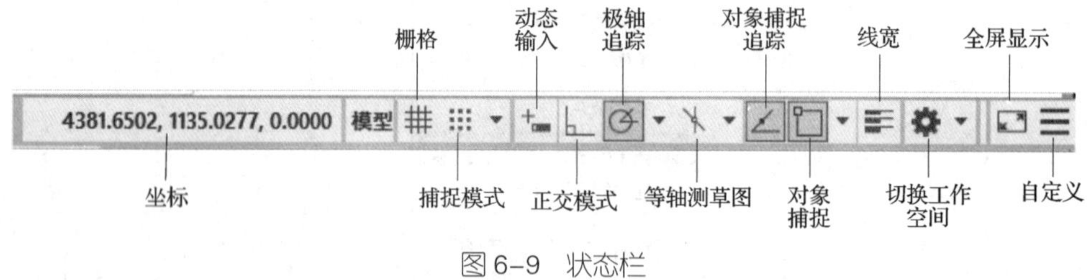

图 6–9　状态栏

7. 导航栏

导航栏位于屏幕的右侧，包括平移、缩放、动态观察等工具，如图 6–10 所示。

8. 右键快捷菜单

AutoCAD 为用户提供了右键快捷菜单（见图 6–11），在不同状态下单击鼠标右键可弹出不同的快捷菜单，用户单击快捷菜单中的命令选项，即可快速执行相应的命令。

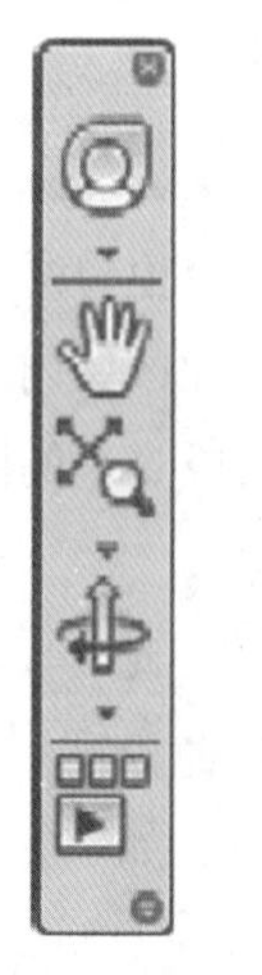

图 6–10　导航栏

图 6–11　右键快捷菜单

三、文件管理

1. 新建文件

启动 AutoCAD 时，用户不会直接进入软件的绘图界面，必须新建文件。执行“新建”命令的方法有：单击快速访问工具栏的“新建”按钮，单击菜单栏的“文件”→“新建”命令选项，或者单击菜单浏览器的“新建”命令选项等。

新建图形文件的步骤：执行“新建”命令，弹出“选择样板”对话框，如图 6–12 所示。单击“打开”按钮右侧的下拉按钮，在弹出的下拉菜单中选择“无样板打开 – 公制”命令，系统便会新建一个 AutoCAD 2020 的公制图形文件，并自动命名为“Drawing1.dwg”。

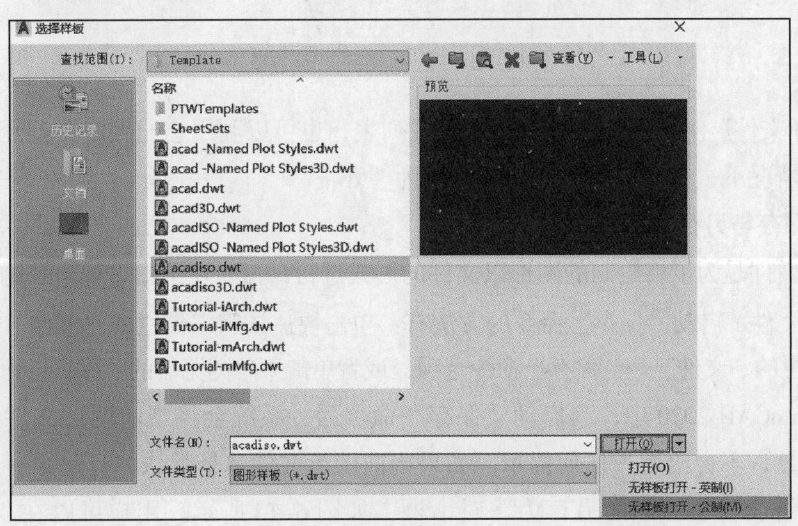

图 6–12 “选择样板”对话框

小提示

如果在“选择样板”对话框的“名称”区域中选择“acadiso.dwt”图形样板，然后单击“打开”按钮，同样也可以新建公制图形文件。

2. 打开文件

当用户需要查看、使用或编辑已经存盘的图形文件时，可使用“打开”命令将图形文件打开。启动“打开”命令的方法有：单击快速访问工具栏的“打开”按钮，单击菜单栏的“文件”→“打开”命令选项，或者单击菜单浏览器的“打开”命令选项。

在 AutoCAD 2020 中，当启动“打开”命令后，系统弹出“选择文件”对话框，如图 6–13 所示。该对话框和 Office 中相应对话框的样式及操作方式是类似的。在此对话框中，用户可以通过对话框顶部的“查找范围”下拉列表，查找需要打开文件的路径，然后打开文件。

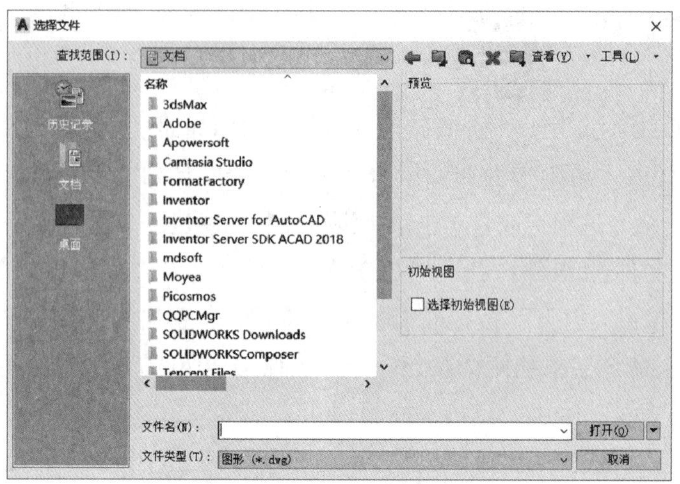

图 6–13 “选择文件”对话框

“选择文件”对话框的左边有文件位置列表，也可以利用它们确定要打开文件的位置。默认情况下，打开的图形文件的格式为“.dwg”。

3. 保存与另存文件

保存文件是为了将绘制的图形以文件的形式进行存盘，在画图过程中和画完图后都可以保存文件。启动“保存”命令的方法有：单击快速访问工具栏的“保存”按钮，单击菜单栏的“文件”→“保存”命令选项，或者单击菜单浏览器的“保存”命令选项。

在 AutoCAD 2020 中，当启动“保存”命令后，系统会将当前图形文件以原文件名存入磁盘，不会给用户任何提示。如果当前图形文件名是默认名且是第一次存储文件，则系统会弹出“图形另存为”对话框，如图 6–14 所示。用户可以在“保存于”下拉列表中设定文件的存储位置，在“文件名”文本框中输入文件名。

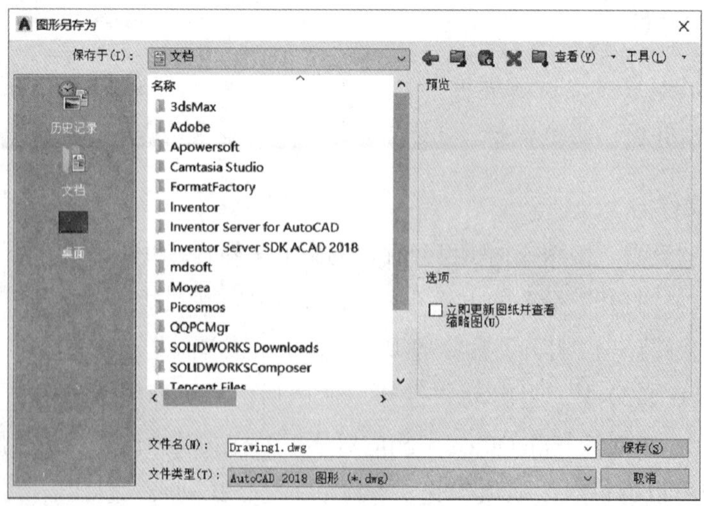

图 6–14 “图形另存为”对话框

此外，AutoCAD 2020 还提供了另外一种保存文件的命令，即“另存为”命令。启动“另存为”命令的方法有：单击快速访问工具栏的“另存为”按钮，单击菜单栏的“文件”→“另存为”命令选项，或者单击菜单浏览器的“另存为”命令选项。

“另存为”命令主要用于将当前的文件以新的文件名保存。

小提示

默认状态下，AutoCAD 系统保存的文件格式为“.dwg”。

4．关闭文件

绘图结束并已将文件保存后，需要关闭文件并退出 AutoCAD 2020。关闭 AutoCAD 的操作方法有：单击 AutoCAD 2020 窗口右上角的“关闭”按钮，或者单击菜单浏览器的“关闭”命令选项。

如果用户没有提前将绘制的图形进行保存，在执行“关闭”命令时，AutoCAD 2020 将弹出如图 6-15 所示的提示对话框。单击“是”按钮，系统将弹出“图形另存为”对话框，用于对图形进行命名保存；单击“否”按钮，系统将放弃存盘，直接退出 AutoCAD 2020 程序；单击“取消”按钮，系统将取消“关闭”命令，返回到 AutoCAD 2020 的工作界面。

图 6-15　提示对话框

四、命令的启动、重复、撤销与重做

1．启动命令的方法

AutoCAD 为用户提供了多种命令启动方法，下面以绘制直线为例，介绍命令的启动方法。

（1）在命令行输入命令名

命令字符可不区分大小写，例如，在启动“直线”命令时，既可输入大写字母“LINE”，也可输入小写字母“line”。在命令行输入绘制直线命令“LINE”并按回车键后，系统给出如下提示。

```
命令：LINE
指定第一个点：                    // 在绘图区指定一点或输入一个点的坐标
指定下一点或［放弃（U）］：
                    // 在绘图区指定直线的另一点或输入另一个点的坐标
指定下一点或［退出（E）/放弃（U）］：                    // 按回车键
```

执行命令时，在命令行提示中会出现相关的命令选项。命令行中不带括号的提示为默认选项（如上面的“指定下一点”），因此可以直接输入直线的起点坐标或在绘图区指定一点。如果要选择其他选项，则应该首先输入该选项的标识字符（如“放弃”选项的标识字符“U”），然后按系统提示输入数据即可。在命令选项的后面有时还带有尖括号，其中的内容为系统默认的选项或参数。

（2）在命令行输入命令缩写字母

在命令行输入“直线”命令的缩写字母“L”，也可以执行该命令。

（3）在“绘图”菜单中选择对应的命令

AutoCAD 的各项命令在菜单栏中都有相应的菜单，打开菜单栏中的“绘图”菜单，选择“直线”命令（见图 6-16），即可启动“直线”命令。

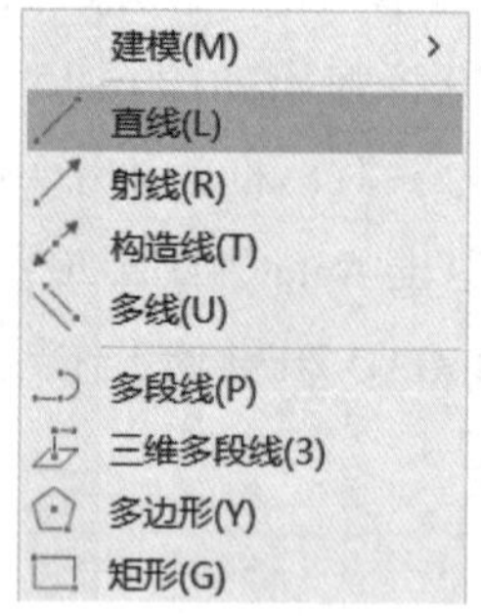

图 6-16　在“绘图”菜单中选择“直线”命令

（4）单击功能区中对应的按钮

单击“默认”功能区中的“直线”按钮 ，也可以启动“直线”命令。单击“默认”功能区中的命令按钮是最常用的执行命令的方法。

2. 命令的重复、撤销与重做

在绘图过程中经常会重复使用相同命令或者撤销用错的命令，下面介绍命令的重复、撤销和重做。

（1）命令的重复

重复调用上一个命令的方法主要有按回车键或空格键等。

（2）命令的撤销

使用“撤销”命令可以在命令执行的任何时刻取消或终止命令。执行“撤销”命令的方法：单击快速访问工具栏的“放弃”按钮 。

（3）命令的重做

要将已被撤销的命令恢复，可以使用“重做”命令。执行“重做”命令的方法：单击快速访问工具栏的“重做”按钮 。

五、设置背景颜色 

在系统默认的情况下，绘图的背景区域颜色为黑色（见图 6–17），用户可以根据自己的喜好和需要设置成不同的颜色。设置绘图区背景颜色，需要启动“选项”命令打开“选项”对话框。

图 6–17 默认绘图区颜色

启动“选项”命令的方法：单击菜单栏的“工具”→“选项”命令选项（见图 6–18）；在没有选择任何图形对象的前提下单击鼠标右键，弹出快捷菜单（见图 6–19），单击“选项”命令。

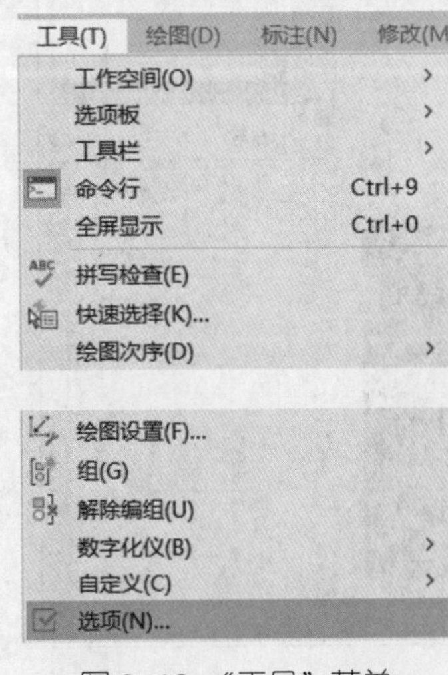

图 6–18 “工具”菜单

图 6–19 快捷菜单

执行上述命令后，系统打开“选项”对话框，单击“显示”选项卡，切换到“显示”界面（见图 6–20），然后单击“颜色”按钮，即可对绘图区的背景颜色进行修改（见图 6–21）。

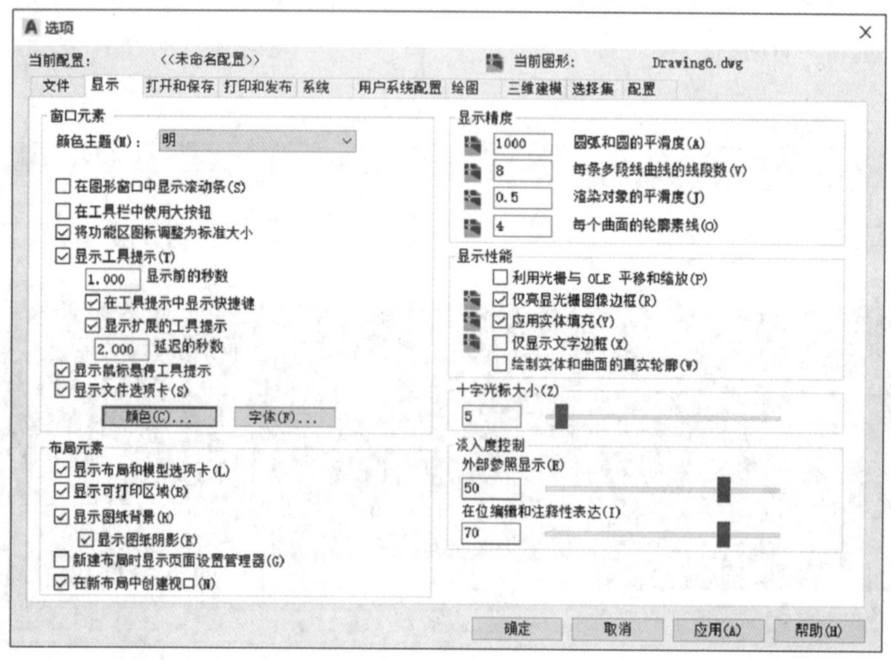

图 6–20 “选项”对话框

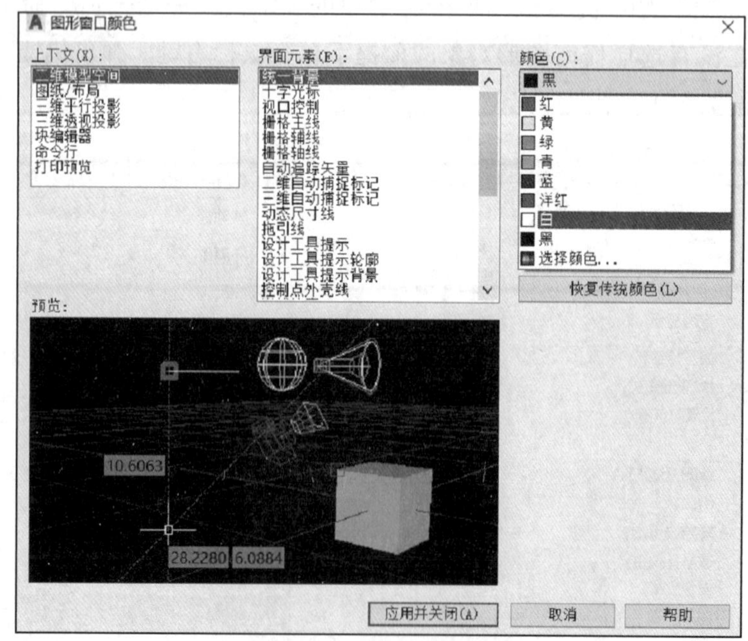

图 6–21 设置绘图区的背景颜色

§6-2 绘制平面图形

学习目标

1. 了解 AutoCAD 的坐标系。

2. 掌握直线、圆、圆弧、矩形、正多边形的绘制方法，能绘制基本几何图形。

想一想

1. 什么是平面直角坐标系？
2. 在机械图样上有哪些基本图形要素？

一、坐标系

在绘图过程中要精确定位某个对象时，必须以某个坐标系作为参照，以便精确指定点的位置。使用 AutoCAD 提供的坐标系可以精确绘制图形。

AutoCAD 的默认坐标系为 WCS，即世界坐标系。此坐标系是 AutoCAD 的基本坐标系，它由两个相互垂直并相交的坐标轴 *X*、*Y* 组成，如图 6–22 所示。*X* 轴正方向水平向右，*Y* 轴正方向竖直向上（如果在三维空间工作，还有一个 *Z* 轴），坐标原点在绘图区左下角。

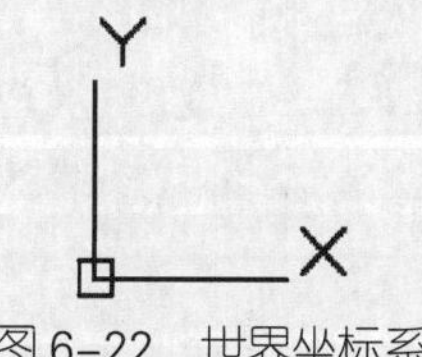

图 6–22　世界坐标系

1. 绝对坐标

（1）绝对直角坐标

绝对直角坐标是以原点（0，0）为参照点来定位所有的点，其表达式为（*X*，*Y*），用户可以通过输入点的实际 *X*、*Y* 坐标值来定义点的坐标。

例如，*B* 点的 *X* 坐标值为 35（该点在 *X* 轴上的垂足到原点的距离为 35 个图形单位），*Y* 坐标值为 15（该点在 *Y* 轴上的垂足到原点的距离为 15 个图形单位），那么 *B* 点的绝对坐标表达式为（35，15）。*B* 点在坐标系中的位置如图 6–23 所示。

（2）绝对极坐标

绝对极坐标是以原点作为极点，通过相对于原点的极长和角度来定义点的位置，其表达式为（$L<\alpha$）。L 为某点与原点之间的距离，即极长；α 为该点和原点的连线与 X 轴正方向的夹角。在默认设置下，AutoCAD 是以逆时针方向来测量角度的，即逆时针的角度为正值。因此，X 轴的正向为 0°，Y 轴的正向为 90°。例如，D 点的极坐标为（20<30），则 D 点在坐标系中的位置如图 6–24 所示。

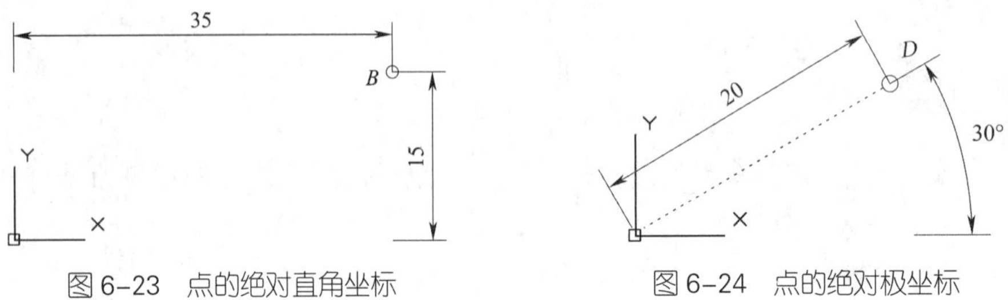

图 6–23　点的绝对直角坐标　　　图 6–24　点的绝对极坐标

2. 相对坐标

（1）相对直角坐标

相对直角坐标是指某点相对于另一点的 X 轴和 Y 轴位移。它的表示方法是在绝对坐标表达式前加上“@”，例如，A 点相对于 B 点的相对直角坐标为（@ –13，8），则 A 点相对于 B 点的位置如图 6–25 所示。

（2）相对极坐标

相对极坐标是指某点相对于另一点的距离和角度。它的表示方法也是在绝对坐标表达式前加上“@”，相对极坐标中的角度是新点和上一点连线与 X 轴的夹角。例如，C 点相对于 D 点的相对极坐标为（@ 11<24），则 C 点相对于 D 点的位置如图 6–26 所示。

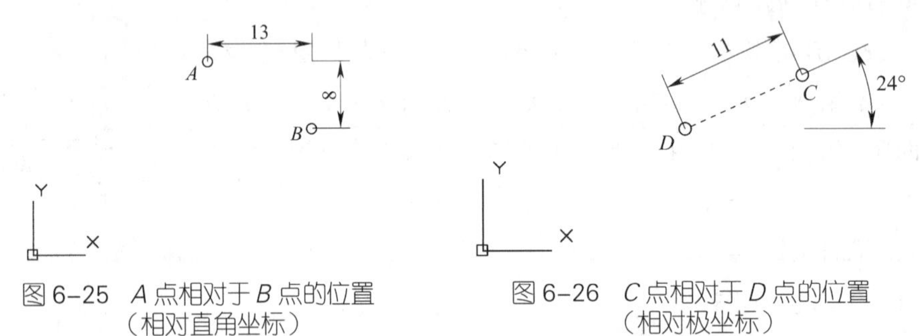

图 6–25　*A* 点相对于 *B* 点的位置（相对直角坐标）　　　图 6–26　*C* 点相对于 *D* 点的位置（相对极坐标）

二、绘制直线

1. 启用“直线”命令

“直线”命令主要用于绘制一条或多条直线，也可以绘制首尾相连的闭合图形。执行“直线”命令的方法：在功能区单击“默认”→“绘图”→“直线”按钮 ╱，如图 6–27 所示。

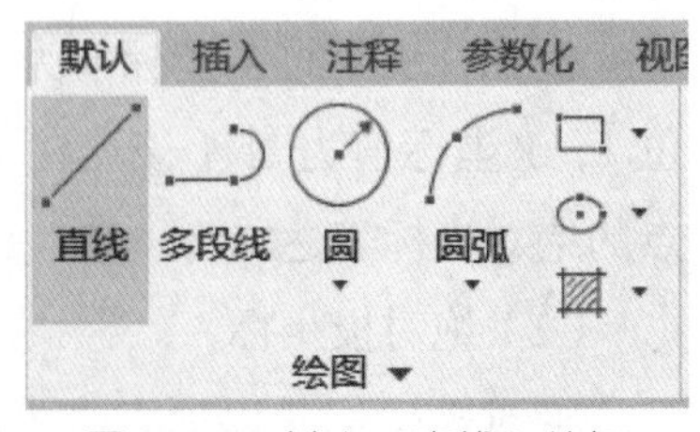

图 6–27　单击“直线”按钮

小提示

将光标移到某个需要单击的按钮上，停留一段时间后，系统自动弹出显示该按钮帮助信息的窗口（见图 6–28），初学者可以使用 AutoCAD 的这个功能进行学习。

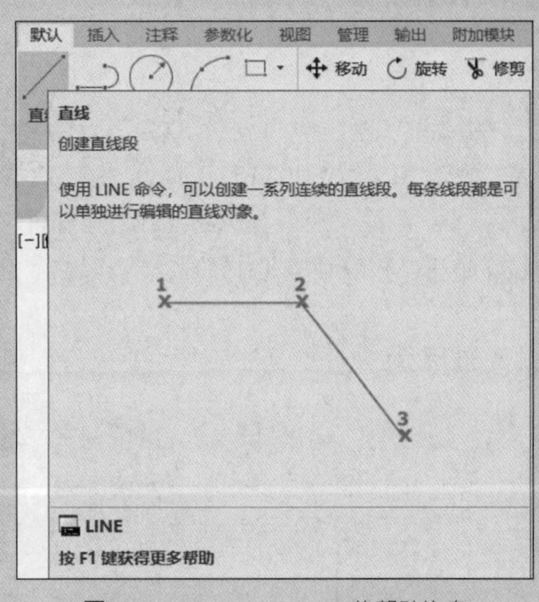

图 6–28 AutoCAD 2020 的帮助信息

2. 绘制直线的方法

AutoCAD 系统提供了很多种绘制直线的方法，如使用鼠标单击绘制直线、利用绝对直角坐标绘制直线、利用相对直角坐标绘制直线、利用绝对极坐标绘制直线和利用相对极坐标绘制直线。这五种方法归根到底都是通过确定点的坐标来绘制直线的，只是确定点的坐标的方式不同而已。

（1）利用鼠标单击绘制直线

该方法是通过单击鼠标左键在绘图区指定两点来绘制直线的。

单击“默认”→“绘图”→“直线”按钮，启动“直线”命令，系统给出如下提示。

```
命令：_line                                     //启动“直线”命令
指定第一个点：             //在绘图区适当位置单击左键，指定一点作为起点
指定下一点或[放弃（U）]：
                              //移动光标到另一位置单击，指定一点作为终点
指定下一点或［退出（E）/放弃（U）]：                        //按回车键
```

绘制结果如图 6-29 所示。

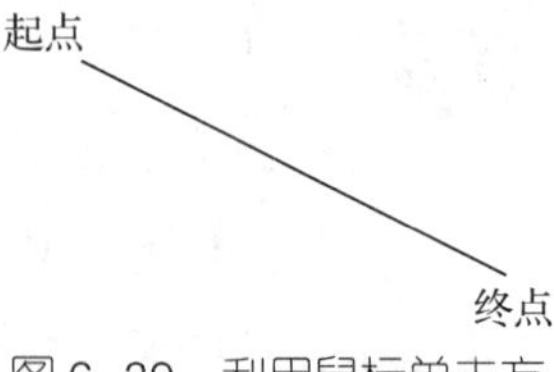

图 6-29　利用鼠标单击方式绘制直线

（2）利用绝对直角坐标绘制直线

该方法是通过输入点的绝对直角坐标来绘制直线的。

单击“默认”→“绘图”→“直线”按钮，启动“直线”命令，系统给出如下提示。

```
命令：_line
指定第一个点：0，50                    // 输入起点绝对坐标值“0，50”，按回车键
指定下一点或［放弃（U）］：110，100
                                     // 输入终点绝对坐标值“110，100”，按回车键
指定下一点或［退出（E）/ 放弃（U）］：                              // 按回车键
```

绘制结果如图 6-30 所示。

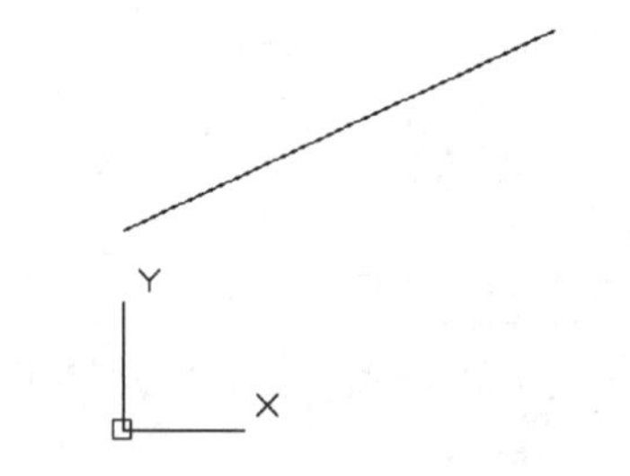

图 6-30　利用绝对直角坐标绘制直线

小提示

在输入绝对坐标时，要关闭动态输入功能，否则输入的是相对坐标。

（3）利用相对直角坐标绘制直线

该方法是通过输入点的相对直角坐标来绘制直线的。

在坐标系中，如 A 点的绝对坐标为（100，100），B 点的绝对坐标为（200，200），那么 B 点相对于 A 点的相对坐标为（@ 100，100）。

单击“默认”→“绘图”→“直线”按钮，启动“直线”命令，系统给出如下提示。

```
命令：_line
指定第一个点：100，100
                              // 输入起点 A 的绝对坐标值“100，100”，按回车键
指定下一点或［放弃（U）］：@100，100
```

//输入终点 B 相对于 A 点的坐标值“@ 100，100”，按回车键

指定下一点或［退出（E）/放弃（U）]：　　//按回车键

绘制结果如图 6-31 所示。

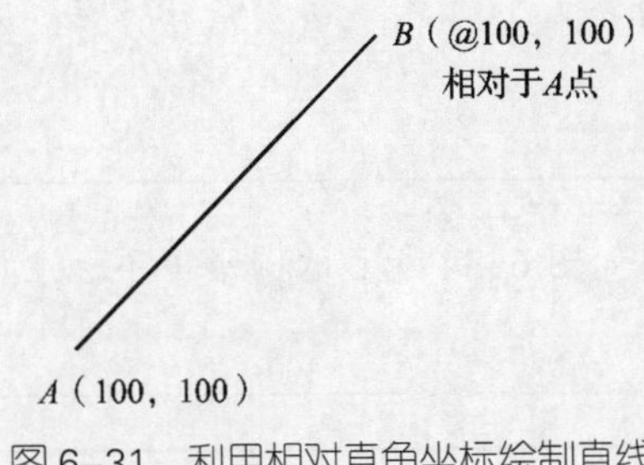

图 6-31　利用相对直角坐标绘制直线

（4）利用绝对极坐标绘制直线

该方法是通过输入点的绝对极坐标来绘制直线的。

单击“默认”→“绘图”→“直线”按钮，启动“直线”命令，系统给出如下提示。

命令：_line

指定第一个点：0，0　　//输入起点绝对直角坐标值“0，0”，按回车键

指定下一点或［放弃（U）]：100<45

//输入绝对极坐标值“100<45”，按回车键

指定下一点或［退出（E）/放弃（U）]：　　//按回车键

绘制结果如图 6-32 所示。

（5）利用相对极坐标绘制直线

该方法是通过输入点的相对极坐标来绘制直线的。

单击“默认”→“绘图”→“直线”按钮，启动“直线”命令，系统给出如下提示。

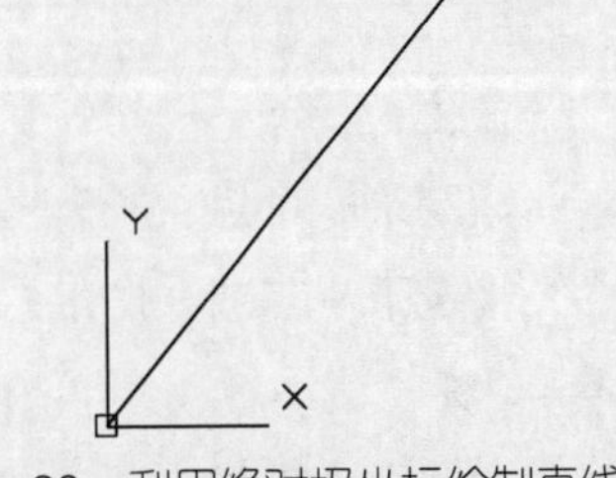

图 6-32　利用绝对极坐标绘制直线

命令：_line

指定第一个点：　　//在屏幕适当位置单击，确定直线的起点 A

指定下一点或［放弃（U）]：@50<20

//输入相对极坐标值“@ 50<20”，按回车键

指定下一点或［退出（E）/放弃（U）]：　　//按回车键

绘制结果如图 6–33 所示。

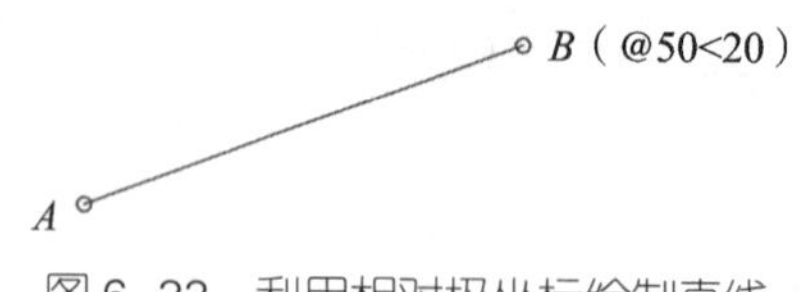

图 6–33　利用相对极坐标绘制直线

应用举例

利用“直线”命令绘制如图 6–34 所示的图形（不标注尺寸）。

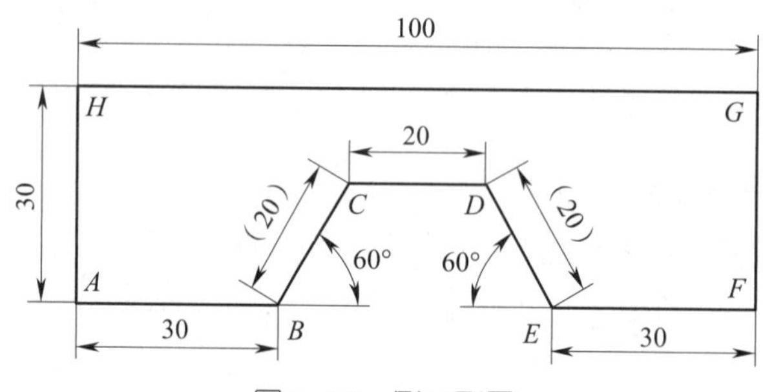

图 6–34　倒 V 形图

（1）新建图形文件

启动 AutoCAD 2020，打开“选择样板”对话框，单击“打开”按钮右侧的下拉按钮，在弹出的下拉菜单中，单击“无样板打开 – 公制”命令，新建一个 AutoCAD 2020 的图形文件。

（2）绘制图形

单击“默认”→“绘图”→“直线”按钮，启动“直线”命令，系统给出如下提示。

```
命令：_line
指定第一个点：                    // 在绘图区适当位置指定一点，确定起始点 A
指定下一点或[放弃（U）]：@30，0
                    // 输入 B 点相对于 A 点的直角坐标“@ 30，0”，按回车键
指定下一点或［退出（E）/ 放弃（U）］：@20<60
                    // 输入 C 点相对于 B 点的极坐标“@ 20<60”，按回车键
指定下一点或［关闭（C）/ 退出（X）/ 放弃（U）］：@20，0
                    // 输入 D 点相对于 C 点的直角坐标“@ 20，0”，按回车键
指定下一点或［关闭（C）/ 退出（X）/ 放弃（U）］：@20<–60
                    // 输入 E 点相对于 D 点的极坐标“@ 20<–60”，按回车键
```

指定下一点或［关闭（C）/退出（X）/放弃（U）］：@30，0

//输入 F 点相对于 E 点的直角坐标“@ 30，0”，按回车键

指定下一点或［关闭（C）/退出（X）/放弃（U）］：@0，30

//输入 G 点相对于 F 点的直角坐标“@ 0，30”，按回车键

指定下一点或［关闭（C）/退出（X）/放弃（U）］：@–100，0

//输入 H 点相对于 G 点的直角坐标“@ –100，0”，按回车键

指定下一点或［关闭（C）/退出（X）/放弃（U）］：C

//输入“C”，按回车键，闭合图形

绘制结果如图 6–35 所示。

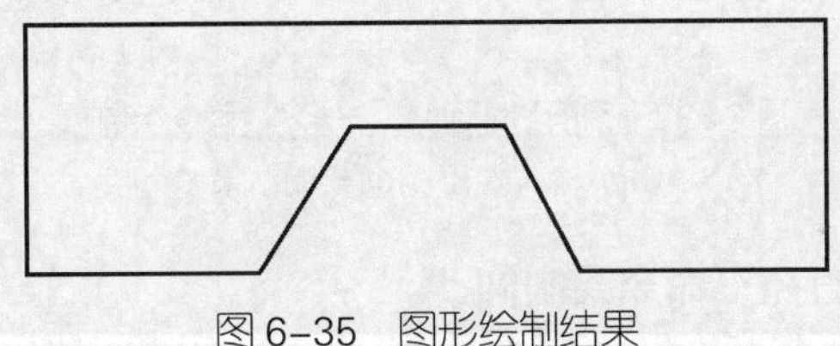

图 6–35 图形绘制结果

（3）保存图形

将文件命名为“倒 V 形图”，保存在桌面上或自己的文件夹内。

三、绘制圆

在 AutoCAD 2020 中，可启动“圆”命令来绘制圆，启动“圆”命令的方法：在功能区单击“默认”→“绘图”→“圆”的下拉菜单中的某一个绘圆命令，如图 6–36 所示。

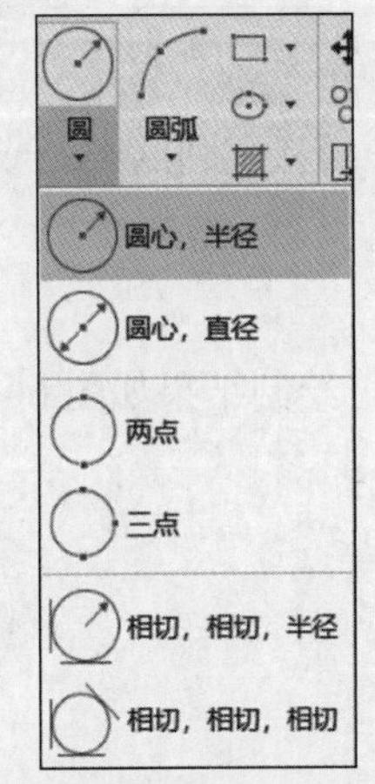

图 6–36 “圆”的下拉菜单

利用“圆”命令绘制圆时，AutoCAD 系统提供了 6 种绘制圆的方式，下面介绍几种常用的方式。

1．利用“圆心、半径”命令绘制圆

该方式是通过确定圆心的位置及圆的半径来绘制圆，常用于已知圆的圆心及半径的情况。

下面利用“圆心、半径”命令绘制半径为 10 mm 的圆。

单击“默认”→“绘图”→“圆心、半径”按钮（系统默认状态为“圆心、半径”），启动“圆心、半径”命令，系统给出如下提示。

命令：_circle

指定圆的圆心或［三点（3P）/ 两点（2P）/ 切点、切点、半径（T）］：

// 在绘图窗口适当位置单击鼠标左键，指定一点作为圆心位置

指定圆的半径或［直径（D）］：10

// 输入圆的半径“10”（见图 6-37a），按回车键

圆的绘制结果如图 6-37b 所示。

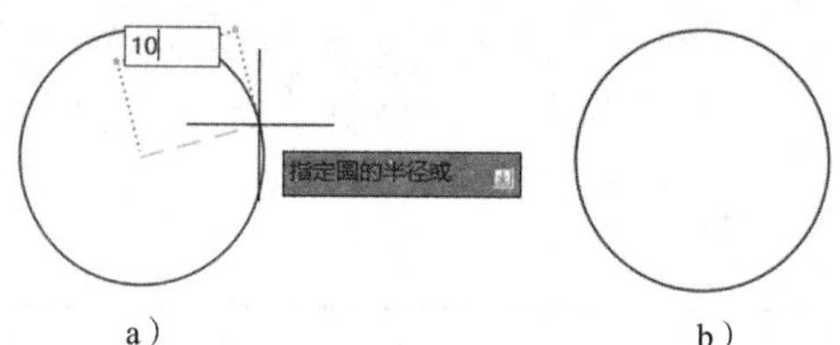

图 6-37　利用“圆心、半径”命令绘制圆

a）输入半径　b）绘制结果

2. 利用“圆心、直径”命令绘制圆

利用“圆心、直径”命令绘制圆是通过确定圆心的位置及圆的直径来绘制圆，常用于已知圆的圆心及直径的情况。

下面利用“圆心、直径”命令绘制直径为 15 mm 的圆。

单击“默认”→“绘图”→“圆”下拉按钮，在弹出的“圆”命令菜单中选择“圆心、直径”命令，系统给出如下提示。

命令：_circle

指定圆的圆心或［三点（3P）/ 两点（2P）/ 切点、切点、半径（T）］：

// 在绘图窗口适当位置单击左键，指定一点作为圆心位置

指定圆的半径或［直径（D）］：_d 指定圆的直径：15

// 输入圆的直径“15”（见图 6-38a），按回车键

绘制结果如图 6-38b 所示。

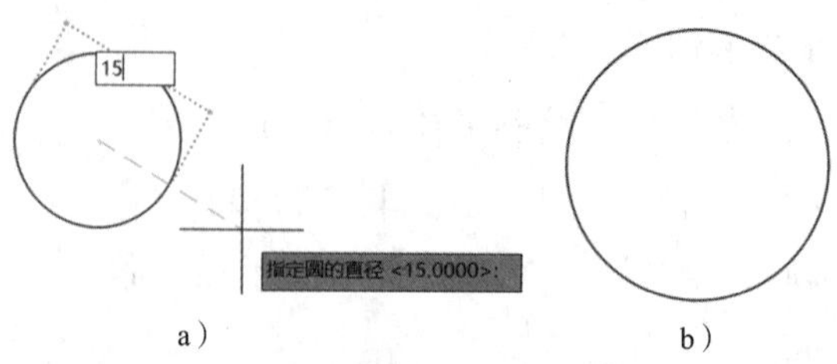

图 6-38　利用“圆心、直径”命令绘制圆

a）输入直径　b）绘制结果

3. 利用“相切、相切、半径”命令绘制圆

利用“相切、相切、半径”命令绘制圆是通过选择两个与圆相切的对象，并输入半径来绘制圆。

已知直线如图 6-39a 所示，下面绘制一个半径为 20 mm 并与直线 *AB* 和 *AC* 相切的圆。

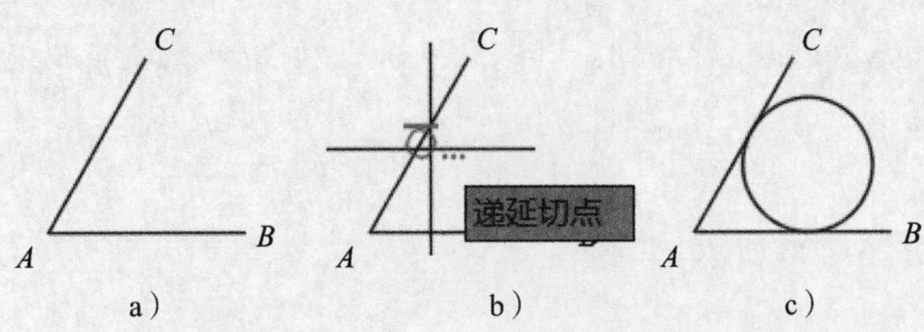

图 6-39 利用“相切、相切、半径”命令绘制圆

a）已知直线 b）选择圆的切点 c）绘制结果

※ 源文件：计算机绘图源文件 \ 绘圆 1.dwg

打开源文件，单击“默认”→“绘图”→“圆”下拉按钮，在弹出的菜单中选择“相切、相切、半径”命令，系统给出如下提示。

```
命令: _circle
指定圆的圆心或[三点（3P）/ 两点（2P）/ 切点、切点、半径（T）]: _ttr
指定对象与圆的第一个切点:          // 移动光标到线段 AC 上单击（见图 6-39b）
指定对象与圆的第二个切点:          // 移动光标到线段 AB 上单击
指定圆的半径: 20                   // 输入圆的半径“20”，按回车键
```

绘制结果如图 6-39c 所示。

4. 利用“相切、相切、相切”命令绘制圆

利用“相切、相切、相切”命令绘制圆是通过选择三个与圆相切的对象来绘制圆。

已知三角形如图 6-40a 所示，下面绘制三角形的内切圆。

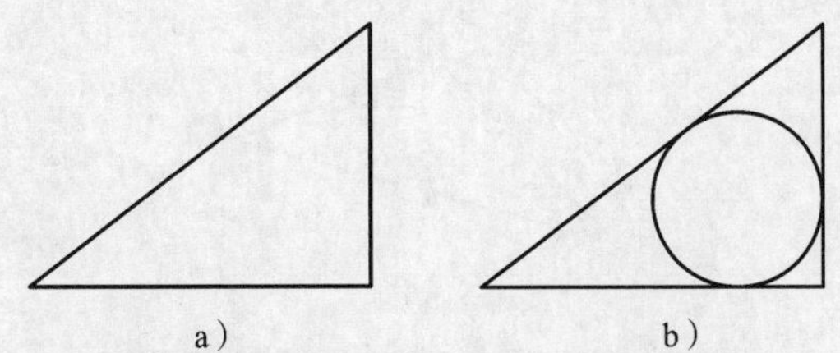

图 6-40 利用“相切、相切、相切”命令绘制圆

a）已知三角形 b）绘制结果

※ 源文件：计算机绘图源文件 \ 绘圆 2.dwg

打开源文件，单击“默认”→“绘图”→“圆”下拉按钮，在弹出的菜单中选择“相切、相切、相切”命令，系统给出如下提示。

命令：_circle

指定圆的圆心或［三点（3P）/ 两点（2P）/ 切点、切点、半径（T）］：_3p 指定圆上的第一个点：_tan 到　　// 拾取三角形上的任意一条边

指定圆上的第二个点：_tan 到　　// 拾取三角形上的另外一条边

指定圆上的第三个点：_tan 到　　// 拾取三角形上的第三条边

绘制结果如图 6–40b 所示。

四、绘制圆弧

在 AutoCAD 2020 中，可以使用“圆弧”命令绘制圆弧。启动“圆弧”命令的方法：在功能区单击“默认”→“绘图”→“圆弧”下拉菜单中的某一个绘圆弧命令，如图 6–41 所示。

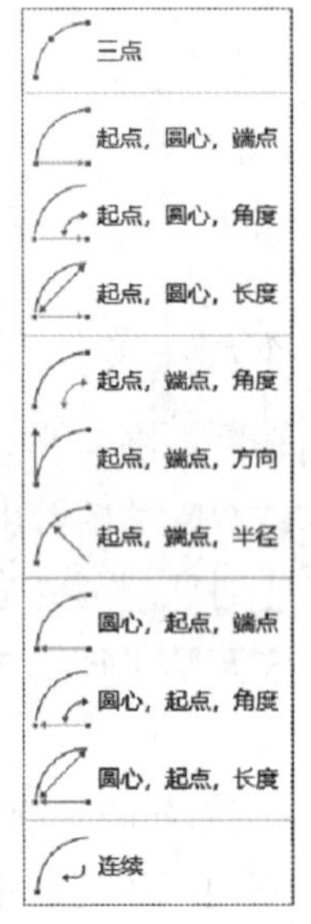

图 6–41　绘制圆弧的 11 种命令

利用“圆弧”命令绘制圆弧时，系统提供了 11 种绘制圆弧的方式，其中常用的几种方式如下。

1．利用“三点”命令绘制圆弧

该命令是通过分别确定圆弧的起点、弧上一点、端点的方式绘制圆弧，其中“弧上一点”为除起点和端点外的弧上任意一点。此方式为 AutoCAD 2020 默认的绘制圆弧的方法。

已知绘制圆弧前的图形如图 6–42a 所示，下面利用“三点”命令，过△ ABC 的 3 个顶点绘制圆弧 $\overset{\frown}{ABC}$。

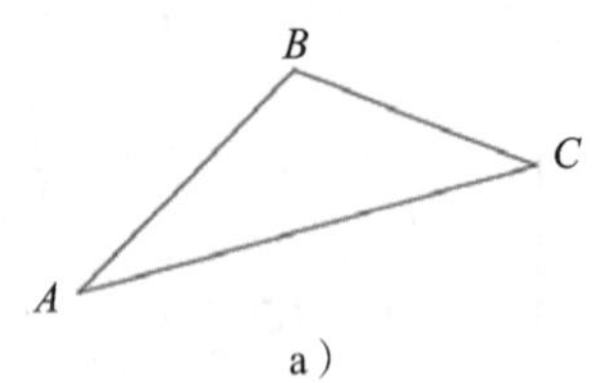

a）

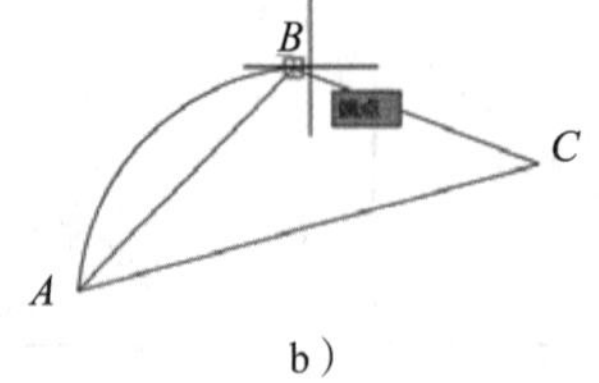

b）

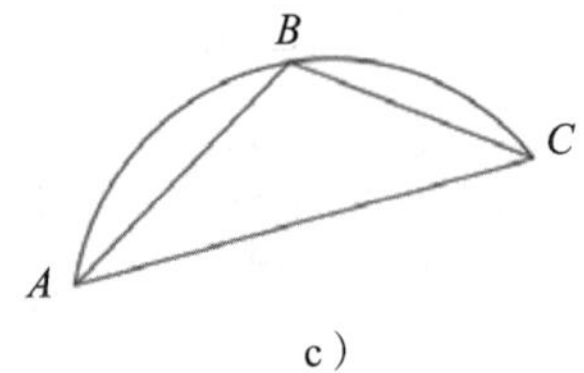

c）

图 6–42　利用“三点”命令绘制圆弧

a）绘制圆弧前的图形　b）拾取弧上一点　c）绘制结果

※ 源文件：计算机绘图源文件 \ 绘圆弧 1.dwg

打开源文件，单击“默认”→“绘图”→“三点”按钮（系统默认状态为“三点”），启动“三点”命令，系统给出如下提示。

命令：_arc
指定圆弧的起点或[圆心（C）]：　　　　　　　　　　　　　　　//拾取 A 点为圆弧起点
指定圆弧的第二个点或[圆心（C）/端点（E）]：
　　　　　　　　　　　　　　　　　　　//拾取 B 点作为圆弧上一点（见图 6-42b）
指定圆弧的端点：　　　　　　　　　　　　　　　　　　　　　　//拾取 C 点为圆弧终点

绘制结果如图 6-42c 所示。

2. 利用“起点、圆心、端点”命令绘制圆弧

该命令是通过依次确定圆弧的起点、圆心及端点的方式绘制圆弧。

已知绘制圆弧前的图形如图 6-43a 所示，下面利用“起点、圆心、端点”命令，以 O 点为圆心，绘制圆弧 $\overset{\frown}{AB}$。

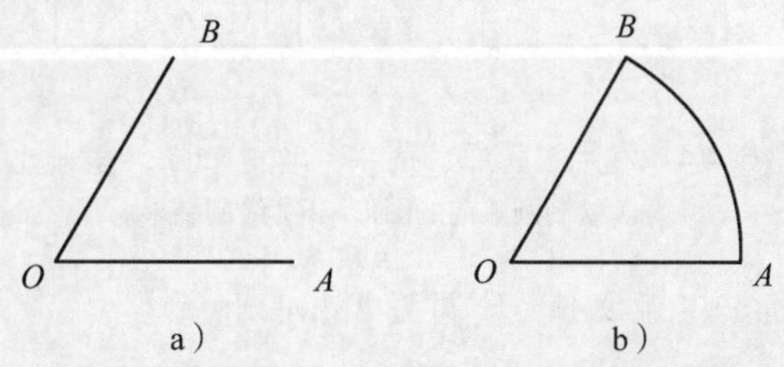

图 6-43　利用“起点、圆心、端点”命令绘制圆弧
a）绘制圆弧前的图形　b）绘制结果

※ 源文件：计算机绘图源文件 \ 绘圆弧 2.dwg

打开源文件，单击“默认”→“绘图”→“圆弧”下拉按钮，在弹出的菜单中选择“起点、圆心、端点”命令，系统给出如下提示。

命令：_arc
指定圆弧的起点或[圆心（C）]：　　　　//拾取 A 点（见图 6-43a）为圆弧起点
指定圆弧的第二个点或[圆心（C）/端点（E）]：_c
指定圆弧的圆心：　　　　　　　　　//拾取 O 点（见图 6-43a）为圆弧的圆心
指定圆弧的端点（按住 Ctrl 键以切换方向）或[角度（A）/弦长（L）]：
　　　　　　　　　　　　　　　　　　　//拾取 B 点（见图 6-43a）为圆弧的端点

绘制结果如图 6-43b 所示。

小提示

（1）如果 OA 与 OB 不相等，系统会将圆弧的终点自动调节到线段 OB 上或其延长线上。

（2）在利用该命令绘制圆弧时，系统默认按逆时针方向绘制，如果以 B 点（见图 6–43a）为起点顺时针绘制圆弧 $\overset{\frown}{AB}$，在选择 A 点时，要同时按住 <Ctrl> 键以切换方向。

3. 利用“起点、端点、半径”命令绘制圆弧

该命令是通过确定圆弧的起点、端点及半径的方式来绘制圆弧。

已知绘制圆弧前的图形如图 6–44a 所示，下面用“起点、端点、半径”命令绘制一条半径为 50 mm 的向上凸起的圆弧 $\overset{\frown}{AB}$。

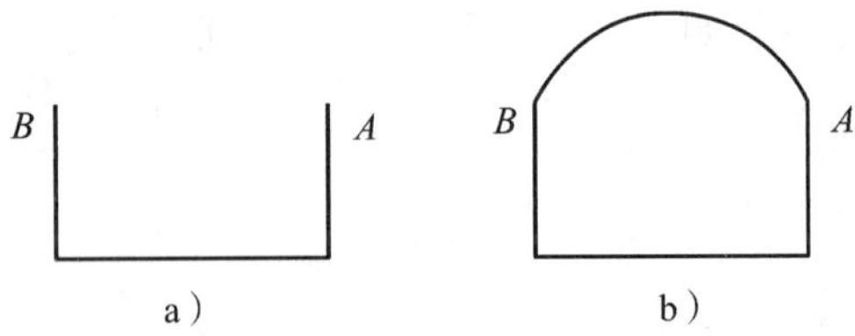

图 6–44 利用“起点、端点、半径”命令绘制圆弧
a）绘制圆弧前的图形 b）绘制结果

※ 源文件：计算机绘图源文件 \ 绘圆弧 3.dwg

打开源文件，单击“默认”→“绘图”→“圆弧”下拉按钮，在弹出的菜单中选择“起点、端点、半径”命令，系统给出如下提示。

命令：_arc

指定圆弧的起点或［圆心（C）］： //拾取 A 点（见图 6–44a）为圆弧起点

指定圆弧的第二个点或［圆心（C）/ 端点（E）］：_e

指定圆弧的端点： //拾取 B 点（见图 6–44a）为圆弧端点

指定圆弧的中心点（按住 Ctrl 键以切换方向）或［角度（A）/ 方向（D）/ 半径（R）］：_r

指定圆弧的半径（按住 Ctrl 键以切换方向）：50

//输入圆弧的半径“50”，按回车键

绘制结果如图 6–44b 所示。

小提示

利用“起点、端点、半径”命令绘制图 6–44 所示圆弧时，必须沿逆时针方向由 *A* 点到 *B* 点画弧。若由 *B* 点向 *A* 点画弧，则圆弧为内凹的，如图 6–45 所示。

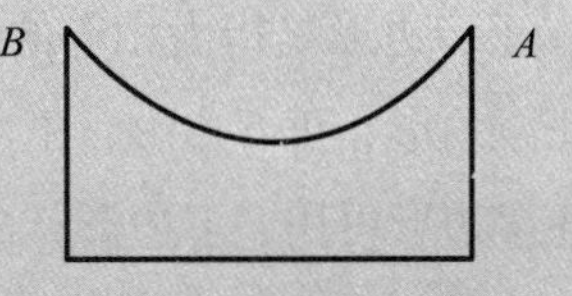

图 6–45 由 *B* 点向 *A* 点画弧

五、绘制矩形

在 AutoCAD 2020 中，除了用绘制直线的方法绘制矩形外，系统还提供了直接绘制矩形的命令，用户可以直接启动“矩形”命令来绘制矩形。AutoCAD 系统会把创建的矩形看作是一个单一的复合对象，而不是一个由四条线段组合而成的对象。启动“矩形”命令的方法：在功能区单击“默认”→“绘图”→“矩形”按钮 □。

下面利用“矩形”命令绘制一个长 40 mm、宽 30 mm 的矩形。

单击“默认”→“绘图”→“矩形”按钮，启动“矩形”命令，系统给出如下提示。

命令：_rectang

指定第一个角点或[倒角（C）/ 标高（E）/ 圆角（F）/ 厚度（T）/ 宽度（W）]： // 在绘图区适当位置单击，确定矩形的第一个角点 *A*（见图 6–46）

指定另一个角点或[面积（A）/ 尺寸（D）/ 旋转（R）]：D

// 输入“D”，按回车键

指定矩形的长度 <10.0000>：40 // 输入矩形的长度“40”，按回车键

指定矩形的宽度 <10.0000>：30 // 输入矩形的宽度“30”，按回车键

指定另一个角点或[面积（A）/ 尺寸（D）/ 旋转（R）]：

// 移动光标，在 *A* 点的右上侧单击，确定另一角点 *B* 的位置

矩形绘制结果如图 6–46 所示。

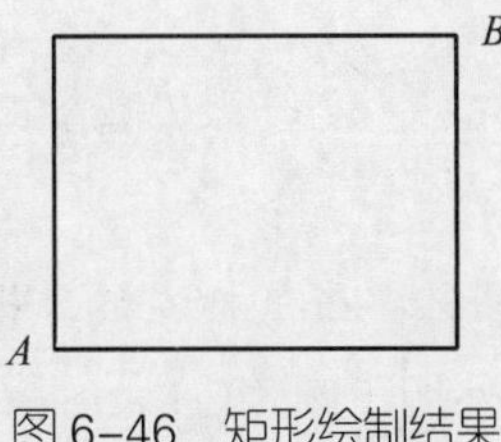

图 6–46 矩形绘制结果

六、绘制正多边形

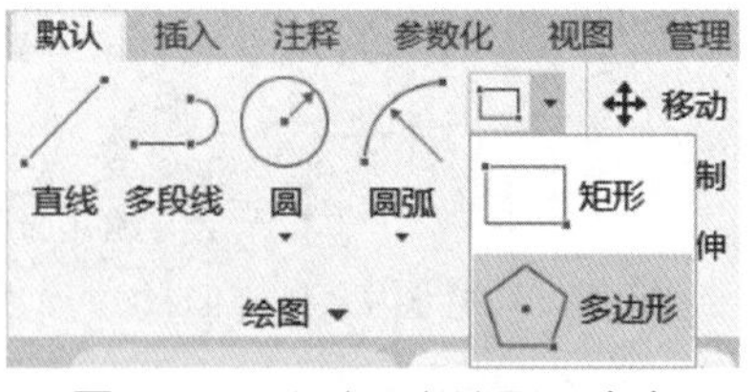

图 6–47　启动“多边形”命令

正多边形是指由相等的边、角组成的闭合图形，如正三角形、正五边形、正六边形、正八边形等。绘制正多边形可用“多边形”命令，启动“多边形”命令的方法：在功能区单击“默认”→“绘图”→“多边形”按钮 ⬠（见图 6–47）。在绘制正多边形时，有“内接于圆”和“外切于圆”两种形式。

1．“内接于圆”方式绘制正多边形

“内接于圆”为系统默认设置，在指定了正多边形的边数和中心点后，直接输入正多边形外接圆的半径，即可精确绘制正多边形。

下面绘制一个边长为 100 mm 的正六边形。

单击“默认”→“绘图”→“多边形”按钮，启动“多边形”命令，系统给出如下提示。

```
命令：_polygon 输入侧面数 <4>：6          // 输入正多边形的边数“6”，按回车键
指定正多边形的中心点或[边（E）]：
                    // 在绘图区单击鼠标左键，指定一点作为正多边形的中心点
输入选项[内接于圆（I）/ 外切于圆（C）]<I>：
                                        // 按回车键，默认正多边形内接于圆
指定圆的半径：100                        // 输入外接圆半径“100”，按回车键
```

正六边形绘制结果如图 6–48 所示。

2．“外切于圆”方式绘制正多边形

当确定了正多边形的边数和中心点之后，也可用“外切于圆”方式绘制正多边形。

下面绘制一个对边距为 200 mm 的正六边形。

单击“默认”→“绘图”→“多边形”按钮，启动“多边形”命令，系统给出如下提示。

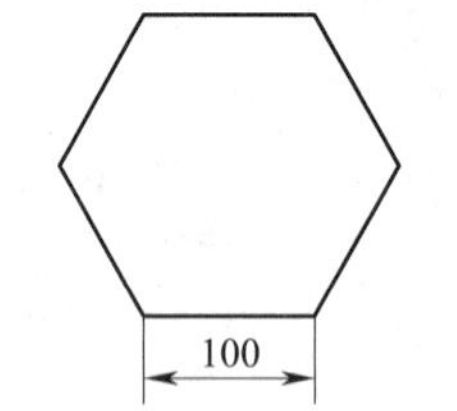

图 6–48　边长为 100 mm 的正六边形绘制结果

```
命令：_polygon 输入侧面数 <4>：6          // 输入正多边形的边数“6”，按回车键
指定正多边形的中心点或[边（E）]：
                    // 在绘图区单击鼠标左键，指定一点作为正多边形的中心点
输入选项[内接于圆（I）/ 外切于圆（C）]<I>：C          // 输入“C”，按回车键
```

指定圆的半径：100	// 输入内切圆半径“100”，按回车键

正六边形绘制结果如图 6-49 所示。

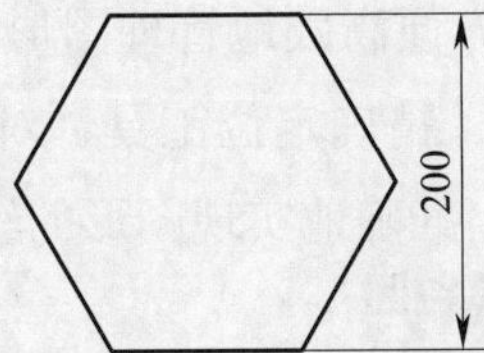

图 6-49 对边距为 200 mm 的正六边形绘制结果

小提示

在绘制正多边形时，当选定中心点位置后，屏幕上会自动弹出“输入选项”快捷菜单（见图 6-50），单击其中的某一个命令，即可确定所绘制的正多边形是内接于圆还是外切于圆。

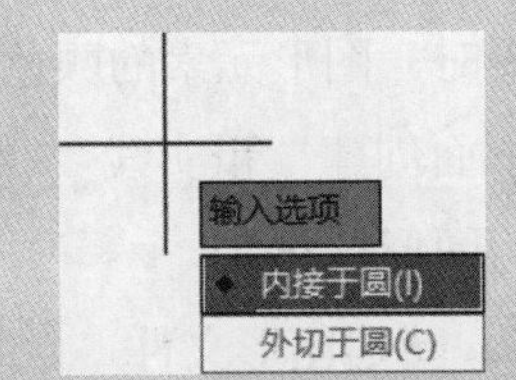

图 6-50 正多边形的“输入选项”快捷菜单

§ 6-3 绘图工具

学习目标

1. 掌握图层管理的知识，能创建图形样板。

2. 掌握正交模式、对象捕捉、极轴追踪、对象捕捉追踪和动态输入等精确定位工具的使用方法，能绘制简单的平面图形。

3. 掌握选择对象和夹点编辑的方法。

4. 掌握移动、缩小和放大等图形显示的方法。

想一想

1. 如何管理不同类型的图线？

2. 基本图形对象上有哪些确定其形状和位置的特殊点？

为了快捷准确地绘制图形和方便高效地管理图形，AutoCAD 提供了多种必要和辅助的绘图工具，如图层管理工具、精确定位工具、对象选择工具和显示图形工具等。利用这些工具，可以方便、迅速、准确地实现图形的绘制和编辑。

一、图层管理工具

为了便于对不同类型的图线进行管理，AutoCAD 设置了图层管理工具。图层的属性信息有颜色、线型、线宽等，用户可以对其属性信息进行编辑修改。当在某一图层上作图时，图形元素的颜色、线型和线宽就与当前图层完全相同。

下面创建“粗实线”“细实线”“细虚线”“细点画线”“细双点画线”等图层，并保存为图形样板。

1．新建图形文件

启动 AutoCAD 2020，打开“选择样板”对话框，单击“打开”按钮右侧的下拉按钮，在弹出的下拉菜单中，单击“无样板打开 – 公制”命令，新建一个 AutoCAD 2020 的图形文件，系统自动命名为“Drawing1.dwg”。

2．新建图层

在用 AutoCAD 2020 创建新文件时，系统会自动创建一个层名为“0”的图层，这是系统的默认图层，如果没有切换到其他图层，所绘图形都在“0”层上。如果用户要使用多个图层，首先需要创建新图层。

（1）打开“图层特性管理器”对话框

单击“默认”→“图层”→“图层特性”按钮，系统弹出“图层特性管理器”对话框，如图 6–51 所示。

单击该对话框上的“新建图层”按钮，系统会自动在列表框中创建一个名为“图层 1”的新图层，如图 6–52 所示。此时“图层 1”文本框处于可编辑状态，为便于区分各个图层，可直接在文本框中输入新图层名。

（2）创建“粗实线”图层

在“名称”栏中输入文字“粗实线”。单击“线宽”栏，弹出“线宽”对话框，选择 0.3 mm 线宽（见图 6–53），单击“确定”按钮，设置结果如图 6–54 所示。

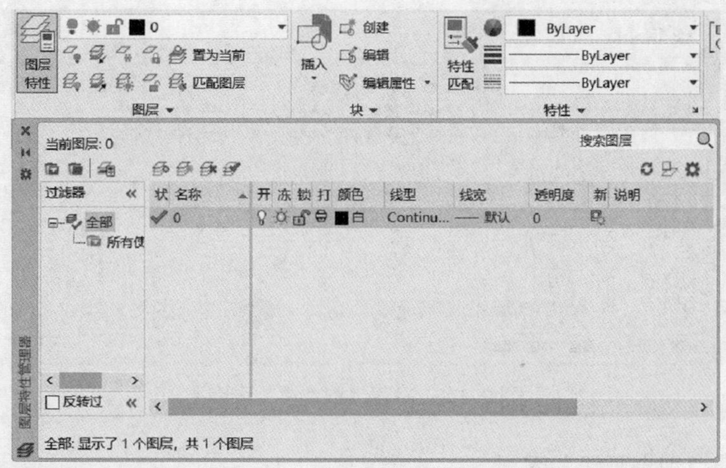

图 6-51 “图层特性”按钮与“图层特性管理器”对话框

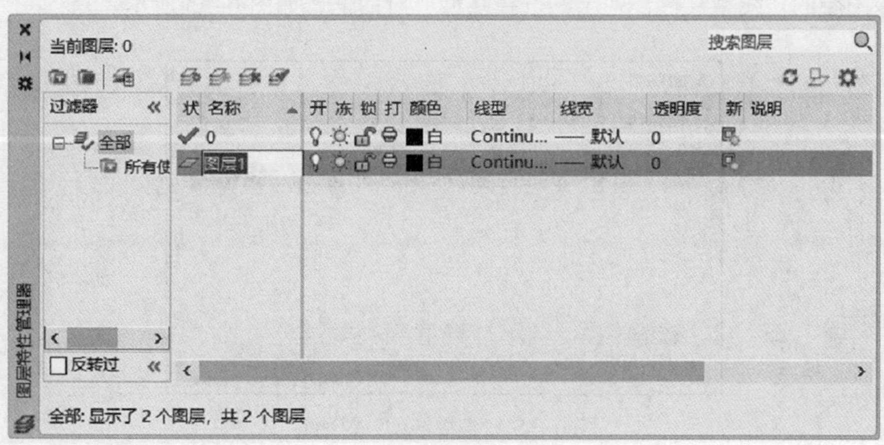

图 6-52 新建图层

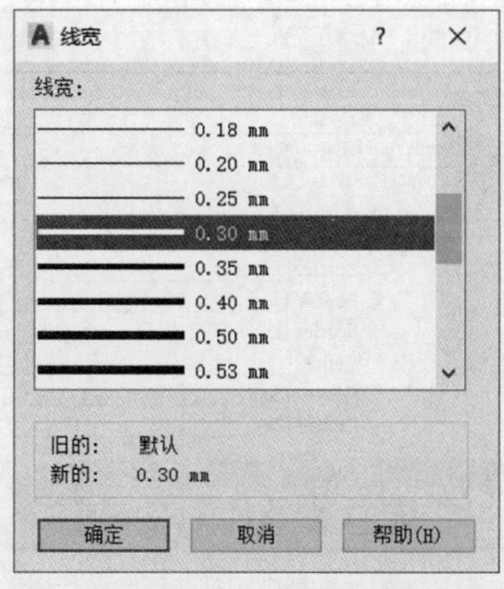

图 6-53 “线宽”对话框

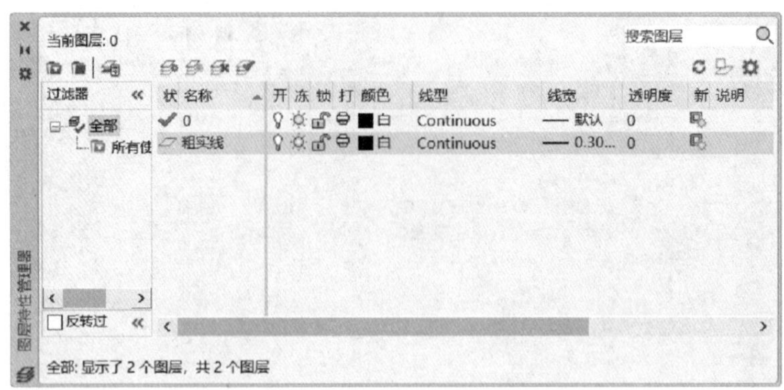

图 6–54　设置“粗实线”图层

（3）创建“细点画线”图层

1）单击“新建图层”按钮，新建“图层 2”。在“名称”栏中输入“细点画线”。单击该图层的“线型”栏，弹出“选择线型”对话框，如图 6–55 所示。

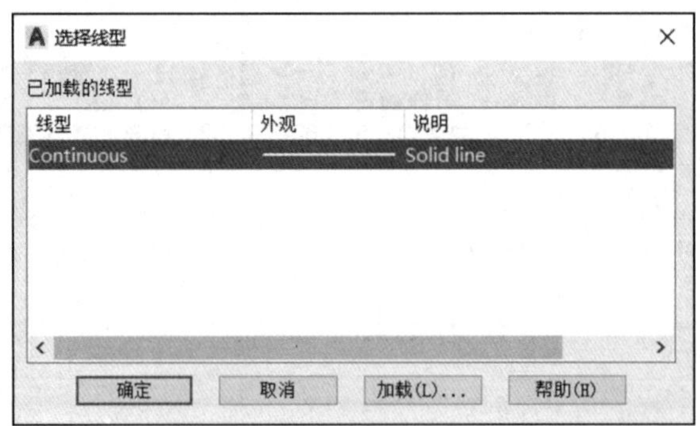

图 6–55　“选择线型”对话框

2）单击“加载”按钮，打开“加载或重载线型”对话框，选择“CENTER”线型，如图 6–56 所示。

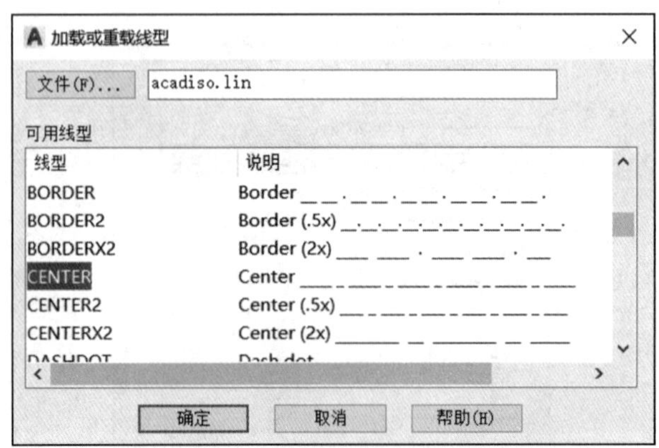

图 6–56　“加载或重载线型”对话框

3）单击“确定”按钮，选择的线型被加载到“选择线型”对话框内，如图6–57所示。

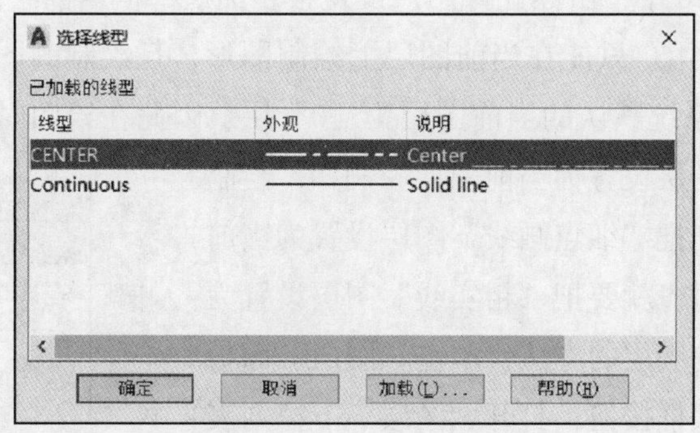

图6–57 加载线型

4）选择“CENTER”线型，单击“确定”按钮（见图6–57），即将此线型加载给当前被选择的“细点画线”图层。

5）单击“线宽”栏，将线宽设置为0.15 mm，结果如图6–58所示。

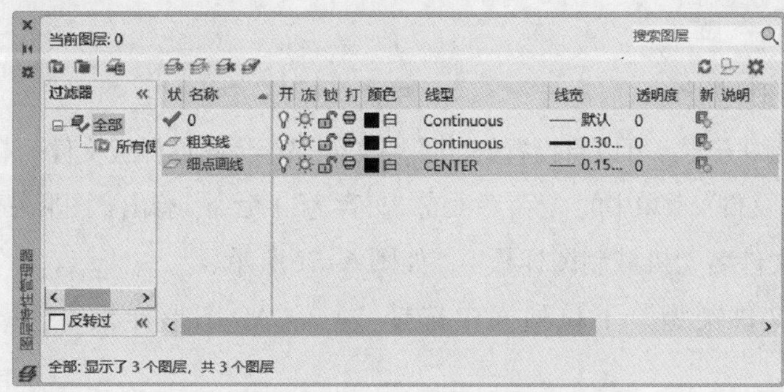

图6–58 设置细点画线的线型和线宽

（4）创建其他图层

用同样的方法创建“细实线”“细虚线”和“细双点画线”图层，如图6–59所示。

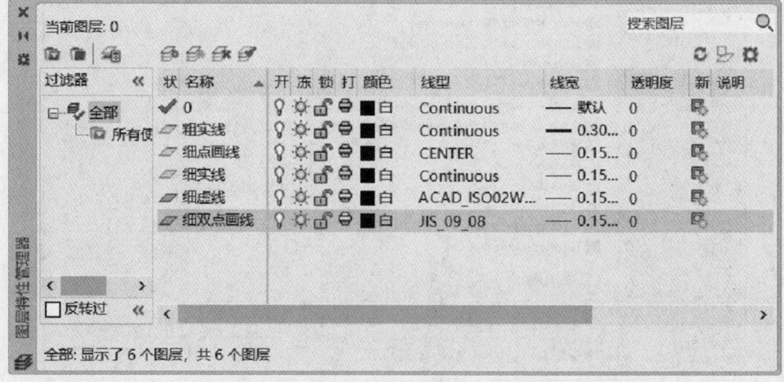

图6–59 创建“细实线”“细虚线”和“细双点画线”图层

3. 当前图层

在 AutoCAD 2020 中，虽然允许用户设置很多图层，但当前绘图图层只能有一个，称为“当前图层”。用户只能在当前图层上绘制图形，且绘制的图形的属性也从属于当前图层的属性。系统默认的当前图层为“0”层，因此在绘图时，应根据要绘制对象的属性把相应的图层设置为当前图层。例如，绘制细点画线时，就要先把“细点画线”图层设置为当前图层；绘制粗实线时，就要把“粗实线”图层设置为当前图层。切换当前图层的方法：单击“图层”面板上方的“图层”列表框按钮，打开“图层”下拉列表（见图 6-60），选择要设置成当前图层的图层名称。

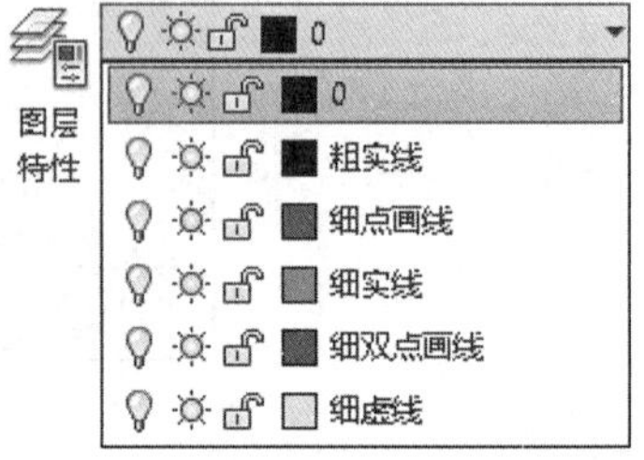

图 6-60 “图层”下拉列表

小提示

上述方法只能在当前没有对象被选择的情况下使用。如在有对象被选择的情况下进行上述操作，则会把此对象原来所从属的图层更改为新选择的图层。

4. 保存图形样板

为了今后绘图方便，可以将设置好的图层文件保存为图形样板文件。具体步骤如下。

（1）选择“文件”菜单中的“保存”（或“另存为”）命令，弹出“图形另存为”对话框。

（2）输入文件名“机械制图样板”，如图 6-61 所示。

（3）在“文件类型”下拉列表中选择“AutoCAD 图形样板（*.dwt）”格式，如图 6-61 所示。

（4）选择文件保存位置（默认在 Template 目录下），单击“保存”按钮。

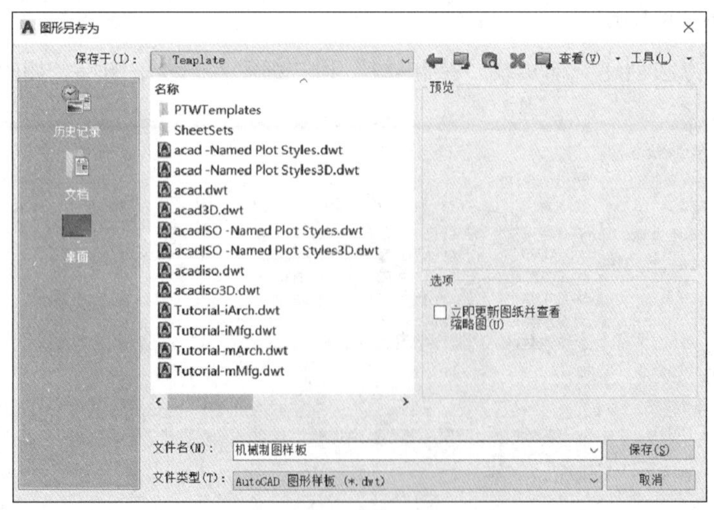

图 6-61 保存图形样板

（5）保存完成后，弹出“样板选项”对话框（见图 6–62），可以在“说明”文本框中输入对该样板的简短描述，单击“确定”按钮，完成图形样板的创建。以后的绘图工作就可以在此样板的基础上进行。

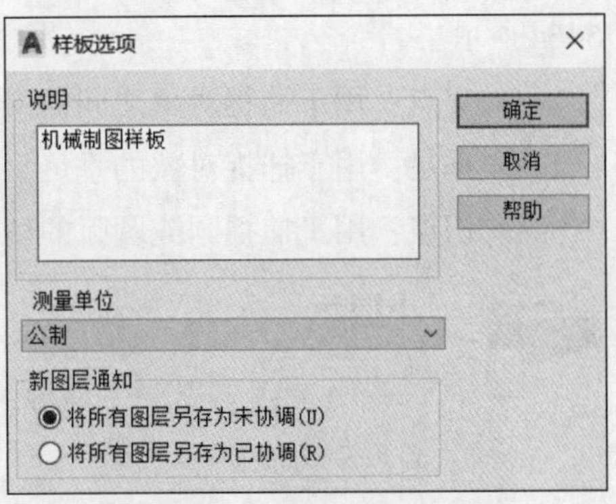

图 6–62 “样板选项”对话框

二、精确定位工具

为了快速、精确地绘制平面图形，AutoCAD 系统提供了许多辅助绘图工具，如正交模式、对象捕捉、极轴追踪、对象捕捉追踪、动态输入等工具，它们都放置在工作界面右下侧的辅助工具栏中。

1. 正交模式

“正交模式”功能用于将光标强行控制在水平或竖直方向上，以绘制水平和竖直的线段。启动“正交模式”功能的方法：在辅助工具栏单击“正交模式”按钮 ⌊。

2. 对象捕捉

在线段、圆、椭圆、矩形、正多边形等几何对象上都有几个确定其位置、形状和大小的特殊点，使用“对象捕捉”功能，可以非常方便地捕捉到图形上的各种特征点。启动“对象捕捉”功能的方法：在辅助工具栏单击“对象捕捉”按钮 ⊡。

AutoCAD 为用户提供了 14 种对象的捕捉功能，如图 6–63 所示，使用这些功能可以非常方便地将光标定位到图形的特征点上。设置对象捕捉的方法：在辅助工具栏，右键单击“对象捕捉”按钮 ⊡，或左键单击“对象捕捉”按钮右侧的下拉按钮，在弹出的设置菜单（见图 6–63）中勾选需要的选项。

“对象捕捉”设置菜单中常用选项的功能如下。

◇ 端点：用于捕捉图形的端点，如线段的端点，矩形、多边形的角点等。

◇ 中点：用于捕捉对象的中点，如线段或圆弧的中点。

◇ 圆心：用于捕捉圆、圆弧或圆环的圆心。

◇ 几何中心：用于捕捉矩形、正多边形的几何中心。

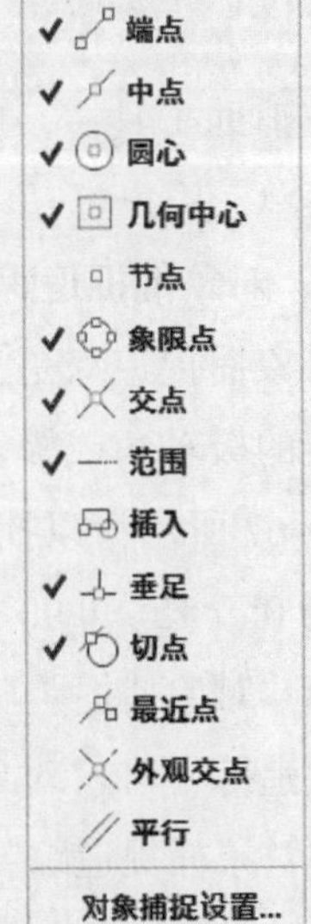

图 6–63 “对象捕捉”设置菜单

◇ 象限点：用于捕捉圆或圆弧的象限点，如图

6-64 所示。

◇ 交点：用于捕捉对象之间的交点。

◇ 垂足：用于捕捉对象的垂足，绘制对象的垂线。

◇ 切点：用于捕捉圆或圆弧的切点，绘制对象的切线。

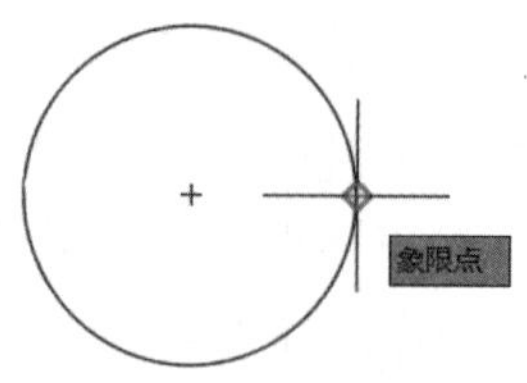

图 6-64　象限点

小提示

（1）一旦设置了某种捕捉模式，系统将一直保持这种捕捉模式，直到取消为止。

（2）在设置对象捕捉功能时，只需要选中常用的捕捉选项，不要开启全部捕捉功能，否则会给绘图带来不便。

3．极轴追踪

使用“对象捕捉”功能只能捕捉对象上的特征点，如果需要捕捉特征点之外的目标点，则需要使用 AutoCAD 的“极轴追踪”和“对象捕捉追踪”功能。

“极轴追踪”可以根据当前设置的追踪角度，引出相应的极轴追踪线，从而追踪定位目标点，如图 6-65 所示。启动“极轴追踪”功能的方法：单击辅助工具栏的“极轴追踪”按钮。

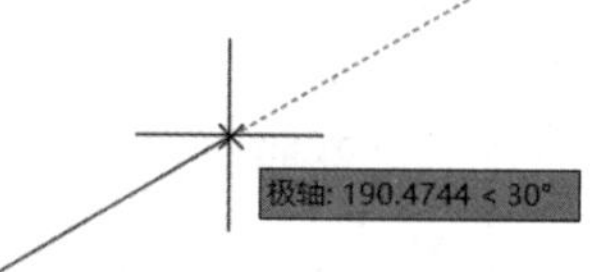

图 6-65　极轴追踪的效果

小提示

“正交模式”和“极轴追踪”不能同时打开，因为前者是使光标限制在水平或竖直轴上，而后者则可以追踪任意方向的目标。

在辅助工具栏，单击“极轴追踪”按钮右侧的下拉按钮，可以打开“极轴追踪”设置菜单，用户可以勾选需要的增量角，如图 6-66 所示。

4．对象捕捉追踪

对象捕捉追踪是指以捕捉到的特殊位置点为基点，按指定的极轴角或极轴角的倍数对齐要追踪点的路径。如图 6-67 所示为以捕捉点 A 为基点，追踪点的极轴角分别为 0°、15° 和 90° 时的状态。“对象捕捉追踪”必须配合“对象捕捉”功能一起使用，即状态栏中的“对象捕捉追踪”和“对象捕捉”按钮都要处于打开状态。启动“对象捕捉追踪”功能的方法：在辅助工具栏单击“对象捕捉追踪”按钮。

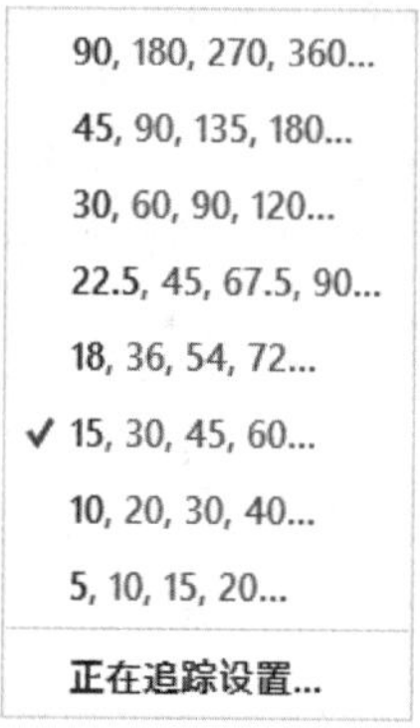

90, 180, 270, 360...
45, 90, 135, 180...
30, 60, 90, 120...
22.5, 45, 67.5, 90...
18, 36, 54, 72...
✓ 15, 30, 45, 60...
10, 20, 30, 40...
5, 10, 15, 20...
正在追踪设置...

图 6-66　“极轴追踪”设置菜单

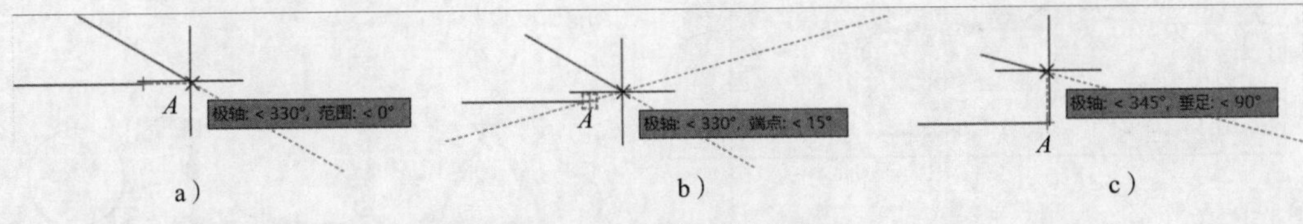

图 6-67 对象捕捉追踪

a）追踪 A 点的 0° 极轴角 b）追踪 A 点的 15° 极轴角 c）追踪 A 点的 90° 极轴角

5. 动态输入

启用"动态输入"功能，可以直接在光标附近显示绘制要素的信息。例如，画直线时，会动态显示直线的长度和倾斜角度；用"圆心、半径"命令画圆时，会动态显示圆的半径。图 6-68 所示为在关闭和开启"动态输入"功能时图线显示的变化。单击辅助工具栏上的"动态输入"按钮 ，可以启动或关闭"动态输入"功能。

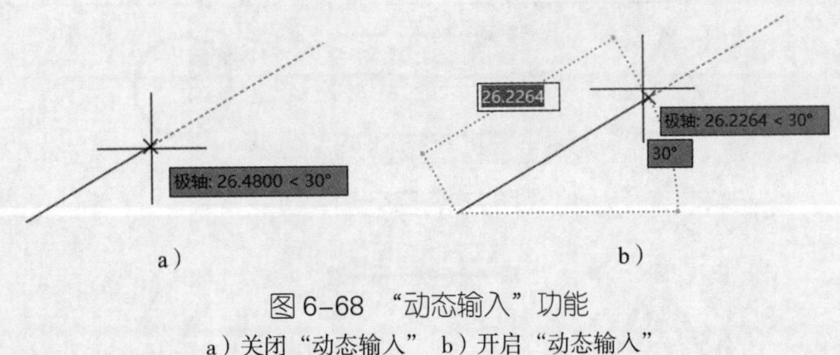

图 6-68 "动态输入"功能

a）关闭"动态输入" b）开启"动态输入"

三、选择对象与夹点编辑

1. 选择对象

AutoCAD 2020 支持三种选择对象的方式，分别是点选择、窗口选择和窗交选择。

（1）点选择

点选择是最基本、最简单的一种选择方式，此种方式一次只能选择一个对象。将光标移动到所选的对象上单击，即可选中该对象，被选中对象的图线变宽并呈现蓝色，如图 6-69 所示。

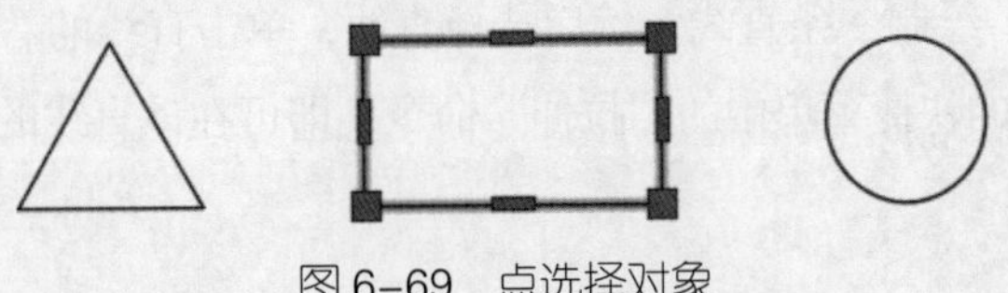

图 6-69 点选择对象

（2）窗口选择

窗口选择一次可以选择多个对象，方法是用光标从左向右拉出一个矩形选择框，选择框以实线显示，内部以浅蓝色填充，如图 6-70 所示。此选择方法能把完全位于框内的对象选中，如图 6-71 所示。

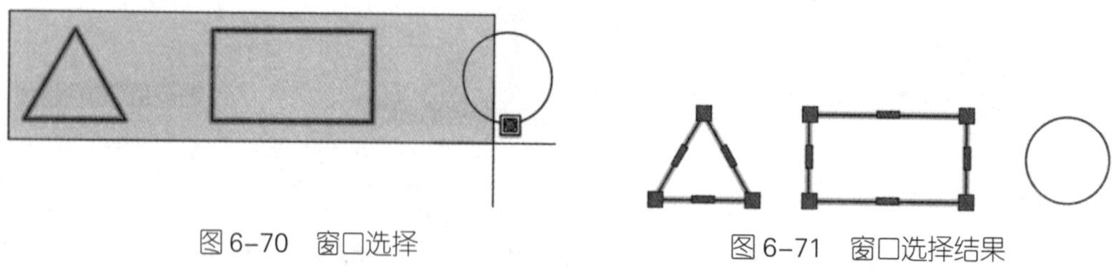

图 6-70 窗口选择　　图 6-71 窗口选择结果

（3）窗交选择

窗交选择一次也可以选择多个对象，方法是用光标从右向左拉出一个矩形选择框，选择框以虚线显示，内部以浅绿色填充，如图 6-72 所示。此选择方法能把所有与选择框相交和完全位于框内的对象都选中，如图 6-73 所示。

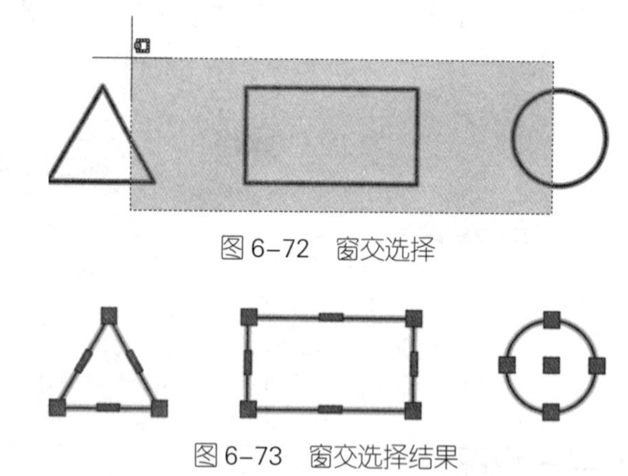

图 6-72 窗交选择

图 6-73 窗交选择结果

2. 使用“夹点”编辑图形

在没有命令运行时选中对象，对象上会显示一些蓝色的点，这些蓝色点就是夹点，如图 6-73 所示。夹点是对象上的控制点，也是特征点。“夹点”编辑是一种常用且简单的编辑功能，通过编辑图形上的夹点，可以快速编辑图形。用户只需单击图形上的任何一个夹点，即可进入夹点编辑模式，此时所单击的夹点显示为红色。

（1）用夹点拉伸直线

如图 6-74 所示，绘制一条直线，然后选择直线，单击直线的右上端点进入夹点编辑模式，单击自动弹出的快捷菜单中的“拉伸”命令，即可在该直线的延长线上拉伸直线。

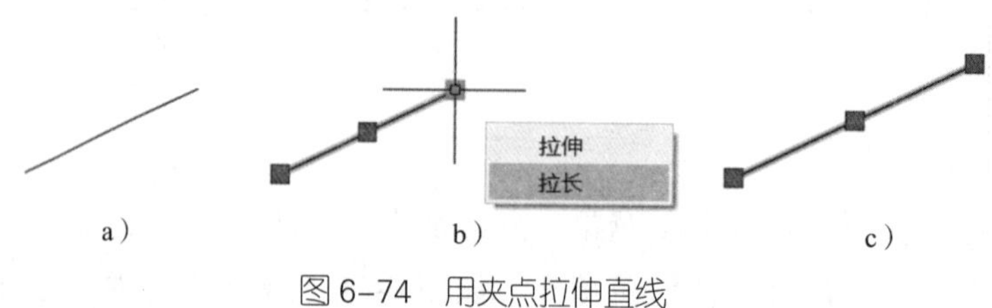

图 6-74 用夹点拉伸直线

a）绘制一条直线　b）快捷菜单　c）拉伸直线

（2）利用夹点编辑圆

绘制一个任意半径的圆，然后选中圆的任意一个象限点作为编辑的夹点（见图 6–75a），输入新的半径尺寸（见图 6–75b）后按回车键，即可得到赋予新值的圆。

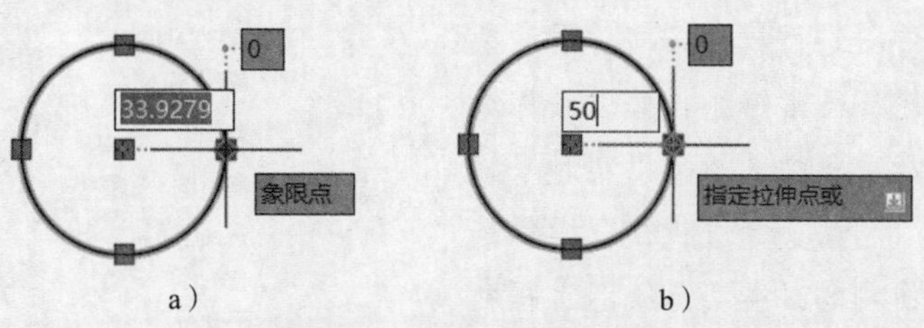

图 6–75 利用夹点编辑圆

a）选中象限点 b）输入新半径尺寸“50”

小提示

（1）在编辑夹点时，如果输入相应的相对坐标值，可对编辑对象进行精确编辑。

（2）在选择对象后，如果将线段的中点、正多边形的几何中心或圆的圆心作为编辑夹点，可对该对象进行移动。

四、显示图形

在 AutoCAD 绘图过程中或观察已绘制的图形时，需要在屏幕上恰当地显示图形，这就需要对图形进行缩放和平移。

1. 缩放图形

“缩放”命令可以将图形放大或缩小显示，以便观察和绘制图形，该命令并不改变图形的实际位置和尺寸，只是变更视图的显示比例。启动“缩放”命令的方法：单击导航栏“缩放”按钮的下拉按钮，在弹出的菜单中选择相应缩放命令选项，如图 6–76 所示。

“缩放”菜单常用选项的功能如下。

◇ 全部缩放：缩放以显示所有可见对象和视觉辅助工具。

◇ 范围缩放：缩放以显示所有对象的最大范围。

◇ 缩放上一个：缩放显示上一个视图。

◇ 窗口缩放：缩放显示矩形窗口指定的区域。

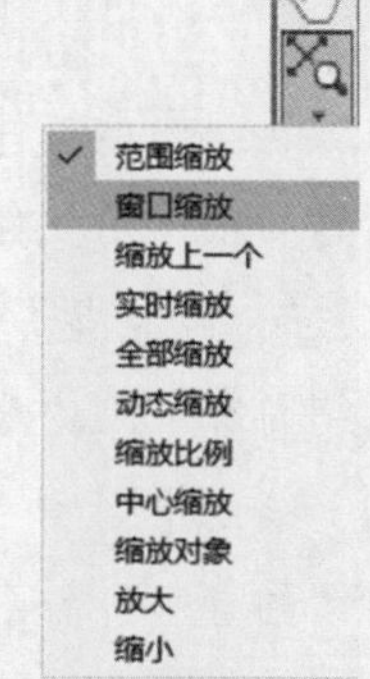

图 6–76 导航栏“缩放”菜单

2. 平移图形

“平移”命令用于移动图形在屏幕上的显示位置，该命令不改变图形的实际位置。执行“平移”命令的方法：单击导航栏的“平移”按钮。

小提示

（1）直接利用鼠标也可以对图形进行放大、缩小和平移操作。向前滑动鼠标滚轮，图形以光标所在位置为中心进行放大；向后滑动鼠标滚轮，图形缩小；按住鼠标滚轮不放并移动鼠标可以实时平移图形。利用鼠标进行视窗操作是非常便利的，在实际绘图过程中最为常用。

（2）在没有命令执行的前提下或没有对象被选择的情况下，按下鼠标右键，弹出快捷菜单（见图6–77），选择“平移”或“缩放”命令，也可以对图形进行平移或缩放。

图6–77 “平移”和“缩放”快捷菜单

应用举例

绘制图6–78所示顶尖。

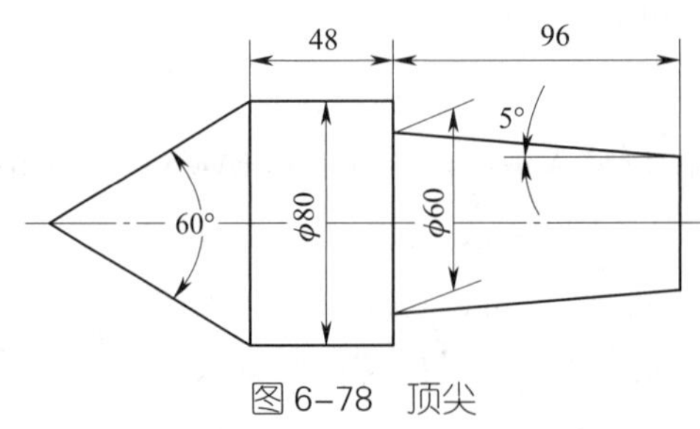

图6–78 顶尖

（1）新建图形文件

新建一个图形文件，图形样板选择“机械制图样板.dwt”。将辅助工具栏上的“极轴追踪”“对象捕捉”“对象捕捉追踪”“动态输入”“显示线宽”等设置为开启状态。本书后续内容中，均默认该状态。

（2）绘制中心线

将“细点画线”图层设置为当前图层。单击“默认”→“绘图”→“直线”按钮，启动“直线”命令，绘制轴线，系统给出如下提示。

```
命令：_line
指定第一个点：                //在绘图区适当位置单击鼠标左键，确定直线的起点
指定下一点或[放弃（U）]：235        //向右移动光标，输入“235”，按回车键
指定下一点或[退出（E）/放弃（U）]：                    //按回车键
```

绘制结果如图 6-79a 所示。

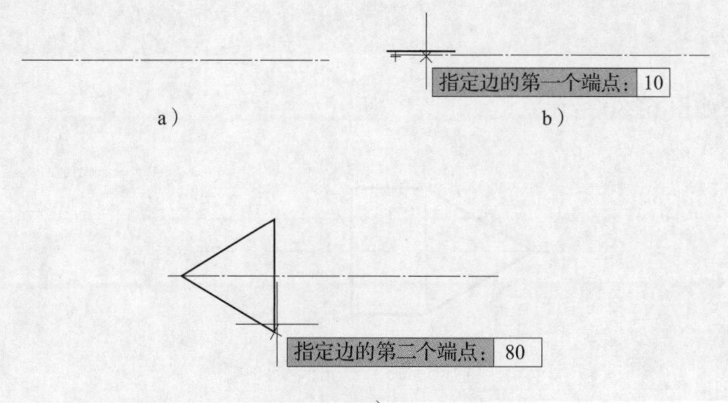

a）

b）

c）

图 6-79 绘制轴线及正三角形

a）绘制轴线 b）指定正三角形的左端点 c）绘制正三角形

（3）绘制正三角形

将“粗实线”图层设置为当前图层。单击“默认”→“绘制”→“多边形”按钮，启动“多边形”命令，系统给出如下提示。

```
命令：_polygon 输入侧面数 <4>：3        //输入正多边形的边数“3”，按回车键
指定正多边形的中心点或[边（E）]：E
                                  //输入“E”，按回车键，启动“边”选项
指定边的第一个端点：10
    //捕捉轴线的左端点，向右移动光标，输入“10”（见图 6-79b），按回车键
指定边的第二个端点：80
            //沿 330° 方向移动光标，输入“80”（见图 6-79c），按回车键
```

（4）绘制矩形

启动“直线”命令，绘制矩形的上、右、下三条边，系统给出如下提示。

```
命令：_line
指定第一个点：                            //捕捉 A 点，单击鼠标左键
```

```
指定下一点或[放弃（U）]：48      //水平向右移动光标，输入“48”，按回车键
指定下一点或[退出（E）/放弃（U）]：
     //捕捉过B点的竖直追踪线和过C点的水平追踪线的交点，单击鼠标左键
指定下一点或[关闭（C）/退出（X）/放弃（U）]：
                                          //捕捉C点，单击鼠标左键
指定下一点或[关闭（C）/退出（X）/放弃（U）]：
                          //按回车键（或按空格键），结束“直线”命令
```

绘制结果如图 6–80 所示。

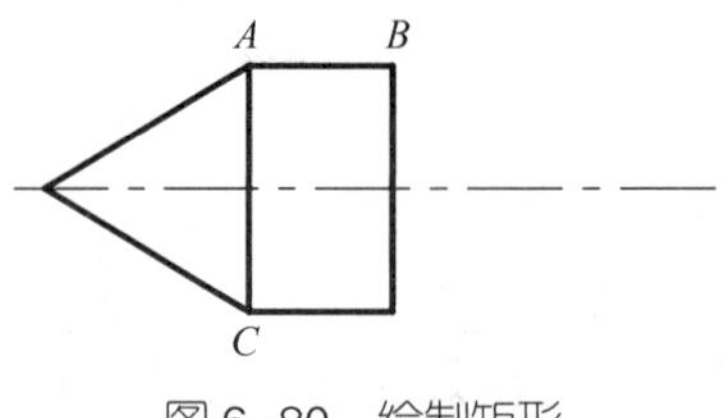

图 6–80　绘制矩形

（5）绘制梯形

1）绘制梯形右侧轮廓线

按空格键重新启动“直线”命令，系统给出如下提示。

```
命令：_line
指定第一个点：96           //捕捉D点，向右移动光标，输入“96”，按回车键
指定下一点或[放弃（U）]：   //竖直向上移动光标到适当位置，单击鼠标左键
指定下一点或[退出（E）/放弃（U）]：          //按回车键，结束“直线”命令
```

绘制结果如图 6–81 所示。

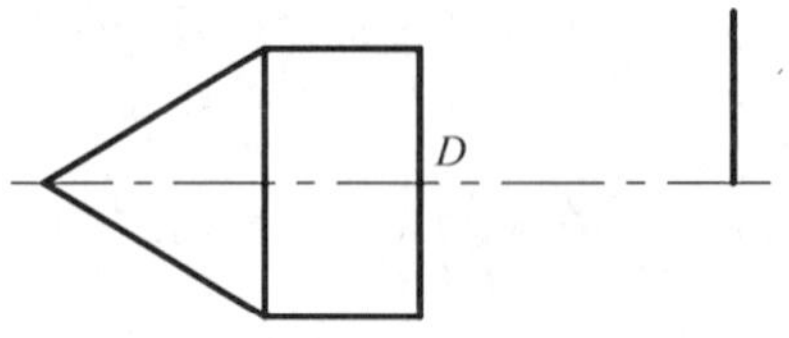

图 6–81　绘制梯形右侧轮廓线

2）拉伸轮廓线

选择刚刚绘制的轮廓线，单击选择下侧夹点（见图 6–82a），向下移动光标到适当位置，单击鼠标左键，按 <Esc> 键退出命令，结果如图 6–82b 所示。

51.3
0
端点

a） b）

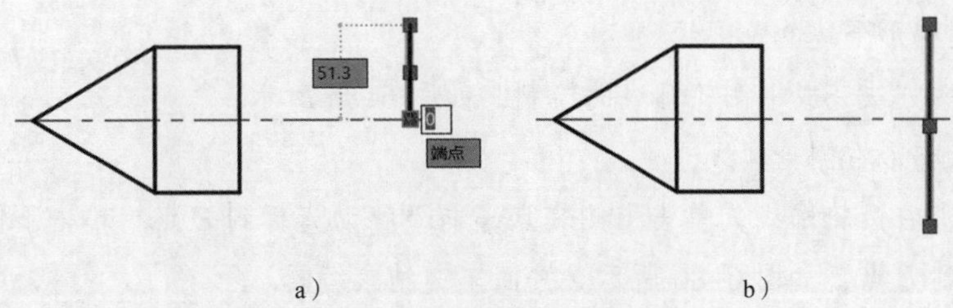

图 6-82 通过编辑夹点拉伸直线

a）选择下侧夹点 b）拉伸直线

3）绘制梯形上边的轮廓线

设置“极轴追踪”的增量角为 5°（见图 6-83）。启动“直线”命令，系统给出如下提示。

命令：_line

指定第一个点：30

// 捕捉 *D* 点，向上移动光标，输入“30”（见图 6-84a），按回车键

指定下一点或[放弃（U）]：

// 捕捉顺时针方向 5° 的追踪线与右侧轮廓线的交点，单击鼠标左键

指定下一点或[退出（E）/ 放弃（U）]： // 按回车键

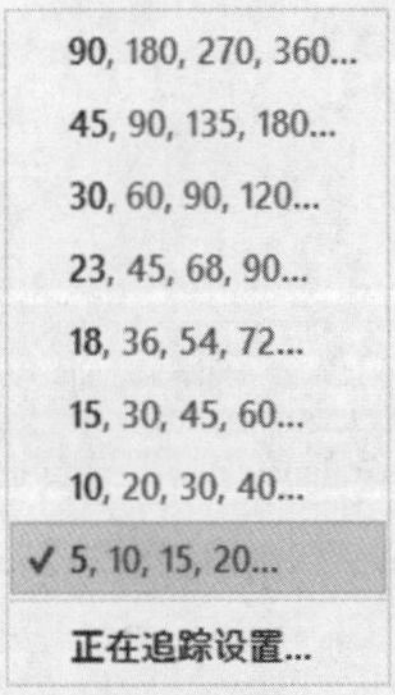

90, 180, 270, 360...
45, 90, 135, 180...
30, 60, 90, 120...
23, 45, 68, 90...
18, 36, 54, 72...
15, 30, 45, 60...
10, 20, 30, 40...
✓ 5, 10, 15, 20...
正在追踪设置...

图 6-83 设置“极轴追踪”的增量角

绘制结果如图 6-84b 所示。

指定第一个点:
30
D
5°
指定下一点或
D
96.4

a） b）

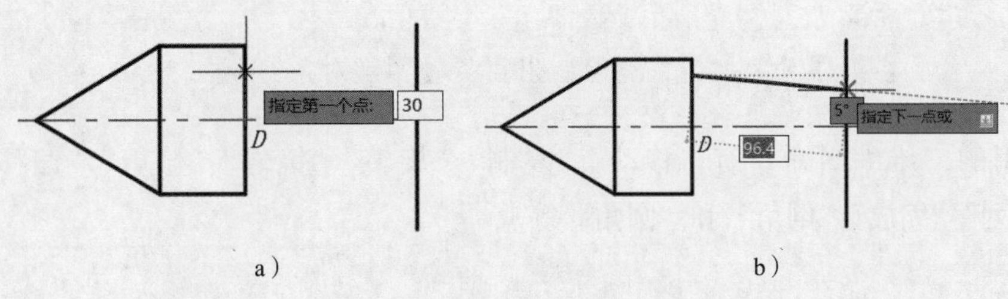

图 6-84 绘制梯形上边的轮廓线

4）绘制梯形下边的轮廓线

用同样的方法完成下侧轮廓线的绘制，如图 6-85 所示。

5）编辑梯形右侧轮廓线

选择梯形右侧轮廓线，单击上侧夹点，向下移动光标到 E 点。单击下侧夹点，向上移动光标到 F 点，如图 6-86 所示。按回车键结束编辑。

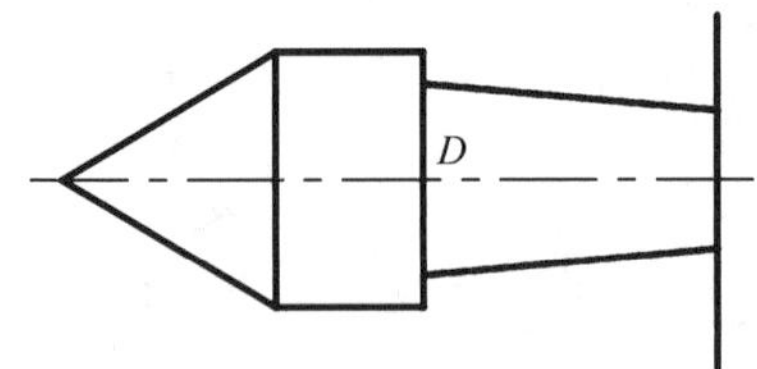

图 6-85　绘制梯形下边的轮廓线

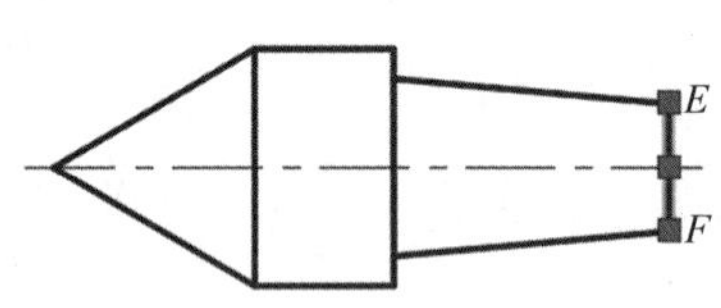

图 6-86　编辑梯形右侧轮廓线

§6-4　编辑平面图形

学习目标

1. 掌握“移动”“复制”“旋转”“镜像”“修剪”“偏移”“删除”“阵列”“缩放”“倒角”和“圆角”等编辑命令的使用方法。

2. 能用编辑命令绘制较复杂的平面图形。

想一想

在绘图时，如何快速绘制出重复的图形对象？

常用的二维编辑命令有“移动”“复制”“旋转”“镜像”“修剪”“偏移”“删除”“阵列”“缩放”“倒角”和“圆角”等。

一、移动对象

“移动”命令用于在不改变图形对象大小和形状的前提下，将图形对象从一个位置移动到另一个位置上。启动“移动”命令的方法：在功能区单击“默认”→“修改”→“移动”按钮 ✥。

1. 利用“基点”选项移动图形

移动前图形如图 6–87a 所示，下面利用“移动”命令将圆移动到右侧，并使圆心与直线的右端点重合。

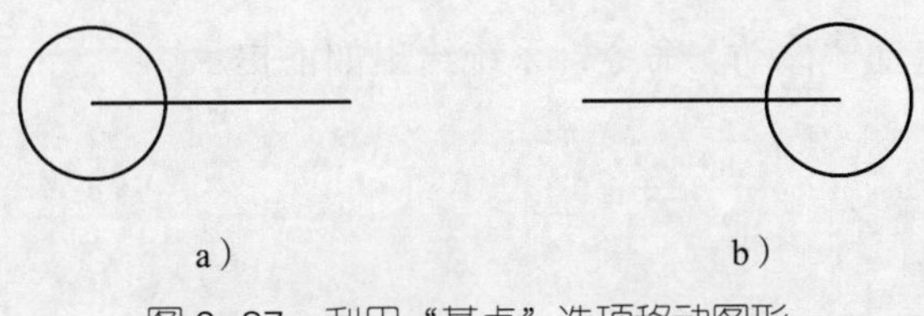

图 6–87 利用“基点”选项移动图形

a）移动前 b）移动后

※ 源文件：计算机绘图源文件 \ 移动图形 1.dwg

打开源文件，单击“默认”→“修改”→“移动”按钮 ✥，启动“移动”命令，系统给出如下提示。

```
命令：_move
选择对象：找到 1 个                          // 拾取圆（移动对象）
选择对象：                                  // 按回车键，结束移动对象的选取
指定基点或[位移（D）]<位移>：                 // 拾取直线左端点（移动基点）
指定第二个点或<使用第一个点作为位移>：
                                           // 拾取直线右端点（移动目标点）
```

移动结果如图 6–87b 所示。

“移动”命令中常用选项的功能如下。

◇ 基点：此选项是通过两个特征点来确定对象的移动方向和移动距离，第一个点作为基点，第二个点作为目标点。此方式为系统默认的移动方式。

◇ 位移：此选项是通过输入一个位移矢量来移动对象，输入的位移矢量决定了被移动对象的移动距离和移动方向。

2. 利用“位移”选项移动图形

将如图 6–88a 所示的圆按图示方向和尺寸进行移动。

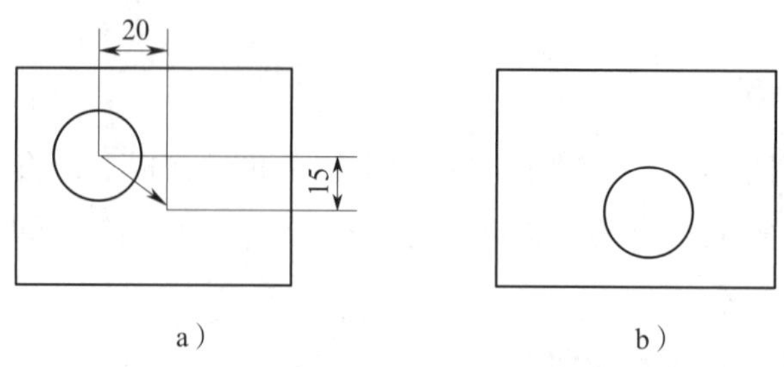

图 6-88　利用“位移”选项移动图形

a）位移矢量　b）移动结果

※ 源文件：计算机绘图源文件 \ 移动图形 2.dwg

打开源文件，启动“移动”命令，系统给出如下提示。

```
命令：_move
选择对象：找到 1 个                                              // 选择圆
选择对象：                                    // 按回车键，结束移动对象的选取
指定基点或[位移（D）]<位移>：D
                                    // 输入“D”，按回车键，激活“位移”选项
指定位移 <0.0000，0.0000，0.0000>：20，-15
                                    // 输入“20，-15”，指定位移矢量，按回车键
```

圆的移动结果如图 6-88b 所示。

二、复制对象

“复制”命令用于将选择的图形对象从一个位置复制到其他位置，执行一次“复制”命令可以相对于基点多次复制所选择的目标对象。启动“复制”命令的方法：在功能区单击“默认”→“修改”→“复制”按钮。

已有图形如图 6-89a 所示，下面根据图 6-89b 所示图形及尺寸要求，利用“复制”命令完成图形的绘制。

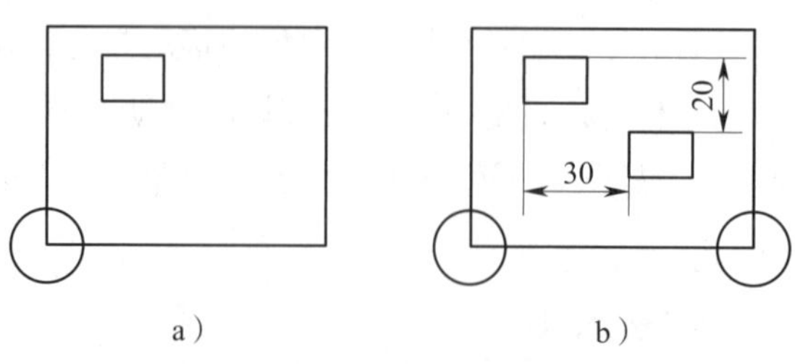

图 6-89　利用“复制”命令绘制图形

a）复制前图形　b）复制要求

※ 源文件：计算机绘图源文件 \ 复制图形 .dwg

打开源文件，单击“默认”→“修改”→“复制”按钮，启动“复制”命令，系统给出如下提示。

```
命令：_copy
选择对象：找到 1 个                                              // 选择圆
选择对象：                                              // 按回车键，结束选择
当前设置：复制模式 = 多个
指定基点或[位移（D）/ 模式（O）]< 位移 >：            // 拾取圆心，作为复制基点
指定第二个点或[阵列（A）]< 使用第一个点作为位移 >：
                         // 移动光标，拾取大矩形右下角顶点作为复制的目标点
指定第二个点或[阵列（A）/ 退出（E）/ 放弃（U）]< 退出 >：
                                                        // 按回车键，结束命令
命令：COPY                                    // 按回车键，重复“复制”命令
选择对象：找到 1 个                                          // 选择小矩形
选择对象：                                              // 按回车键，结束选择
当前设置：复制模式 = 多个
指定基点或[位移（D）/ 模式（O）]< 位移 >：D               // 输入“D”，按回车键
指定位移 <0.0000，0.0000，0.0000>：30，–20          // 输入“30，–20”，按回车键
```

复制结果如图 6–90 所示。

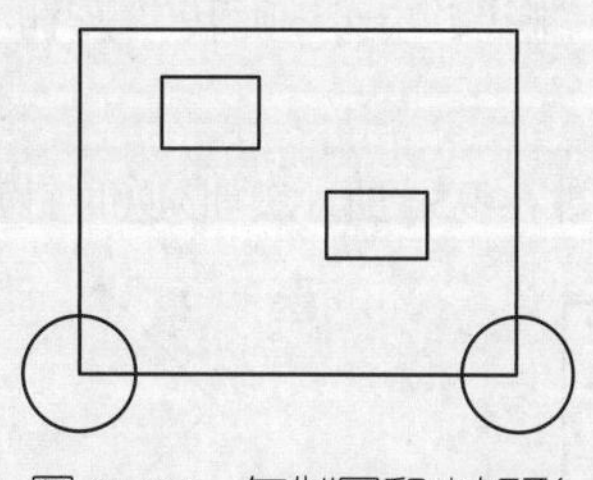

图 6–90 复制圆和小矩形

小提示

在 AutoCAD 中，也有计算机软件通用的“复制（Ctrl+C）”“剪切（Ctrl+X）”和“粘贴（Ctrl+V）”功能。这三项命令的按钮在“默认”功能区的“剪贴板”面板上（见图 6–91），也可用快捷键或在选择对象后通过右键快捷菜单（见图 6–92）启动这三项命令。

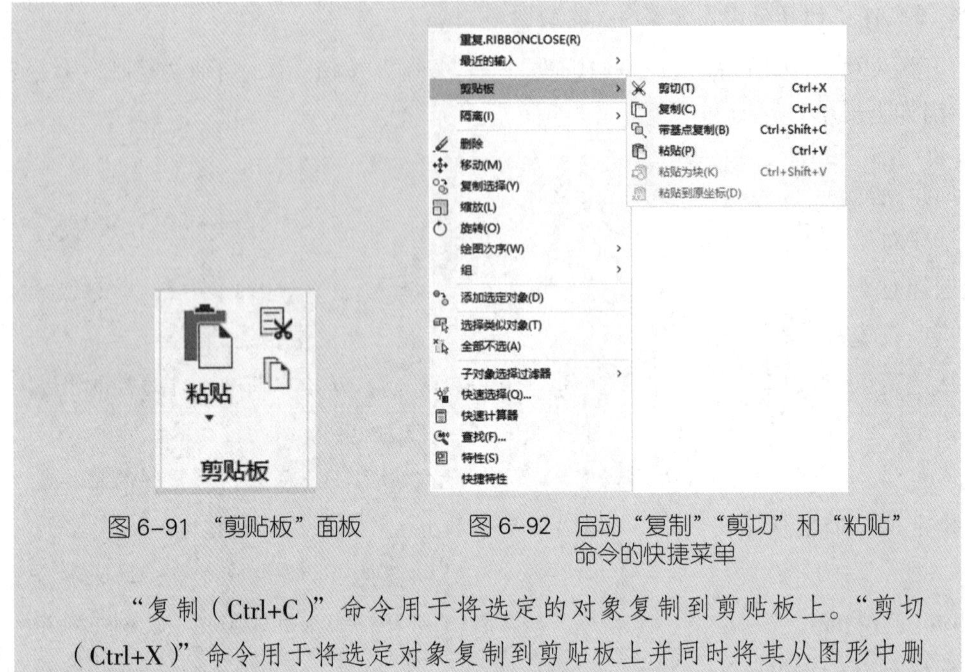

图 6–91 “剪贴板”面板　　图 6–92 启动“复制”“剪切”和“粘贴”命令的快捷菜单

“复制（Ctrl+C）”命令用于将选定的对象复制到剪贴板上。“剪切（Ctrl+X）”命令用于将选定对象复制到剪贴板上并同时将其从图形中删除。“粘贴（Ctrl+V）”命令用于将剪贴板上的内容粘贴到本图形文件中，也可以粘贴到其他“.dwg”格式图形文件中。

三、旋转对象

“旋转”命令用于在不改变对象大小和形状的前提下，将图形对象绕某一基点旋转一定角度并改变对象的位置，可以一次旋转一个或多个对象。启动“旋转”命令的方法：在功能区单击“默认”→“修改”→“旋转”按钮 。

1．将图形旋转一定角度

下面利用“旋转”命令将图 6–93a 所示矩形逆时针旋转 45°。

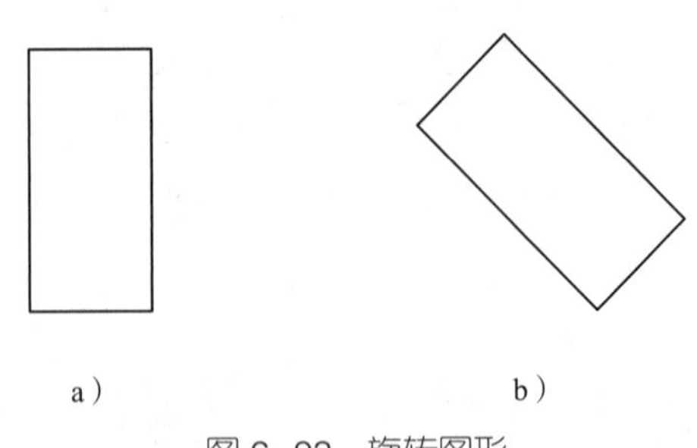

图 6–93 旋转图形

a）旋转对象　b）旋转结果

※ 源文件：计算机绘图源文件 \ 旋转图形 .dwg

打开源文件，单击“默认”→“修改”→“旋转”按钮 ，启动“旋转”命令，系统给出如下提示。

命令：_rotate
UCS 当前的正角方向：ANGDIR= 逆时针 ANGBASE=0
选择对象：找到 1 个 // 选择矩形
选择对象： // 按回车键，结束选择
指定基点： // 选择矩形左下角顶点作为旋转基点
指定旋转角度，或［复制（C）/ 参照（R）］<0>：45
// 输入旋转角度值“45”，按回车键

旋转结果如图 6–93b 所示。

“旋转”命令中常用选项的功能如下。

◇ 复制：旋转图形对象的同时保留原对象，如图 6–94 所示。

◇ 参照：采用参照方式旋转对象。

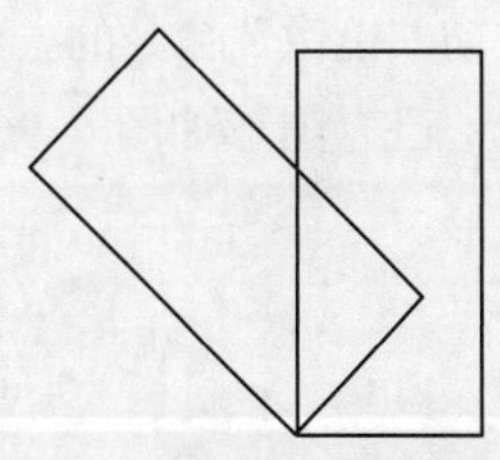

图 6–94 旋转时复制的结果

2. 参照旋转

下面利用“旋转”命令将如图 6–95a 所示矩形绕 *A* 点顺时针旋转，使 *AB* 与 *CD* 平行。

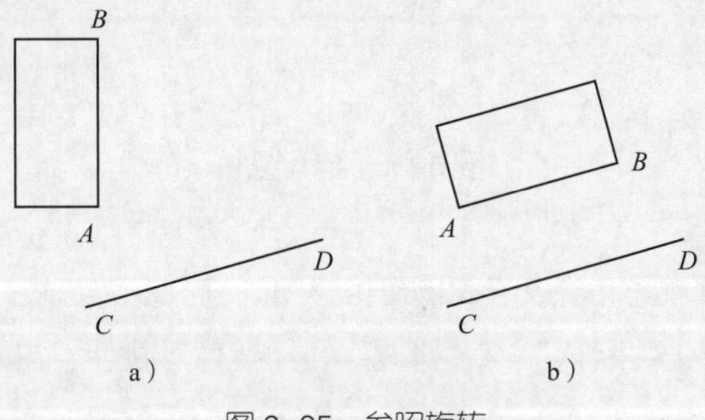

图 6–95 参照旋转
a）旋转前 b）旋转后

※ 源文件：计算机绘图源文件 \ 参照旋转 .dwg

打开源文件，单击“默认”→“修改”→“旋转”按钮，启动“旋转”命令，系统给出如下提示。

命令：_rotate
UCS 当前的正角方向：ANGDIR= 逆时针 ANGBASE=0
选择对象：找到 1 个 // 选择矩形
选择对象： // 按回车键，结束选择
指定基点： // 选择矩形上的 *A* 点作为旋转基点

指定旋转角度，或[复制（C）/参照（R）]<0>：R
//输入“R”，按回车键，激活“参照”选项
指定参照角 <0>：指定第二点：//先拾取 A 点，然后拾取 B 点
指定新角度或[点（P）]<0>：P //输入“P”，按回车键，激活“点”选项
指定第一点：指定第二点：//先拾取 C 点，然后拾取 D 点

旋转结果如图 6–95b 所示。

四、镜像对象

“镜像”命令是通过指定对称轴对称复制目标对象，原目标对象可保留也可删除。启动“镜像”命令的方法：在功能区单击“默认”→“修改”→“镜像”按钮 ⚠。

已有图形如图 6–96a 所示，下面在细点画线右侧绘制一个与左侧三角形对称的三角形。

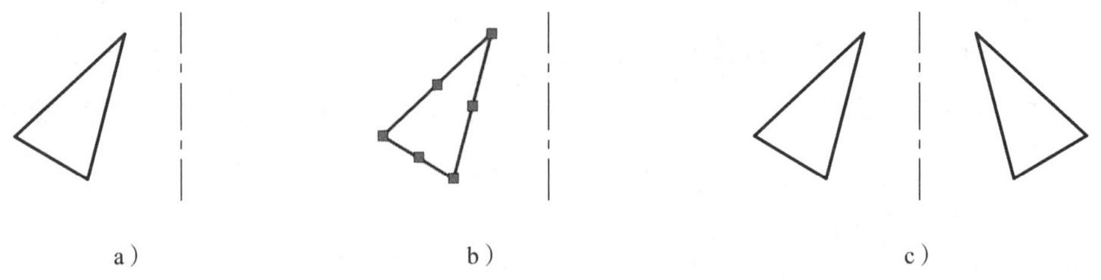

a） b） c）

图 6–96 镜像图形

a）镜像前图形 b）选择被镜像的图形 c）镜像结果

※ 源文件：计算机绘图源文件 \ 镜像图形 .dwg

打开源文件，单击“默认”→“修改”→“镜像”按钮，启动“镜像”命令，系统给出如下提示。

命令：_mirror
选择对象：指定对角点：找到 3 个 //选择三角形（见图 6–96b）
选择对象：//按回车键，结束选择
指定镜像线的第一点：//拾取细点画线的某一个端点作为镜像轴线的第一点
指定镜像线的第二点：//拾取细点画线的另一个端点作为镜像轴线的第二点
要删除源对象吗？［是（Y）/ 否（N）］< 否 >：
//按回车键，选择不删除源对象，结束“镜像”操作

镜像结果如图 6–96c 所示。

五、修剪对象

“修剪”命令用于沿指定的修剪边界修剪掉目标对象中不需要的部分，所选的修剪边界可以是圆弧、直线以及样条曲线等。在修剪对象时，边界必须要与修剪对象相交，或与其延长线相交。启动“修剪”命令的方法：在功能区单击“默认”→“修改”→“修剪”按钮 。

下面利用“修剪”命令修剪图 6-97a 所示图形，得到图 6-97c 所示图形。

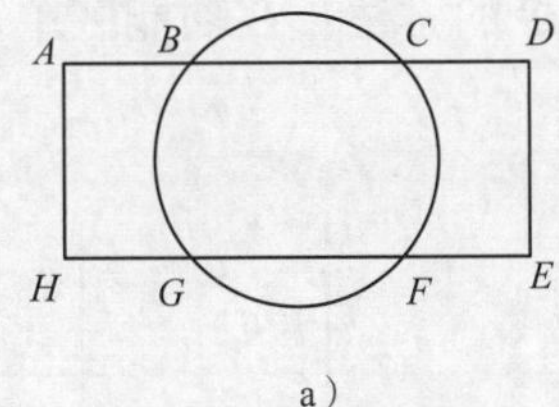

a）

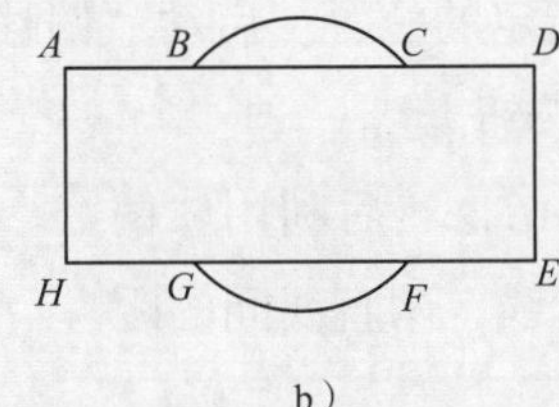

b）

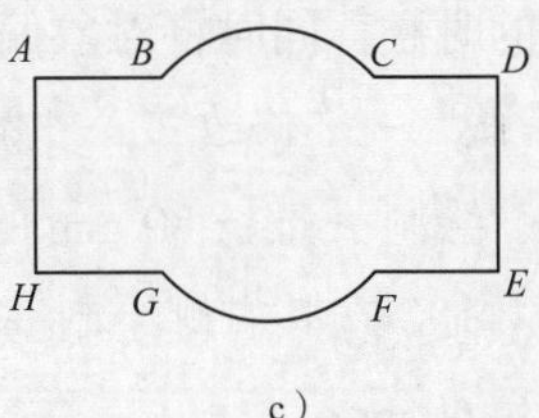

c）

图 6-97 修剪图形

a）修剪前图形 b）修剪圆弧 c）修剪直线

※ 源文件：计算机绘图源文件 \ 修剪图形 .dwg

1. 用“修剪”命令修剪圆弧 $\overset{\frown}{BG}$ 和 $\overset{\frown}{CF}$

打开源文件，单击“默认”→“修改”→“修剪”按钮，启动“修剪”命令，系统给出如下提示。

命令：_trim

当前设置：投影 =UCS，边 = 无

选择剪切边 ...

选择对象或 < 全部选择 >：找到 1 个 // 选择直线 *AD* 为剪切边

选择对象：找到 1 个，总计 2 个 // 选择直线 *HE* 为剪切边

选择对象： // 按回车键，结束剪切边界选择

选择要修剪的对象或按住 Shift 键选择要延伸的对象，或者

[栏选（F）/ 窗交（C）/ 投影（P）/ 边（E）/ 删除（R）]：

// 选择要修剪的圆弧 $\overset{\frown}{BG}$

选择要修剪的对象，或按住 Shift 键选择要延伸的对象，或

[栏选（F）/ 窗交（C）/ 投影（P）/ 边（E）/ 删除（R）/ 放弃（U）]：

// 选择要修剪的圆弧 $\overset{\frown}{CF}$

选择要修剪的对象，或按住 Shift 键选择要延伸的对象，或

[栏选（F）/ 窗交（C）/ 投影（P）/ 边（E）/ 删除（R）/ 放弃（U）]：

// 按回车键，结束“修剪”命令

修剪结果如图 6–97b 所示。

2. 用“修剪”命令修剪直线 *BC* 和 *GF*

用同样的方法完成直线 *BC* 和 *GF* 的修剪，结果如图 6–97c 所示。

六、偏移对象

在 AutoCAD 作图过程中，常需要绘制同心圆、平行线或者等距的曲线，此时，就可以采用“偏移”命令进行编辑。“偏移”也称“偏移复制”，该命令可以在复制对象的时候，同时将对象偏移到指定的位置。启动“偏移”命令的方法：在功能区单击“默认”→“修改”→“偏移”按钮 。

绘制一条长 80 mm 的竖线 *AB*，然后利用“偏移”命令在其右侧绘制一条平行线，两直线间的距离为 60 mm。

1. 启动“直线”命令，绘制一条长 80 mm 的竖线，如图 6–98a 所示。

2. 单击“默认”→“修改”→“偏移”按钮，启动“偏移”命令，系统给出如下提示。

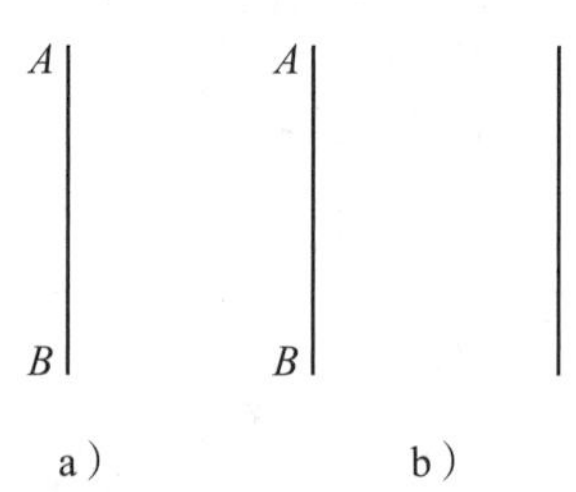

图 6–98　利用“偏移”命令绘制直线
a）偏移前　b）偏移后

命令：_offset
当前设置：删除源 = 否　图层 = 源　OFFSETGAPTYPE=0
指定偏移距离或［通过（T）/ 删除（E）/ 图层（L）］< 通过 >：60
// 输入直线 *AB* 所要偏移的距离“60”，按回车键
选择要偏移的对象，或［退出（E）/ 放弃（U）］< 退出 >：
// 选择直线 *AB* 作为偏移对象
指定要偏移的那一侧上的点，或［退出（E）/ 多个（M）/ 放弃（U）］< 退出 >：
// 在直线 *AB* 右边区域单击鼠标左键拾取任意一点，确定偏移方向（右）
选择要偏移的对象，或［退出（E）/ 放弃（U）］< 退出 >：　// 按回车键

偏移结果如图 6–98b 所示。

七、删除对象

“删除”命令用于删除图形中多余或错误的图形对象。启动“删除”命令的方法：在功能区单击“默认”→“修改”→“删除”按钮 。

下面利用“删除”命令删除图 6–99a 中多余的直线。

打开源文件，单击“默认”→“修改”→“删除”按钮 ，拾取要删除的直线，按回车键结束“删除”命令，删除结果如图 6–99b 所示。

图 6-99　删除直线

a）删除前图形　b）删除后的结果

※ 源文件：计算机绘图源文件 \ 删除直线 .dwg

八、阵列对象

利用“阵列”命令可以按照一定的排列规律一次复制多个图形对象。在 AutoCAD 2020 中，阵列有“矩形阵列”“环形阵列”和“路径阵列”三种阵列方式，其中“矩形阵列”和“环形阵列”应用最普遍。

1. 矩形阵列

矩形阵列主要用于将选择的图形对象按指定的行数和列数呈矩形排列。启动“矩形阵列”命令的方法：在功能区单击“默认”→“修改”→“矩形阵列”按钮 ▦。

下面利用“矩形阵列”命令，绘制图 6-100 所示图形。

（1）绘制 ϕ 10 mm 圆及中心线，如图 6-101 所示。

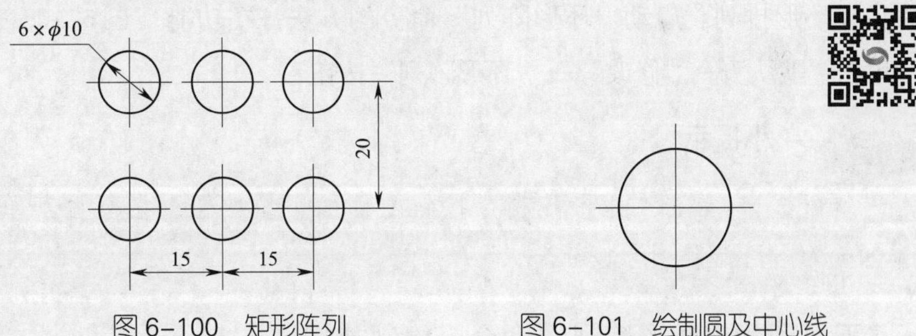

图 6-100　矩形阵列　　图 6-101　绘制圆及中心线

（2）单击“默认”→“修改”→“矩形阵列”按钮，启动“矩形阵列”命令。

（3）选择阵列对象（圆及中心线），按回车键。此时，在屏幕上方会弹出与图形对应的“阵列创建”操控面板，如图 6-102 所示。同时在屏幕上显示与之对应的阵列图形（系统默认为 4 列 3 行），如图 6-103 所示。

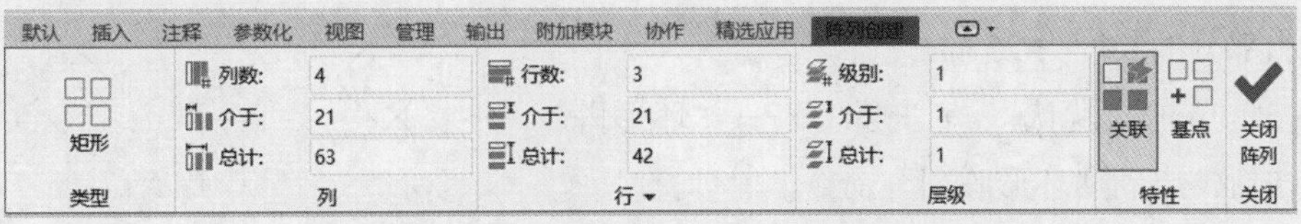

图 6-102　矩形阵列的“阵列创建”操控面板

（4）根据图 6–100 修改“阵列创建”操控面板中的参数。

“列”选项：“列数”为 3，“介于（列距）”为 15。

“行”选项：“行数”为 2，“介于（行距）”为 20。

“层级”选项：采用默认值。

修改“阵列创建”操控面板的结果如图 6–104 所示。在修改参数的同时，屏幕上的阵列图形会随之改变，如图 6–105 所示。用户可以根据变化情况判断参数修改是否正确。

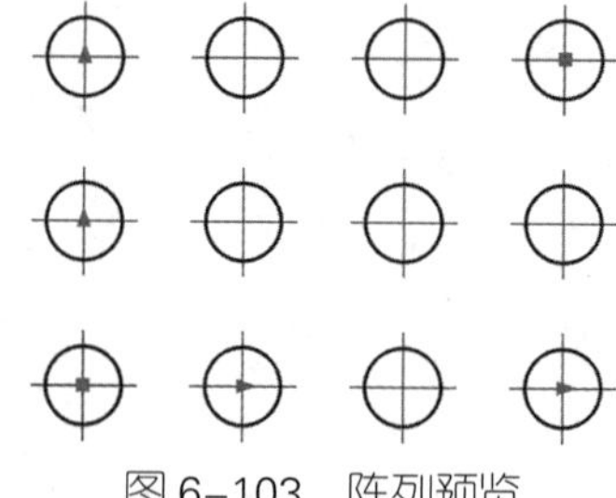

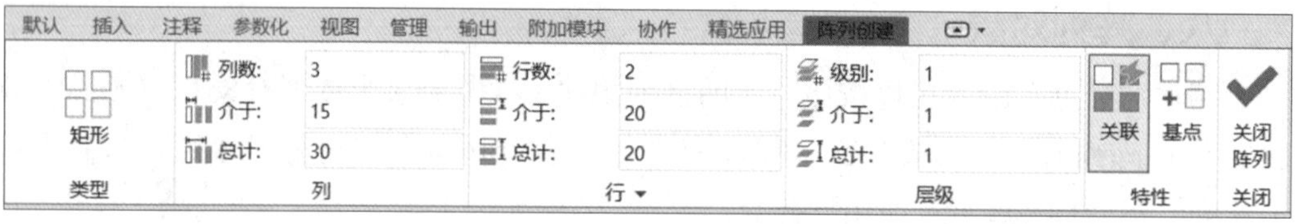

图 6–103　阵列预览

默认　插入　注释　参数化　视图　管理　输出　附加模块　协作　精选应用　阵列创建

类型	列		行		层级		特性		关闭
矩形	列数:	3	行数:	2	级别:	1	关联	基点	关闭阵列
	介于:	15	介于:	20	介于:	1			
	总计:	30	总计:	20	总计:	1			

图 6–104　修改“阵列创建”操控面板中的参数

（5）按回车键或单击“阵列创建”操控面板中的“关闭阵列”按钮，完成矩形阵列操作。

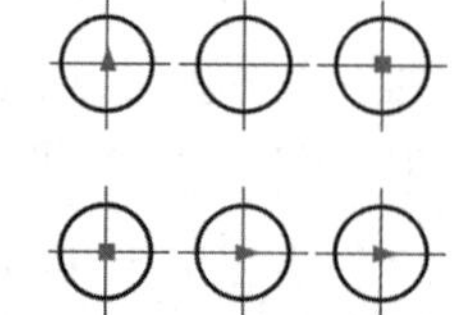

图 6–105　“矩形阵列”结果

2. 环形阵列

环形阵列主要用于将选择的图形对象按指定的圆心和数目呈环形排列。启动“环形阵列”命令的方法：在功能区单击“默认”→“修改”→“环形阵列”按钮 ⁘。

小提示

单击“矩形阵列”按钮右侧的下拉按钮，在下拉菜单中即可找到“环形阵列”按钮。

下面利用“环形阵列”命令，绘制如图 6–106 所示图形（不标注尺寸）。

（1）新建一个图形文件，图形样板选择“机械制图样板 .dwt”。

（2）绘制中心线及长 10 mm、宽 6 mm 的矩形，如图 6–107 所示。注意保证矩形右端中心线伸出部分的长度为 25 mm。

（3）单击“默认”→“修改”→“环形阵列”按钮，启动“环形阵列”命令。

（4）选择阵列对象（矩形及中心线），按回

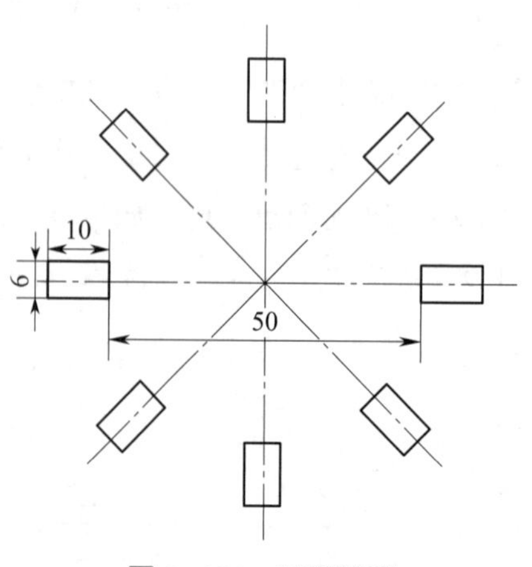

图 6–106　环形阵列

车键。

（5）捕捉中心线的右端点作为阵列中心点，单击鼠标左键，系统弹出“阵列创建”操控面板，如图 6–108 所示。

（6）在“项目数”文本框中输入 8，其他参数采用默认值。

图 6–107　绘制中心线及矩形

默认　插入　注释　参数化　视图　管理　输出　附加模块　协作　精选应用　阵列创建

类型	项目		行		层级		特性	关闭
极轴	项目数:	8	行数:	1	级别:	1	关联　基点　旋转项目　方向	关闭阵列
	介于:	45	介于:	9	介于:	1		
	填充:	360	总计:	9	总计:	1		

图 6–108　环形阵列的“阵列创建”操控面板

（7）按回车键或单击“阵列创建”操控面板中的“关闭阵列”按钮，完成环形阵列操作，结果如图 6–109 所示。

九、缩放对象

“缩放”命令用于将所选对象绕缩放基点按照指定的比例因子进行放大或缩小，以创建形状相同、大小不同的图形。启动“缩放”命令的方法：在功能区单击“默认”→“修改”→“缩放”按钮 。

下面利用“缩放”命令将图 6–110a 中的正六边形缩小到原来的 50%。

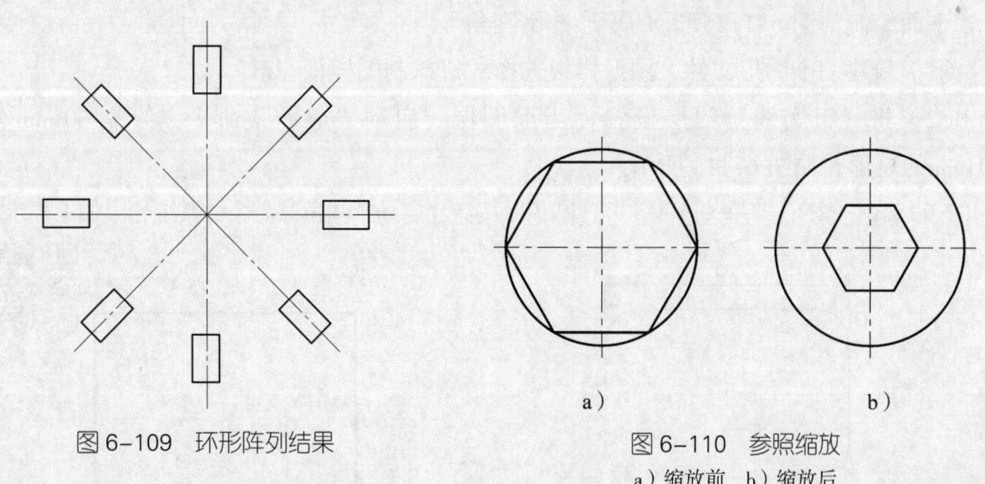

图 6–109　环形阵列结果

图 6–110　参照缩放

a）缩放前　b）缩放后

※ 源文件：计算机绘图源文件 \ 参照缩放 .dwg

打开源文件，单击“默认”→“修改”→“缩放”按钮 ，启动“缩放”命令，系统给出如下提示。

```
命令：_scale
选择对象：找到 1 个                          // 选择正六边形，作为缩放对象
选择对象：                                  // 按回车键，结束缩放对象的选择
指定基点：                          // 捕捉圆的圆心，作为正六边形的缩放基点
指定比例因子或［复制（C）/ 参照（R）]：0.5
                                         // 输入缩放比例“0.5”，按回车键
```

缩放结果如图 6–110b 所示。

“缩放”命令常用选项的功能如下。

◇ 复制：用于缩放图形对象的同时保留原对象，如图 6–111 所示。

◇ 参照：使用参考值作为比例因子缩放操作对象。此选项需要分别指定一个参照长度和新长度，AutoCAD 将以新长度与参照长度的比值作为缩放的比例因子。

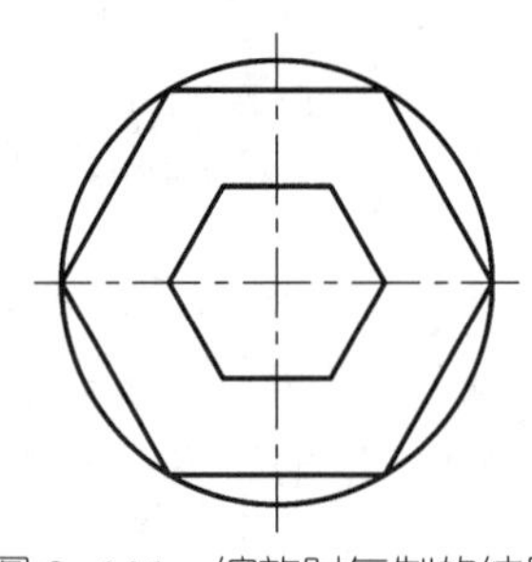

图 6–111　缩放时复制的结果

十、圆角与倒角

1．圆角

“圆角”命令用于通过一段圆弧连接两图线，称为倒圆角。启动“圆角”命令的方法：在功能区单击“默认”→“修改”→“圆角”按钮 。

下面绘制如图 6–112 所示的矩形并倒圆角。

（1）新建一个图形文件，图形样板选择“机械制图样板 .dwt”。

（2）将“粗实线”图层设置为当前图层。启动“矩形”命令，绘制 60 mm × 40 mm 的矩形，如图 6–113 所示。

（3）单击“默认”→“修改”→“圆角”按钮，启动“圆角”命令，系统给出如下提示。

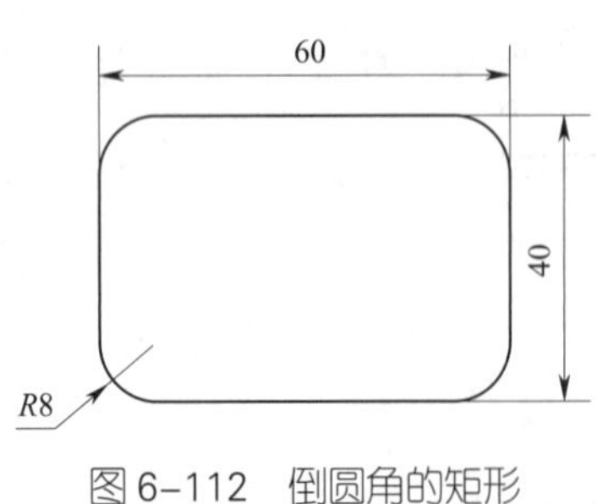

图 6–112　倒圆角的矩形

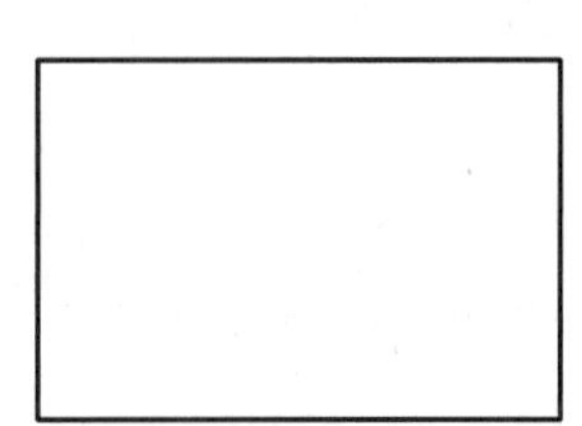

图 6–113　绘制矩形

```
命令：_fillet
当前设置：模式 = 修剪，半径 = 0.0000
```

选择第一个对象或[放弃(U)/多段线(P)/半径(R)/修剪(T)/多个(M)]:R

//输入"R",按回车键,激活"半径"选项

指定圆角半径 <0.0000>:8　　//输入圆角半径"8",按回车键

选择第一个对象或[放弃(U)/多段线(P)/半径(R)/修剪(T)/多个(M)]:M

//输入"M",按回车键,激活"多个"选项

选择第一个对象或[放弃(U)/多段线(P)/半径(R)/修剪(T)/多个(M)]:

//单击矩形某端点的一条边

选择第一个对象或[放弃(U)/多段线(P)/半径(R)/修剪(T)/多个(M)]:

//单击矩形某端点的另一条边,完成一个倒圆角

……　　//依次完成其他倒圆角

选择第一个对象或[放弃(U)/多段线(P)/半径(R)/修剪(T)/多个(M)]:

//按回车键,结束"圆角"命令

倒圆角的结果如图 6-114 所示。

图 6-114　倒圆角

2. 倒角

"倒角"命令用于以一条斜线连接两条非平行的直线。启动"倒角"命令的方法:在功能区单击"默认"→"修改"→"倒角"按钮。

小提示

单击"圆角"按钮右侧的下拉按钮,在下拉菜单中即可找到"倒角"按钮。

下面按照图 6-115a 所示图形及尺寸,编辑图 6-115b 所示图形。图中尺寸"2 × *C*5"表示有两个 45° 倒角,倒角距离(圆锥台的高度)为 5 mm。

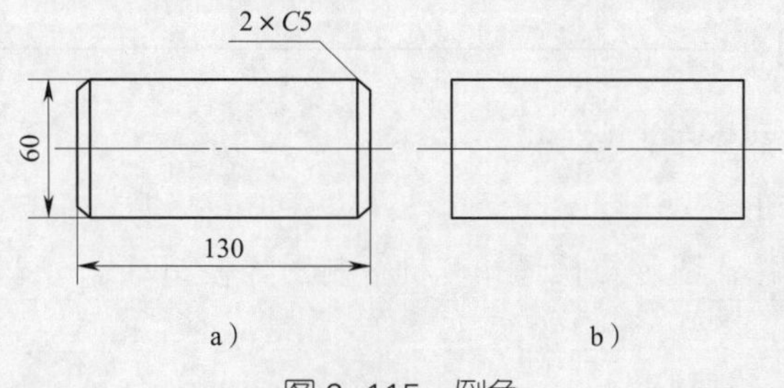

图 6-115　倒角

a)倒角要求　b)待倒角的图形

※ 源文件:计算机绘图源文件 \ 倒角 .dwg

(1)打开源文件,单击"默认"→"修改"→"倒角"按钮,启动"倒角"命令,

系统给出如下提示。

命令：_chamfer

（“修剪”模式）当前倒角距离 1 = 0.0000，距离 2 = 0.0000

选择第一条直线或[放弃（U）/多段线（P）/距离（D）/角度（A）/修剪（T）/方式（E）/多个（M）]：D　　//输入“D”，按回车键，激活“距离”选项

指定 第一个 倒角距离 <0.0000>：5　　//输入第一个倒角距离“5”，按回车键

指定 第二个 倒角距离 <5.0000>：　　//按回车键，默认第二个倒角距离为“5”

选择第一条直线或[放弃（U）/多段线（P）/距离（D）/角度（A）/修剪（T）/方式（E）/多个（M）]：M　　//输入“M”，按回车键，激活“多个”选项

选择第一条直线或[放弃（U）/多段线（P）/距离（D）/角度（A）/修剪（T）/方式（E）/多个（M）]：　　//单击矩形某端点的一条边

选择第二条直线，或按住 Shift 键选择直线以应用角点或[距离（D）/角度（A）/方法（M）]：　　//单击矩形某端点的另一条边，完成一个倒角

……　　//依次完成其他倒角

选择第一条直线或[放弃（U）/多段线（P）/距离（D）/角度（A）/修剪（T）/方式（E）/多个（M）]：　　//按回车键，结束“倒角”命令

倒角结果如图 6–116 所示。

（2）将“粗实线”图层设置为当前图层，启动“直线”命令，绘制倒角后形成的轮廓线，如图 6–117 所示。

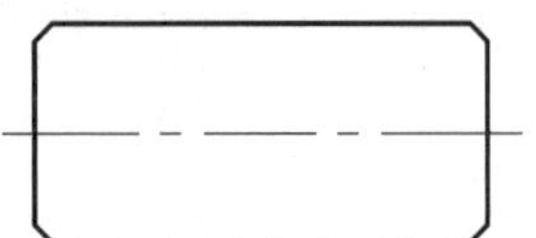

图 6–116　倒角结果

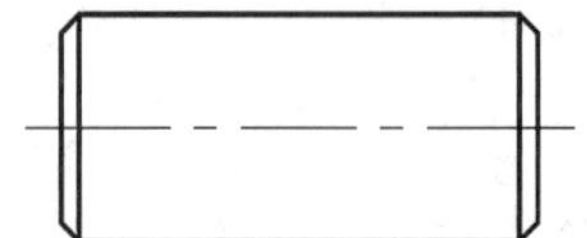

图 6–117　绘制倒角后形成的轮廓线

应用举例

绘制图 6–118 所示垫片。

（1）新建图形文件

新建一个图形文件，图形样板选择“机械制图样板 .dwt”。

（2）绘制大矩形

将“粗实线”图层设置为当前图层，启动“矩形”命令，绘制一个长 50 mm、宽 36 mm 的矩形。

（3）绘制中心线

将“细点画线”图层设置为当前图层，启动“直线”命令，绘制中心线，结果如

图 6–119 所示。

在图 6–119 中，水平细点画线的点很长，竖直细点画线没有显示出点，这是因为图线的线型比例不合适。在 AutoCAD 中，可以通过“线型比例”选项设定细点画线、细虚线、细双点画线等非连续图线的线型比例，不同线型比例的细点画线、细虚线和细双点画线示例如图 6–120 所示。

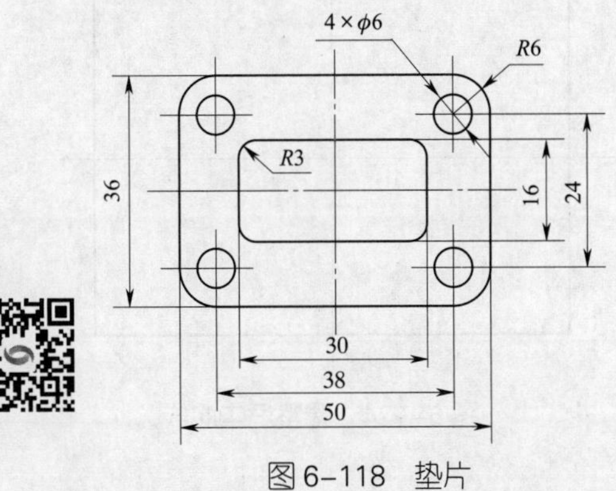

图 6–118 垫片

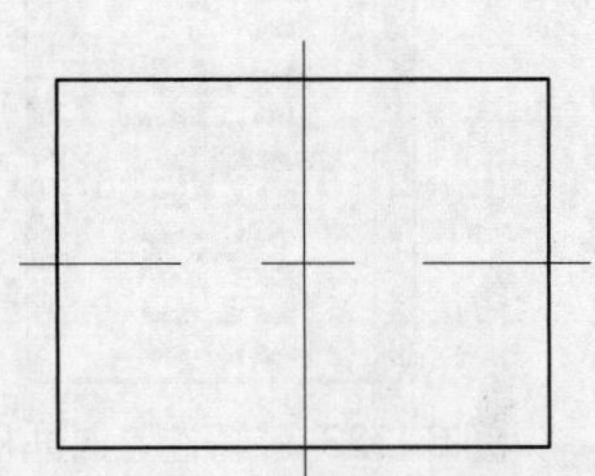

图 6–119 绘制大矩形和中心线

a）	b）	c）
线型比例为1	线型比例为1	线型比例为3
线型比例为0.5	线型比例为0.5	线型比例为2

图 6–120 不同线型比例的图线示例

a）细点画线 b）细虚线 c）细双点画线

调整中心线线型比例的步骤如下。

1）选取水平中心线和竖直中心线，如图 6–121 所示。

2）单击鼠标右键，弹出快捷菜单，如图 6–122 所示。

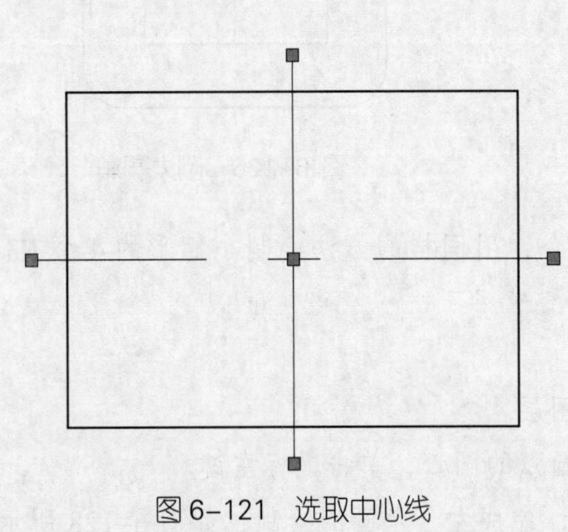

图 6–121 选取中心线

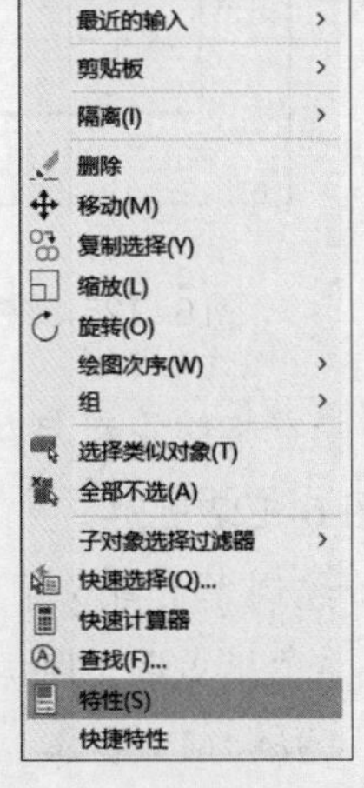

图 6–122 右键快捷菜单

3）单击右键快捷菜单中的“特性”命令选项，弹出“特性”对话框，如图 6–123 所示。

4）修改“线型比例”为 0.2，如图 6–123 所示。调整后中心线如图 6–124 所示。

图 6–123 “特性”对话框

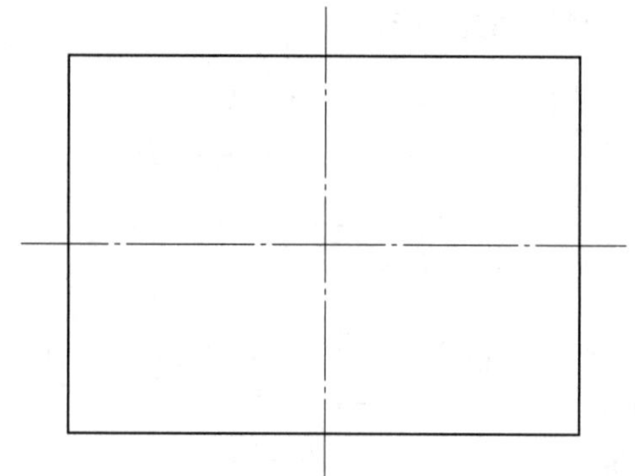

图 6–124 调整后中心线

小提示

如果在没有选择任何对象的情况下设置线型比例，则此后所绘图线的线型比例均为该设定值。

（4）绘制小矩形

启动“偏移”命令，指定偏移距离为“10”，向内偏移矩形，结果如图 6–125 所示。

（5）倒圆角

1）启动“圆角”命令，倒外围 4 个 *R*6 mm 圆角，如图 6–126 所示。

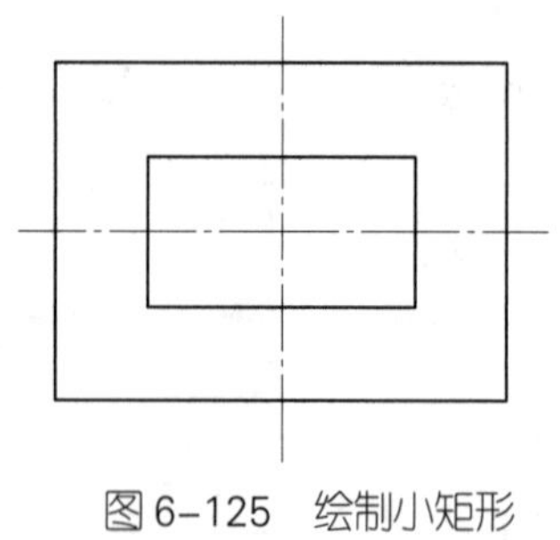

图 6–125 绘制小矩形

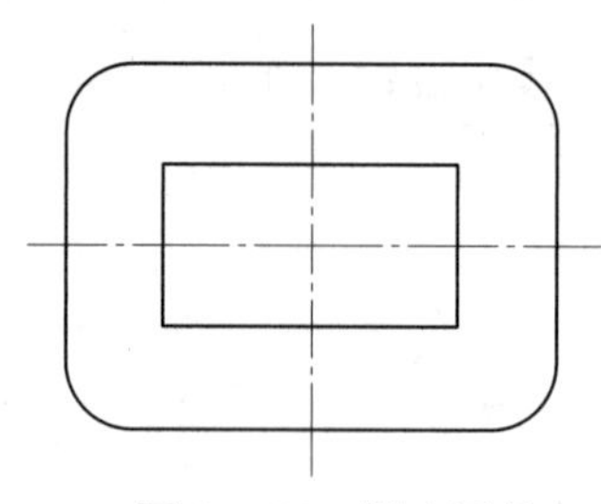

图 6–126 倒大圆角

2）按空格键重新启动“圆角”命令，用同样的方法绘制小矩形的 4 个 *R*3 mm 圆角，如图 6–127 所示。

（6）绘制左上角的圆

1）将“粗实线”图层设置为当前图层。

2）启动“圆”命令，拾取左上角圆弧的圆心，单击鼠标左键。

3）输入圆的半径“3”，按回车键，完成左上角圆的绘制，如图 6–128 所示。

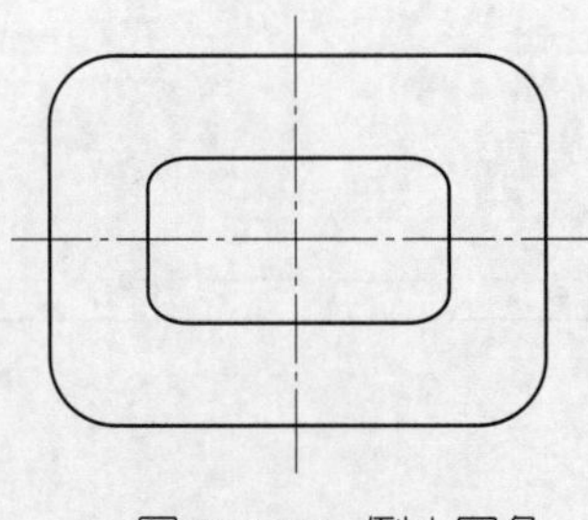

图 6-127 倒小圆角

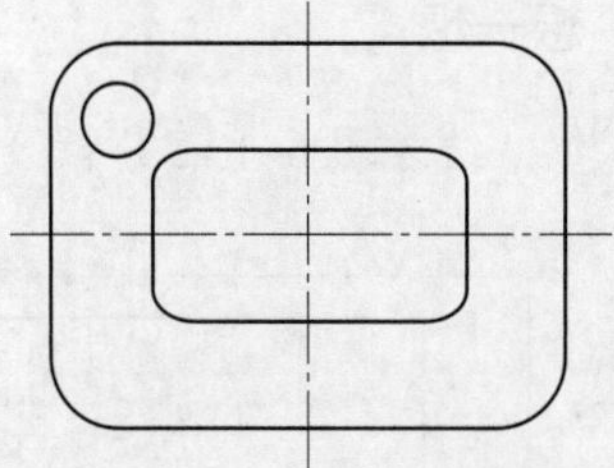

图 6-128 绘制左上角的圆

（7）绘制圆的中心线

将“细实线”图层设置为当前图层，启动“直线”命令，绘制圆的中心线，如图 6-129 所示。

（8）镜像其余 3 个圆及中心线

利用两次“镜像”命令完成其余 3 个圆及中心线的绘制，如图 6-130 所示。至此，图形绘制完毕。

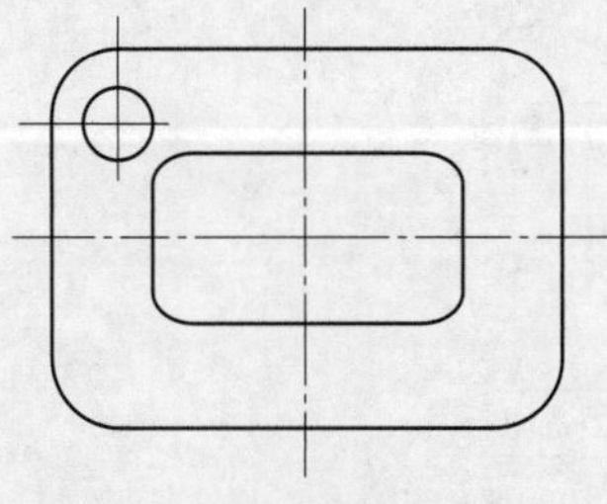

图 6-129 绘制圆的中心线

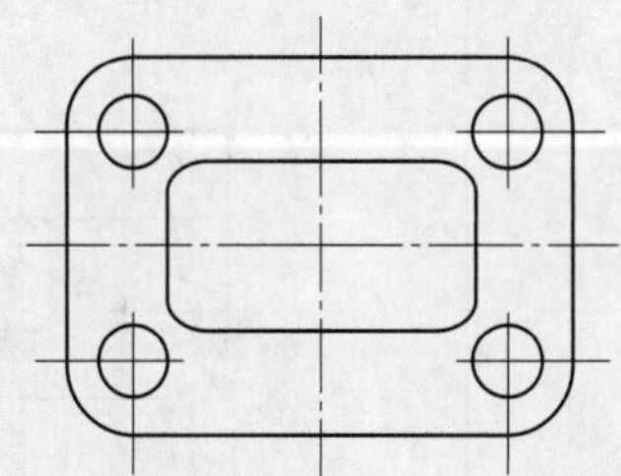

图 6-130 镜像其余 3 个圆及中心线

§6-5 绘制图样

学习目标

1. 掌握“样条曲线拟合”“图案填充”命令的使用方法。
2. 掌握文字样式、尺寸样式的设置方法。
3. 了解绘制图样的步骤，能绘制一般的机械图样。

想一想

结合图 6-131 分析绘制机械图样的步骤。

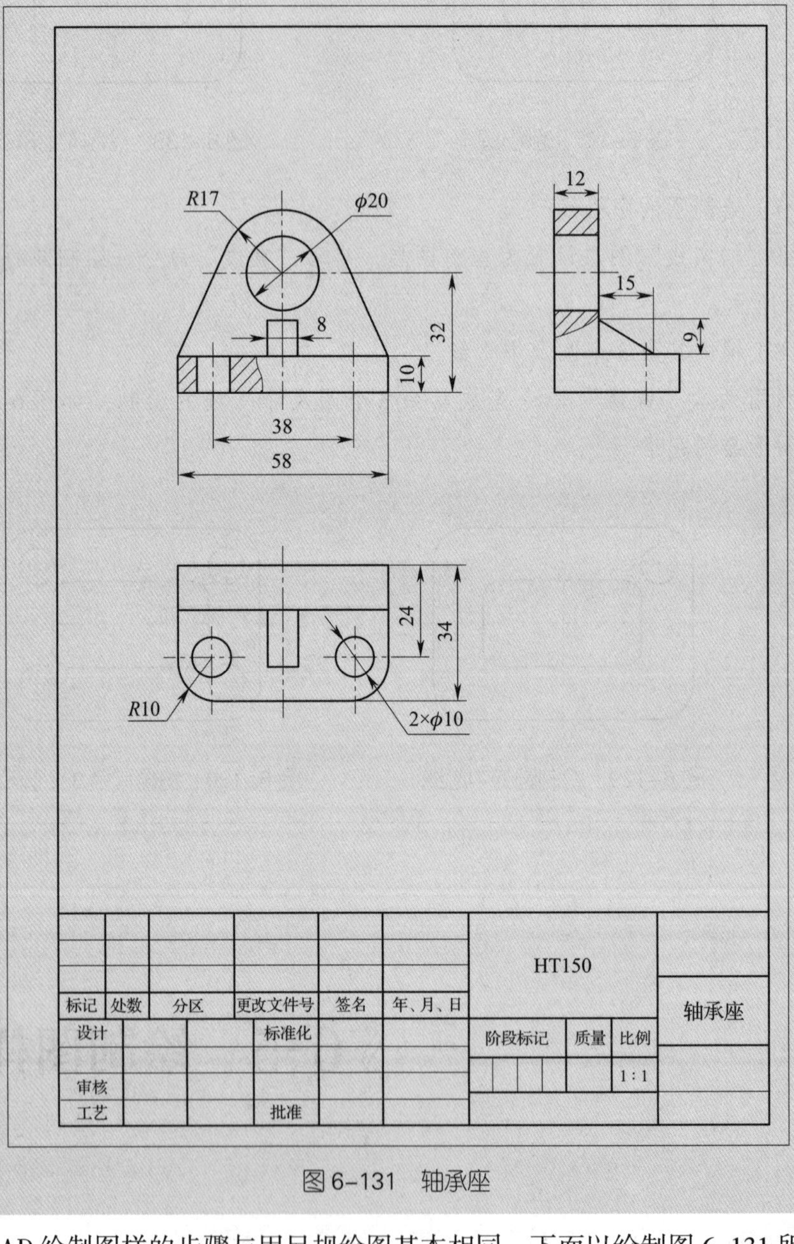

标记	处数	分区	更改文件号	签名	年、月、日	HT150			轴承座
设计			标准化			阶段标记	质量	比例	
								1:1	
审核									
工艺			批准						

图 6-131　轴承座

用 AutoCAD 绘制图样的步骤与用尺规绘图基本相同，下面以绘制图 6-131 所示轴承座的图样为例，分析用 AutoCAD 绘制图样的方法和步骤。

一、新建图形文件

新建一个图形文件，图形样板选择“机械制图样板 .dwt”。

二、绘制图框和标题栏

1．选择绘图比例、图幅

由于图 6–131 所示轴承座比较简单，可选用 1∶1 的绘图比例，A4 幅面（210 mm × 297 mm）。

2．绘制图框

图框的格式及尺寸如图 6–132 所示。将“细实线”图层设置为当前图层，绘制图纸的边界线。将“粗实线”图层设置为当前图层，绘制图框。

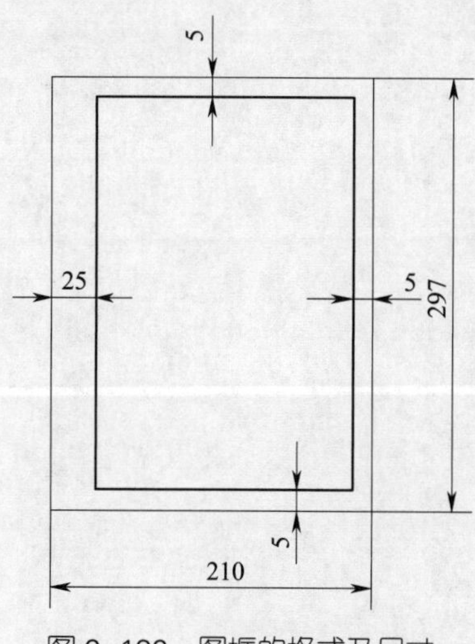

图 6–132　图框的格式及尺寸

3．绘制标题栏

标题栏的格式及尺寸如图 6–133 所示，在图框的下侧绘制标题栏的框线，如图 6–134 所示。绘图时注意线型和尺寸要与图 6–133 一致。

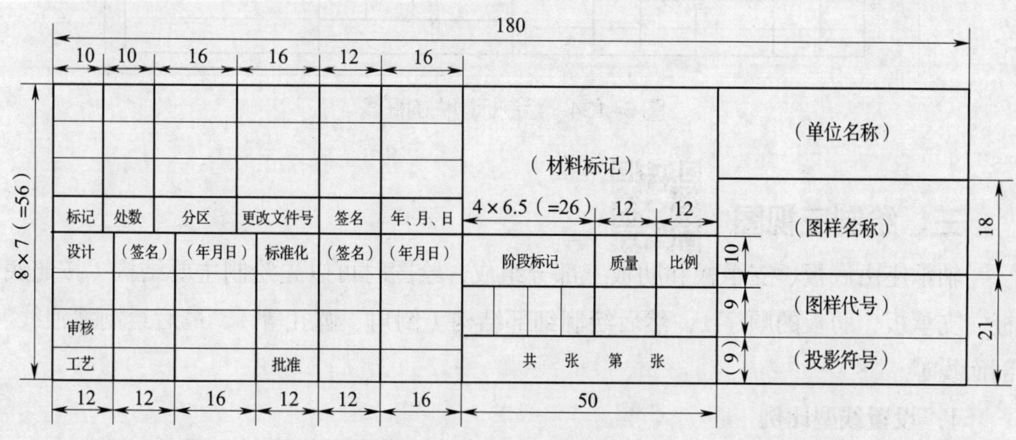

图 6–133　标题栏的格式及尺寸

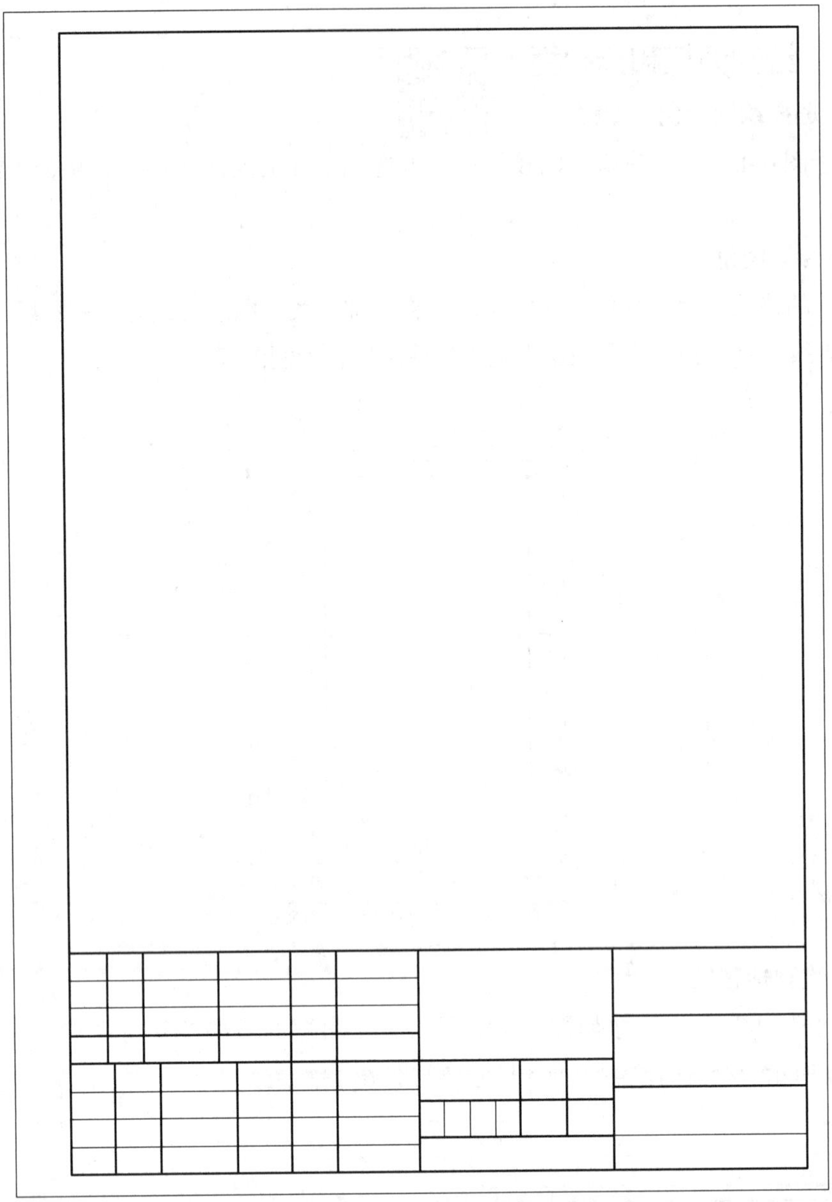

图 6-134　绘制标题栏的框线

三、绘制三视图 

轴承座由底板、支承板和肋板三部分组成，绘图时可以先绘制主要结构（按照底板、支承板、肋板的顺序），然后绘制细部结构（倒角、圆孔等），最后绘制波浪线、剖面线等。

1. 设置线型比例

单击“默认”→“特性”右侧的斜箭头，打开“特性”对话框，将“线型比例”修改为0.2，如图6-135所示。在绘图过程中，若发现线型比例不合适，可随时修改。

2. 绘制底板

启动“矩形”命令，绘制底板的三视图，如图6-136所示。

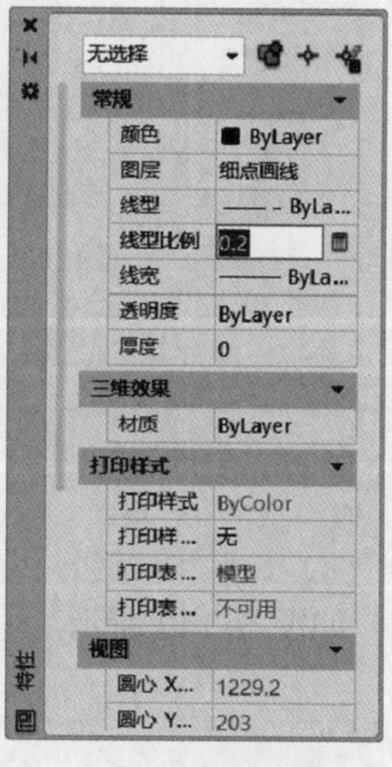

无选择
常规
颜色 ByLayer
图层 细点画线
线型 ——- ByLa...
线型比例 0.2
线宽 —— ByLa...
透明度 ByLayer
厚度 0
三维效果
材质 ByLayer
打印样式
打印样式 ByColor
打印样... 无
打印表... 模型
打印表... 不可用
视图
圆心 X... 1229.2
圆心 Y... 203
特性

图6-135 修改线型比例

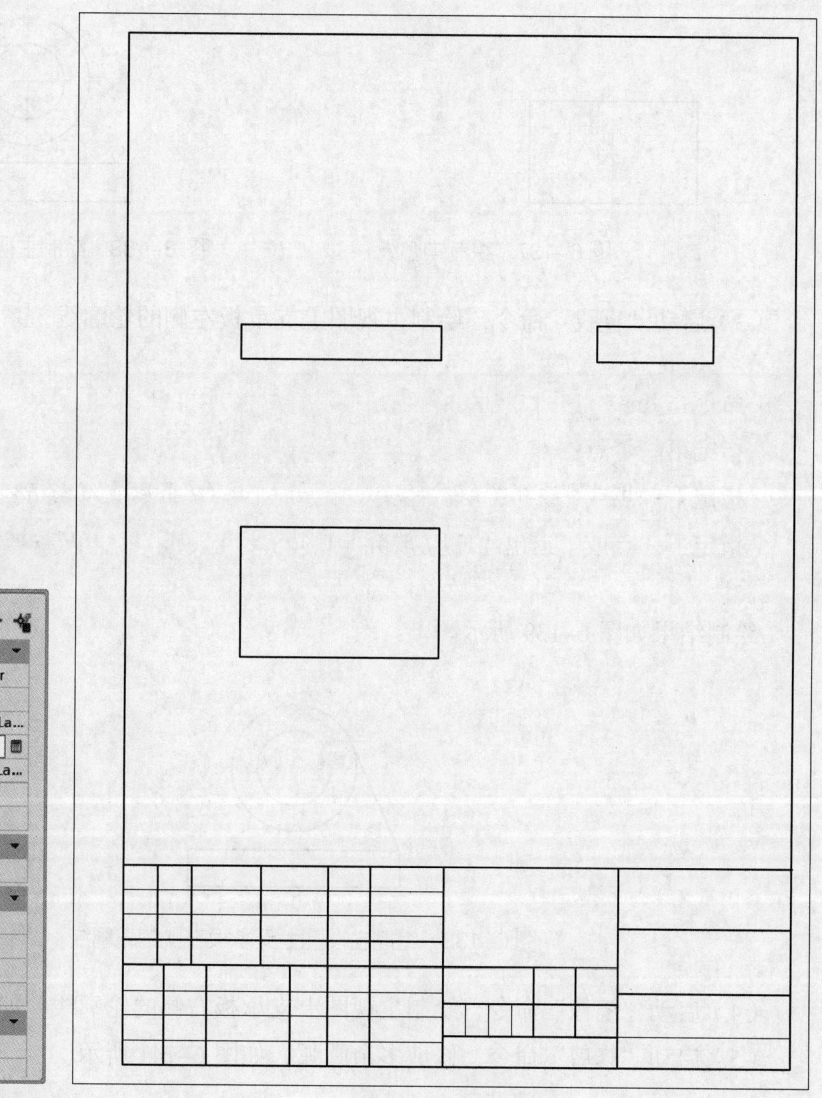

图6-136 绘制底板

3. 绘制支承板

（1）将“细点画线”图层设置为当前图层，绘制底板和支承板的竖直中心线，以及支承板上圆孔的中心线、轴线，如图6-137所示。

（2）将“粗实线”图层设置为当前图层，启动“圆”命令，绘制主视图的轮廓圆，如图6-138所示。

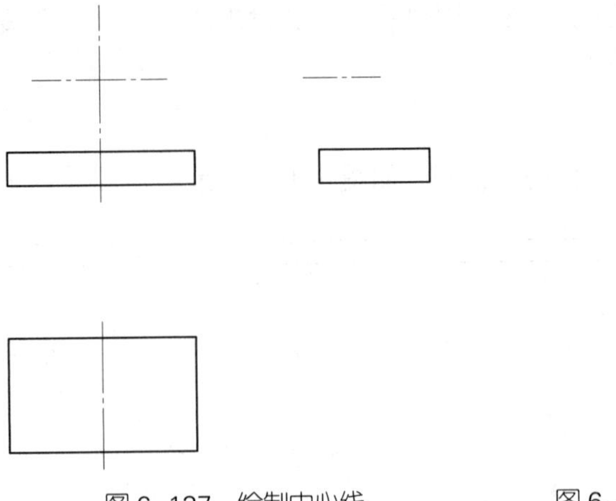

图 6–137　绘制中心线

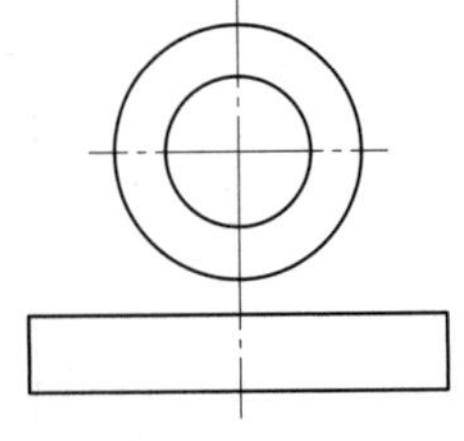

图 6–138　绘制主视图的轮廓圆

（3）启动“直线”命令，绘制主视图上支承板左侧的轮廓线，系统给出如下提示。

命令：_line
指定第一个点：　　//拾取 A 点
指定下一点或［放弃（U）］：　　//拾取直线与 $R17$ mm 圆的切点 B
指定下一点或［退出（E）/放弃（U）］：　　//按回车键，退出命令

绘制结果如图 6–139 所示。

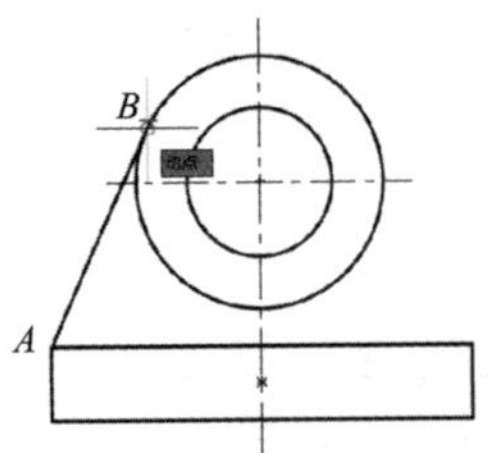

图 6–139　绘制主视图上支承板左侧的轮廓线

（4）启动“镜像”命令，绘制主视图上支承板右侧的轮廓线，如图 6–140 所示。

（5）启动“修剪”命令，修剪多余圆弧，如图 6–141 所示。

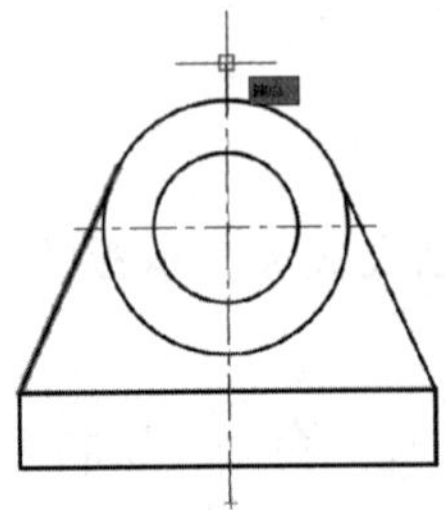

图 6–140　绘制主视图上支承板右侧的轮廓线

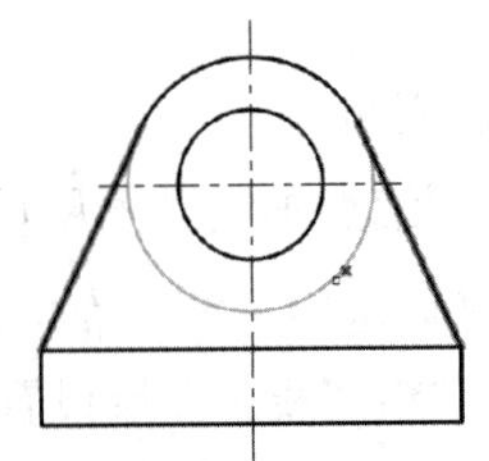

图 6–141　修剪多余圆弧

（6）启动“直线”命令，绘制支承板在俯视图、左视图上的投影，如图 6–142 所示。

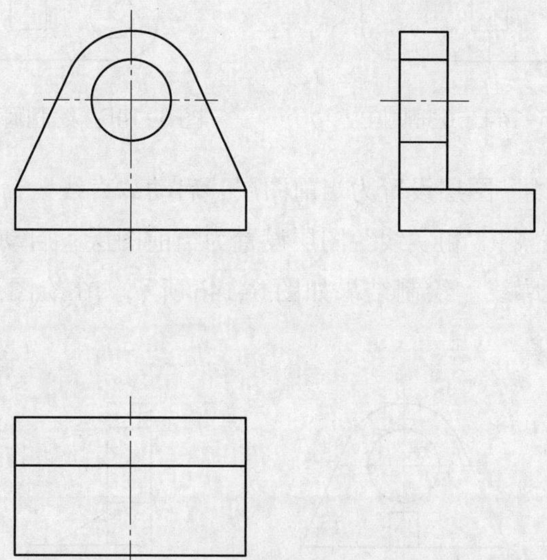

图 6–142 绘制支承板在俯视图、左视图上的投影

4．绘制肋板

重新启动“直线”命令，绘制肋板的三视图，如图 6–143 所示。

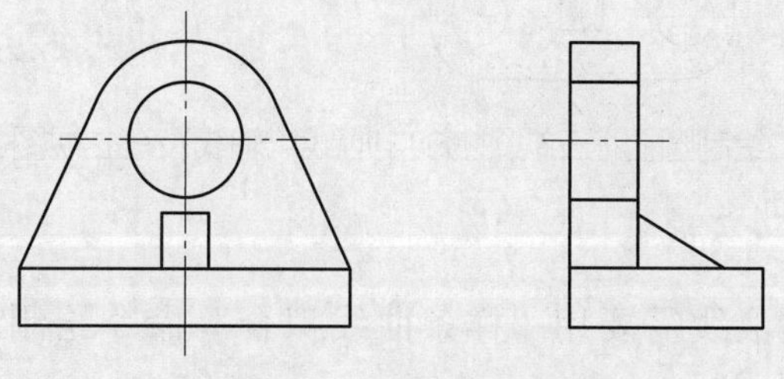

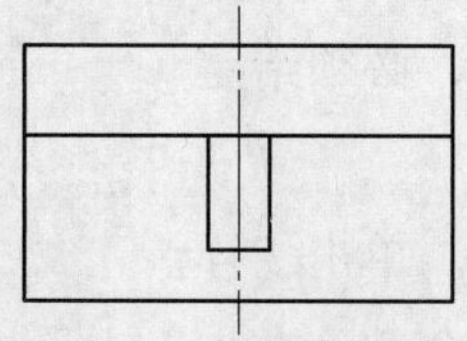

图 6–143 绘制肋板的三视图

5．绘制底板上的圆角和圆孔

（1）启动“圆角”命令，绘制俯视图上的圆角，如图 6–144 所示。

（2）启动“圆”命令，绘制俯视图上的圆孔，如图 6–145 所示。

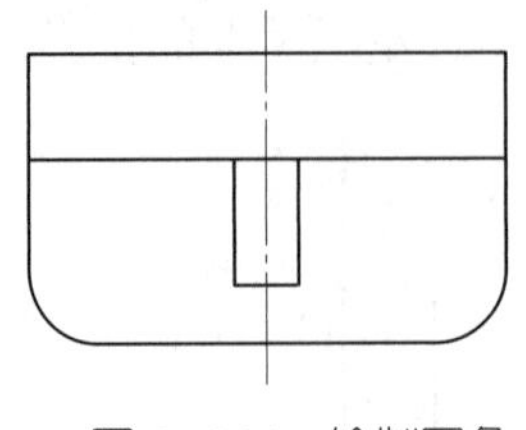

图 6-144　绘制圆角

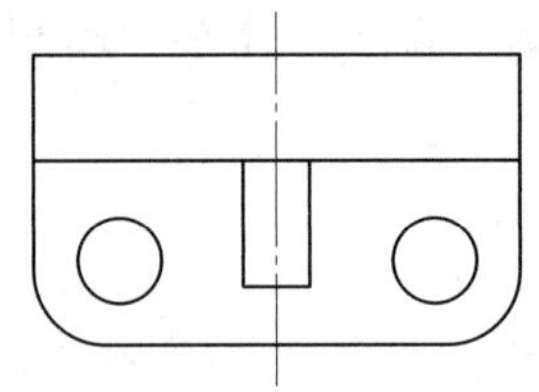

图 6-145　绘制俯视图上的圆孔

（3）将“细点画线”图层设置为当前图层，启动“直线”命令，绘制圆孔在三视图上的中心线或轴线；将“粗实线”图层设置为当前图层，启动“直线”命令，绘制圆孔在主视图上的轮廓线。绘制结果如图 6-146 所示。在绘图过程中可以灵活运用“镜像”“复制”等命令。

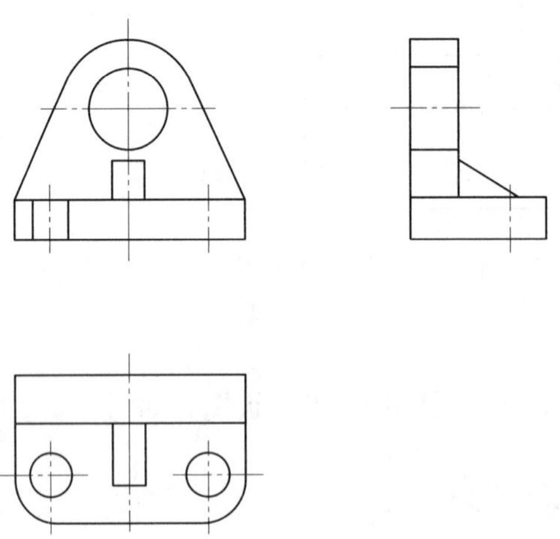

图 6-146　绘制圆孔在三视图上的中心线或轴线及在主视图上的轮廓线

6. 绘制波浪线

机械图样上的波浪线需要用“样条曲线拟合”命令绘制，启动“样条曲线拟合”命令的方法：在“默认”功能区，单击“绘图”面板的下拉按钮，展开“绘图”面板的扩展面板（见图 6-147），单击“样条曲线拟合”按钮 。在启动“样条曲线拟合”或“样条曲线控制点”命令后，必须给定 3 个以上的点来确定一条样条曲线。

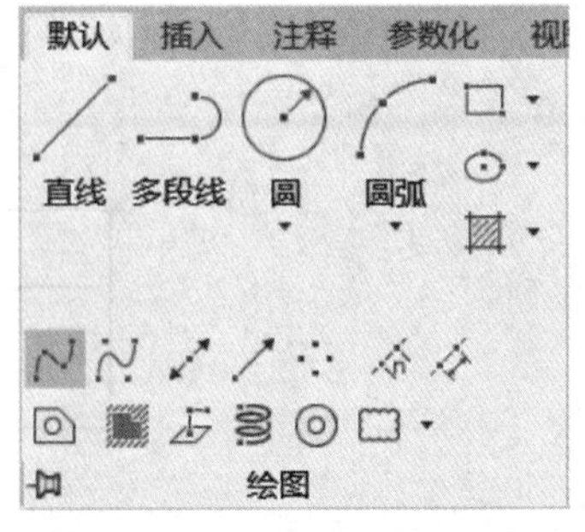

图 6-147　“绘图”扩展面板

（1）将“细实线”图层设置为当前图层。单击“样条曲线拟合”按钮，启动“样条曲线拟合”命令，在主视图上绘制波浪线，系统给出如下提示。

```
命令：_SPLINE
当前设置：方式 = 拟合　　节点 = 弦
```

指定第一个点或[方式（M）/节点（K）/对象（O）]：_M

输入样条曲线创建方式[拟合（F）/控制点（CV）]< 拟合 >：_FIT

当前设置：方式 = 拟合　　节点 = 弦

指定第一个点或[方式（M）/节点（K）/对象（O）]：

//拾取 *A* 点（见图 6–148），作为样条曲线的第一点

输入下一个点或[起点切向（T）/公差（L）]：　　//在适当位置拾取第二点

输入下一个点或[端点相切（T）/公差（L）/放弃（U）]：

//在适当位置拾取第三点

输入下一个点或[端点相切（T）/公差（L）/放弃（U）/闭合（C）]：

//拾取 *B* 点（见图 6–148）

输入下一个点或[端点相切（T）/公差（L）/放弃（U）/闭合（C）]：

//按回车键，结束命令

波浪线的绘制结果如图 6–148 的主视图所示。

（2）按回车键重新启动“样条曲线拟合”命令，绘制左视图上的波浪线，如图 6–148 的左视图所示。

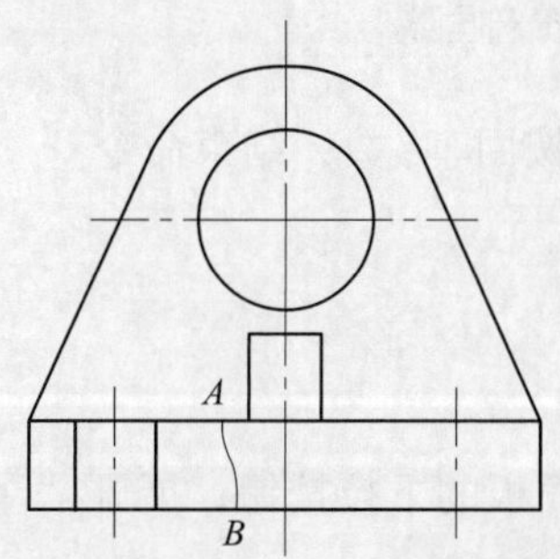

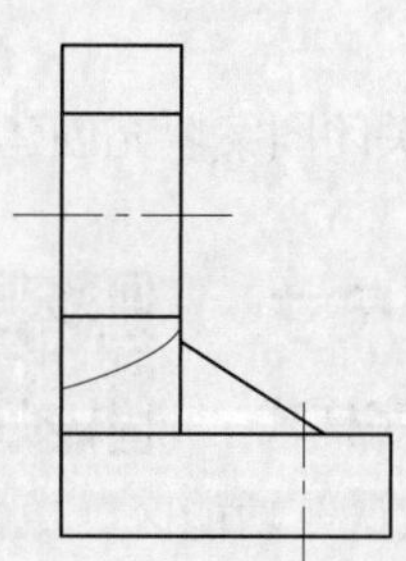

图 6–148　绘制波浪线

7. 填充剖面线

在 AutoCAD 中，绘制剖面线需要用“图案填充”命令。启动“图案填充”命令的方法：在功能区单击“默认”→“绘图”→“图案填充”按钮 。

（1）启动“图案填充”命令

启动“图案填充”命令，即可打开“图案填充创建”操控面板，如图 6–149 所示。

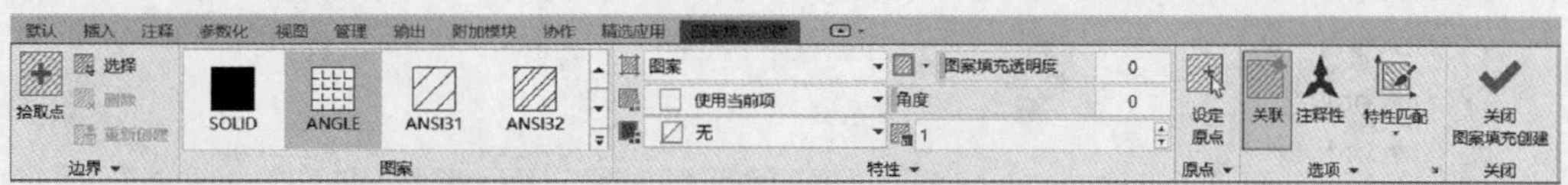

图 6–149　“图案填充创建”操控面板

“图案填充创建”操控面板中常用选项的功能如下。

◇ 图案：提供填充图案。

◇ 角度：用来指定所填充图案的旋转角度（默认为“0”），正值为逆时针方向，负值为顺时针方向。

◇ 比例：用来确定所填充图案的放大系数，以调整填充线条的疏密，数值越大线条越稀疏，反之越密集。

（2）填充剖面线

1）在“图案”面板中单击“ANSI31”按钮 ANSI31，“特性”面板的“角度”和“比例”参数采用默认值“0”。

2）在需要绘制剖面线的区域单击鼠标左键，完成图案填充，如图 6–150 所示。

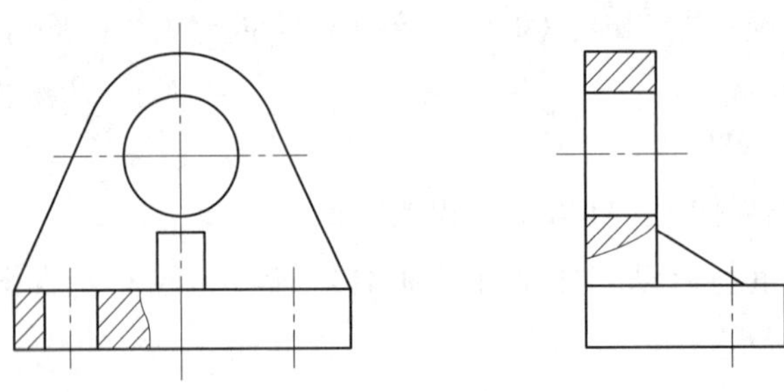

图 6–150　填充剖面线

3）单击“关闭图案填充创建”按钮（或按回车键），结束命令。

四、标注尺寸

1. 设置文字样式

（1）在“默认”功能区，单击“注释”面板的下拉按钮，展开“注释”面板的扩展面板（见图 6–151），单击“文字样式”按钮 A，系统弹出“文字样式”对话框（见图 6–152）。在默认状态下，AutoCAD 2020 系统提供了一个名为“Standard”的文字样式，用户可以修改此样式的设置或在此基础上新建文字样式。

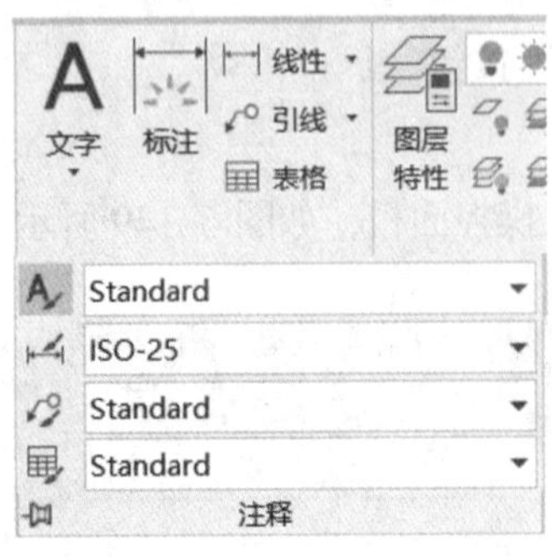

图 6–151　“注释”扩展面板

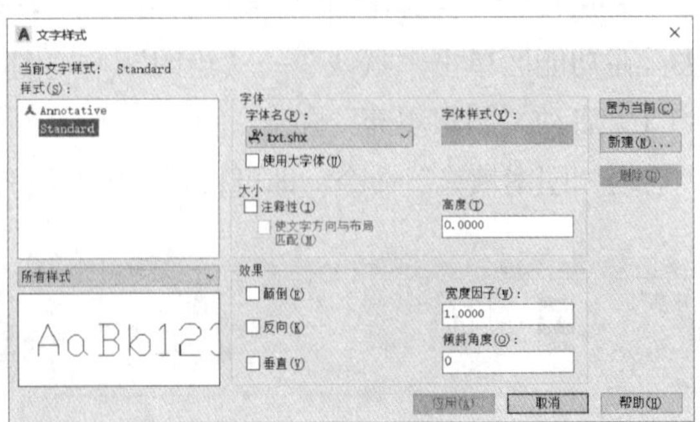

图 6–152　“文字样式”对话框

（2）先单击“样式”栏的“Standard”样式名（见图 6–152），然后单击“字体名”列表框，展开下拉列表，选择“宋体”，如图 6–153 所示。其他参数采用默认设置。

（3）先单击“应用”按钮，然后单击“关闭”按钮（见图 6–154），完成文字样式的修改。

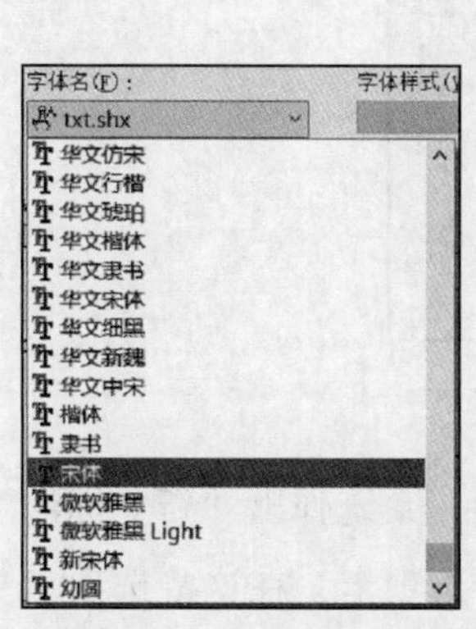

图 6–153　选择字体

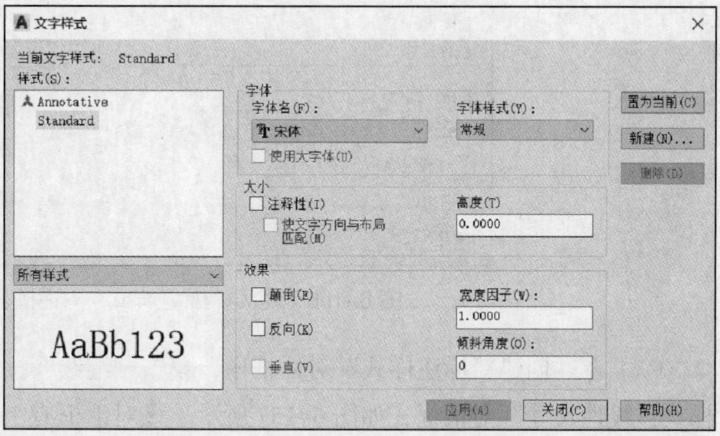

图 6–154　关闭“文字样式”对话框

2. 设置标注样式

尺寸标注的外观是由标注样式控制的，新建标注样式的步骤如下。

（1）在功能区，单击“默认”→“注释”→“标注样式”按钮，打开“标注样式管理器”对话框，如图 6–155 所示。在默认状态下，AutoCAD 2020 系统提供了一个名为“ISO–25”的标注样式，用户可以修改此样式的设置或在此基础上新建标注样式。

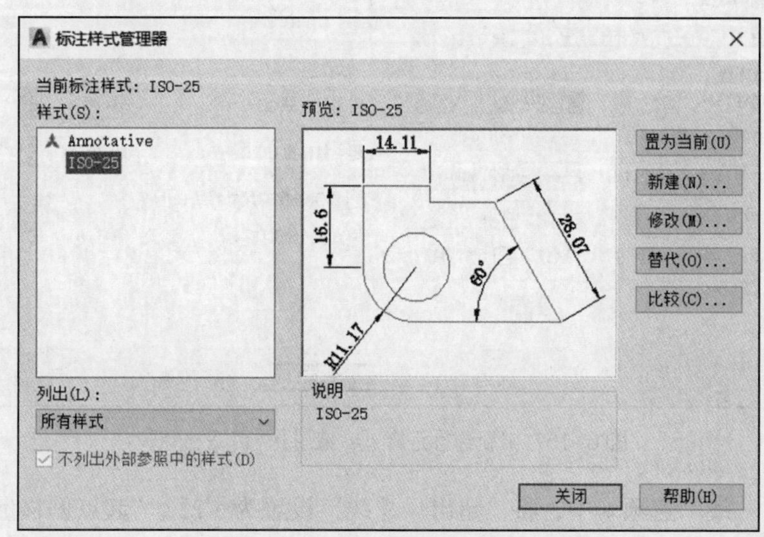

图 6–155　“标注样式管理器”对话框

（2）在“标注样式管理器”对话框中，单击“新建”按钮，系统弹出“创建新标注样式”对话框，在该对话框中输入新建样式的名称“线性尺寸”，如图 6–156 所示。

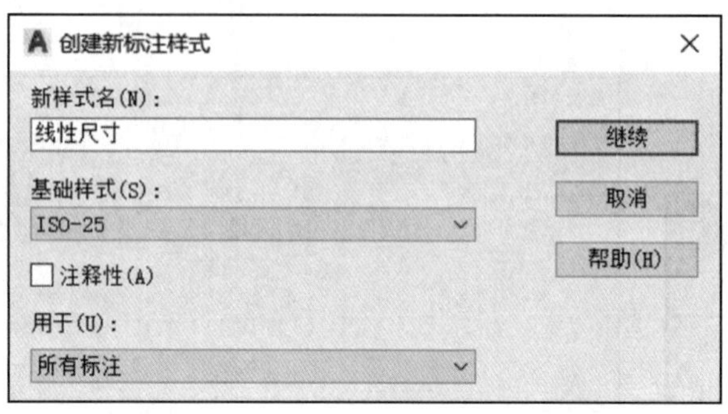

图 6–156 “创建新标注样式”对话框

（3）在“创建新标注样式”对话框中，单击“继续”按钮，系统弹出“新建标注样式：线性尺寸”对话框，如图 6–157 所示。该对话框有 7 个选项卡，在这些选项卡中用户可以设置各尺寸变量。

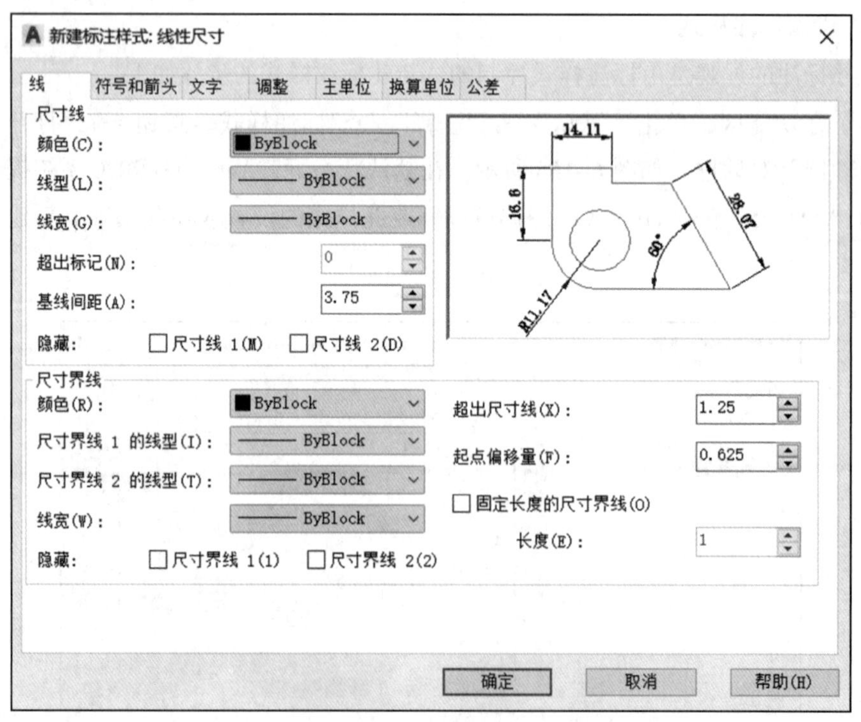

图 6–157 “新建标注样式：线性尺寸”对话框

（4）在“线”选项卡中，将“超出尺寸线”设置为“2”，“起点偏移量”设置为“0”，其他参数采用默认设置，如图 6–158 所示。

（5）单击“符号和箭头”标签，切换到“符号和箭头”选项卡，将“箭头大小”设置为“3.5”，其他参数采用默认设置，如图 6-159 所示。

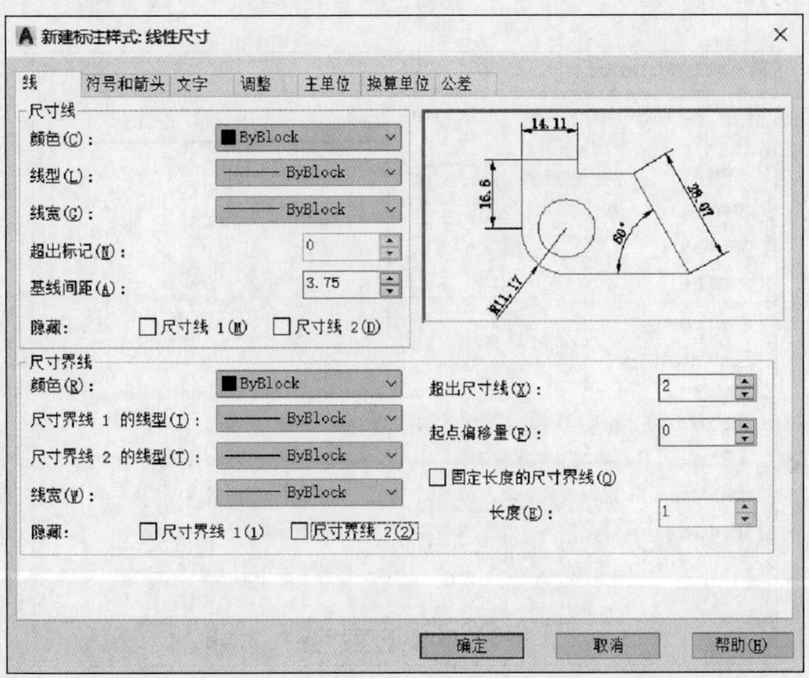

图 6-158　设置“线”选项卡参数

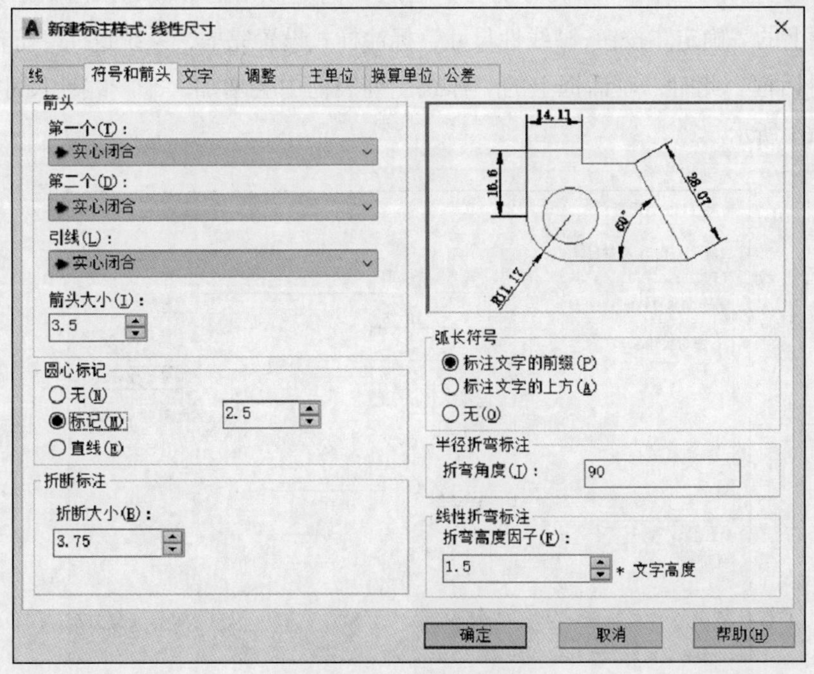

图 6-159　设置符号和箭头

（6）单击“文字”标签，切换到“文字”选项卡，将“文字高度”设置为“3.5”，“从尺寸线偏移”设置为“1”，“文字对齐”选择“ISO 标准”，其他参数采用默认设置，如图 6–160 所示。

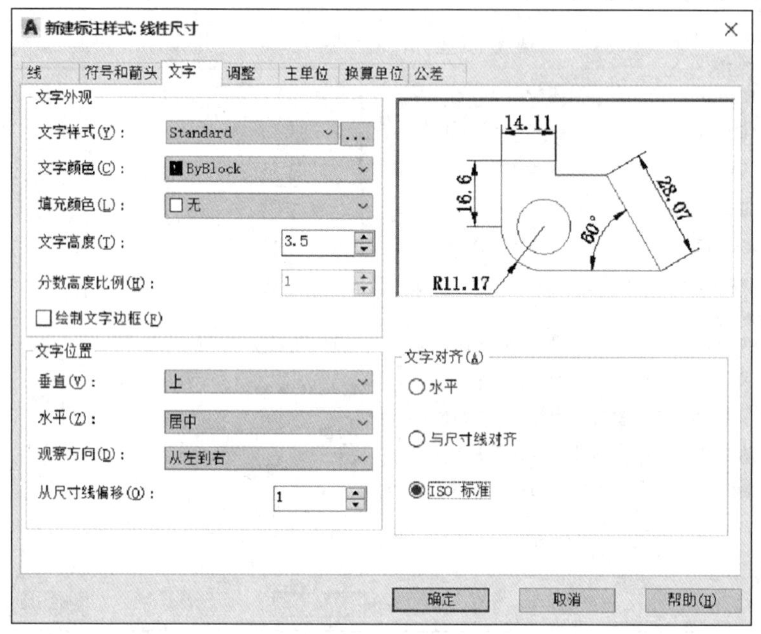

图 6–160　设置文字

（7）“调整”“主单位”“换算单位”“公差”等选项卡的参数均采用默认设置。单击对话框上的“确定”按钮，“线性尺寸”标注样式设置完毕，系统返回“标注样式管理器”对话框。此时，对话框上的“样式”列表框中会增加一个“线性尺寸”样式，如图 6–161 所示。

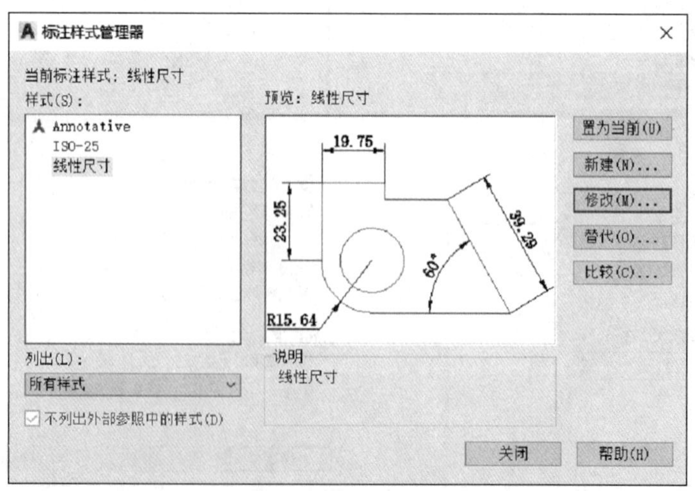

图 6–161　“线性尺寸”标注样式的创建结果

小提示

系统会自动将新设置的标注样式置为当前标注样式。若选择其他标注样式，则需要在“标注样式管理器”的“样式”列表框中单击相应的样式名，然后单击“置为当前”按钮。

（8）单击“标注样式管理器”对话框的“关闭”按钮，结束标注样式的创建。

3. 标注尺寸

根据需要标注的对象不同，AutoCAD 2020 提供了多种尺寸标注方法，单击“默认”→“注释”→“线性”右侧的下拉按钮，在下拉列表中有各种尺寸标注命令的按钮，如图 6–162 所示。常用尺寸标注命令的用途见表 6–1。

（1）标注底板的尺寸

1）将“细实线”图层设置为当前图层，启动“线性”命令，标注底板的长、宽、高和两个孔的定位尺寸，如图 6–163 所示。

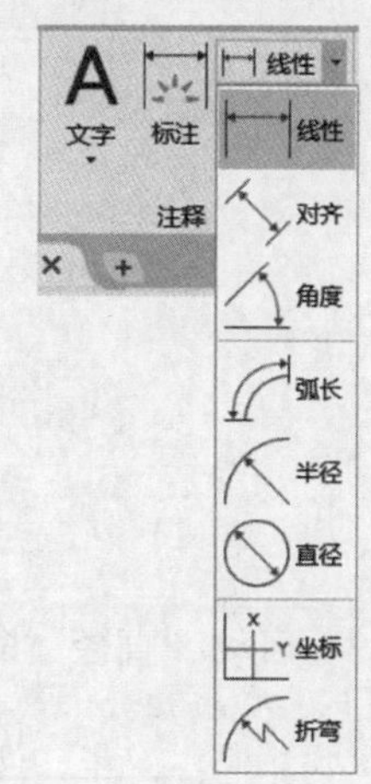

图 6–162　尺寸标注命令按钮

表 6–1　常用尺寸标注命令的用途

名称	符号	用途
线性		用于标注对象的线性距离或长度，可以进行水平标注和竖直标注
对齐		用于标注对象的线性距离或长度，一般用于标注非水平和非竖直方向上的线性尺寸，其尺寸线沿对象的方向放置
角度		用于标注两条不平行直线间的角度
半径		用于标注圆弧的半径尺寸
直径		用于标注圆弧和圆的直径尺寸

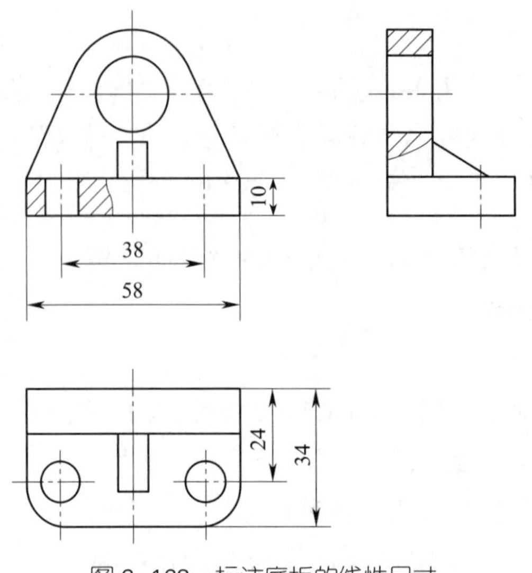

图 6-163　标注底板的线性尺寸

2）启动“直径”命令，标注底板上两个小孔的直径，如图 6-164a 所示。

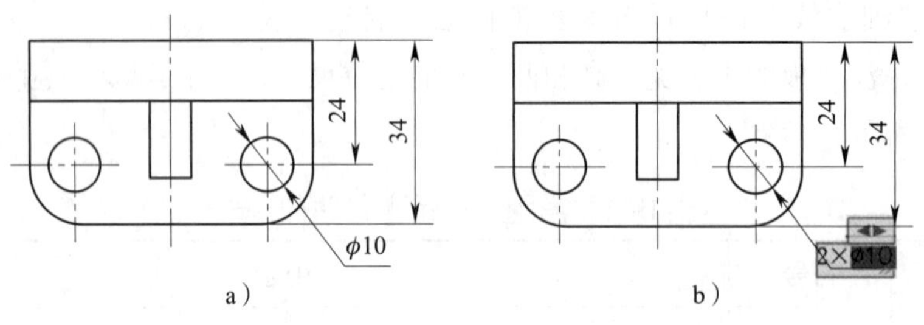

图 6-164　标注小孔的直径尺寸

a）标注直径　b）修改尺寸数字

3）双击尺寸数字“ϕ10”，打开“文字编辑器”操控面板，在“ϕ10”前输入“2×”（见图 6-164b），将尺寸数字修改为“2×ϕ10”。然后在空白处单击鼠标左键或单击“关闭文字编辑器”按钮，关闭“文字编辑器”操控面板。

4）启动“半径”命令，标注底板的圆角半径，如图 6-165 所示。

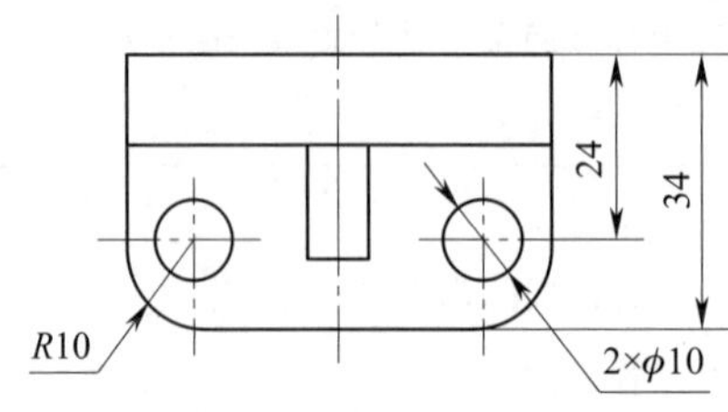

图 6-165　标注半径尺寸

（2）标注支承板的尺寸

运用“线性”“直径”和“半径”命令，标注支承板的尺寸，如图 6-166 所示。

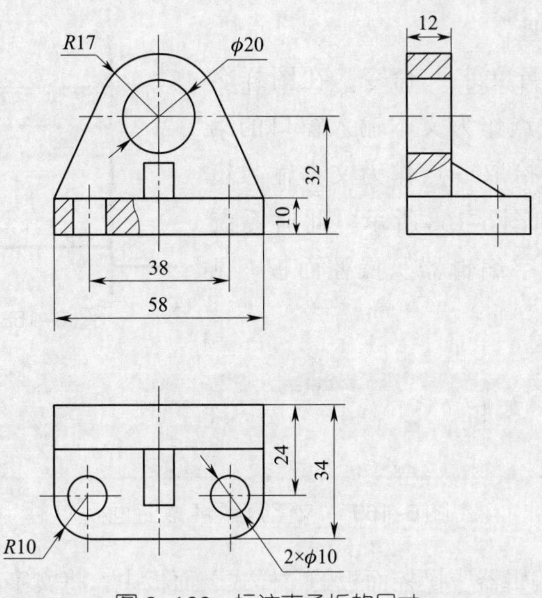

图 6-166　标注支承板的尺寸

（3）标注肋板的尺寸

启动“线性”命令，标注肋板的尺寸，如图 6-167 所示。

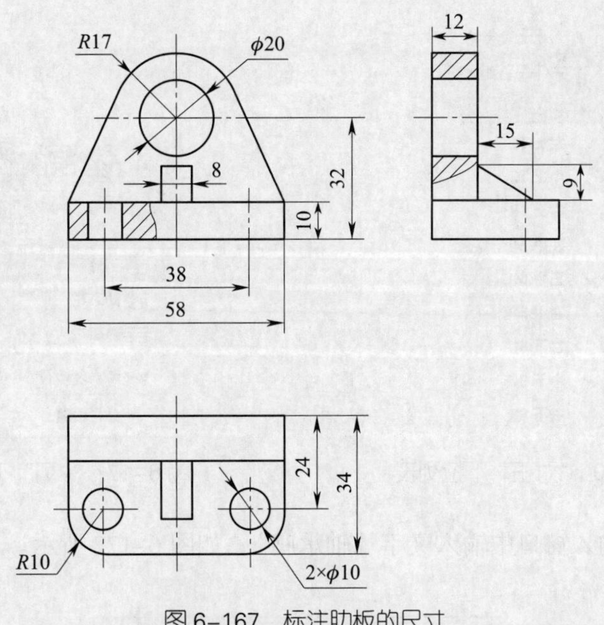

图 6-167　标注肋板的尺寸

五、填写标题栏 

在 AutoCAD 文件中输入文字，可以用“多行文字”命令。启动“多行文字”命令的方法：单击功能区的“默认”→“注释”→“多行文字”按钮 A。

1. 录入“轴承座”

（1）启动“多行文字”命令，在图样名称栏左上角拾取一点作为文本输入窗口的第一角点，在右下角拾取一点作为文本输入窗口的第二角点，如图 6–168 所示。此时系统在功能区弹出“文字编辑器”操控面板（见图 6–169）。

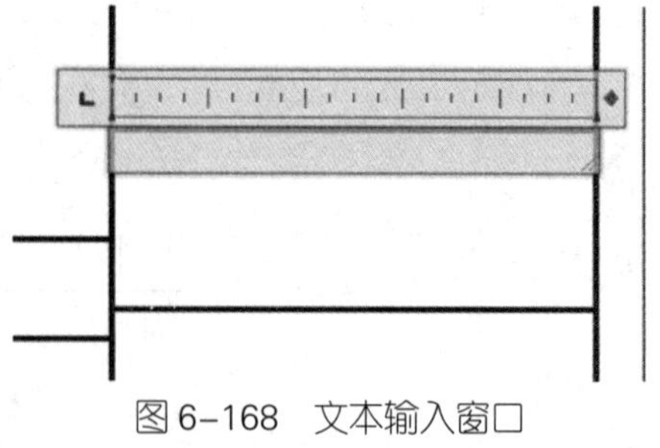

图 6–168　文本输入窗口

图 6–169　“文字编辑器”操控面板

（2）在“文字编辑器”操控面板的“样式”面板中，将文字高度设置为“5”。在“段落”面板中，单击“对正”按钮，展开“对正”下拉列表，选中“正中”选项（见图 6–170）。在“插入”面板中，单击“列”按钮，展开“列”下拉列表，选中“不分栏”选项（见图 6–171）。

图 6–170　“对正”下拉列表

图 6–171　“列”下拉列表

（3）在文本输入窗口中输入文字“轴承座”，如图 6–172 所示。

图 6–172　在文本输入窗口中输入文字“轴承座”

（4）在空白处单击鼠标左键，结束文字录入。

（5）单击文字“轴承座”，在文字四周出现 4 个夹点，如图 6–173a 所示。若文字与矩形线框没有对正，可拖动这四个夹点到矩形的角点，将文字精确定位在矩形的中央，如图 6–173b 所示。

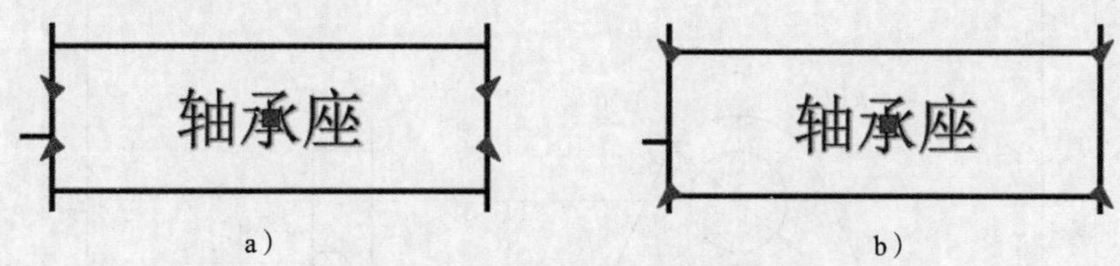

图 6–173 多行文字的夹点及编辑

a）多行文字的夹点 b）编辑多行文字夹点

2. 录入“更改文件号”

（1）重新启动“多行文字”命令，在录入“更改文件号”的框格的左上角拾取一点作为文本输入窗口的第一角点，在右下角拾取一点作为文本输入窗口的第二角点。

（2）在“文字编辑器”操控面板中设置相关参数：文字高度采用默认值“2.5”，对正方式选择“正中”，列的样式选择“不分栏”。

（3）在文本输入窗口中输入文字“更改文件号”，如图 6–174 所示。

（4）选择文字“更改文件号”，单击“格式”面板的下拉按钮，在展开的面板中将宽度因子修改为 0.8（见图 6–175），修改“更改文件号”的宽度因子后的结果如图 6–176 所示。

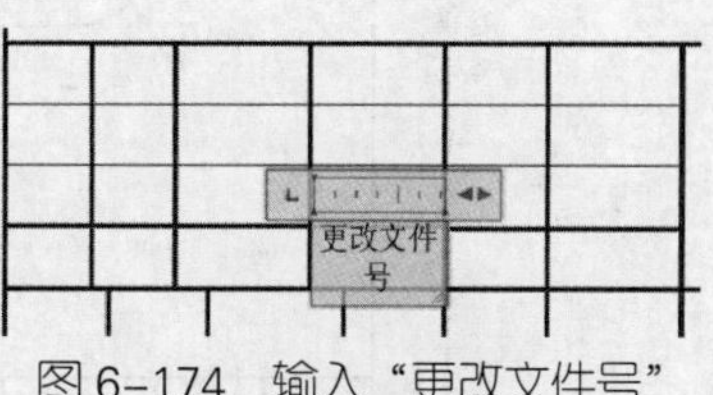

图 6–174 输入“更改文件号”

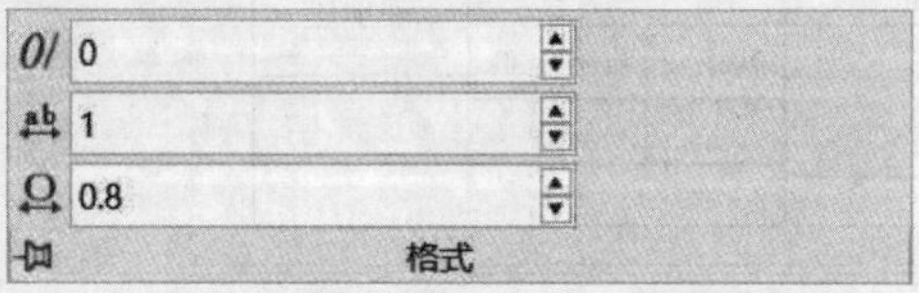

0/ 0
1
0.8
格式

图 6–175 在“格式”展开面板中修改宽度因子

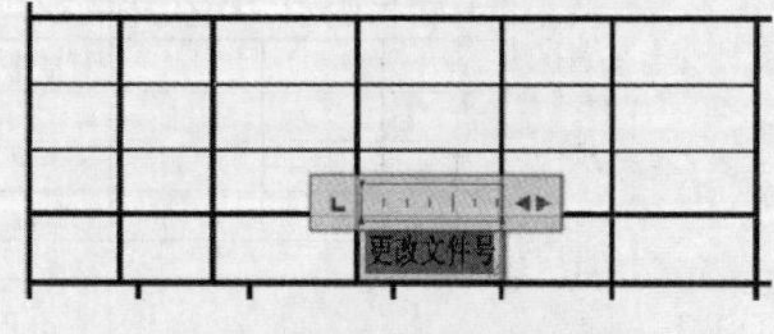

图 6–176 修改“更改文件号”的宽度因子后的结果

3. 录入其他文字

填写标题栏的其他文字，如图 6–177 所示。

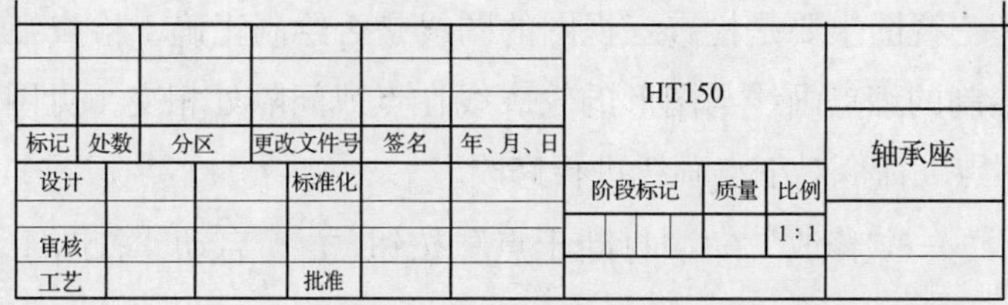

图 6–177 填写标题栏的其他文字

至此轴承座的图样绘制完毕，如图 6–178 所示。

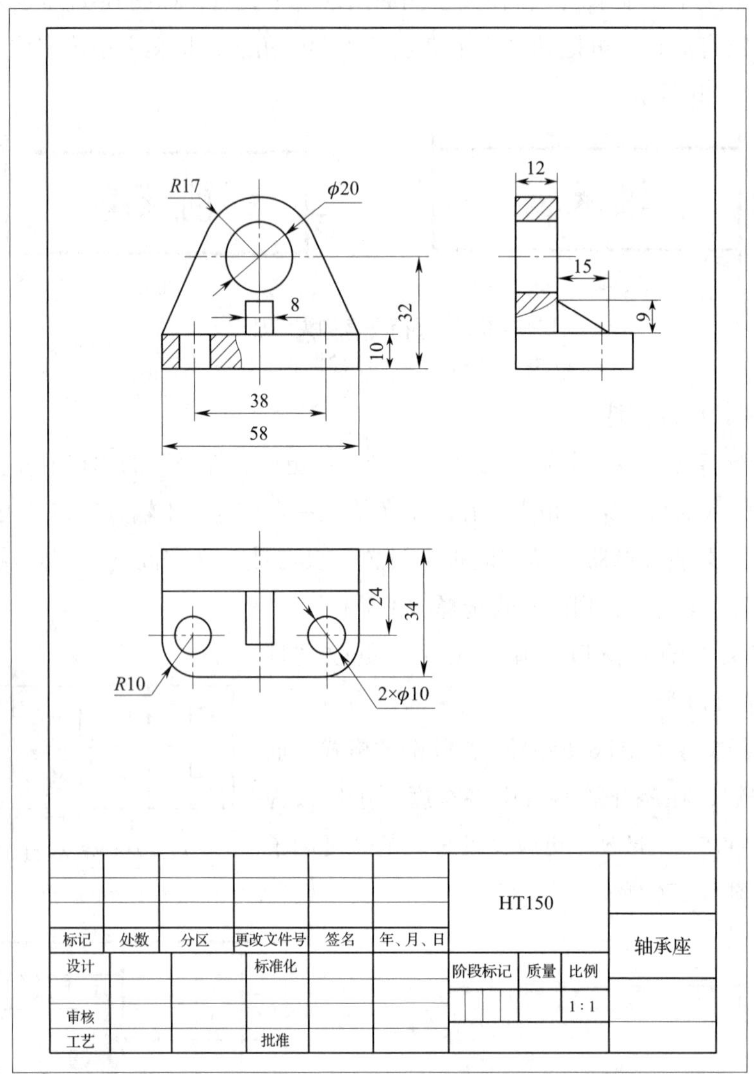

图 6–178　完成绘图

六、检查、整理图样

1. 检查、整理三视图

检查、整理三视图主要是检查三视图的图线是否绘制正确，检查细点画线的线型是否规范。若绘制的细点画线与图形的轮廓线在点或间隔处相交（见图 6–179a），则需要用“打断于点”命令对细点画线进行修改。

单击“默认”→“修改”→“打断于点”按钮，启动“打断于点”命令，系统给出如下提示。

```
命令：_break
选择对象：                    // 选择俯视图中的竖直中心线（见图 6-179a）
指定第二个打断点 或［第一点（F）］：_f
指定第一个打断点：
        // 在竖直中心线上的适当位置捕捉一点（见图 6-179b），单击鼠标左键
指定第二个打断点：@
```

打断结果如图 6-179c 所示。

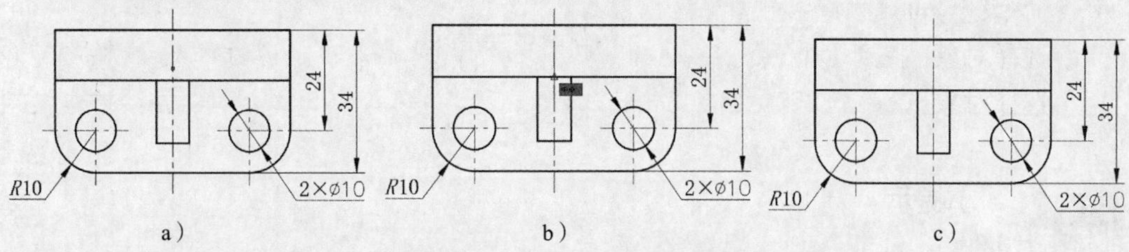

图 6-179　打断图线

a）选择图线　b）拾取打断点　c）打断结果

2. 检查、整理尺寸

检查是否有缺漏的尺寸，是否有重复标注的尺寸，检查尺寸标注的样式是否符合国家标准的要求。分析图 6-178 不难看出，主视图上的尺寸“*R*17”和“ϕ20”的箭头位置不够规范，应该画在圆弧或圆的内侧。

（1）修改尺寸“*R*17”

单击尺寸“*R*17”，将光标移到尺寸线箭头的夹点上，系统自动弹出快捷菜单，如图 6-180a 所示，单击“翻转箭头”命令，修改结果如图 6-180b 所示。

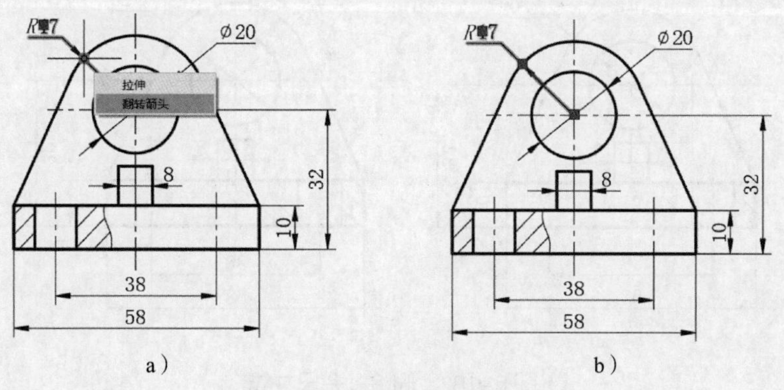

图 6-180　修改尺寸“*R*17”

a）快捷菜单　b）箭头翻转结果

（2）修改尺寸“ϕ20”

1）翻转尺寸“ϕ20”尺寸线的箭头，如图 6–181 所示。

2）在 AutoCAD 中，“分解”命令用于将复合对象（如用“矩形”“多边形”命令绘制的图形对象等）进行分解。单击“默认”→“修改”→“分解”按钮 ，启动“分解”命令，分解尺寸“ϕ20”，系统给出如下提示。

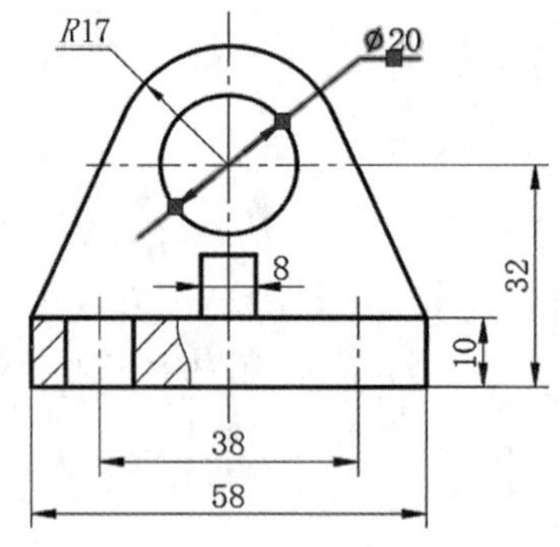

图 6–181　翻转尺寸“ϕ20”尺寸线的箭头

命令：_explode
选择对象：找到 1 个　　//选择尺寸“ϕ20”
选择对象：　　//按回车键

小提示

分解前后，图形对象表面上没有变化，但选择对象后可以看出，分解前，尺寸是一个整体对象；分解后，变为几个独立对象。

3）单击“默认”→“修改”→“删除”按钮，启动“删除”命令，删除多余的尺寸线，系统给出如下提示。

命令：_erase
选择对象：指定对角点：找到 2 个　　//拾取多余的尺寸线（见图 6–182a）
选择对象：　　//按回车键

删除结果如图 6–182b 所示。

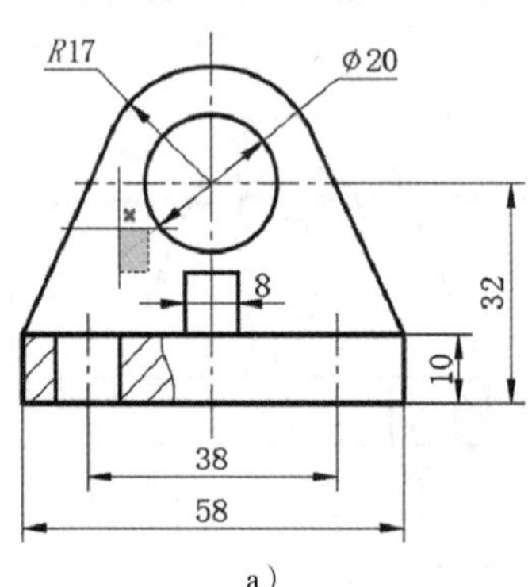

a）

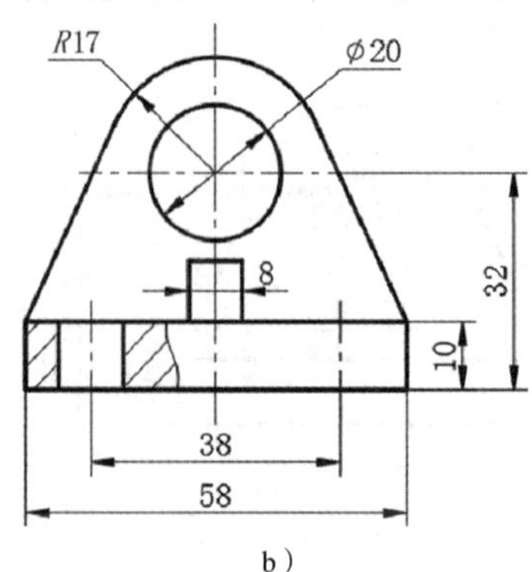

b）

图 6–182　删除多余尺寸线
a）框选需要删除的线段　b）删除结果

3. 检查标题栏

检查标题栏的绘制和填写是否规范，最后的绘图结果如图 6–131 所示。